Erweiterte Ausgabe der Serie in der ZEIT

Dieter E. Zimmer

Unsere erste Natur

**Die biologischen Ursprünge
menschlichen Verhaltens**

Kornfeld

Kösel-Verlag München

Kösel Sachbuch
Redaktion: Hermann Hemminger

CIP-Kurztitelaufnahme der Deutschen Bibliothek

Zimmer, Dieter E.:
Unsere erste Natur: d. biolog. Ursprünge menschl.
Verhaltens / Dieter E. Zimmer. – München: Kösel,
1979.
(Kösel Sachbuch)
ISBN 3-466-11003-3

Umschlag: Zembsch' Werkstatt
Gesamtherstellung: Kösel, Kempten
Printed in Germany
ISBN 3-466-11003-3

Inhalt

Vorwort

Dieses Buch ist aus insgesamt sechs längeren Artikeln hervorgegangen, die 1978 für die Wochenzeitung DIE ZEIT geschrieben wurden. Sie haben allerdings eine so erhebliche Veränderung durchgemacht, daß sie alles in allem kaum wiederzuerkennen sein dürften; vor allem wurden sie stark ergänzt und erweitert. Auch die Buchfassung vereinfacht, vergröbert, pointiert noch, hier und da umgeht sie heikle wissenschaftliche Streitfragen mit ein paar flinken Strichen. Aber vieles, was in den Artikeln kaum angedeutet werden konnte, wird hier nun ausgeführt. Das Buch handelt ganz unverkennbar von einigen naturwissenschaftlichen Fachgebieten; wenn der Autor Glück hatte, handelt es von ihnen jedoch so, daß jeder Interessierte es verstehen kann. Der Autor, der kein Fachwissenschaftler ist, hofft jedenfalls, daß er sein eigenes Lernen noch gut genug in Erinnerung hatte, um nicht in den Fehler zu verfallen, zuviel oder zuwenig vorauszusetzen. Sein Popularisierungswunsch geht nicht so weit, daß er um jeden Preis Befunde durch Anekdoten ersetzt oder einen weiten Bogen um die unumgänglichen Fachbegriffe macht; sie werden sowohl im Text wie in einem Glossar am Schluß erklärt.

Auf Fußnoten wurde grundsätzlich verzichtet. Um die Lesbarkeit nicht zu erschweren, wurde auch der Text bei direkten oder indirekten Zitaten oder Literaturverweisen von genauen Quellenangaben freigehalten. Statt dessen wurde es gemacht wie in der wissenschaftlichen, auch der populäreren englischsprachigen wissenschaftlichen Literatur: Die Quellen stehen im Literaturverzeichnis am Ende; im Text stehen in der Regel nur Verfasser und Erscheinungsjahr – mit Hilfe der beiden Angaben läßt sich die genaue Quelle im Literaturverzeichnis identifizieren.

Die grobe thematische Einteilung in *Körpersprache, Sprache der Menschenaffen, Soziobiologie, Natur des Menschen,* die mit den Artikeln vorgegeben war, wurde nach einiger Überlegung beibehalten. Sie bringt zwar gewisse Schwierigkeiten der Gliederung mit sich, macht es mir aber möglich, mich dem zentralen Punkt, der Betrachtung des Menschen im Licht seiner Stammesgeschichte, aus verschiedenen Richtungen zu nähern.

Ich bin der Redaktion der ZEIT zu Dank verpflichtet, daß sie mich jene Artikel schreiben ließ und es mir damit erlaubte, ein persönliches Interesse zeitweise zum Gegenstand regelrechter Berufstätigkeit zu machen. Auch ihre überlegenen Möglichkeiten der Materialbeschaffung kamen mir in vieler Hinsicht zugute. In Deutschland haben wir eine kuriose Situation. Durch die Bücher von Konrad Lorenz, Irenäus Eibl-Eibesfeldt, Desmond Morris und anderen, oft hervorragenden Autoren, Büchern, in denen sich die Wissenschaft der Verhaltensforschung der Öffentlichkeit gegenüber in einer Weise zu artikulieren verstand, wie sich die meisten anderen Naturwissenschaften leider nie zu artikulieren wußten, hat man sehr früh erfahren können, früher als in anderen Ländern, welche Erkenntnisse über die Natur des Menschen auf diesem Gebiet in den letzten Jahrzehnten erarbeitet worden sind. In den Hauptstrom des Denkens dieser Zeit sind sie dennoch nie gelangt. Für die Wissenschaften, die sich mit der menschlichen Seele und den menschlichen Gesellschaften befassen, existieren sie einfach nicht, oder sie sind ihnen nur gerüchtweise bekannt und werden sozusagen aus Prinzip bespöttelt oder kurzerhand des »Faschismus« verdächtigt. Im Unterschied dazu war die Humanethologie, die auf den Menschen angewandte Verhaltensforschung, in den Vereinigten Staaten so gut wie unbekannt. Die jüngere amerikanische Humansoziobiologie, die den Faden an einer anderen Stelle wiederaufgenommen hat, fand jedoch gleich einen so großen Widerhall, daß einer ihrer Kronzeugen, der Anthropologe und Primatenforscher S. L. Washburn, bald davor warnte, das Pendel zu weit in Richtung auf den Einflußfaktor »Natur« ausschwingen zu lassen, weg von dem Einflußfaktor »Kultur«. Er sprach die Hoffnung aus, eines Tages werde doch noch eine neue interdisziplinäre Verhaltenswissenschaft entstehen, die biologisch wie soziologisch und psychologisch begründet ist und den Menschen endlich als das begreift, was er tatsächlich ist: ein durch die biologische Evolution gewordenes biosoziales Wesen. Wenn in Deutschland bisher fast alles Augenmerk auf die Kultur, die Gesellschaft, die Umwelt gerichtet war, auf unsere »zweite Natur« mit einem Wort von Eibl-Eibesfeldt, so soll dieses Buch dazu beitragen, daß unsere erste Natur nicht verkannt und vergessen bleibt. In diesem Sinn ergreift es Partei.

Allerdings kommen Wörter wie »vielleicht« oder »vermutlich«

oder »anscheinend« oder »möglicherweise« und Konjunktive wie »dürfte« und »könnte« viel öfter vor, als einem Autor lieb sein kann. Wo ein Sachgebiet in erheblichem Maß auf Vermutungen angewiesen ist, kann es auch nicht anders sein. Daß viele Aussagen nicht im Indikativ, sondern nur in der Möglichkeitsform dastehen, sollte dennoch auf keinen Fall zu dem Schluß verführen, es handele sich hier um ganz besonders phantasievolle Spekulationen. Und keinen Augenblick lang sollte vergessen werden, daß wir in Fragen, die das »Wesen« des Menschen betreffen, häufig sehr viel vagere Vermutungen und Spekulationen als ausgemachte Sache hinnehmen, sofern sie nur aus anderen Ecken kommen als aus der Biologie. Humanethologie und Humansoziobiologie, daran besteht für mich keine Sekunde lang ein Zweifel, können uns niemals restlos erklären, wer wir sind und warum wir tun, was wir tun; auch nicht, was wir tun sollten. Aber sie können ein Licht, und zwar ein naturwissenschaftliches, nichtspekulatives Licht, auf die Entstehung unseres rätselhaften Wesens werfen, das schlechterdings nicht entbehrlich ist. Die Tatsache, daß wir durch die biologische Evolution zu dem geworden sind, was wir heute sind, will endlich ernstgenommen sein, in den Wissenschaften wie im Hausgebrauch.

Eine persönliche Bemerkung noch für jene, denen daran liegt, daß ein Autor sich preisgibt. Ich bin oft verwundert und anzüglich gefragt worden, warum ich – Kulturjournalist mit philologischem Hintergrund – denn ausgerechnet auf dieses für Literaten in der Tat fremde und ferne Randgebiet der Biologie verfallen bin, und ich antworte gern, da es meinen Fall noch unziemlicher macht. Auf weite Strecken wußte ich mich seinerzeit einig mit der aufkommenden Neuen Linken. Die Einigkeit ließ nach, als ihre Einforderungen immer totaler wurden. Niemanden werde ich davon zu überzeugen versuchen, daß ich nicht einfach korrumpiert war von meiner Klassenlage. Für mich selber hing diese Loslösung jedoch mit den stillschweigenden, aber großformatigen Voraussetzungen zusammen, die die Neue Linke immerzu machte: über das wahre Wesen des Menschen und also auch über das, wovon er »entfremdet« sein könnte, über seine echten Bedürfnisse im Unterschied zu den falschen, die das bösartige »System« ihm aufdränge. Es waren eschatologische Tage. Sozusagen stündlich wurde die Geburt des Neuen Menschen erwartet oder schon als Tatsache verkündet. Das Lieblingswort hieß Utopie. Man glaubte den Fahrtwind der Geschichte im Gesicht zu spüren. Dieses enorme anthropologische Vorverständnis überall – mir erschien es fragwürdig, bisweilen tollkühn. Während andere sich in die Ge-

11

schichte des Sozialismus einlasen oder in die Geheimnisse der Schizophrenie, hatte ich den Wunsch, in Erfahrung zu bringen, ob denn nirgends Genaueres ermittelt worden war über die Natur des Menschen und das, was sie geformt hat, als die gewagten Mutwilligkeiten des geläufigen linken sozio-psycho-kulturpolitischen Gemeinverständnisses. Zum Beispiel, warum sich die Leute lächelnd begrüßen, ob progressiv oder reaktionär, interessierte mich irgendwann mehr als alle Revisionismen. Solche Eskapaden, Exkursionen können einen allerdings dorthin führen, worauf man eigentlich gar nicht hinauswollte. Sie machen einen aber auch relativ unempfindlich gegen das Bemühen, irgendwelche Bestandteile der eigenen Meinungen partout in Kategorien wie links oder rechts einzuordnen. Wenn man einen neuen Kontinent besichtigen kann, ist es einem kein drängendes Problem mehr, ob sie einen zu Hause nun für rechts oder links oder für undurchsichtig halten. Wenn man an Unbestimmbarkeit gewinnt, hat das seine Richtigkeit.

Von der Sprache des Körpers

Es läßt sich diese Szene vorstellen: In einem Bürohaus durchquert ein Angestellter in Hemdsärmeln blicklos die Vorzimmerschleuse seines Chefs, tritt ohne zu klopfen und zu grüßen in dessen Zimmer, geht schnurstracks auf ihn zu, umrundet seinen Schreibtisch, bleibt auf Tuchfühlung neben ihm stehen, nimmt ihm den Telefonhörer aus der Hand, schiebt seine Papiere zur Seite, legt ihm eine Akte an ihre Stelle und sagt laut:»Wir haben den Prozeß gewonnen!«

Unerfreulich war seine Handlungsweise an sich nicht, sie mag sogar zweckmäßig gewesen sein; vielleicht war es ja die schnellste Art, dem Chef die sehnlich erwartete Neuigkeit zu überbringen. Trotzdem werden die beiden jetzt keinen Freudentanz aufführen. Zu viele ausdrückliche und unausgesprochene Konventionen des Umgangs sind von dem Angestellten verletzt worden.

Er hat durch seine Mißachtung der Kleiderordnung zu verstehen gegeben, daß ihm nichts an der Einhaltung der Spielregeln liegt, die den geselligen Verkehr dieser Gruppe ordnen, und sich damit als jemand zu erkennen gegeben, der die Gruppe in ihrem Zusammenhalt in Frage stellt. Er hat die Vorzimmerdame durch Nichtbeachtung zur Unperson gemacht. Er hat Barrieren ignoriert: die geschlossene Tür, den Schreibtisch, der in Büros schließlich nicht umsonst fast immer zwischen Tür und Stuhl steht. Er hat das bei der Aufnahme eines Sozialkontakts obligatorische Grußritual ausgelassen. Er hat keine Aufforderung zum Ein- und Nähertreten abgewartet, er hat getan, was auch ein ihm Untergebener übelgenommen hätte, nämlich eigenmächtig in das Revier eines Mitmenschen einzudringen, als wäre es seins. Er hat sogar das menschliche Bedürfnis ignoriert, eine Intimzone um den eigenen Körper zu wahren, in die nur Vertrauteste und nur in beiderseitigem Einvernehmen eindringen dürfen, als er den Mann hinter dem Schreibtisch und seine Sachen berührte. Seine dichte erhöhte Position schließlich und seine laute Stimme signalisierten eine Drohung.

13

Alle diese Signale der Nichtachtung, der Selbsterhöhung, der territorialen Invasion, der Aggressivität stammen aus dem Bereich der *Körpersprache* und des Körperverhaltens. Ihren Eindruck mit Worten auszulöschen, ist schlechterdings unmöglich. Dem Verletzer bleibt nur übrig, glaubhaft zu machen, daß es sich um eine momentane Entgleisung in einem Zustand der Unzurechnungsfähigkeit gehandelt hat; dann wird er sich überschwenglich »entschuldigen« und selber, vielleicht sein Leben lang, ein tiefes Gefühl der Scham mit sich herumtragen. Kehrt er nicht in diesen Sozialkonnex zurück, so steht die Folge fest: Er wird entlassen, und sollte sein »unmögliches« Verhalten zur Regel werden, so wird er sich schließlich an dem Ort wiederfinden, wo die Gesellschaft unkorrigierbare Verhaltensabweichler hinsperrt: im Irrenhaus.

Oder betrachten wir eine nicht ausgedachte, eine alltägliche Situation: eine sehr belebte Straße, eine Einkaufsstraße, zum Beispiel an einem verkaufsoffenen Sonnabend vor Weihnachten. Von oben nähme man zunächst nichts wahr als ein Gewimmel. Bei genauerem Hinsehen zeigte sich, daß die Menschen Ströme bilden, in Strömen aneinander vorbeifließen, um Hindernisse herumfließen. Aber anders als auf der Fahrbahn kreuzt immer wieder jemand den Strom in einem unvorhersehbaren Winkel, und immer wieder findet sich jemand im Gegenstrom. Trotzdem passiert nichts: Die Leute stoßen nicht zusammen, sie streifen sich kaum, und nur ganz selten kommt es vor, daß zwei sich unschlüssig, auf welcher Seite sie aneinander vorbeigehen sollen, gegenüberstehen. Trotzdem haben sie alle einen abwesenden Blick. Niemand scheint den anderen auch nur wahrzunehmen. Sie benehmen sich, als existierten sie für einander gar nicht. Sie ignorieren sich beflissen. Irgendetwas aber muß sie steuern, muß sie so sorgfältig aneinander vorbeisteuern. Obwohl sie keine Notiz voneinander nehmen, müssen sie sich Zeichen zukommen lassen, die ihnen die sonst unvermeidliche Kollision ersparen, und sie müssen einer allen gemeinsamen Strategie folgen.

In seinem populären, sehr populären, streckenweise zu einem Ratgeber für alle möglichen Lebenslagen (»Wie verhalte ich mich auf einer Party? Wie verführe ich eine Frau?«) ausgearteten Buch *Körpersprache* bietet der Amerikaner Julius Fast eine, im wesentlichen auf den Sozialwissenschaftler Erving Goffman zurückgehende,

Die unbewußte Kunst, Zusammenstöße zu vermeiden: Menschenstrudel auf dem Münchner Oktoberfest.

14

Theorie darüber, auf welche Weise wir uns im Gedränge aneinander vorbeisteuern. Wir schauen den anderen an, schreibt er, bis wir uns auf etwa drei Meter nahe gekommen sind; dann signalisieren wir uns, auf welcher Seite wir einander passieren wollen. »Das geschieht mit einem kurzen Blick in die betreffende Richtung.« Und darauf senken wir die Augen, beginnen von der ursprünglichen Richtung abzuweichen und kommen so reibungslos aneinander vorüber.

Ich habe es ausprobiert. Die Theorie kann nicht stimmen. Zumindest für deutsche Passanten trifft sie nicht zu. So gut wie kein Mensch sah mich an; keinem Menschen konnte ich mit den Augen signalisieren, in welcher Richtung ich ihm auszuweichen gedächte. Alle sehen nur in einem flachen Winkel gleichsam blicklos vor sich hin. Trotzdem funktioniert die Sache. Ich testete eine Menge ahnungsloser Passanten in Straßengedrängen verschiedener Dichte. Die Strategie ist sehr einfach. All diese blicklosen Menschen beobachten den Gehweg vor sich in etwa vier, fünf Meter Entfernung. Sobald ein Paar Füße in ihr Blickfeld tritt, registrieren sie unbewußt die Richtung des Entgegenkommenden und verrechnen sie mit ihrer eigenen Richtung. Ist das Ergebnis »Kollision«, so tun sie in der Regel nur eins: Sie weichen aus, und zwar in jene Richtung, die ihnen die geringste Kurskorrektur abverlangt. Das System besteht darin, daß man einander, in der Regel ohne sich anzublicken oder auch nur wahrzunehmen, aufs bereitwilligste ausweicht: Vermeidungsverhalten – eine der in der Natur bewährten Methoden, Konflikte zu umgehen. Weicht man selber bewußt nicht auf die normale Weise aus, sondern bleibt auf seinem alten Kurs, ändert man ihn gar so, als wolle man den anderen umrennen, so ist das Ergebnis in der Regel nur, daß der andere noch stärker ausweicht, ohne hochzusehen oder sonst zu verstehen zu geben, daß er den Vorgang bemerkt hätte. Einen befremdet-verständnislosen Blick erntet man erst, wenn man unmittelbar vor dem immer weiter ausgewichenen Fremden steht und sich jetzt aneinander vorbeimanövrieren muß.

Ein drittes Beispiel. Es ist keine erfundene Szene, auch keine alltägliche Situation, sondern die Erinnerung an eine bestimmte Kategorie von Erlebnissen, die die meisten von uns gemacht haben, auch wenn sie für gewöhnlich so stark miniaturisiert auftreten, daß sie nur selten über die Schwelle des Bewußtseins dringen. Ein Kino füllt sich langsam. Die meisten Plätze sind besetzt. Auch der Nebenplatz wird besetzt. Wir nehmen es hin. Aber wer wird die Armlehne okkupieren? Im Dunkel vollzieht sich eine stille Auseinandersetzung. Man ist empört, daß der Nachbar die Lehne so selbstverständlich für sich in Anspruch nimmt. Wenn er sich anders hinsetzt und die Lehne kurz freigibt, macht man von der Chance Gebrauch und legt den eigenen Arm hin. Nach einer Weile aber schwindet die Genugtuung. Schließlich gibt es nun einmal nur diese eine Lehne für die zwei Arme, und einem selber steht sie nicht mehr zu als dem Nachbarn, er kann sie jetzt vielleicht ganz gut gebrauchen; verstohlen läßt man den Arm von der Lehne gleiten. Vielleicht bleibt sie jetzt meistens frei. Vielleicht wechselt man sich miteinander ab. Der Konflikt ist ausgestanden.

Ist das Kino mehr oder minder leer, kommt ein einzelner anderer Besucher in den Saal, setzt er sich unter all den freistehenden Plätzen gerade auf den Sitz neben einem selber und belegt dann auch noch die Armlehne, so ist einem der Film wahrscheinlich verdorben. Man hat das Gefühl, eine Invasion zu erleiden. Vielleicht setzt man sich weg, vielleicht hält man zähneknirschend aus. Kein Schaden wurde einem zugefügt, aber irgendetwas in uns wurde bedrängt und verletzt.

Offenbar gibt es einen Komment, der uns sagt, wie groß die Abstände in einzelnen Situationen zwischen uns sein müssen. Mit recht großer Sicherheit läßt sich etwa vorhersagen, wie sich ein leerer Lesesaal, ein leeres Wartezimmer füllen werden. Der erste Ankömmling wird sich wahrscheinlich nicht gleich neben die Tür setzen, aber auch nicht auf den der Tür fernsten Platz. Er wird sich, wenn er die Wahl zwischen Plätzen entlang der Wand und in der Mitte hat, an die Wand setzen. Der Rücken zur Wand verleiht offenbar Sicherheit. Er wird sich so hinsetzen, daß er die Tür im Auge hat, aber wenn möglich nicht frontal auf die Tür starrt. Der zweite wird sich wahrscheinlich nicht unmittelbar neben ihn setzen, aber auch nicht an die Stelle, die ihm am fernsten ist. Er wird sich so hinsetzen, daß er ihn schräg im Auge hat, aber nicht direkt ansieht. Der dritte wird sich einen Platz etwa in gleicher Entfernung von den beiden suchen. Und so weiter. Meist bleibt die Verteilung der Menschen über den Raum gleich; es entstehen keine Zonen starker Konzentration oder Verdünnung. Wenn sie entstehen, etwa weil einige Nebeneinandersitzende zufällig hintereinander fortgerufen worden sind, kann man oft folgendes beobachten: Einige sehen verstohlen zur leeren Zone hin. Einer steht schließlich auf. Wahrscheinlich wird es ganz plötzlich geschehen, und er wird dabei irgendeine Alibihandlung vollziehen, etwa eine Zeitschrift vom Tisch in der Mitte nehmen, so, als sei es etwas dreist, das leere Revier für sich zu beanspruchen, und die Handlung müsse kaschiert werden. Ist eine Mutter mit einem Kind da, so wird sie für alle vernehmlich wahrscheinlich sagen: »Komm, wir setzen uns da drüben hin!«. Was zugleich eine öffentliche Entschuldigung für die Inbesitznahme des leeren Reviers ist wie die Kundgabe der Überzeugung, daß man es aus durch und durch rationalen Gründen besetzt (»Da stören wir nicht so!«).

Die Anordnung der Menschen im Raum geht etwas anders vonstatten, wenn einige schon des öfteren da waren und dabei einen »Stammplatz« hatten. Durch mehrmaliges Besetzen wird auch ein fremder, niemandem im besonderen zugedachter Sitz eine Art Eigentum: Man wird trachten, ihn immer wieder zu besetzen, auch wenn das gegen die Verteilungsregeln verstößt. Unschuldige Fremde, die den Platz zufällig innehaben, trifft eine Antipathie, als hätten sie ihn usurpiert. Jeder hat selber die Minidramen in Eisenbahnabteilen erlebt, die Frage: Kommt der herein oder geht er gnädigerweise vorbei? Wenn er hereinkommt: Setzt er sich wenigstens auf den übernächsten Platz? Rückt er einem mit seinen Sachen nicht zu dicht auf den Leib? Streckt er die Beine nicht zu ausgreifend in den eigenen Beinbezirk? Vielleicht hat man sich für unnormal, für leicht verrückt gehalten, wenn man sich bei derartigen Gedanken ertappte. Aber man kann sich ja leicht davon überzeugen, daß diese Verrücktheit eine ziemlich allgemeine Erscheinung sein muß, zum Beispiel, wenn man selber in einem fast vollen Zug einen Platz sucht, viele Plätze sieht, die zwar unbesetzt sind, auf denen aber diverse Gegenstände so kunstvoll drapiert herumliegen, als hätten sie selbstverständlich ihren Okkupanten, und der sei nur gerade abwesend – und dann fragt und hört, der Platz sei frei, geäußert meist in einem nicht gerade einladenden Ton.

Wie wäre solches Verhalten zu erklären? Hat uns ein verdorbenes Gesellschaftssystem zu argwöhnischen Fremdenhassern erzogen? Womit? Und wieso findet man dann diese Sitzverteidiger, diese Platzrivalen hundert Kilometer weiter in einem angeregten, freundlichen Gespräch, in dem sie nun gemeinsam mit dem gleichen Abwehrverhalten auf einen weiteren Eindringling reagieren? Wir sind erschrocken über uns: Wir haben gerade offenbar eine milde Anwandlung von Fremdenfurcht oder gar Fremdenhaß gehabt. Dabei hat uns noch nie irgendein Fremder in irgendeinem Zug etwas Böses angetan. Wir haben gerade den eigenen Bezirk unseres Sitzplatzes verteidigt, als hätten wir ihn nicht nur für kurze Zeit gemietet und als gehörte er uns nicht nur, weil wir zufällig die ersten waren. Irgendetwas ist in uns aufgewallt, ein Imperativ hat sich gemeldet, wir mögen uns seinetwegen schämen, wir wissen aber: Das nächste Mal wird es uns genauso gehen.

Auch wenn wir den Mund halten, spricht der Körper weiter. Er ist niemals stumm; zum mindesten teilt er mit den Signalen der Selbstversunkenheit, der Abschirmung mit, daß uns zur Zeit Kontakte unerwünscht sind. »Verhalten hat kein Gegenteil, man kann sich nicht nicht verhalten«, formulierte es Paul Watzlawik, der amerikanische Kommunikationspsychologe. Der Eindruck, den die Körpersprache macht, ist mächtig; Worte haben es schwer, ihn zu dementieren. Da die Körpersprache auch schwerer bewußt zu beherrschen ist als die verbale, und innerhalb der Körpersprache die Botschaften der Gliedmaßen schwerer als die des dem Willen gefügigeren Gesichts, sind die Aufschlüsse durch die Körpersprache oft wahrer. Und weil sich das Aussenden wie der Empfang der Signale dem Willen weitgehend entzieht, erscheint uns die Körpersprache selbstverständlicher, irrationaler, wird sie vom Bewußtsein weit weniger bemerkt als die Sprache der Wörter. Sie regelt aufs feinste unseren Verkehr untereinander. Der amerikanische Sozialwissenschaftler Erving Goffman, der viele überaus scharfsinnige Analysen der unbewußten, unbemerkten Zeremonien im alltäglichen geselligen Leben der weißen Mittelstandsamerikaner geliefert hat, meinte geradezu: »Die Beherrschung und das Verständnis einer gemeinsamen Körpersprache ist ein Grund dafür, eine Ansammlung von Individuen als Gesellschaft zu bezeichnen.« Soviel steht fest: Wo wir die Körpersprache nicht mehr selbstverständlich verstehen und beherrschen, fühlen wir uns verwirrt und verunsichert und fremd. Von ein paar Haustieren abgesehen, verstehen Tiere unsere Körpersprache überhaupt nicht. Es nützte uns gar nichts, uns vor einer Schlange zu verbeugen oder ein Krokodil versöhnlich anzulächeln.

Etwas spricht aus uns, indem es uns die Miene mimisch verzieht, die Arme gestisch bewegt, den ganzen Körper zu einem komplexen Signal formt. Was ist dieses Es? Welches ist die Tiefe, die da aus uns spricht?

Die bewegte Oberfläche

Die Bedeutung seiner Körpersprache hat den Menschen schon seit langem fasziniert. Vor gut 200 Jahren, 1775, löste der Zürcher Pfarrer Johann Caspar Lavater mit seinem Buch *Physiognomische Fragmente zur Beförderung der Menschenkenntnis und Menschenliebe* geradezu eine Modewelle aus. Er ging aus von der richtigen

Vermutung, daß die ruhige und bewegte »Oberfläche des Menschen«, von ihm Physiognomie genannt, etwas Wahres über ihn verrät.

»Alle Menschen, (so viel ist unwidersprechlich)«, schrieb er, »urteilen in allen, allen, allen Dingen nach ihrer Physiognomie, ihrer Äußerlichkeit, ihrer jedesmaligen Oberfläche. Von dieser schließen sie durchgehends, täglich, augenblicklich auf ihre innere Beschaffenheit.« Es war eine durchaus richtige Erkenntnis, nur daß damals einfach das Wissen fehlte, die Bedeutung dieser »physiognomischen« Signale richtig zu entschlüsseln – und unter Bedeutung ist sowohl ihre Entstehung und jetzige Funktion zu verstehen wie unsere Fähigkeit, solche Bedeutungen intuitiv zu erkennen. In Ermangelung dieses Wissens mußte sich Lavater in haltlose Spekulation verrennen. Er verrannte sich in den physiognomischen Moralismus. Das Äußere verrät etwas über das Innere; je stärker ein innerer Zug ist und je öfter er wiederholt wird, um so sichtbarer prägt er sich nach außen aus; und so schließt die Physiognomik Lavaters konsequent, aber irrig, hemmungslos aus dem Äußeren auf den Charakter. »Moralisch-schöne Zustände nun, haben zu folge dessen, was wir oben gesagt haben, schönen Ausdruck. Dieselben Zustände, tausendmal wiederholt, machen also bleibende schöne Eindrücke auf das Angesicht. Moralisch-häßliche Seelenzustände haben häßlichen Ausdruck. Kommen sie nun oft und immer wieder vor, so machen sie bleibende häßliche Eindrücke ... Die Schönheit und Häßlichkeit des Angesichts, hat ein richtiges und genaues Verhältnis zur Schönheit und Häßlichkeit der moralischen Beschaffenheit des Menschen. Je moralisch besser; desto schöner. Je moralisch schlimmer; desto häßlicher.«

In der Gesellschaft brach damals geradezu eine Sucht aus, Gesichtsprofile nach der Physiognomik Lavaters deuten zu lassen – so wie man heute, mit etwas mehr Berechtigung, die Handschrift deuten läßt, um Aufschluß über den Charakter zu erhalten. Glücklicherweise wurde Lavaters Physiognomik nie zur Staatsdoktrin. Es ist nicht auszudenken, welches Unglück sie über die Menschen gebracht hätte, wenn diese Pseudowissenschaft zur Beförderung der Menschenliebe dazu benutzt worden wäre, moralisch minderwertige Menschen an ihrem Äußeren zu erkennen und sie aufgrund ihres Äußeren zu diffamieren und diskriminieren. Eine Ahnung davon bekommt man, wenn man Goebbels' antisemitische Propagandafilme ansieht. Die Gettoaufnahmen in *Der ewige Jude* zeigen arme, hungrige, zerlumpte, verängstigte, in unwürdige Le-

Charles Darwin (1809–1882), der Begründer der Wissenschaft von der Entwicklung alles Lebendigen; er erkannte in der natürlichen Auslese, im größeren Fortpflanzungserfolg der besser an ihre Umwelt Angepaßten, das Grundprinzip der Evolution.

bensverhältnisse zusammengezwängte Menschen, denen die Umstände es sehr schwer machen, ihrem Gesicht den Ausdruck der Schönheit zu verleihen. Die nationalsozialistische Propaganda gibt die von der nationalsozialistischen Politik so zugerichteten »unschönen« Gesichter als Beweis für das Untermenschentum der Juden aus: Seht, sagt sie, diese verkommenen Visagen! Sie verläßt sich darauf, daß der Zuschauer den lavaterschen Schluß ziehen wird: Wer so aussieht, muß moralisch minderwertig sein.

Die erste große Übersicht über Gestik und Mimik entstand 60 Jahre nach Lavater. Es ist Andrea de Jorios Bildwerk *Die Mimik der Alten, untersucht an der napolitanischen Gebärdensprache* aus dem Jahre 1832. Wie schon der Titel besagt, wurde hier die Mimik und Gestik der Napolitaner nicht um ihrer selber willen festgehalten und erforscht; ihre Erforschung war als Hilfsmittel beim Studium der Antike gedacht. Mithilfe des damals zeitgenössischen, gleichsam humanethologischen Befunds sollten die Gebärden auf antiken Gemälden, Fresken, Vasen und bei Statuen gedeutet werden. Ein erster internationaler Gebärdenatlas, der 20 gestische und mimische Schlüsselausdrücke um ihrer selbst willen erfaßt, wurde erst vor wenigen Jahren von Desmond Morris in Angriff genommen.

Versuche wie die Lavaters mußten hilflos bleiben, bestenfalls
Kataloge, solange man jeden Ausdruck als eine unveränderliche und
ewige Einrichtung des Schöpfers sah. Einen wissenschaftlich haltba-
ren Ansatz zum Verständnis etlicher elementarer körpersprachlicher
Signale brachte erst das Jahr 1859, in dem Charles Darwins
Entstehung der Arten erschien, also der Entwurf der Evolutionstheorie – seit Kopernikus' Lehre, die mit dem Glauben an die Erde als den
Mittelpunkt des Universums aufräumte, die größte Umwälzung im
Selbstverständnis der Menschheit überhaupt und in ihren Konsequenzen noch längst nicht bewältigt. Darwin selber widmete eines
seiner späteren Werke dem *Ausdruck der Gemütsbewegungen bei
dem Menschen und den Tieren* (1872). Es stellte für die elementaren
Ausdrucksbewegungen der Gefühle die Frage zum ersten Mal
richtig, indem es davon ausging, daß sie als stammesgeschichtliche
Anpassungen zu verstehen seien; nur war Darwins Anschauungsmaterial noch viel zu karg, als daß er gleich das erschöpfende
Standardwerk hätte schreiben können.

Das Hauptmaterial – die sozialen, zeitlichen, ethnischen Unterschiede in unserer Gebärdensprache – wurde in unserem Jahrhundert von der Volkskunde, der Ethnologie und der Kulturanthropolo-

Drei Männer, die die Methoden der Verhaltensforschung auf den Menschen anwandten: Konrad Lorenz (geboren 1903), Nobelpreisträger, Pionier der Ethologie, mit Graugänsen in dem von ihm gegründeten Max-Planck-Institut für Verhaltensphysiologie in Seewiesen bei Starnberg (links); sein Schüler Irenäus Eibl-Eibesfeldt (geboren 1928) bei Filmaufnahmen in einem Buschmann-Dorf in Südafrika (Mitte); Desmond Morris (geboren 1928), Schüler des Verhaltensforschers Niko Tinbergen, beim Gestenstudium auf der Insel Malta (rechts).

gie zusammengetragen. Erst die heutige vergleichende Verhaltensforschung, die Ethologie, die ein Zweig der Biologie ist, hat die Brücke von der Kulturanthropologie zur Evolutionstheorie geschlagen und vor allem in den letzten zehn, 15 Jahren einen ganzen Berg von Erkenntnissen auch über das körpersprachliche Verhalten zutage gefördert.

Zu nennen ist hier vor allem Irenäus Eibl-Eibesfeldt, ehemals Schüler von Konrad Lorenz, dem Pionier der Ethologie. Eibl-Eibesfeldt leitet heute die Forschungsstelle für Humanethologie am Max-Planck-Institut für Verhaltensphysiologie bei Starnberg. Zu nennen ist auch der britische Zoologe, Kunstexperte, Maler, Fußballfunktionär und Schriftsteller Desmond Morris, ein ehemaliger Schüler des anderen Pioniers der Verhaltensforschung, Niko Tinbergen. Beiden ist das Beobachten wichtiger als die Theorie; Eibl-Eibesfeldt studiert vor allem das Verhalten von Naturvölkern, Morris das des westlichen Zivilisationsmenschen.

In den USA versucht Ray L. Birdwhistell seit Anfang der fünfziger Jahre dieses Jahrhunderts, aus dem Studium der Körpersprache eine strenge, exakte Wissenschaft zu machen, eben die *Theorie der nichtverbalen Kommunikation.* Birdwhistell analysiert die Körpersprache als ein Gegenstück zur verbalen (gesprochenen) Sprache. So wie die verbale Sprache sich zusammensetzt aus kleinsten sinnunterscheidenden Lauteinheiten, den Phonemen, sieht Birdwhistell die Körpersprache aus kleinsten bedeutungsverändernden Bewegungseinheiten zusammengesetzt, die er *Kineme* nennt; die von ihm begründete Wissenschaft nennt sich Kinesik, Bewegungskunde. Im Repertoire des Durchschnittsamerikaners befinden sich Birdwhistell zufolge etwa 50 bis 60 solcher Kineme; reichlich die Hälfte von ihnen sind Bewegungen des Gesichts und Kopfs. Einzelne Kineme verbinden sich zu elementaren Bewegungsfolgen, die wiederum den Wörtern der verbalen Sprache entsprechen; und aus den wörterähnlichen Bewegungsfolgen werden Gefüge, die ihre Entsprechung in dem verbalen Satz haben. Die Körpersprache hätte dieser Theorie zufolge also eine Art Lexikon, ein Repertoire von Bedeutungseinheiten, und sie hätte ein System, das die Verbindung dieser Einheiten regelt, eine Syntax. Birdwhistells Kinesik versteht sich als eine Linguistik der Körperbewegungen.

Nun ist es bisher nicht gelungen, so etwas wie eine Grammatik der Körpersprache zu entwerfen. Der Schweizer Volkskundler Arnold Niederer beanstandet darüber hinaus mit Recht, daß Birdwhistell sich vornehmlich für die Beziehungsstruktur der Körperbewegungen interessiert, nicht aber für ihre Bedeutung. Und da ihm die Bedeutungen gleichgültig sind, fragt er auch nicht nach der Herkunft der Bewegungen, im Unterschied zur Kulturanthropologie und zur Humanethologie, die sich besonders für kultur- und stammesgeschichtliche Ableitungen interessieren. Immerhin hat Birdwhistell ein Notationssystem eingeführt, mit dessen Hilfe in einer Art Kurzschrift festgehalten werden kann, welche mimischen und gestischen Veränderungen sich am Körper eigentlich ereignen.

Die Vergangenheit in uns

Um den Beitrag zu verstehen, den die Verhaltensforschung zum Verständnis der Psyche des Menschen und auch seiner körpersprachlichen Signale geleistet hat, muß zunächst Klarheit über ein paar Grundbegriffe bestehen.

Unausrottbar scheint die Vorstellung, Darwin habe gelehrt, der Mensch stamme von irgendeinem der heutigen Affen ab. In Wahrheit bewies der Darwinismus unter anderem, daß Mensch und heutige

24

Menschenaffen über gemeinsame Vorfahren miteinander verwandt sind; die Menschenaffen sind die nächsten Verwandten des Menschen unter allen Tieren. Bösartiger ist die Entstellung der Evolutionstheorie zum Sozialdarwinismus. Er greift Darwins in einem ganz speziellen Sinn gemeinte Formel vom »Kampf ums Dasein« und vom »Überleben des Tüchtigsten« auf und überträgt sie umstandslos als Imperativ auf die menschliche Gesellschaft. In ihr herrsche ein Kampf aller gegen alle, in dem die »Tüchtigsten« – die Stärksten, Gewandtesten, Listigsten – naturnotwendig die Privilegien erringen; und damit geschehe allen Recht.

Nun ist der »Tüchtigste« oder »Geeignetste« im Darwinschen Sinn lediglich der, der mehr fortpflanzungstüchtige Nachkommen hinterläßt als die anderen. Und ohne den beständigen Kampf in der Natur beschönigen zu wollen, wo ein Organismus überlebt, weil er einen anderen frißt, ist doch offenbar, daß innerhalb der einzelnen Arten der rücksichtslose Kampf aller gegen alle keineswegs die grundlegende Überlebensstrategie der Lebewesen ist. Die Natur hat vielmehr auch soziales Verhalten hervorgebracht. Geselligkeit, Kooperation, Bindungen erst ermöglichen die volle Entfaltung der tierischen Lebensformen. Im populären Verständnis aber hat der Darwinismus noch immer mit dem Irrtum zu kämpfen, der in ihm eine wissenschaftliche Rechtfertigung menschlicher Skrupellosigkeit sehen will.

Der Darwinismus erklärt die unterschiedlichen Formen, die das Leben auf der Erde angenommen hat, aus einem unendlich langsamen und mühsamen, ziellos ins Ungewisse gerichteten Prozeß von Versuch und Irrtum, *Evolution* genannt. Lebewesen reproduzieren sich, und beim Kopieren des in den Genen codierten elterlichen Bauprogramms unterlaufen der Chemie manchmal geringfügige Fehler, Mutationen genannt. In irgendeinem Merkmal weicht der Nachkomme dann von den Eltern ab. Meist sind die Mutanten unbrauchbar und verschwinden wieder; zuweilen aber kommt es vor, daß eine Mutante in einer bestimmten Umwelt einen Überlebens- und Fortpflanzungsvorteil aufweist; dann wird sie sich wahrscheinlich gegenüber dem nichtmutierten Merkmal durchsetzen. So entwickeln sich Abwandlungen in abgegrenzte Umwelten, in »ökologische Nischen« hinein, die ihnen eine Lebensmöglichkeit freilassen. Anders gesagt, die Lebensformen erschließen sich durch allmähliche Veränderungen, Anpassungen immer neue Existenzmöglichkeiten. Eben dies ist die *Selektion*, die natürliche Auslese: der statistische Fortpflanzungsvorteil, den die an eine bestimmte Umwelt besser angepaßten Mutanten genießen. Die Auslese hat die Auffächerung, die Spezialisierung, die »Speziation« der Lebewesen zu ihrem heutigen Reichtum bewirkt, und sie wirkt fort.

Untersucht man die Formen einzelner Merkmale bei den Arten, so stößt man auf Ähnlichkeiten. Sie können purer Zufall sein. Sind sie das nicht, so gibt es nur zwei Möglichkeiten. Entweder ist irgendein Problem der Umweltbewältigung von verschiedenen Arten unabhängig voneinander ähnlich gelöst worden; dann handelt es sich um eine *Analogie*, auch konvergente Anpassung genannt. Oder aber es ist im Laufe der Stammesgeschichte ein Merkmal aus dem anderen hervorgegangen, oder beide gehen auf eine gemeinsame frühere Form zurück; dann spricht man von einer *Homologie*. Das gilt für körperliche Merkmale so gut wie für Verhaltensweisen, für genetisch wie für kulturell weitergegebene Figuren.

Wenn man bei unseren nächsten Verwandten unter den Tieren, den Schimpansen, beobachtet, wie sie bei spielerischen Raufereien kurze Keuchlaute ausstoßen und dazu ein typisches Gesicht mit geöffnetem Mund machen, wenn man also bei ihnen etwas dem menschlichen Lachen Ähnliches in einer ähnlich vergnüglich-spielerischen Situation vorfindet, so liegt der Verdacht nahe, daß das Lachen des Menschen und das Spielgesicht des Menschenaffen sich nicht bloß zufällig ähneln, daß sie auch nicht unabhängig voneinander entwickelt wurden, sondern daß sie auf eine gemeinsame Wurzel bei den gemeinsamen Ahnen zurückgehen, daß es sich hier also um eine Homologie handelt.

Die geläufigste Analogie ist sicher die des Linsenauges, das unabhängig voneinander bei Tintenfischen und bei Wirbeltieren entstanden ist. Die Ahnen dieser Organismen standen vor der Aufgabe, Methoden zu entwickeln, mit deren Hilfe sie etwas über ihre Umwelt in Erfahrung bringen konnten. So jedenfalls scheint es nachträglich. In Wahrheit setzt sich die Evolution kein Ziel. Es sind vielmehr einfach jene Lebewesen im Vorteil, die an eine gegebene Situation etwas besser angepaßt sind, die also beispielsweise ein wenig besser erkennen, was um sie her vorgeht, und sich ein wenig besser darauf einstellen können. Zu den Informationen, die die irdische Umwelt aussendet, gehören die elektromagnetischen Strahlen des Sonnenlichts, die von den verschiedenen Dingen verschieden stark und in verschiedener Wellenlänge zurückgeworfen werden. Im Vorteil waren jene Tiere, die eine Empfindlichkeit für diese Strahlen, in dem für Menschen wahrnehmbaren Bereich Licht genannt, entwickeln konnten; und schließlich, auf höheren Entwicklungsstufen, jene, die lernten, mithilfe einer Linse ein verkleinertes Abbild der Umwelt auf ihrer Netzhaut zu empfangen. Die Tiere lernten sehen; einige lernten auch die Wellenlängen der Lichtstrahlen unterscheiden, also Farben sehen.

Der einzige Beitrag der Verhaltensforschung, der es geschafft hat, das öffentliche Bewußtsein tief zu beeindrucken, so tief wie seinerzeit der von der Psychoanalyse entdeckte Ödipuskomplex, ist die von Konrad Lorenz so liebevoll beschriebene Monogamie der Graugänse. Genau genommen, ist sie so absolut nicht: 40 Prozent der Ganter haben außereheliche Beziehungen, was Anlaß gab zu der Pointe: »Gänse sind auch nur Menschen.« Trotzdem wurde diese Monogamie in einer Zeit gewisser Libertinage anscheinend irgendwie als Vorwurf empfunden. Tatsächlich hatte Lorenz keine stammesgeschichtliche Verwandtschaft zwischen Gänse- und Menschenehen, also keine Homologie beschrieben, aber auch keine bloß zufällige Übereinstimmung, sondern eben eine konvergente Verhaltensanpassung, eine Analogie. Die Übereinstimmung bedeutet also nicht etwa, daß die Treue von Mensch und Gans, soweit vorhanden, auf einen gemeinsamen Vorfahren zurückgeht, der in diesem Fall eine treue Echse sein müßte; ebensowenig, daß etwa Mensch und Graugans voneinander abgeguckt hätten; und auch keineswegs, daß der Mensch sich irgendwie natürlicher verhält, wenn er eheliche Treue übt, da die Natur sie ja im Falle der Graugans auch hervorgebracht hat, uns als lehrreiches Beispiel. Die Analogie besagt nur: Ein bestimmtes Problem, nämlich das der Aufzucht der Jungen, wird unter gewissen ökologischen Umständen von einem Gänsevogel auf ähnliche Weise gelöst wie in einigen menschlichen Kulturen. Dies ist kein bloßer Zufall, denn die »Lebensgemeinschaft« der Eltern erfüllt hier wie dort einen ähnlichen Zweck. Die Graugans ist mithin keineswegs das, als was sie heute weithin gefürchtet und darum bespöttelt wird: eine Art natürliches Vorbild. Die Natur wartet mit vielerlei Arten der Partnerbeziehung auf, alle auf ihre Art offenbar zweckmäßig, sonst gäbe es sie nicht, und keine ist dabei, die dem Menschen von vornherein und immer gemäßer wäre. Die Graugans ist kein Beweis dafür, daß unsere Erbmasse etwas von Monogamie wissen muß. Wer Analogien und Homologien unterscheiden kann, darf sich die Gewissensbisse sparen.

Die Handlung wird zum Ritual

Wichtig und unentbehrlich unter den biologischen Begriffen ist der Begriff der *Ritualisierung,* wenn man das Zustandekommen unserer Körpersprache verstehen will. Er meint die Stilisierung, die Schematisierung eines Verhaltens zum Signal. In den einzelnen Wissenschaften bezeichnet das Wort Ritualisierung sehr verschiedene Dinge, die nicht verwechselt werden sollten.

Für die Anthropologie sind Riten Zeremonien, mit denen eine Gesellschaft wichtige Ereignisse feiert, wiederkehrende Jahresphasen etwa wie die Ernte oder die Sonnenwende oder Einschnitte im Leben des einzelnen wie die Menarche, die Aufnahme der jungen Männer in die Erwachsenengesellschaft, Hochzeit, Geburt und Tod.

Die Psychiatrie versteht unter Ritualisierungen die wiederkehrenden Zwangshandlungen Geisteskranker, wie zum Beispiel den Waschzwang.

Für die Psychologie ist die Ritualisierung eine im Laufe der Lebensgeschichte erworbene abkürzende Festlegung bestimmter periodischer Handlungsabläufe, eine »kreative Formalisierung« (Erik H. Erikson), die uns hilft, ambivalente Situationen durch Rückgriff auf vertraute Verhaltenskonstanten zu überwinden. Eine solche Ritualisierung ist zum Beispiel die feste Form, die die morgendliche Begrüßung von Mutter und Kind annehmen kann; unser ganzer Alltag verläuft weitgehend ritualisiert, in automatisch gewordenen Verhaltensweisen. Eben darum ist er »Alltag« – das Gewohnte, das keiner Neuerfindungen bedarf.

Für die Religionswissenschaft ist der Ritus der kultische Brauch zur Beeinflussung der Gottheiten, das Ritual eine Gesamtheit des kultischen Brauchtums einer Religion.

Die Verhaltensforschung gebraucht den Begriff in einem eigenen Sinn. Er wurde 1914 von dem englischen Biologen Julian Huxley eingeführt, als er aufzeigte, wie beim Haubentaucher bestimmte Bewegungsweisen ihre ursprüngliche Funktion verlieren und zu selbständigen Zeremonien umgebildet werden. Sehr anschaulich hat Konrad Lorenz bei einigen Entenvögeln eine Ritualisation beschrieben: Ein Angriff auf einen Feind, nach dem die Angreiferin schutzsuchend zu ihrem Erpel zurückeilte, wurde bei der Rostente zu einem Aufhetzen des Erpels, bei der Stockente zu einer »Aufforderung zu dauernder Verpaarung« ritualisiert – auf menschliche Verhältnisse übertragen: Eine Attacke wurde im einen Fall zum Signal »Auf in den Kampf!«, im anderen zu einem Heiratsantrag ritualisiert. Eine ursprünglich funktionelle Verhaltensweise also erhält Signalwert; sie kann all die den jeweiligen Umständen angepaßten Zufälligkeiten einer funktionellen Handlung abstreifen, sich auf die notwendigste Andeutung beschränken und diese verdeutlichend übertreiben. Durch die Ritualisierung von Kämpfen ersparen sich manche Spezies viel Blutvergießen: Statt wirklich zu kämpfen, tragen die Tiere sozusagen nur noch sportliche Wettbewerbe aus, »Kommentkämpfe«.

Einen ernsten und dennoch unblutigen Rivalenkampf, die Absetzung eines dominanten Männchens, schildert die Schimpansenforscherin Jane van Lawick-Goodall so:

»Goliath begann..., eines seiner wilden Imponier-Schauspiele in Szene zu setzen. Er mußte Mike gesehen haben; denn er ging, einen großen Zweig hinter sich herziehend, geradewegs auf ihn zu. Dann sprang er auf einen Baum, der dicht bei Mikes Baum stand, und verhielt sich still. Einen Augenblick lang starrte Mike zu ihm hinüber, bevor auch er mit dem Imponieren begann, die Äste seines Baums schüttelte, sich herabschwang, ein paar Steine schleuderte und schließlich in Goliaths Baum kletterte und nun dort an den Ästen rüttelte ... ein paar faszinierende Augenblicke lang schüttelten die beiden kräftigen Schimpansenmännchen Seite an Seite die Zweige, daß ich glaubte, der ganze Baum werde zu Boden krachen. Aber schon im nächsten Augenblick sprangen die beiden herab und setzten ihr Imponieren im Unterholz fort ... von Mal zu Mal wurde ihr Gehabe wilder und spektakulärer... Plötzlich, nach einer besonders langen Pause, schien Goliaths Widerstand gebrochen. Er lief auf Mike zu, duckte sich neben ihn mit lauten, nervösen *pant-grunts* nieder und begann ihn mit fieberhafter Intensität zu lausen. Zunächst schien ihn Mike überhaupt nicht zur Kenntnis zu nehmen; dann plötzlich wandte er sich um und lauste seinen besiegten Rivalen mit einem Eifer, der dem Goliaths kaum nachstand. Über eine Stunde saßen sie da und pflegten einander pausenlos das Fell.«

Die Begegnung von zwei Stammesgruppen der Nambikwara im

S. 30 f.: Die Ritualisierung der Bitt- und Betgebärde: ein futterbettelnder Schimpanse, bettelnde marokkanische Kinder, ein betender indischer Moslem, ein betender Hindu im Ganges, eine betende katholische Nonne in Rom, eine betende Westfalin – die bittende Hand ist zunächst der erwarteten Gabe entgegengestreckt, dann dem göttlichen Luftgeist, schließlich wird der Gott im eigenen Inneren angefleht, und von der ursprünglichen Bettelgeste bleibt nur noch ein kaum mehr identifizierbares, streng kodifiziertes Rudiment.

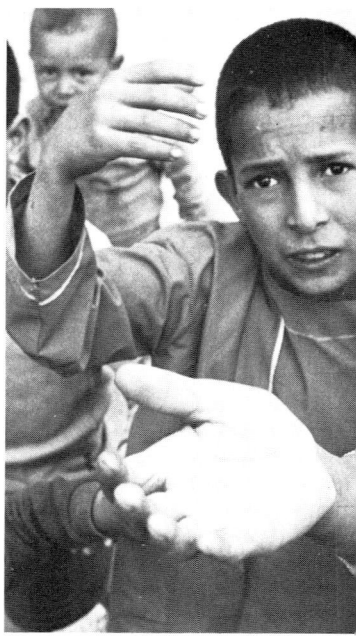

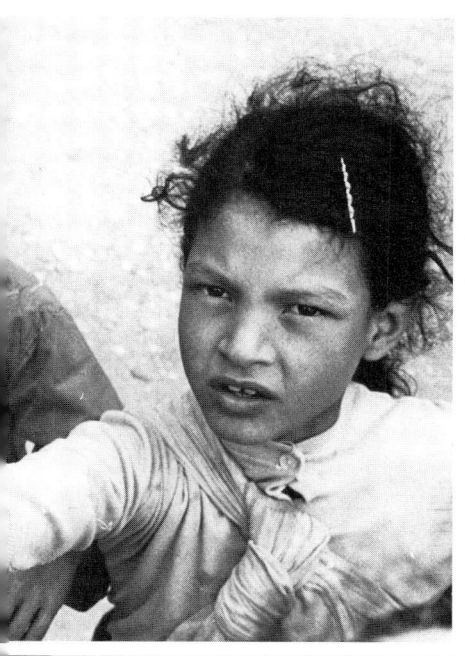

brasilianischen Urwald beschreibt der französische Anthropologe Claude Lévi-Strauss folgendermaßen:

»Die Nacht war noch nicht weit fortgeschritten, als die mit den Gesängen vermischten Diskussionen sich zu einem Höllenlärm steigerten, dessen Bedeutung mir entging. Es kam zu drohenden Gebärden, zuweilen auch zu Handgreiflichkeiten, während andere Eingeborene zu vermitteln suchten. Alle Drohungen beschränken sich auf Gesten, welche die Geschlechtsteile betreffen. Ein Nambikwara bringt seine Antipathie dadurch zum Ausdruck, daß er sein Glied in beide Hände nimmt und es auf den Gegner richtet. Diese Geste ist das Vorspiel für einen Angriff auf die so bezeichnete Person, als wolle man ihm den *buruti,* das Strohbüschel entreißen, das vorn am Gürtel befestigt ist und über seinen Geschlechtsteilen hängt... Diese Handlung ist rein symbolischer Natur, da das männliche Kleidungsstück so schwach und klein ist, daß es die Organe weder schützt noch verbirgt... Diese Raufereien können in einen allgemeinen Konflikt ausarten; aber diesmal beruhigten sich die Gemüter bei Tagesanbruch. Immer noch im selben Zustand offenkundiger Erregung und mit nicht gerade sanftmütigen Gesten begannen nun die Gegner, sich gegenseitig zu untersuchen... Diese Versöhnungsinspektion bedeutet das Ende des Konflikts.«

In beiden Fällen lag eine ernste Feindseligkeit vor. In beiden Fällen wurde der Konflikt symbolisch ausgetragen und beendet. In beiden Fällen wurde aggressives Verhalten ritualisiert.

Ritualisierungen bei den Tieren werden genetisch festgehalten und weitergegeben; aber auch bei kulturellem menschlichen Verhalten läßt sich sinnvoll von Ritualisierungen sprechen.

Eine verbreitete Grußgebärde, besonders im militärischen Bereich, ist die Bewegung der Hand zum Kopf. Sie dürfte zurückgehen auf die Gebärde des mittelalterlichen Ritters, mit der er den Helm seiner Rüstung absetzte, ehe er sich freundlich mit jemandem unterhalten konnte. Aus dem Helmabnehmen wurde ein Hutziehen, eine zackige Bewegung der Hand ans Käppi und ein legerer ziviler Schlenker der Hand in Richtung Kopf. Anders gesagt: Der Handgruß ist ein ritualisiertes Hut- und Helmabnehmen.

In diesem Sinn läßt sich das lehrerhafte Drohen mit dem Zeigefinger als ein ritualisierter Stockhieb bezeichnen. Der Schlag mit der Faust auf den Tisch ist eine ritualisierte Verprügelung des Gegners. Das Achselzucken ist das ritualisierte Abschütteln einer Last.

Die griechische *moutza,* eine Beschimpfungsgeste, bei der den

Beschimpften die Handfläche mit gespreizten Fingern entgegengestreckt wird, ist ein ritualisiertes Bewerfen mit Dreck; sie geht zurück auf die Handbewegung, mit der einst den durch die Straßen geführten Verbrechern Kot ins Gesicht geworfen wurde.

Der Kuß (der auch bei Schimpansen als Geste der Zuneigung vorkommt) ist ein schon von unseren vormenschlichen Ahnen aus der Kinderaufzucht abgeleitetes und in der Folgezeit ritualisiertes Mund-zu-Mund-Füttern, bei dem ursprünglich das Muttertier seinen Jungen vorgekaute Nahrung in den Mund schob.

Die Verbeugung, der Bückling, der »Diener« des deutschen Knaben von gestern wie der Knicks des deutschen Mädchens ist eine ritualisierte Unterwerfungs- und damit Beschwichtigungshandlung, eine schwache und formalisierte Selbsterniedrigung.

Auch nichterbliche, rein kulturell hervorgebrachte und tradierte Verhaltensweisen haben also eine Tendenz, sich im Dienste der Signalwirkung mit der Zeit abzuschleifen und zu verdeutlichen. Ihre ursprüngliche Bedeutung kann dabei ganz in Vergessenheit geraten. Unsere Körpersprache bewahrt einen Teil unserer kollektiven (genetischen wie kulturellen) Vergangenheit, der uns als Individuen längst in Vergessenheit geriet.

Das trügerische Gegensatzpaar

Wenn die Verhaltensforschung manche der Eigenarten im Benehmen des Menschen aus seiner Stammesgeschichte zu erklären unternimmt, so vergreift sie sich an einer in West und Ost gleichermaßen zäh verteidigten Doktrin, der *Milieutheorie*. Ihr zufolge kommt der Mensch sozusagen leer auf die Welt, eine Tabula rasa, die dann langsam von der Umwelt beschriftet wird. Was der Mensch wird, lehrt sie, wird er durch das Lernen: indem bestimmte Verhaltensweisen belohnt und verstärkt, andere bestraft, abgeschwächt und ausgemerzt werden. Ihr gegenüber behauptet die Humanethologie, von den Sozialtechnikern mit Vorliebe »Biologismus« geschimpft, daß viele Züge des menschlichen Verhaltens nur aus der menschlichen Stammesgeschichte zu erklären und im Erbprogramm angelegt sind.

Ein Buch von Irenäus Eibl-Eibesfeldt trägt den provozierenden Titel *Der vorprogrammierte Mensch;* Desmond Morris nannte sein erfolgreichstes Buch noch herausfordernder *Der nackte Affe.* Es waren zwei polemische, provozierende und provozierend gemeinte Titel. Seine Nacktheit ist nur eines von vielen Merkmalen, die den Menschen vom Menschenaffen unterscheiden, und unter diesen vielen nur das äußerlichste, sichtbarste. Das war dem Zoologen Morris, der bei Niko Tinbergen über *Homosexualität bei den zwölfzackigen Stichlingen* promoviert hatte (kein erheiterndes Phänomen dies, sondern eine von den Degenerationserscheinungen, zu denen es in der ordentlichsten Tiersozietät kommen kann, wenn sie an Übervölkerung leidet), natürlich völlig geläufig, so wie es Eibl-Eibesfeldt geläufig war, daß der Mensch kein Computer ist, dessen Verhaltensprogramm als Software im Speicher der Gene festgehalten wird. Sie nahmen das Risiko in Kauf, mißverstanden zu werden, um einer zwar nicht geleugneten, aber in ihren Konsequenzen verdrängten Wahrheit nachzuhelfen: daß der Mensch eine Stammesgeschichte hat, und daß sie nicht nur seine Anatomie und Physiologie, sondern auch sein Verhaltensrepertoire bis heute beeinflußt. Wir sind, die wir waren.

Tatsächlich legt die Verhaltensforschung Wert auf die Feststellung, daß der Mensch unter den Lebewesen dasjenige ist, das am allermeisten dazulernt; daß er die nichtgenetische Weitergabe seiner Fertigkeiten von Individuum zu Individuum, von Generation zu Generation weiter als jedes Tier entwickelt hat; daß er nur darum Kulturen hervorbringen und tradieren kann; daß er sich mit der Kultur eine »zweite Natur« (Eibl-Eibesfeldt) angemessen hat; und daß er auch seine vorgegebenen Antriebe zu einem hohen Grad zu modifizieren und zu kontrollieren vermag. Er ist kein Automat. Er lernt fabelhaft viel – aber, und da liegt der große Unterschied zur Milieutheorie, er lernt nicht alles gleich gern, gleich gut und gleich schnell, und vieles lernt er nie.

Wenn hier und in allem, was folgt, von »Kultur« die Rede ist, so ist damit nie gemeint, wovon die Feuilletons handeln: Literatur, Musik, Malerei, Plastik, Theater, Tanz, also nicht die Schönen Künste; auch nicht die Künste und Wissenschaften. Kultur, wie die Wissenschaften vom Werden des Menschen, Anthropologie und Biologie, sie verstehen, geht auch weit hinaus über den sogenannten »erweiterten Kulturbegriff« reformerischer deutscher Gesellschaftspolitik, der Architektur und Städtebau, Schule und Kindergarten und die Formen alltäglicher Geselligkeit, also neben dem Feierabend gerade auch die Umgangsformen des Alltags als Kultur begreift.

Kultur ist vielmehr die Gesamtheit der einer Gemeinschaft eigenen Techniken, Riten, Regeln, Wertsetzungen und Symbole

– das wichtigste, am deutlichsten kulturstiftende Symbolsystem dabei ist die Sprache –, die nicht genetisch verbreitet und weitergegeben werden, sondern erfunden, verabredet, mitgeteilt und gelernt. Kultur ist, was sich nicht auf dem sicheren, aber langsamen und relativ starren Weg der Vererbung erhält, sondern durch die nicht so zuverlässige, aber quicke Tradition. So verstanden, läßt sich Kultur in der heutigen komplexen Großgesellschaft, wo jede Gemeinschaft andere Gemeinschaften in sich enthält und ihrerseits in größeren Gemeinschaften enthalten ist, nicht mehr als ein kompaktes, einheitliches, flächiges Etwas verstehen. Kultur ist vieldimensional. Jeder gehört zahlreichen Kulturen an: der seines Stadtteils, seiner Landschaft, seines Staates, seines Sprachraums, seiner Konfession, seiner Sozialschicht, seiner Altersgruppe, jeweils in dem Maß, in dem er mit den entsprechenden Gemeinschaften Techniken, Riten, Regeln, Wertsetzungen und Symbole gemeinsam hat; und in jeder Kultur stecken unzählige andere Kulturen.

Bei der militanten Rivalität zwischen Milieutheorie und einer Disziplin, die der Vererbung eine wesentliche Rolle einräumt, konnte es nicht ausbleiben, daß die Milieutheoretiker sich bemüht haben, auch die von den Vererbungstheoretikern reklamierten Ausdrucksbewegungen aus Lernprozessen zu erklären. Der Streit ist teilweise entschieden, teilweise zwecklos, weil prinzipiell unentscheidbar.

Das anerkennende Schnalzen ist kein erbliches Signal, und niemand behauptet es. Hingegen gibt es eine Reihe von elementaren Ausdrucksbewegungen, die zweifellos erblich determiniert sind. Es sind insbesondere das Lachen, das Lächeln, das Weinen, der Ausdruck der Wut durch das Runzeln der Stirn und das Schmollen. Sie sind universell verbreitet. Sie werden, wie eine Untersuchung von Ekman, Sorenson und Friesen ergab, weitgehend auf Anhieb auch in solchen Kulturen verstanden, die keine Kontakte mit der sogenannten Zivilisation hatten. Sie stellen sich auch bei taubblind geborenen Kindern ein, die keinerlei Möglichkeit hatten, sie anderen abzusehen oder abzulauschen.

In unserer Körpersprache kommen älteste und allgemeinste neben jüngsten und sehr speziellen Signalen vor: das Sich-Krümmen und Schreien bei großer Angst und starken Schmerzen, das sicher auch für die ersten Primaten schon alt war, die sich vor 70 Millionen Jahren als eigene Ordnung aus der Klasse der Säugetiere abspalteten und, unseren heutigen Spitzhörnchen ähnlich, in die Bäume der Urwälder verzogen, neben einer Fingerbewegung wie der des Geldabzählens, von der die Gene nicht das geringste wissen.

Wo ein Signal auch bei taubblinden Kindern auftritt, sich universal antreffen läßt und eventuell sogar noch Parallelen bei nah verwandten Tieren hat, ist die Wahrscheinlichkeit in der Tat überwältigend groß, daß eine »Erbkoordination« vorliegt. Aber wie Morris richtig bemerkt hat: Daß eine solche Bewegung universell auftritt, beweist allein noch nicht ihre Erblichkeit, denn es könnte sich ja auch um eine in den einzelnen Kulturen unter dem Zwang der Gegebenheiten unabhängig voneinander entwickelte Bewegung handeln, eine Analogie. Genauso wenig beweist die Tatsache, daß eine Bewegung nicht universell vorkommt, daß sie auch nicht erblich ist, denn eine Erbkoordination kann hier und da durch die Kultur unterdrückt worden sein.

Wenn eine Verhaltensweise sich nicht gleich nach der Geburt zeigt, muß dies auch nicht gegen ihre Erblichkeit sprechen; ererbt könnte ihre spätere Entfaltung sein oder eine spezielle Lerndisposition, so wie die Fähigkeit, eine Sprache zu lernen, ererbt ist, und die Reihenfolge, in der sich der Spracherwerb vollzieht. Wir erröten einem attraktiven Wesen des anderen Geschlechts gegenüber erst schamhaft, wenn wir die Sexualreife erreicht haben; aber wir lernen das Erröten nicht, im Gegenteil, wir wünschen es zu verlernen.

Wer nur die Gegenwart im Blick hat, für den muß die Körpersprache (wie überhaupt vieles am menschlichen Verhalten) ein absurdes Kauderwelsch sein. Würden sämtliche Verhaltensmuster nur durch Lernen erworben, dann wäre nicht einzusehen, warum wir uns beim Grüßen zum Beispiel nicht auf die Füße treten, warum wir nicht gerade das Unterlassen einer Begrüßung als ein freundliches Verhalten ansehen, warum wir Sozialkontakte überhaupt mit einer Friedfertigkeitsbekundung einleiten, warum wir vor Trauer nicht aus dem Mund sabbern oder vor Freude mit den Ohren wackeln.

Lorenz (in seinem Vorwort zu Tiger/Fox, 1971) drückte es so aus: »Wie ein Kunsthistoriker zum Verständnis aller Eigenschaften einer Kathedrale, deren Bau sich über lange Zeit hinzog, der Kenntnis der Geschichte der Baukunst bedarf – und umgekehrt aus den Einzelheiten des Baues auf den Verlauf dieser Geschichte schließen kann –, so bedarf der Forscher gründlicher Kenntnis der Stammesgeschichte, um zum Verstehen des Menschen zu kommen.«

Was ein Tier einem anderen vorführt, um ihm irgendetwas zu verstehen zu geben, heißt in der Verhaltensforschung kurzerhand *Display* – das ist Schaustellung, Vorführung. Im folgenden sollen zunächst einige elementare menschliche Displays skizziert und nach ihrer Herkunft befragt werden.

Lächeln und Lachen

Kein anderes Zeichen, das wir uns außerhalb der Sprache geben, ist so häufig und für den geselligen Umgang der Menschen miteinander so unentbehrlich wie das *Lächeln.* Man muß sich nur irgendeine kleine Menschengruppe vorstellen, die beisammensteht und in der niemand den Anflug eines Lächelns zeigt: Schon nach kurzer Zeit hat man den Eindruck, daß hier Schlimmes im Gang ist. Das Lächeln ist unser ständig zu wiederholender Ausdruck der Friedfertigkeit; wir geben mit ihm zu verstehen, daß wir bereit sind, in geselligen Kontakt miteinander zu treten oder daß ein Kontakt, der versehentlich stattgefunden hat – ein Anstoßen des Nachbarn in einem überfüllten Bus, eine als Aggression zu deutende, aber nicht als solche gemeinte Äußerung –, friedfertiger Art war und nicht Anlaß zu weiterem Konflikt sein sollte. Womit bekundet das außerirdische Wesen in dem Film *Unheimliche Begegnung der dritten Art,* daß es den Menschen wohlgesonnen ist? Indem es seinen gesichtsähnlichen Auswuchs zu einem Lächeln verzieht. Jetzt weiß es jeder: Es ist uns gleich, es ist uns freundlich gesinnt.

Wie die anderen elementaren Ausdrucksbewegungen ist das Lächeln ererbt. Es ist universal. Einige Kulturen forcieren es, wie die japanische, die ihren Angehörigen einen Lächelzwang auch in Situationen auferlegt, in denen andere darauf verzichten. Andere Kulturen gehen sparsam damit um. Keine ersetzt es durch ein anderes Signal.

Ontogenetisch, also in der Entwicklung des Individuums, erscheint das Lächeln nicht sofort bei der Geburt, aber doch sehr bald danach. Manche Neugeborenen beginnen bereits zwölf Stunden nach der Geburt den Mund zu verziehen; meist tritt die Bewegung erst nach etwa einem Monat auf. Sie wird zunächst nicht von dem für das Lächeln typischen Zusammenziehen der äußeren Augenwinkel begleitet und scheint auch noch keinen spezifischen Sinn zu haben – es ist eine der verschiedenen »Vakuumtätigkeiten« des Säuglings. Nach 14 Tagen bis fünf Wochen, in der Regel in der dritten Lebenswoche, wird das Lächeln breiter, dauert länger, bezieht auch die Augenwinkel mit ein und wird hauptsächlich von der menschlichen Stimme, vor allem einer hohen Stimme ausgelöst. In der fünften Woche läßt die Wirksamkeit der Stimme nach; was jetzt am sichersten ein Lächeln beim Säugling hervorruft, ist das menschliche Gesicht. Auch eine Gesichtsattrappe wirkt; es kommt bei ihr vor allem darauf an, daß sie zwei augenartige Punkte besitzt. In den ersten Monaten lächelt der Säugling alle Gesichter an. Im fünften, sechsten Lebensmonat beginnt er, Menschen zu unterscheiden. Jetzt ist das Lächeln immer ausschließlich der Mutter (oder der mutterähnlichen »Bezugsperson«) reserviert; im sechsten, siebten Lebensmonat entwickelt das Kind geradezu eine Abneigung gegen Fremde. Ohne Zweifel ist das Lächeln das wichtigste Display der Bindung zwischen Mutter und Kind. Mit dem Lächeln belohnt der Säugling die Mutter dafür, daß sie sich mit ihm plagt; das heißt, es ist im Menschen von Natur her nicht nur die Fähigkeit des Lächelns angelegt und die Bereitschaft, auf ganz bestimmte Auslösereize mit einem Lächeln zu antworten; der Mensch ist von Natur aus auch so eingerichtet, daß es in ihm ein wohlig beruhigtes Gefühl erzeugt, wenn er angelächelt wird.

Ohne Zweifel gibt es heute einen stufenlosen Übergang zwischen Lächeln und Lachen. Die Wörter selbst besagen es bereits: das Lächeln ist ein »kleines Lachen«, eine Art Lachen im Diminutiv, nicht nur im Deutschen, auch in den romanischen Sprachen (sourire, sonrisa). Es gibt eine ineinanderfließende Reihe von Ausdrucksbewegungen, die vom leichten Hochziehen der Mundwinkel über ein Lächeln mit Auge und Mund, mit zunehmend entblößten Oberzähnen und den zaghaften Andeutungen eines begleitenden Geräuschs (zunächst einem hörbaren stoßweisen Ausatmen durch die Nase) bis zu einem lauten Lachen mit offenem Mund und konvulsivisch gekrümmten Körper reichen. Natürlich kann nicht jede dieser Ausdrucksbewegungen durch eine andere ersetzt werden; kein Mensch wird prustend herauslachen, wenn er auf einem Empfang einem Fremden vorgestellt wird. Man reagiert in der Lächeln-Lachen-Folge normalerweise nicht stärker, als es der Rahmen erlaubt. Aber je nachdem, wie zurückhaltend man bei der Kundgabe seiner Gemütszustände ist, kann man den schwächeren Ausdruck an die Stelle des stärkeren setzen. In einer Runde, in der Witze erzählt werden, werden einige schallend lachen, während andere der Situation mit einem Lächeln genügetun. Das Lächeln ist nicht primär Ausdruck der Amüsiertheit, oder auch nur milder Amüsiertheit, sondern Ausdruck der Friedfertigkeit; aber es kann unter anderem als Ausdruck milder Amüsiertheit verwendet werden.

Wenn Lächeln und Lachen auch gleitend ineinander übergehen, so daß man sie für verschiedene Abstufungen ein und desselben Displays halten könnte (und vielfach auch dafür hält, wie Konrad Lorenz in seinem Buch *Das sogenannte Böse*), so geht die überwiegende Meinung heute doch dahin, daß es sich phylogenetisch, also in

Die entwaffnende Wirkung des Lächelns wird auch durch martialische Aufmachung nur schwer zunichte gemacht – wie hier bei der königlichen britischen Garde.

der stammesgeschichtlichen Ableitung, um zwei verschiedene mimische Displays handelt, die etwa beim Schimpansen noch deutlich voneinander getrennt sind und sich erst im Laufe der Hominisation der Menschenaffen immer mehr näherten.

Die heute am weitesten akzeptierte Hypothese für die Entstehung von Lachen und Lächeln wurde 1972 von dem niederländischen Physiologen und Primatenforscher J.A.R.A.M. van Hooff entworfen. Als älteste Vorform des *Lächelns* identifizierte er das »vokalisierte Zahnentblößungs-Display«, das bei den meisten Säugetieren auftritt und stammesgeschichtlich der älteste (und bei manchen Säugetieren einzige) Gesichtsausdruck überhaupt ist. Die Tiere zeigen es, wenn sie bedroht werden. Es ist ein defensiver Gesichtsausdruck, häufig in Situationen, in denen das Tier fliehen möchte, aber aus irgendwelchen Gründen nicht fliehen kann. Bei den höheren Primaten ist es weniger an die Fluchtneigung gebunden und eher ein Signal für Frustration und Erregung. Das stimmlose, also nicht-voka-

Die schimpansischen Homologien zu unserem Lachen und Lächeln: das Mundoffen- oder Spielgesicht (links) und das Zahnentblößungsgesicht (geschlossenes Vollgrinsen, rechts).

lisierte Zahnentblößungsgesicht dagegen wird bei den höheren Primaten zu einem Gesichtsausdruck der Unterwerfung oder sogar der Beruhigung oder Zuneigung.

Weshalb konnte ausgerechnet ein Zähnezeigen, also ein Präsentieren der Waffen, zu einem so verbreiteten Defensivsignal werden? Möglicherweise gerade darum: Das Tier zeigt seine Waffen, aber indem es sie zeigt, gibt es auch zu verstehen, daß es sie nicht einsetzen wird. Nicht, daß es sich dergleichen überlegt: Es möchte sich einfach gleichzeitig durch Beißen wehren und die Flucht ergreifen, beißt also nicht wirklich zu; die dabei sich ergebende zwiespältige Bewegung konnte allmählich ein autonomes Defensivdisplay werden, das dann seine eigene Entwicklung nahm.

Van Hooff faßt seine Ableitung so zusammen: »Ursprünglich zunächst Teil eines hauptsächlich defensiven oder schützenden Verhaltensmusters, wird dieses Element zu einem Signal der Unterwerfung und Nicht-Feindseligkeit. Bei einigen Arten wird dieser Aspekt vorherrschend, so daß sich ein beruhigendes und schließlich freundliches Signal entwickeln kann... Unser menschliches Lächeln scheint bestens an das Ende dieser Entwicklung zu passen.«

Das *Lachen* dagegen hat eine andere Wurzel. Es ging hervor aus dem »Spielgesicht« einiger höherer Primaten, auch »entspanntes Mundoffen-Display« genannt: Der Mund ist offen, die Körper- und Augenbewegungen sind gelassen; zuweilen wird es von einem stoßhaften Atmen begleitet, und dieses Ausatmen wird bei einigen Arten, zum Beispiel beim Schimpansen, vokalisiert, so daß es sich wie »ah-ah-ah« anhört.

Bei den höheren Primaten gliedert man alles Verhalten in fünf grobe Gruppen: Erregung, Aggression, Unterwerfung, Geselligkeit und Spiel. Das Zahnentblößungsgesicht geht sehr deutlich und beständig einher mit Zuständen der Geselligkeit; das Mundoffen-Gesicht mit Zuständen des Spiels. Es ist ein Metasignal, das heißt ein Signal, welches den anderen zu verstehen gibt, daß die sonstigen im Augenblick gezeigten Signale in einem bestimmten Sinn zu verstehen sind: in diesem Fall eben als Spiel. Wenn das Tier ein anderes angreift, aber dazu das Spielgesicht macht, wissen die anderen: Dieser Angriff ist nicht ernst gemeint.

Der Engländer N. G. Blurton-Jones hat untersucht, wann Lachen, Lächeln und Weinen bei Kindern auftreten. Seine Ergebnisse sind völlig in Einklang mit van Hooffs phylogenetischer Hypothese. Im Kindergartenalter tritt Lachen hauptsächlich im Zusammenhang mit heftigem und bewegtem Spiel auf; Gelächter ist der typische Begleitausdruck bei Raufspielen, Lächeln bei »sozialen Interaktionen« (es gibt leider kein anderes Wort, das alle Arten zwischenpersönlichen Handelns umfaßte; darum ist es auch hier unvermeidbar).

Eibl-Eibesfeldt zufolge ist die tiefste Wurzel des Lachens (und das widerspricht van Hooffs Hypothese keineswegs, sondern verfolgt das Phänomen lediglich noch weiter in die Vergangenheit zurück) das »Hassen«: einer bei vielen Tierarten anzutreffenden gemeinschaftlichen Drohung gegen Feinde, die sich bei manchen Affenarten aus Zähneblecken und rhythmischen Drohlauten zusammensetzt. Eine abweichende Ansicht vertritt Desmond Morris. Er sieht die Vorformen des Lachens in einer »magischen Kombination«, einer Mischung aus ängstlichem Geschrei und glucksendem, beruhigtem Erkennen der Eltern; sie drückt zugleich Angst aus, aber auch die Beruhigung der Angst. So, meint er, bildete sich ein autonomes Signal mit dem Inhalt »entschärfte Gefahr«. Eibl-Eibesfeldt also sieht die Ursprünge des Spielgesichts in einem aggressiven, Morris in einem defensiven Verhalten; gemeinsam führen sie es auf Displays in Situationen gemeisterter Gefahr zurück.

Sicher ist im Lachen, im Unterschied zum Lächeln, ein aggressives Moment auch beim Menschen noch enthalten. Lorenz wies in seinem Buch *Das sogenannte Böse* darauf hin: »Wenn mehrere naive Menschen, etwa kleine Jungen, *zusammen* einen oder mehrere andere, nicht zu ihrer Gruppe gehörige ›aus‹-lachen, enthält die

Reaktion ganz wie andere neuorientierte Befriedungsgesten erheblich viel Aggression, die nach außen hin, auf Nicht-Mitglieder der
Gruppe gerichtet ist.« Philosophen (wie Bergson) und Psychologen
(wie Freud) haben viel über das Wesen des Witzes und Humors
nachgedacht. Zu einem Teil aber besteht das Wesen des Witzes
einfach darin, daß er uns symbolische, also unwirkliche Situationen
beschert, in denen wir eben wegen ihrer Unwirklichkeit und
Ungefährlichkeit andere ungehemmt auslachen können.
Es gibt erschreckende Fotografien, die die ganze phylogenetische
Ableitung des friedfertigen Lächelns in Frage zu stellen scheinen.
Man sieht auf ihnen Gruppen von Lynchern, von denen einige
lächeln, während andere damit beschäftigt sind, jemanden zu foltern
oder zu morden. Aus der Zeit der deutschen Judenvernichtungen
gibt es Fotos, auf denen lächelndes uniformiertes Personal zu sehen
ist, unter dessen Bewachung die Opfer in den Tod geschickt werden.
Noch erschreckender sind Filmaufnahmen aus den Gettos, in denen
auch die Opfer lächeln, entweder weil es ihnen befohlen wurde oder
aber einfach weil sie merkten, daß sie in den Aufnahmebereich der
Filmkamera traten und automatisch die Beschwichtigungsmiene
machten. Für »unpassendes« Lächeln hat die Sprache ein anderes
Wort reserviert: Grinsen. Ein *Grinsen* ist ein übertriebenes, gleichsam parodiertes Lächeln, bei dem beispielsweise das typische
Zusammenkneifen der äußeren Augenwinkel unterbleibt; als Grinsen aber bezeichnen wir auch einfach ein Lächeln, das in seiner Form
völlig normal ist, aber nicht in den Zusammenhang gehört, in dem
eigentlich eine Miene des Bedauerns, des Schutzes zu erwarten wäre.
Das Grinsen der Täter macht diese Fotos so erschreckend. Ihr
Lächeln tut so, als handle es sich um eine harmlose, ja freundliche
Situation. Heißt das, daß das Lächeln hier ein Ausdruck der
Aggression ist? Mir scheint, dies wäre eine ganz falsche Deutung. Die
hier lächeln, lächeln nicht aus Aggressivität. Sie lächeln, weil sie
davon überzeugt sind, daß ihre Opfer nicht Menschen ihresgleichen
sind, sondern »Ungeziefer«, »Ratten«, »Läuse«, »Elemente«, die zu
vertilgen und auszumerzen ruhmreich ist. Sie stehen da als grauen-
volle Kammerjäger, die erfolgreich eine ihnen als notwendig
eingeredete Arbeit tun. Aber vielleicht nehmen sie sich selber diese
Deutung ihres Tuns doch nicht ganz ab: Dann haben sie es um so
nötiger, sich gegenseitig zuzulächeln, um einander der geselligen

*Lächelnde deutsche Uniformierte und gedemütigte Juden in einem osteuro-
päischen Getto.*

42

Übereinstimmung und des Beistands zu versichern, sich Mut zu machen. Mithilfe ihres Lächelns überspringen sie die Unerträglichkeit der Situation. In der Arroganz dieses Lächelns steckt, bestenfalls, ein Rest Verlegenheit. Es deutet auf eine letzte Spur von Hemmung.

Niemand seit Darwin scheint sich Gedanken über das *Kitzeln* gemacht zu haben. Warum dieses gepeinigte Lachen, wenn man gekitzelt wird? Säuglinge und Kleinkinder lassen sich gern kitzeln; ebenso die Menschenaffen, die häufig darum betteln, gekitzelt zu werden. Der Kitzelreflex tritt nicht an sämtlichen Körperstellen gleichmäßig auf, sondern vor allem oder ausschließlich an Körpergegenden, die normalerweise nicht angefaßt werden: unter den Achseln, an den Fußsohlen, am Rumpf. Das Kitzeln ist nicht irgendein Anfassen, sondern ein ganz bestimmtes: schnelle Bewegungen mit spitzen Fingern, die nicht genau vorhersehbar sind – ein ruhiges Streicheln löst den Reflex normalerweise nicht aus; eine Ankündigung des Kitzelns verringert den Reflex; sich selber kann man gar nicht kitzeln. In der frühesten Kindheit ist das Kitzeln offenbar eine der erwünschten Formen des Körperkontakts. Es ist eine der frühesten Arten des Spiels. Das Kind ist so programmiert, daß es spielerische Situationen mit Lachen beantwortet; es ist nicht ausgeschlossen, daß nicht nur die Verbindung Spiel-Lachen, sondern sogar die Verbindung Kitzeln-Lachen mit der Erbausstattung vorgegeben ist. Ob das der Fall ist oder ob sie gelernt wird, jedenfalls stellt sich ein Reflex ein, der Kitzeln mit Lachen quittiert.

Die Situation ändert sich, wenn das Kind mit etwa drei Jahren allmählich seinen Bedarf an Körperkontakt vermindert und zunehmend autonom wird, wenn es selber darüber bestimmen will, wann es welche Art von Körperkontakt sucht. Jetzt wird das Kitzeln immer mehr als unangenehm und schließlich als fast unerträglich empfunden: eine aggressive Handlung gegen den eigenen Körper. Unangenehm ist einmal die spielerisch aggressive Art der Berührung selbst; unangenehm ist aber besonders, daß sie gegen den eigenen Willen einen Reflex auslöst, den eigenen Körper also zu einem von einem Fremden bedienten Mechanismus macht. So kommt es, daß für den Erwachsenen Kitzeln eine regelrechte Folter sein kann, im Dreißigjährigen Krieg etwa vollstreckt an des Simplicissimus Vater: »Dann setzten sie ihn zu einem Feuer, banden ihn, daß er weder Händ noch Füß regen konnte, und rieben seine Fußsohlen mit angefeuchtetem Salz, welches ihm unser alte Geiß wieder ablecken und dadurch also kützeln mußte, daß er vor Lachen hätte zerbersten mögen.«

Das Weinen

Wie es eine ganze stufenlose Reihe von Ausdrucksbewegungen vom flüchtigsten Lächeln zum wiehernden Lachen gibt, so gibt es für die entgegengesetzten Gemütszustände des Schmerzes, der Trauer, des Leidens eine ebensolche Reihe, die vom leisen Seufzen über das lautere Schluchzen und das laute Weinen bei rinnenden Tränen bis zum Schreien reicht. Das Schreien als Ausdruck körperlichen Schmerzes ist typisches Säugetierverhalten. Seine stammesgeschichtliche Herkunft gibt kein Rätsel auf.

Anders ist es mit dem *Weinen,* also der Absonderung von Tränen. Nur Menschen weinen Tränen. Sie tun es nicht sofort nach der Geburt; das Neugeborene schreit mit zugekniffenen Augen, aber es weint nicht. Die ersten Tränen treten in der Regel erst nach etwa sechs Lebenswochen auf, zuweilen sogar erst nach drei oder vier Monaten.

Die Funktion des kindlichen *Schreiweinens,* um den genauen Ausdruck der Verhaltensforschung zu verwenden, liegt auf der Hand: Es ist beim Menschen und bei den Primaten ein Signal, das die Bindung von Mutter und Kind gewährleisten soll. Das Lächeln belohnt die Mutter, das Weinen ruft sie herbei. Das Anklammern und später das Folgen hält den Körperkontakt zwischen Mutter und Kind aufrecht. Damit das Schreien seine Wirkung tut, muß der Empfänger, die Mutter (und der Einfachheit halber jeder Erwachsene) so programmiert sein, daß er zu dem schreienden Kind eilt. Kindergeschrei wurde von der Selektion als ein Signal entwickelt, das ganz besonders auf die Nerven geht: Wer es hört, will, daß es sofort aufhört, und es hört auf, wenn das Kind die durch Schreien geforderte Zuwendung erhält.

Es lassen sich deutlich mehrere Arten von Schreien unterscheiden. Die eine beginnt oft leise und unregelmäßig, steigert sich langsam und wird dann immer rhythmischer. Die andere setzt meist jäh und laut ein und ist unrhythmisch. Die erste Art ist vorwiegend das Signal für Hunger; die zweite für Schmerz. Schmerzschreien ist unerträglicher als Hungerschreien.

Eine dritte Variante des Weinens entspricht dem, was die Verhaltensforschung bei Tierjungen den Kontaktruf nennt: Er ruft die Mutter herbei und ist durch Streicheln, Sprechen, Hochnehmen, auch dadurch, daß das Neugeborene wie im Mutterleib den mütterlichen Herzschlag hört, zu beruhigen. Eine vierte Art des Weinens, eher ein kurzes, stoßweises Aufseufzen während des Schlafs, ist, mit

45

einem anderen Begriff der Verhaltensforschung, ein Stimmfühlungs-laut, eine jener im Tierreich weitverbreiteten Lautäußerungen, deren Zweck es ist, stimmlich die Nähe der vertrauten Artgenossen auszudrücken und damit aufrechtzuerhalten. Der Stimmfühlungslaut des Kindes ruft die Mutter nicht herbei, sondern teilt ihr nur mit, daß es da und alles in Ordnung ist; bleibt er aus, so fühlt sich die Mutter beunruhigt und sieht nach ihrem Kind.

Wie die Tränen zum menschlichen Leidensausdruck geraten sind, dafür gibt es bisher keine bessere Hypothese als die, welche Darwin 1872 in seinem Werk *Der Ausdruck der Gemütsbewegungen bei dem Menschen und den Tieren* entwickelt hat. Es ist verwunderlich, daß seitdem kaum jemand über das Weinen nachgedacht hat. Die Augenheilkunde beschäftigt sich aufs ausführlichste mit dem Mechanismus der Tränenabsonderung und Tränenableitung; aber kaum eins ihrer Lehrwerke erwähnt auch nur den Umstand, daß es eine »psychogene Tränenabsonderung« gibt.

Darwins Hypothese ist die: »Die primäre Funktion der Tränenab-sonderung ... besteht darin, die Augenoberfläche gleichsam zu ›ölen‹; die sekundäre Funktion besteht darin, wie manche glauben, das Naseninnere feucht zu halten, so daß die eingeatmete Luft angefeuchtet wird und gleichzeitig der Geruchssinn erhöht wird. Doch eine weitere und mindestens ebenso wichtige Funktion der Tränen besteht darin, Staubpartikel oder andere ins Auge geratene winzige Objekte auszuschwemmen.« So habe sich die Tränenab-sonderung als reflexhafte Antwort auf eine Reizung des Auges herausge-bildet. Und da beim krampfhaften Schreien der Neugeborenen die Augenlider zusammengepreßt werden und den Augapfel reizen, habe sich schließlich die für den Menschen typische Mischung aus Schreiweinen und Tränenabsonderung ergeben.

Die Verhaltensforschung knüpft eng an Darwins Gedanken an, wenn sie heute die Tränen als stummen Hilferuf deutet. Tränen seien zunächst aufgetreten, wenn der Hominide auf trockenem Boden angegriffen wurde und sich kampfbereit machte: um Staub aus dem Auge zu spülen und die Atemwege anzufeuchten. Der feuchte Blick, der erhöhte Augenglanz, der in dieser Situation regelmäßig auftrat, muß dann zu einem autonomen Signal geworden sein mit der Bedeutung »Ich werde angegriffen, bitte helft mir«. Dieses Weinen als autonomes Signal muß sich dann verallgemeinert haben, um schließlich nicht nur in Situationen der unmittelbaren physischen Bedrohung aufzutreten, sondern in vielen Situationen der Hilfsbe-dürftigkeit, des Leids, aber auch der freudigen Erschütterung und der

Nur Menschen können Tränen weinen: Das feuchte Auge ist ein stummer Hilferuf.

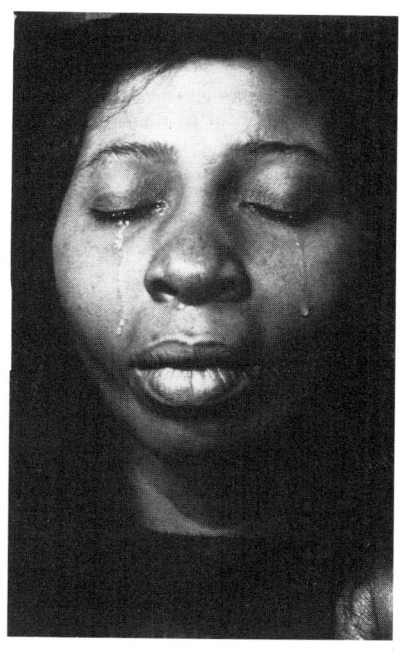

plötzlichen Rührung, die beide oft ebenfalls von einem Gefühl hilfsbedürftiger Vereinzelung begleitet werden. Die deutsche Sprache vollzieht diese Verallgemeinerung ziemlich genau nach:»Ich fühle mich angegriffen, ich bin ergriffen!«

Beim Weinen ist gewöhnlich der Kopf gesenkt und der Körper in sich zusammengesunken: Es ist Teil eines umfassenderen Unterwerfungsverhaltens mit dem Ziel, den anderen friedlich zu stimmen oder gar zur Hilfeleistung zu veranlassen. Schmollen (Kopf geneigt, Lippen geschürzt) wie Weinen und Wehklagen der Kinder bremsen, schreibt Eibl-Eibesfeldt (1973), die Aggression des anderen sogleich ab. »Erwachsene ziehen die gleichen Register. In vielen Punkten verhält sich der Unterwürfige kindlich. Solche Infantilismen gelten universal als beschwichtigende Appelle. Universell sind ferner einige Gesten der Unterwerfung, bei denen man sich kleiner macht – etwa durch Senken des Hauptes oder durch Fußfall. Oft wird der Partner durch die Submission grundlegend umgestimmt und umwirbt mit freundlichen Verhaltensweisen den vorher Bekämpften. Mit anderen Worten: Er empfindet Mitleid, und dieses Mitleid wird durch einfache Signale des Partners, bestimmte Ausdrucksbewegungen, aktiviert. Die Ausdrucksbewegungen ebenso wie das Mitleid, das

47

sich wiederum in bestimmten Verhaltensweisen etwa des Tröstens, äußert, sind universell.«

In seinem Buch *Stress* beschreibt Ogden Tanner (unter Berufung auf den amerikanischen Pionier der Psychosomatik Harold G. Wolff) das Weinen »als eine Art konditionierten Reflex, der in der Kindheit herausgebildet worden ist. Säuglinge weinen und schluchzen unwillkürlich als Reaktion auf so elementare Stresse wie Hunger, Kälte und Angst – und der Mechanismus funktioniert; die Bedürfnisse des Kleinkinds werden von besorgten und anscheinend allmächtigen Eltern befriedigt.« Nach Wolffs Ansicht setzte der einzelne dieses gleiche Signal später ein, »um sich Mitgefühl, Unterstützung und Schutz vor vielen anderen Gefahren, die ihm aus einer feindseligen Umwelt drohen, zu sichern«.

Das Beispiel zeigt, in welche Schwierigkeiten die radikale Lerntheorie bei der Erklärung einer solchen elementaren Ausdrucksbewegung gerät. Natürlich, das weiß jeder, ist die Bereitschaft zum Weinen durch Lernen beeinflußbar. Es gibt Kulturen, in denen es als schändliche Hartherzigkeit gilt, in traurigen Situationen nicht zu weinen; andere, in denen es insbesondere den Männern als Schwächlichkeit ausgelegt wird, je zu weinen. Auch innerhalb eines Kulturkreises wandelt sich die Bereitschaft zum Weinen: Zu Zeiten der deutschen »Empfindsamkeit« saßen allen, die als kultiviert gelten wollten und in Werther ihre Idealfigur sahen, die Tränen locker. Als hundert Jahre später ein stoisch-militärischer Ehrenkodex die Oberhand gewann, machte sich ein weinender Mann verdächtig oder unmöglich. Weinen ist also keineswegs ein »geschlossenes« genetisches Programm; es ist einer förderlichen oder entgegenwirkenden Kontrolle durch das Milieu offen.

Was die Lerntheorie jedoch nicht erklärt, ist, warum überall auf der Welt aus Kummer und Trauer überhaupt geweint wird (und nicht beispielsweise hier mit dem Unterkiefer gerasselt, dort mit den Fingern geschnippt, an einem dritten Ort die Nase gekraust). Wieso lautet die unwillkürliche Reaktion des Säuglings auf elementare Stresse ausgerechnet Weinen? Und angenommen, dem Säugling stehe ein ganzes Repertoire von unwillkürlichen Reaktionen zur Verfügung, die sich mehr oder weniger zufällig ergeben – wieso wählen die Eltern dann als Hilferufsignal überall, auch in völlig voneinander getrennten Kulturen, das Weinen aus und bilden es durch Belohnung (also durch Unterstützung, Mitgefühl und Schutz), die im Sinne der Lerntheorie als Verhaltensverstärkung wirkt, zu dem späteren universalen Erwachsenensignal heran?

Die Lerntheorie hat das Problem also nur verschoben, nicht erklärt. Indem sie sagt, das Weinen sei gelernt, den Menschen durch »Konditionierung« anerzogen, was zu einem Teil sogar richtig ist, setzt sie stillschweigend eine Bereitschaft voraus, als Hilferufdisplay eher ein Weinen als irgendetwas anderes hervorzubringen und eher ein Weinen als irgendetwas anderes als Hilferufdisplay zu verstehen. Wenn das Weinen gelernt ist – woher rührt dann die Lerndisposition zum Weinen?

Der Punkt eignet sich ganz gut zur Illustration der Debatte zwischen den Verfechtern der Theorie vom kulturellen Lernen und den Evolutionisten. Die Evolutionisten sagen nicht, das Weinverhalten sei völlig determiniert, eine strikte Anweisung irgendwo in den Erbanlagen, und auf einen bestimmten Reiz hin werde unweigerlich ein Weinen ausgelöst. Sie sagen vielmehr, daß im Laufe der menschlichen Stammesgeschichte die Tränenabsonderung als ein Epiphänomen des Kampfverhaltens von den Artgenossen als Signal für Hilfsbedürftigkeit ausgewählt wurde, sich zu einem autonomen Signalverhalten entwickelte und nun, in der Erbmasse codiert, als ein der ganzen Art eigener Verhaltensvorschlag vorliegt. Er wird sich von Mensch zu Mensch verschieden stark bemerkbar machen, das kulturelle Milieu kann ihn aufgreifen und verstärken, es kann ihn behindern und unterdrücken. Die Existenz einer solchen »Anpassung« zwingt keinen zu der fatalistischen Haltung, daß da nun eben nichts mehr zu machen sei, »die Natur« (etwas Fernes, Tierisches, Blutiges) habe uns verurteilt, die zu sein, die wir sind, determinierte Marionetten. Wer will, kann durchaus versuchen, sich das Weinen abzugewöhnen, in diesem Fall hätte er vielleicht sogar Erfolg. Bisher aber hat die Menschheit diesen Erbvorschlag als nützlich akzeptiert.

Erbleichen und Erröten

Das *Erbleichen* läßt sich in seiner Entstehung relativ leicht deuten. Ein plötzlicher Schreck versetzt den Körper in Kampfbereitschaft. Das Blut fließt aus den verwundbaren peripheren Blutgefäßen dorthin, wo es in dieser Situation gebraucht wird, in die Muskeln und in das Gehirn. Der Körper stellt sich ein auf Anstrengung und Verletzung. Und da er in Situationen plötzlicher Kampfbereitschaft regelmäßig erbleicht, konnte diese funktionell sinnvolle unwillkürliche Körperreaktion als Signal aufgegriffen werden. Man erbleicht

vor Schreck, und man erbleicht vor Wut. Daß das Erbleichen bei zwei
scheinbar so gegensätzlichen Gemütszuständen auftritt, ist mühelos
einsehbar, wenn man als Wurzel eben den Zustand jäher Kampfbereitschaft annimmt.

Eine andere Körperreaktion in ähnlicher Lage, die durchaus auch
Signalcharakter haben kann, ist der Schweißausbruch. In bedrohlichen Situationen fangen viele Menschen zu schwitzen an – unter den
Achseln, auf der Stirn, in den Handflächen vor allem. Der Körper
macht sich fluchtbereit: Er verschafft sich Kühlung. Wem in
unangenehmer Situation der Schweiß ausbricht, der gibt zu verstehen, daß er am liebsten fliehen würde; sein Körper tut so, als liefe er
schon.

Die Deutung des *Errötens* ist hingegen nicht so leicht. Darwin hat
das Erröten ausführlich beschäftigt. Für ihn ist es »der eigentüm-
lichste und menschlichste Gemütsausdruck. Affen werden rot vor
Aufregung, aber es brauchte ein überwältigendes Beweismaterial,
um uns davon zu überzeugen, daß irgendein Tier erröten kann«. Kein
körperlicher Reiz könne das Erröten auslösen:

»Es ist der Geist, der tangiert sein muß. Erröten ist nicht nur
unwillkürlich; der Wunsch, es zu unterdrücken, führt zur Selbstaufmerksamkeit und steigert damit die Neigung, zu erröten. Die
jüngeren erröten sehr viel leichter als die Älteren, aber nicht während
der Kindheit, was verwunderlich ist, da wir wissen, daß Kinder in sehr
frühem Alter vor Aufregung und Wut rot werden. Ich habe
authentische Berichte von zwei kleinen Mädchen erhalten, die
zwischen zwei und drei Jahren errötet sind; und von einem anderen
sensiblen, ein Jahr älteren Kind, das errötet ist, wenn es wegen eines
Fehlverhaltens getadelt wurde ... Frauen erröten mehr als Männer.
Selten sieht man einen alten Mann, aber längst nicht so selten eine
alte Frau erröten ... Die Neigung zum Erröten wird ererbt ... In den
meisten Fällen sind das Gesicht, die Ohren und der Hals die einzigen
Körperteile, die erröten; doch viele Menschen haben beim Erröten
das Gefühl, daß ihr ganzer Körper heiß wird ... Erröten, ob nun
dabei tatsächlich eine Verfärbung der Haut eintritt oder nicht, ist den
meisten, wenn nicht allen Rassen der Menschheit gemeinsam ...«

Vor Darwins Evolutionstheorie konnte man sich bei der Frage
nach der Entstehung eines solchen Displays mit der Antwort des von
Darwin zitierten Dr. Burgess begnügen: »Es wurde vom Schöpfer
geschaffen, auf daß die Seele die souveräne Macht habe, auf den
Wangen die verschiedenen inneren Bewegungen der moralischen
Gefühle für andere sichtbar zu machen.« Darwin mußte 1872 noch

hinzufügen: »Der Glaube, daß das Erröten vom Schöpfer eigens geschaffen wurde, läuft der allgemeinen Evolutionstheorie zuwider, die heute allgemein akzeptiert wird.«

Das Erröten – bei dem die peripheren Blutgefäße sich weiten, so daß das Blut reichlicher durch die Haut fließt – muß nach der Evolutionstheorie zunächst einen funktionellen Sinn gehabt haben, ehe es als Signal aufgegriffen und selbständig entwickelt werden konnte. Welches aber könnte die ursprüngliche Funktion des Errötens gewesen sein? Darwin erwähnt kurz, daß ein errötendes junges Mädchen schöner wirke, erstickt aber jeden Verdacht sogleich wieder: »Auch der überzeugteste Anhänger der sexuellen Selektion wird kaum annehmen, daß Erröten als sexueller Schmuck erworben wurde.« Statt dessen bietet er die Erklärung, daß die Blutgefäße der Haut sich unwillkürlich weiteten, wenn man seine Aufmerksamkeit auf eine bestimmte Körperregion richte. Erröten (aus Scham, aus Schüchternheit, aus Bescheidenheit) werde somit durch erhöhte Selbstaufmerksamkeit ausgelöst. Gleichsam empfinde man die eigene körperliche Anwesenheit als peinlich. Darwin weist auch bereits auf eine interessante sprachliche Ableitung hin: Das Wort Scham, english *shame,* geht zurück auf eine indogermanische Wurzel, die *(s)kam* gelautet und »bedecken, verhüllen« bedeutet haben muß; sie findet sich in vielen europäischen Sprachen heute zum Beispiel in den Entsprechungen des Wortes »Hemd« wieder. Scham, Schüchternheit, Bescheidenheit, diese Gefühle enthalten den Wunsch, sich selber zu verbergen. Das Erröten wäre danach also zustandegekommen als Ausdruck des Wunschs, sich zu verstecken, der den Menschen in erhöhtem Maß seines eigenen Körpers bewußt macht – und diese erhöhte *self-consciousness* (die genau das Gegenteil des deutschen »Selbstbewußtseins« ist, nämlich eine peinliche, befangene Aufmerksamkeit auf sich selber) hätte vor allem die exponierteste Körperregion, das Gesicht, gerötet.

Desmond Morris (1967) hat sich mit dieser Ableitung nicht zufriedengegeben. Er ist Darwins Hinweis gefolgt, daß ein errötendes Mädchen schöner wirke. Wann wird der Mensch rot, außer wenn er schamhaft errötet? In Augenblicken nachlassender Kampfbereitschaft, wenn das (angstvolle oder drohende) Erbleichen schwindet und das Blut wieder zurückströmt in die peripheren Blutgefäße. Und beim Beischlaf. Beim Sexualakt rötet sich die Haut bei 75 Prozent aller Frauen und 25 Prozent aller Männer. »Die Nacktheit der Haut ermöglicht auch Signale, die auf einem Wechsel der Farbe beruhen. Derlei Farbänderungen an bestimmten Körperpartien gibt es bei anderen Tieren ebenfalls, und zwar an kleinen nackten Stellen; bei unserer eigenen Art erfolgen sie sehr viel ausgedehnter: Besonders häufig ist das Erröten in den ersten Stadien der Werbung, und im späteren Zustand höherer Erregung kommt es zu der beschriebenen sexuellen Hautröte. (Wiederum haben die dunkelfarbigen Rassen diese Signale den klimatischen Anforderungen ihrer Umwelt opfern müssen. Wir wissen jedoch, daß diese Reaktionen noch immer ablaufen, obwohl sie als Farbwechsel unsichtbar bleiben; genaue Untersuchungen lassen jedoch deutliche Änderungen in der Hautstruktur erkennen.) ... Als Einladung zur Intimität, ob erwünscht oder nicht, scheint das Erröten ein machtvolles Signal gewesen zu sein.«

Darwins Erklärung interpretiert das Erröten als ein Sich-weg-Wünschen; die von Morris als Werbesignal, also als das Gegenteil. Der Widerspruch wird auflösbar, wenn man das Erröten als eine einseitige Anpassung versteht, als eine Selektion auf Empfängerseite: Es wurde als Signal entwickelt, weil die Männer über die Jahrhunderttausende hin auf eine errötende Frau (und das heißt wohl, auf eine Frau, deren Erröten das Rotwerden in der sexuellen Erregung vorwegnahm und dem Mann aufreizend vor Augen führte) stärker reagierten als auf eine Frau, die die Annäherungsversuche des Mannes nicht durch Erröten quittierte. Im statistischen Durchschnitt wurden errötende Frauen als Sexualpartner vorgezogen. Die vorgezogenen Frauen hatten, wiederum im statistischen Durchschnitt, mehr Nachkommen; so konnte sich das Erröten als Werbesignal durchsetzen und ausbreiten, unabhängig davon, ob die Frauen es aussenden wollten oder nicht.

Auf diese Weise ergab sich die scheinbar paradoxe Situation, daß das Erröten als Werbesignal vor allem bei Frauen vorkommt, die ein sexuelles Ansinnen abweisen möchten. Es ist ein Signal, das die Signalgeberin gerne unterdrücken möchte und das oft um so intensiver ausfällt, je stärker sie es unterdrücken möchte – und als solches allerdings eine Kuriosität. Es ist zu einem Signal geworden, weil die Männer beharrlich errötende Frauen bevorzugt haben, weil sie errötende Frauen sexy, eben »schöner« fanden, auch wenn die Frauen selber sie mit diesem Display keineswegs zu Intimitäten einladen wollten, ja sogar das Display Intimitäten ausschließen sollte.

Ist es also so, daß ein Geschlecht dem anderen gegen dessen Willen ein Merkmal gleichsam »anzüchten« kann? Ja, es ist so. Es findet ständig eine sexuelle Selektion statt. Beide Geschlechter selektieren sich in einem fort nach ihrer »Attraktivität« – jedes erwartet vom anderen bestimmte Merkmale und Eigenschaften (deren Auswahl selbstverständlich auch kulturellem Wandel unterliegt); die Inhaber der erwünschten Eigenschaften haben mehr Nachkommen als die anderen, so daß sich ihre Eigenschaften in der Bevölkerung vermehren. Das versteht man unter sexueller Selektion. Anhängerinnen der Frauenbewegung mag diese Art der Selektion auf den ersten Blick als skandalöse Vergewaltigung erscheinen. Haben sie keine Möglichkeit, etwas dagegen zu tun? Müssen sie sich ein ihnen selber unerwünschtes Signal aufzwingen lassen? Sie müssen nicht. Die Frauen haben, wenn sie sich auf die langen Zeitspannen genetischer Evolution einlassen wollen, durchaus ein Mittel, gegen diese Präferenz der Männer für errötende Frauen vorzugehen: Sie müßten systematisch jene Männer sexuell benachteiligen, die errötende Frauen attraktiv finden. Langsam würden diese dann aus der Population verschwinden.

Aber vielleicht ist das Erröten als Werbesignal den Frauen gar nicht so unerwünscht gewesen, vielleicht haben sie bei der Evolution des Merkmals durchaus auch selber mitgewirkt: indem sie insgeheim den erotischen Reizwert ihres Errötens zu schätzen wußten, oder weil sie es als willkommenes Sprödigkeitssignal einsetzten, mit der Bedeutung:»Ich bin zu haben, aber erst nach einer Frist, in der du mir zeigst, ob du dich als mein Mann bewähren würdest.«

Schiller dichtete in dem Hauspoem des deutschen Bürgers: »Errötend folgt er ihren Spuren und ist von ihrem Gruß beglückt . . .« Beobachtung war seine Stärke nicht. Der Jüngling mag seinerseits erröten, eher aber das Fräulein, dem er da nachstellt; und wenn er errötet, dann vielleicht in dem Augenblick, als er sich ein Herz faßt und entgegen seinen Skrupeln die Verfolgung aufnimmt, oder als sie sich umdreht und ihn ertappt, nicht aber während der ganzen Zeit der Nachstellung.

Der Blick auf den anderen

Kein Teil des Körpers ist so ausdrucksvoll wie die Augenpartie. Kein Teil des Körpers wird so stark wie sie beachtet. Wenn wir Aufschluß wünschen über die Gemütsverfassung eines anderen, wenn wir mit ihm in irgendeine persönliche Beziehung treten wollen, suchen wir als erstes seine *Augen*.

Auch die Menschen fallen auf Attrappen herein: Irgendeine angedeutete Gestalt wird im Geist vervollständigt und für die Gestalt selber genommen; *Attrappensichtigkeit* heißt dieses Phänomen. Bei keiner Gestalt ist die Attrappensichtigkeit des Menschen so stark wie beim menschlichen Gesicht. Fast in jede geschlossene Form mit zwei Punkten darin, mag sie oval, rund, eckig oder geknautscht sein, sehen wir ein menschliches Gesicht hinein. »Punkt, Punkt, Komma, Strich, fertig ist das Angesicht«, das ist bereits mehr als nötig. Punkt, Punkt, eine Linie darum – schon das ergibt eine Gesichtsattrappe. Säuglinge lauschen am liebsten einem Geräusch, das einer (hohen) Stimme ähnelt, und sie sehen mit vier Wochen schon eine Gestalt, die einem Gesicht gleicht, lieber als irgendeine andere – wobei das Vorhandensein zweier nebeneinander liegender Punkte entscheidend ist dafür, daß sie eine Gestalt als Gesicht interpretieren.

Der Säugling lächle beim Anblick eines Gesichts, aber nur beim Anblick eines Gesichts, das er von vorn sehe, schreibt der Biologe Bernhard Hassenstein (1973), einer der wenigen deutschen Wissenschaftler, die Biologie und Psychologie einander nahegebracht haben. Zunächst begrüße das Kind mit diesem Lächeln bewegte Helligkeitskontraste, dann bewegte Punktmuster, im zweiten und dritten Monat jedes Gesicht. »Von Monat zu Monat gewinnen dann zunächst die Augen, die äußere Gesichtsumrandung, dann die Nase und schließlich (um den fünften Lebensmonat) auch der Mund des angeblickten Gesichts Bedeutung für das Kind. Im Laufe des zweiten Vierteljahres beginnt das Baby dann das Gesicht seiner Bezugspersonen von anderen Gesichtern zu unterscheiden; später werden fremde Gesichter sogar oft abgelehnt; das Kind ›fremdelt‹.«

Die Suche nach der Augengestalt ist im Leben des einzelnen eine der frühesten geistigen Leistungen. Phylogenetisch, also in der Stammesgeschichte, ist die Identifikation eines Augenpaars eine zweifellos weit hinter die Zeit des Menschen zurückreichende Handlung von hohem Überlebenswert: Das Augenpaar, das einen anschaut, ist möglicherweise das der Mutter, möglicherweise aber auch das eines Rivalen oder Feindes. Die Augenform ist also ambivalent: Sie kann einem das Liebste oder das Bedrohlichste ankündigen. Der Verhaltensforscher Otto Koenig, der in einem umfangreichen Werk die kulturelle Vielfalt der Augensymbolik untersucht und sie auf ihre vormenschlichen Grundlagen zurückgeführt hat, spricht darum von der Doppelfunktion der Augen: Sie locken an, und sie wehren ab; sie wecken Interesse, und sie halten auf Distanz.

Koenig (1978) erklärt auch, inwiefern das Auge einzig unter den Sinnesorganen ist: Es nimmt wahr, aber gleichzeitig drückt es auch

54

etwas aus. »Das Ohr hört nicht das Hören, die Nase riecht nicht das Riechen, wohl aber sieht das Auge das Schauen des Interaktionspartners in direktem reziproken Fernkontakt. Eine so unmittelbare Wechselwirkung wie zwischen Augenpaaren ist sonst nur im Bereich der Berührungssinne möglich.« Der Blick berührt, und er berührt sogar aus der Ferne. »Die morphologischen Besonderheiten und das seltsame Eigenleben des Auges haben offensichtlich bereits den frühen Menschen, der die Angst vor dem Angeschautwerden und somit Erkanntwerden aus seiner tierischen Vergangenheit mitbrachte, stark beschäftigt. Als talentierter ›Werkzeugprimat‹ fing er an, sich die abwehrenden, ablenkenden, irreführenden Augenmuster selbst zu schaffen ... an die Wand zu malen, sich umzuhängen, vor seiner Wohnung anzubringen. Solcherart setzte er die im Tierstamm bestehende Tendenz zur Augenablenkung in einer neuen, vom phylogenetischen Wandel unabhängigen Weise fort.«

Sobald sich zwei Blicke begegnen und gleichsam ineinander verhaken, ist ein sozialer Kontakt hergestellt. Einen anderen anzusehen, ohne seinen Blick zu erwidern, also »durch ihn hindurchzusehen«, wie die Redensart lautet, ist eine Beleidigung: Man bemerkt den anderen offenbar, aber indem man die Blickberührung vermeidet, lehnt man den Kontakt ab und macht den anderen zur Unperson. Der Bettler, dem es gelingt, erst einmal den Blick des Passanten einzufangen, hat schon halb gewonnen: Durch die Blickberührung ist er aus dem Status der Unperson in den einer Person gelangt, und einer Person eine Bitte abzuschlagen, ist nicht mehr so leicht wie einer Unperson, also Niemand. Passanten sind darum oft bemüht, den Blickkontakt zu vermeiden. Selbst ein so erfahrener Menschenbeobachter wie Lévi-Strauss entgeht der Macht des Blickes nicht. »Man wagt nicht mehr«, schreibt er über indische Städte, »jemandem offen in die Augen zu sehen, einzig um des Vergnügens willen, mit einem anderen Menschen in Kontakt zu treten, denn das geringste Anhalten wird als Schwäche ausgelegt, als Genehmigung zum Betteln.« Kellner beherrschen die Kunst, Blickkontakte zu vermeiden; andernfalls fiele ihnen schwer, ihre Kunden warten zu lassen.

Das Auge selbst ist starr, oder fast. Sein Ausdruck wird bewirkt durch seinen Rahmen: die modulationsfähigen Lider und die Augenbrauen. Jede Veränderung in der Stellung der Augenbrauen zieht Aufmerksamkeit auf sich. Ein Heben der Augenbrauen bedeutet eine Weitung des Auges, einen genaueren Blick. Dieser geweitete Blick kann ärgerliche Überraschung und Mißbilligung ausdrücken. Er kann, im richtigen Zusammenhang, also zum Beispiel im Zusammenhang mit einem Lächeln, aber auch freundliche Aufmerksamkeit bedeuten. Eibl-Eibesfeldt hat in vielen Kulturen den »Augengruß« entdeckt: ein kurzes Hochziehen der Augenbrauen zum Zeichen, daß der andere bemerkt worden ist. Er ist so universal, daß es sich ebenfalls um eine angeborene Ausdrucksbewegung handeln könnte.

Ihr Gegenteil sozusagen ist das Stirnrunzeln, das universell ist, auch bei taubblind geborenen Kindern beobachtet wurde, die es von niemandem lernen konnten, und somit höchstwahrscheinlich auch eine Erbkoordination darstellt. Die Augenbrauen werden bei ihm zur Nasenwurzel hin zusammengezogen; dabei entstehen auf der Stirn in der Mitte eine oder mehrere senkrechte Falten. Auch Stirnrunzeln betont den Blick, und zwar auf eine nur als aggressiv und bedrohlich gemeint zu verstehende Art. Es betont die Stirnwülste, die besonders bei den älteren Männchen der Menschenaffen stark ausgeprägt sind und es auch bei unseren frühmenschlichen Ahnen waren. Der Besitzer wulstiger Augenbrauen wirkt auf uns immer noch als Respektsperson. Der gutartige Gorilla verdankt seinen Ruf als gefährliche Urwaldbestie vor allem seinen Brauenwülsten; er mobilisiert unsere eigene atavistische Furcht vor dem erkennbar überlegenen, älteren männlichen Artgenossen.

Das unverwandte Anstarren bedeutet bei vielen Säugetieren eine Drohung. Bei Kapuzineraffen, Pavianen, Meerkatzen und Menschenaffen wird die drohende Wirkung des unverwandten Blicks wie beim Menschen durch gerunzelte, also herabgezogene Augenbrauen verstärkt. Die Verhaltensforschung nennt den langen unverwandten Blick *Drohstarren*. Um dem Blick die Wirkung des Bedrohlichen zu nehmen, ist es im geselligen Kontakt erforderlich, ihn regelmäßig zu »entstarren« – durch Schließen der Lider, durch ein Schweifenlassen der Augen, durch Senken des Kopfes. In unseren zwischenpersönlichen Beziehungen haben wir ein äußerst genaues Gefühl dafür, wie Hin- und Nicht-Hinsehen dosiert sein müssen. Jemand, der den anderen zu lange unverwandt ansieht, wirkt zudringlich und schließlich gefährlich. Wer zuviel wegsieht, wirkt unsicher, verlegen oder nicht vertrauenswürdig – er hat einen »unsteten Blick«, Ausdruck mutmaßlichen schlechten Gewissens.

Das Auge selbst ist, wie gesagt, starr. Aber es gibt ein Signal, das um so wirkungsvoller ist, als es dem Empfänger normalerweise überhaupt nicht bewußt wird: das von dem Chicagoer Psychologen Eckhard H. Hess 1960 entdeckte und in den folgenden fünfzehn

Jahren gründlich erforschte *Pupillensignal*. Was Hess entdeckte, war die automatische, dem Willen entzogene Erweiterung der Pupillen beim Anblick irgendeiner Person oder Sache, die wohlgefälliges Interesse erregen; und ihre Verengung, wenn ein Anblick Mißfallen auslöst. In seiner ersten Untersuchung legte Hess den Testpersonen fünf Fotos vor. Sie zeigten ein Baby, eine Mutter mit Kind, einen nackten Mann, eine nackte Frau und eine Landschaft. Die größte Pupillenerweiterung bewirkte das Foto »Mutter und Kind«, aber nur bei Frauen; Männer reagierten darauf nur schwach. Auf das Babyfoto reagierten die Frauen ebenfalls stark, die Männer fast gar nicht. Auf den nackten Mann reagierten die Frauen stark positiv, die Männer mäßig. Bei der nackten Frau war das Verhältnis fast genau umgekehrt: eine starke positive Reaktion bei den Männern, eine schwache positive bei den Frauen. Auf die Landschaft reagierten die Männer ganz schwach positiv (also mit Pupillenerweiterung), die Frauen dagegen deutlich negativ (mit Pupillenverengung).

In der Folge erwiesen sich die Pupillensignale als verläßliche Einstellungsdetektoren. Der Anblick eines schielenden Kindes wirkte negativ, und zwar auf Frauen mehr als auf Männer. Haie führten bei Männern zur Pupillenerweiterung, bei Frauen zur Pupillenverengung. Bilder von Unglücksfällen bewirkten teils Verengung, teils Weitung. Bilder jedoch von Konzentrationslagern waren die negativsten Auslöser überhaupt. Homosexuelle Pinups wirkten auf Homosexuelle positiv, auf Heterosexuelle negativ. Getestet wurde unter anderem auch, wie weiße amerikanische Studenten, die von sich behaupteten, als Bürgerrechtler für die Emanzipation der Schwarzen einzutreten, auf zwei Fotos von Schwarzen reagierten. Auf dem einen umarmte ein Schwarzer eine Weiße: Einige der Probanden reagierten negativ. Auf dem anderen waren mehrere Schwarze auf einem Gehsteig zu sehen, einer von ihnen bewaffnet: Alle Weißen reagierten negativ. Selbst bloße Wörter bewirken Pupillenreaktionen, wenn auch mit starken individuellen Unterschieden. Auch Einstellungsänderungen verraten sich im Pupillensignal: Abträgliche Informationen über einen Menschen führen dazu, daß die Pupillenreaktionen negativer ausfallen. Es wird von chinesischen Jade-Händlern berichtet, die die Pupillen eines amerikanischen Einkäufers beobachteten, um festzustellen, wie groß sein Interesse wirklich war (und den Preis entsprechend festzusetzen) – der Einkäufer setzte sich schließlich eine Sonnenbrille auf. Auch türkische Teppichhändler, die an Europäer verkaufen, sollen das Pupillensignal lesen können.

Legt man Menschen zwei Fotos von einem Gesicht vor, deren einziger Unterschied darin besteht, daß bei dem einen die Pupillen durch Retusche geweitet sind, so werden sie in der Regel keinen genauen Unterschied erkennen, aber sagen, daß die Gesichter irgendwie anders auf sie wirken. Die Mehrzahl findet das Gesicht mit den geweiteten Pupillen offener, freundlicher, umgänglicher, sympathischer; das mit den engeren Pupillen verschlossener, zurückhaltender, abweisender. Eine Minderheit wird sich genau umgekehrt entscheiden; bei ihnen muß eine Abneigung dagegen vorliegen, mit offenem, weitem Blick, also aufmerksam und eingehend angesehen zu werden, selbst wenn es sich um ein meist wohlgefälliges Interesse handelt, das sich in der geweiteten Pupille ausdrückt.

Das Auge selbst ist also doch nicht völlig ausdruckslos. »Spiegel der Seele«, der wie kein anderes Körperorgan die Nuancen unserer Gemütszustände mitteilen kann, ist jedoch erst die gesamte Augenpartie. Zum Teil kommt ihr Ausdruck aus stammesgeschichtlichen Tiefen, die noch vor der Sprache liegen; und er spricht demgemäß auch zu sprachlosen Bezirken der Seele. Was ein Blick alles besagen kann, in Worten zu sagen, ist unmöglich.

Das Anfassen

Die *Berührung,* das gegenseitige Putzen, gehört bei vielen Tierarten zu den Verhaltensweisen der Bindung. Bei unseren Verwandten, den Schimpansen, spielt die sogenannte *soziale Fellpflege,* das Lausen, das Kraulen, das Kitzeln, das gegenseitige Durchkämmen des Fells eine große Rolle. Der Impuls zur sozialen Fellpflege (die englische Sprache hat dafür das knappe und gar nicht umständliche Wort *grooming*) ist durchaus auch noch beim Menschen vorhanden. Zum Zeichen der Vertrautheit laust man sich bei einigen Naturvölkern ausgiebig. Jeder Mensch lernt schon als Säugling, im engen Körperkontakt mit der Mutter, das wohlige, Sicherheit verleihende Gefühl der Berührung kennen. Die Zivilisation ging durchweg mit einer Distanzierung von der eigenen Körperlichkeit einher. Man bedeckt seinen Körper, unterdrückt seine Gerüche, verändert sein Aussehen, verbannt einige seiner Handlungen in die Heimlichkeit.

Zweimal dasselbe Gesicht – oder doch nicht? Wirkt eins »irgendwie« offener, sympathischer, zugänglicher oder jedenfalls anders? (Dann kann es nur an den Pupillen liegen, die auf dem unteren Foto retuschiert worden sind.)

Bei der Distanzierung von der eigenen Körperlichkeit wurde weitgehend auch das gegenseitige Berühren unterbunden. Van Hooff sah in unserem freundlichen Höflichkeitsgeplauder den zivilisierten Ersatz für das Groomen und belegte ihn mit dem hübschen Begriff *grooming talk*, Putzgespräch, Lausegerede, Kraulgeplauder. Aber auch dem Zivilisationsmenschen ist der Antrieb, den anderen zum Zeichen der Freundschaft, Vertrautheit und Tröstung zu berühren, geblieben, besonders dort, wo einem Worte nicht mehr einfallen wollen oder nicht auszureichen scheinen. Der Mann, der einer weinenden Freundin über die Haare streicht, kehrt mit dieser Gebärde weit in die Stammesgeschichte zurück. Wenn sie darauf sagt: »Du kannst auch nichts als einen anfassen!«, so beruft sie sich auf eine spätere, sprachbestimmte Entwicklungsphase, von der her gesehen das bloße Anfassen »primitiv« wirkt. In diesem Sinn ist das trauliche Streicheln sowohl »tiefer« (es rührt an phylogenetisch ältere Bezirke) als auch »oberflächlicher« (es verschmäht die spezifisch menschliche Sprachkommunikation).

Eine verbreitete Berührungsgebärde besteht darin, den anderen auf den Rücken zu klopfen. Sie bedeutet symbolisch: »Sei nicht so zusammengesunken, so niedergedrückt, so ›deprimiert‹, recke dich, dehne deinen Brustkorb!«. Es ist eine Geste der Ermunterung.

Bei der Bereitschaft, den anderen zu berühren, gibt es starke ethnische Unterschiede. In Nordeuropa und noch mehr in Nordamerika geht man mit den Berührungen sehr sparsam um. In südlichen Breiten berührt man sich dagegen sehr ausgiebig. Der argentinische Soziologe David Efron – der unter anderem empirisch bewies, daß es keinen typisch rassischen Gebärdenstil gibt, sondern daß der Gebärdenstil abhängig ist von dem sozialen Milieu, in dem jemand aufwächst –, zählte auch, wie oft sich in einzelnen Ländern Paare im Café berühren. In London berührten sie sich gar nicht; in Gainesville, Florida, waren es zwei Berührungen pro Stunde, in Paris 110, in San Juan auf Puertorico 180.

In Deutschland (gezählt in einem sommerlichen Hamburger Straßencafé) waren es in der Regel null, in einigen wenigen Ausnahmefällen jedoch dann gleich drei bis fünf. Es ist, als gäbe es zwei verschiedene Zustände: Im Normalzustand berührt man sich nicht, nimmt so weit voneinander entfernt Platz und hält beim Hinsetzen und Aufstehen so großen Abstand, daß auch jede zufällige Berührung von vornherein ausgeschlossen ist, entwickelt große Fingerfertigkeit darin, sich Gegenstände so zuzureichen, daß es zu keiner Berührung kommt, vermeidet, als sei man mit hochempfindlichen Sensoren ausgestattet, den Hautkontakt auch dann, wenn zwei Bewegungen scheinbar unvermeidlich aufeinander zuführen (etwa wenn beide gleichzeitig nach den gleichen Sachen greifen). Das ist nicht etwa nur bei befangenen jungen Paaren der Fall, sondern durchweg auch bei älteren Ehepaaren. Bei einigen jüngeren Paaren scheint dieses Berührungstabu ostentativ aufgehoben: Sie verschieben die Stühle, um dicht nebeneinander sitzen zu können, und berühren sich mit einer fast demonstrativen Nachdrücklichkeit immer wieder. Im ganzen aber ist auch Deutschland ein berührungsfeindliches Land, in dem man es als einen Akt der Befreiung, der wiedergewonnenen Natürlichkeit erlebt, die anerzogene Berührungsangst zu überwinden. Normalerweise überläßt man die Pflegehandlungen am eigenen Körper dem bezahlten Spezialpersonal der Ärzte, Friseure, Masseure, Kosmetiker. Denn diese werden nicht nur aus den vorgeblichen »vernünftigen« Gründen aufgesucht, sondern auch um des lustvollen Erlebnisses willen, einen anderen am eigenen Körper hantieren zu fühlen. Friseur- und Masseursalons sind Stätten hingebungsvoller erotischer Phantasien; mit Ambulanzen und Arztpraxen zusammen sind sie Zufluchtsorte von Berührungshungrigen.

Das Grüßen

Unübersichtlich vielfältig sind die *Begrüßungsrituale,* die unter den Menschen in Gebrauch sind. Schon 1889 stellte der Anthropologe H. Ling Roth aufgrund früherer Reiseberichte einen Katalog von Begrüßungen zusammen, der nicht anders bezeichnet werden kann als ein Sammelsurium.

Die Neuseeländer berühren sich zur Begrüßung mit den Nasen. Die Einwohner Neuguineas quetschen die Nase mit Zeigefinger und Daumen der linken Hand und deuten dabei mit der Rechten auf den Nabel. In Gambia schütteln sich Männer die Hände; begrüßen sie Frauen, so riechen sie jedoch zweimal an deren Handrücken. Man umarmt sich zur Begrüßung in Zentralasien, Hawai und Australien. In Japan vollführt man zahlreiche Verbeugungen. Die Eskimos reiben die Nasen aneinander und führen die Handflächen über das Gesicht des anderen. Ein besonders ausführliches Ritual vollführt das ostasiatische Urvolk der Ainu, dessen Reste auf Hokkaido, Sachalin und den Kurilen leben: Die Männer reiben die Hände aneinander, heben sie, die Handfläche nach außen gekehrt, an die

Daß sich die Umarmungen zwischen Schimpansen und Menschen (hier die Politiker Chruschtschow und Ulbricht) so ähnlich sind, ist kein Zufall: Die Umarmung zur Bekräftigung der freundschaftlichen Begrüßung hat es sicher bereits bei den gemeinsamen äffischen Ahnen von Menschenaffen und Menschen gegeben.

Stirn, dann streichen sie sich die eigenen Bärte. Die Frauen nehmen den rechten Zeigefinger zwischen den linken Zeigefinger und Daumen, legen beide Hände, die Handflächen nach außen, an die Stirn und streichen mit dem rechten Zeigefinger zwischen Nase und Oberlippe entlang. Treffen sich Freunde nach längerer Reise wieder, so legen sie sich gegenseitig die Köpfe auf die Schulter, und der Ältere streicht dem Jüngeren über den Kopf. Begrüßt der Häuptling

einen Fremden, so knien beide, der Fremde legt die Hände auf die des Gastgebers, dann reiben sie die Hände hin und her. Die Azteken, schreibt Cortés, berührten die Erde mit der Hand und küßten diese darauf. Und so fort.

Wir geben uns normalerweise die Hand und verneigen uns leicht; bei herzlicheren Begrüßungen umarmen wir uns; in den romanischen Ländern umarmt man einander und küßt den anderen darüberhinaus auf beide Wangen (Accolade heißt diese Begrüßung). Mit dem modernen Instrument der Videoaufzeichnung haben Adam Kendon und Andrew Ferber unseren eigenen Begrüßungstypus näher untersucht. Sie kamen dabei darauf, daß er aus zwei Phasen besteht. Die erste, bei der es unter Umständen bleibt, ist der Ferngruß: Man bemerkt einander und bestätigt sich die unfeindliche Kontaktaufnahme. Zwei Bestandteile des Ferngrußes hat Eibl-Eibesfeldt als nahezu universell beschrieben: das Zurückwerfen des Kopfes und das kurze Hochziehen der Augenbrauen, den sogenannten Augengruß. Der Ferngruß ist relativ uniform. Nicht so der Nahgruß. In ihm signalisiert man sich, wer der Über- und wer der Untergeordnete ist, also das Dominanzverhältnis zueinander, den Grad der Freundlichkeit, der Vertrautheit und die eigene Identität. Der Nahgruß hat also eine viel größere Informationsfülle zu übermitteln, entsprechend ist er auch weitaus variabler als der Ferngruß. In der Ferngruß-Phase tritt ein Lächeln ins Gesicht, dann schwindet es. In der Nahgruß-Phase ist es wieder da – kaum ein Gruß verläuft ohne Lächeln.

Angesichts solcher Vielfalt liegt es nahe zu sagen: Kultur ist alles, Vererbung gilt hier nichts. Offenbar begrüßen wir uns, zumindest aus der Nähe, genau so, wie es in unserer jeweiligen Kultur Tradition ist: Die Körpersprache der Begrüßung ist ein Kulturprodukt.

Das ist richtig, und es ist auch wieder nicht richtig, je nachdem, ob man auf die Unterschiede sieht oder auf die Gemeinsamkeiten, und die Kulturanthropologie hat es prinzipiell mit den Unterschieden zwischen den Kulturen zu tun. »So kann denn«, schreibt der Ethnologe Arnold Niederer, »für die Sozial- und Kulturwissenschaft als Axiom gelten, daß grundsätzlich alle der Kommunikation dienenden Körperbewegungen erlernt beziehungsweise vermittelt sind.« Dabei ist gerade die Begrüßung eine gute Illustration dafür, wie beim Menschen Erbe und Kultur ineinanderwirken und wie das tatsächliche Verhalten zu einer Fülle von kulturell vermittelten Variationen über ein genetisch festgelegtes invariantes Thema wird.

Die Gemeinsamkeit in der Vielfalt besteht zunächst darin, daß wir uns alle, oder fast alle, in ähnlichen Situationen begrüßen. Wir tun es dann, wenn sich Bekannte wiedertreffen und wenn sich Fremde begegnen und miteinander Kontakt aufnehmen. Es müßte ja nicht sein. Wir könnten auch gleich zur Sache kommen, sofern wir uns nicht ignorieren.

Jeder weiß, daß er Passanten in der Stadt nicht zu grüßen hat; täte er es dennoch, so hielte man ihn für verrückt. Sobald er aber eine Interaktion mit irgendeinem dieser sonst ungegrüßten Fremden aufnimmt, zum Beispiel, wenn er ihn nach dem Weg fragt, hat er ihn zunächst zu grüßen. In einem Dorf, wo sich offensichtlich alle kennen und darum auch bei jeder neuen Begegnung grüßen, wird der Städter schon unsicher, ob er sich durch einen Gruß als jemand ausweisen soll, der den Wunsch hat, hier nicht ganz so fremd zu sein, dem folglich auch nicht ganz so großes Mißtrauen gebührt. Begegnen sich zwei völlig Fremde auf einer einsamen Wanderung, so werden sie sich mit großer Wahrscheinlichkeit grüßen. Aber was, wenn ein einzelner auf einer solchen Wanderung einem lärmenden Haufen von Fremden begegnet? Es wird ihn eine atavistische Beklemmung befallen, Überbleibsel unseres xenophoben Hordenlebens. Die ganze Gruppe durch einen Gruß beschwichtigen zu können, wird er von vornherein für aussichtslos halten, während die übermächtige Gruppe den einzelnen nicht zu beschwichtigen braucht. Also wird der Gruß unterbleiben, wenn nicht, wird er bei dem einzelnen besonders betont ausfallen, bei der Gruppe merklich mokant. Ist es jedoch eine Gruppe, die sich verlaufen hat, und der einzelne ist offensichtlich ein einheimischer Ortskundiger, so kehren sich Über- und Unterlegenheit um und mit ihnen die Art des Grußes. Auch bei unserem schriftlichen Verkehr können wir den Gruß nicht entbehren. Selbst vorgedruckten Mitteilungen ist ein Gruß vorangestellt, die Bemerkung, der Adressat werde sehr geehrt oder sei einem lieb, und er sei ein »Herr« (das ist etymologisch ursprünglich ein ehrwürdiger Älterer, wie der italienische *signore,* der spanische *señor,* der französische *(mon)sieur,* der englische *Sir*) oder eine »Frau« (nämlich eine hochstehende weibliche Person). Und die Mitteilung endet mit einer neuerlichen Versicherung der Hochachtung, Freundlichkeit oder Herzlichkeit, zumindest mit dem allergeringsten Zeichen der Begrüßung, dem bloßen Wort »Gruß«. Fehlt beides, wie zuweilen in Behördenmitteilungen, so wird der Brief als kränkend schroff empfunden.

Der Gruß ist also eine Beruhigungs- und Beschwichtigungsgeste. Bekannte bekräftigen durch ihn ihre Vertrautheit; Fremde geben sich mit dem Gruß zu verstehen, daß sie einander nicht feindlich gesonnen sind.

Gemeinsam ist uns, daß wir uns grüßen und warum wir uns grüßen. Gemeinsam sind dem Gruß aber auch seine beiden Grundmuster: nämlich eine körperliche Berührung einerseits, eine Unterwerfungsgebärde andererseits. Das Händeschütteln ist eine reduzierte Umarmung. Der aztekische Gruß, bei dem die Hand den Boden berührte, ist eine stark ritualisierte Unterwerfungsgeste. Der Handschlag mit Verbeugung kombiniert Berührung und Submission. Dergestalt auf Grundmuster reduziert, lassen sich ohne weiteres Homologien des Grußes im Tierreich entdecken. Auch befreundete Schimpansen umarmen und betatschen sich, küssen sich sogar, wenn sie sich nach längerer Zeit wiedertreffen. Aber die Begrüßung reicht im Tierreich viel weiter zurück als bis zu den höchsten Primaten. »Versäumt es ein

*Empfang einer holländischen Gesandtschaft durch japanische Würdenträger
im siebzehnten Jahrhundert: Die Gebärde der Selbstverkleinerung durch
Verneigung ist universal verständlich.*

Nachtreiher einmal beim Landen am Nest, die Seinen zu grüßen,
dann wird er von Kindern und Ehepartner mit Schnabelhieben
empfangen«, heißt es bei Eibl-Eibesfeldt. »Die Gesten des Nestma-
terialüberreichens sind heute weit verbreitete Grußgesten der Vögel,
sie haben eine deutlich beschwichtigende Funktion.« Und Konrad
Lorenz: »Hunde, Gänse und wahrscheinlich noch viele andere Tiere
brechen in intensive Begrüßung aus, wenn eine peinliche Konfliktlage sich plötzlich entspannt.«

Auch der Mensch verstärkt den Gruß dort, wo es ihm wirklich
darauf ankommt, gern durch ein Geschenk; die Pralinenschachtel
oder die Flasche Wein des Zivilisationsmenschen ist sogar rundheraus ein Futtergeschenk. Ängstliche Menschen werden den fremden
Besucher durch besonders intensives Füttern (Pralinen, Kuchen,
Alkohol) zu beschwichtigen suchen.

Die verbreitetste Form der Begrüßung ist der Handschlag. Er ist,
wie Morris sagt, als »miniaturisierte Umarmung« zu verstehen. Wenn

die Grundform des Grußes die ausführliche Umarmung ist, so ergibt er sich fast zwingend aus dem Bestreben, die Bedeutung der Umarmung zwar aufrechtzuerhalten, die Bewegung selber aber so minimal wie möglich zu gestalten. Zwei Personen gehen aufeinander zu. Sie machen die Intentionsbewegung der Umarmung: Sie strecken die Hände nach einander aus. Die Umarmung selber unterbleibt jedoch. Es berühren sich nur die Hände. Sie berühren sich förmlich, innig oder streitbar; der Handschlag unter Männern enthält oft ein Moment der Rivalität, des gegenseitigen Kraftmessens. Das Winken beim Abschied ist sozusagen ein auseinandergerissenes Händeschütteln: Die Hände schwingen aufeinander zu ins Leere.

Die Amerikaner beschränken sich beim alltäglichen Gruß auf ein lässiges Schlenkern der Hand: Die Intentionsbewegung der Umarmung ist hier noch weiter, auf die bloße Andeutung der Intentionsbewegung, reduziert. Die Hand gibt man nur einem Fremden, den man auf diese Weise ausdrücklich als Vertrauten annimmt. In der britischen Aristokratie gilt der Handschlag als zudringlich ordinär.

Unter der kulturellen Vielfalt der Grußrituale ist also deutlich ein stammesgeschichtlich weit zurückreichendes Grundmuster auszumachen. Dennoch wäre es möglich, daß die Gene des Menschen nichts mehr von diesem tierischen Grußzwang enthalten und der Mensch seine Begrüßungen sich frei erfunden hat, um durch das nämliche Verhalten die nämliche Konfliktlage – nämlich die Frage »Freund oder Feind?« bei der Begegnung mit anderen – zu klären. Es wäre möglich. Aber wenn durchgehend das gleiche Verhaltensmuster die gleiche Situation zu bewältigen hatte, hat nie ein Selektionsdruck gegen die genetische Verankerung des Verhaltens bestanden; es ist für die natürliche Auslese nie auch nur uninteressant oder gleichgültig geworden, so daß es einfach unversehens aus dem Verhaltensrepertoire hätte verschwinden können. Unser zwanghaftes Grüßen hat also wahrscheinlich nach wie vor eine genetische Grundlage. Die Kulturen greifen sie auf und geben ihr aus dem Fundus ihrer Traditionen die jeweils aktuelle Gestalt.

Nicken, Kopfschütteln und anderes

Es spricht nichts dafür, daß es sich beim Nicken und beim Kopfschütteln um angeborene Ausdrucksbewegungen handelt. Sie sind wahrscheinlich erlernt. Aber da sie sich wohl von Situationen herleiten, die für alle Menschen gleich sind, sind sie in der gleichen Bedeutung weit verbreitet. Übereinstimmende ontogenetische (individualgeschichtliche) Bedingungen haben zu einer relativ hohen Übereinstimmung der aus ihnen abgeleiteten Signale in den verschiedenen Kulturen geführt. (Eine solche ontogenetisch-universale Ableitung ist auch vorstellbar bei dem fragenden Hochziehen der Augenbrauen und bei ihrem – höchstwahrscheinlich jedoch erblichen – drohenden Senken: Das Kind sieht fragend zu dem Erwachsenen hoch, der Erwachsene sieht mahnend zum Kind hinunter; und im späteren Leben werden die Displays mit etwa gleichem Sinn beibehalten.)

Schon Darwin (wie heute Morris und Eibl-Eibesfeldt) nahm als Ursprung des *verneinenden Kopfschüttelns* die Brustverweigerung des Säuglings an. Der satte Säugling stülpt die Lippen nicht mehr über die Brustwarze, er bewegt den Kopf hin und her; er sagt damit »nein«. Und der Erwachsene behält dieses säuglingshafte Kopfschütteln als Zeichen der Verneinung bei. Doch gibt es auch andere Ausdrucksbewegungen der Verneinung: In Süditalien, auf dem Südbalkan, vor allem in Griechenland und in der ganzen Levante, wird zur Verneinung der Kopf kurz zurückgeworfen; die Augen sind dabei meist geschlossen, die Augenbrauen hochgezogen – in Nordeuropa würde diese Gebärde der Verneinung als eine des Hochmuts mißverstanden. Eibl-Eibesfeldt berichtet von paraguayischen Indianern, die als Zeichen der Verneinung den Mund spitzen, die Augen schließen und die Nase rümpfen. Er meint allerdings auch, daß alle verschiedenen Ausdrucksbewegungen der Verneinung doch ein Grundmuster haben: Es handle sich immer um Bewegungen des Abschüttelns, wie sie bei Säugetieren und Vögeln weitverbreitet sind. Basis der Verneinung sei eine Abschüttelbewegung; und in jeder Kultur würde irgendeine dieser Abschüttelbewegungen aufgegriffen, zum Verneinungssignal verallgemeinert und als solches tradiert.

Eine andere Abschüttelbewegung ist das *Achselzucken.* Man schüttelt symbolisch eine Last ab, die auf den Schultern ruht: »Ich will sie nicht tragen, ich will nicht gefragt werden, ich weiß keine Antwort, es ist mir egal.« Das Achselzucken bedeutet Unwissen, Gleichgültigkeit, Ungehaltenheit, Abweisung, Zweifel, Resignation, Hilflosigkeit, Verachtung.

Wie Darwin das Kopfschütteln auf die Brustverweigerung des Säuglings zurückführte, so führte er das *Nicken* auf die Annahme der Brust zurück. Morris erklärt das bejahende, zustimmende, bestätigende Nicken dagegen als eine eingeleitete Verneigung. Eibl-Eibesfeldt vermutet in ihm, im gleichen Sinn, eine Intentionsbewegung der Unterwerfung. (Intentionsbewegungen sind vorbereitende Bewegungen, die Aufschluß darüber geben, was wir gleich tun werden oder am liebsten tun würden: Wer sich breit in einen Sessel zurücklehnt, macht offensichtlich keine Anstalten zu gehen; wer nach vorne gelehnt, beide Füße nebeneinander aufgestützt, die Handflächen federnd auf die Knie gelegt, auf der vorderen Stuhlkante sitzt, wird gleich aufstehen und gehen, oder er würde am liebsten aufstehen und gehen, wie seine Intentionsbewegung verrät.) In Südjugoslawien und Bulgarien ist die Bejahungsgebärde eine leichte seitliche Neigung des Kopfes. In Indien, schreibt Julius Fast, bedeute Nicken dagegen »Nein«. Auf Ceylon soll Nicken »Ja, das stimmt« bedeuten, während ein »Ja« im Sinne von »Ja, ich möchte gern« durch ein leichtes Wiegen des Kopfes ausgedrückt wird; Kopfschütteln heißt auch hier »Nein«.

Ist das zustimmende Nicken eine schwache und emotionslos eingeleitete Unterwerfungsgeste, so ist die *Verneigung* eine für den anderen deutlichere und für den sich Verneigenden spürbarere Geste; sie wird um so deutlicher und spürbarer, je tiefer sie ist und je länger sie dauert. Höfische Zeremonielle und bürgerliche Etikette haben die förmliche Verneigung, den Bückling, den Diener, den Kniefall, den Kratzfuß und gar die Prostration hervorgebracht, bei der sich der Untertan vor dem Herrscher auf den Boden wirft, »in den Staub«. Am einen Ende der Skala lediglich förmlich angedeutet, am anderen Ende übersteigert, handelt es sich sämtlich um Gesten der Selbstverkleinerung, bei denen darüber hinaus der eigene Nacken ungeschützt dargeboten wird.

Das Imponieren

Das erwachsene Pavian-Männchen hat zwei mächtige, lange, gebogene Fangzähne. Sie sind gefährliche Waffen. Aber sie wirken gefährlicher, als sie sind; weniger lang, brächen sie schwerer ab und wären als Waffen effektiver. Ihre andere Aufgabe ist es, auf Rivalen und Feinde Eindruck zu machen.

Jane van Lawick-Goodall hat die ausführlichen Imponier-Schaustellungen *(charging displays)* männlicher Schimpansen beschrieben: wie sie die Lippen zusammenpressen, den Gegner drohend anstarren, den Brustkorb aufpumpen, Stöcke schwingen, Steine werfen, hinaufgreifen nach einem Ast und ihn wild schütteln, Lärm vollführen. Sie beschreibt einen erfolgreichen Staatsstreich durch Lärmen. Ein subalternes Männchen entdeckte, wie man Kanister vor sich herrollen und mit ihnen ein Höllenspektakel vollführen kann. Es setzte den Lärm so zielstrebig und gekonnt ein, daß der bisherige Führer des Trupps schließlich nach einem über halbstündigen Imponier-Schauspiel klein beigab. Ohne daß es zu einem tatsächlichen Kampf gekommen war, war der bisherige Anführer für alle Zeit gestürzt.

So primitiv geht es selbstverständlich bei den Menschen nicht zu. Unser *Imponiergehabe* hat sich unendlich verfeinert. Fangzähne haben wir nicht mehr; ihr Verlust ist eins der Hauptkennzeichen unserer frühmenschlichen Ahnen. Noch »blecken« wir die Zähne und »fauchen« den Gegner an, aber nur noch im Sprachbild. Statt dessen tragen wir Schärpen, Achselstücke, Ehrenzeichen, Skalps, Trophäen oder symbolische Trophäen in Form von Orden. Sie vergrößern die männliche Brust, lenken die Aufmerksamkeit auf sie. Krieger und Herrscher, geistliche wie weltliche, vergrößern ihren Kopf durch Federn, Hauben, Helme, Kronen, Tiaren. Wir starren den Gegner in Grund und Boden. Wir machen Lärm: Wir brüllen ihn an, schlagen mit der Faust auf den Tisch, jagen den Gegnern durch schmetternde Militärmusik und gemeinsames Gröhlen Angst ein.

So raffiniert wir verfahren, das meiste Imponiergehabe des Menschen variiert doch nur das frühmenschliche Grundmuster: Rang und Status werden annonciert und reklamiert, indem man bedrohlichen Lärm entfaltet, seine Kampferfahrung vorzeigt, sich ostentativ erhöht und vergrößert. »Schmächtig« zu sein ist »schmachvoll«; ein »Großer« ist, wer sich nicht »kleinkriegen« läßt. Der »starre« Blick wirkt »stark«. Der »laut« Beredete wurde in etlichen Sprachen der »Berühmte«. Es reckt sich der »Recke«.

Unsere Sprache bewahrt, meist ohne daß wir ihr es noch anmerken, die Erinnerung an eine Welt, in der Tugend und Untugend vor allem körperliche Qualitäten waren. Erstrebenswert war es, groß/stark/hoch/laut zu sein, während das Gegenteil, klein/schwach/niedrig/leise zu erscheinen, einem einen minderen Platz in dieser physischen Dominanzhierarchie zuwies.

Der Raumsinn

Seit 1920 der englische Ornithologe Eliot Howard die Bedeutung des
Territoriums im Leben der Vögel beschrieb, hat die Verhaltensforschung bei vielen Tierarten Territorialität festgestellt und genauer
studiert. Im engen Sinn ist *Territorialität* die zwanghafte Neigung
eines einzelnen Tiers, einer Brutgemeinschaft oder eines Tierverbands, einen bestimmten räumlichen Bereich als Eigentum in
Anspruch zu nehmen und gegen Artgenossen zu verteidigen. Im
weitesten Sinn ist Territorialität die für ein Individuum oder eine Art
charakteristische Weise, mit dem Raum umzugehen.
Im Tierreich lassen sich fünf verschiedene Ausprägungen dieses
Raumsinns beobachten. Die ersten drei sind private Distanzen. Die
Entfernung, die in einer Tiersozietät ein Individuum zum anderen
hält, ist die *persönliche Distanz.* Die zweite ist die *Fluchtdistanz :* die
Entfernung, auf die ein Tier ein anderes an sich herankommen läßt,
ehe es die Flucht ergreift. Die dritte ist die *kritische Distanz :* die
Entfernung, aus der ein verfolgtes Tier sich umwendet und mit dem
Mut der Verzweiflung zum Angriff übergeht. (Der Schweizer
Tierpsychologe Heini Hediger hat diese Distanzen untersucht und
genau beschrieben, wie der Dompteur zum Beispiel Tiger zum
Zurückweichen an den Gitterrand der Manege bringt, indem er auf
sie zugeht, wie sich die Tiere aber, sobald er die kritische Distanz
unterschreitet, zum Angriff umwenden, wie er im gleichen Augenblick aus der kritischen Distanz heraustritt und wie das Tier von
seiner Angriffsbewegung auf ein zwischen Manegenrand und Dompteur plaziertes Podest geführt wird, auf dem es bleibt, weil der
Dompteur inzwischen außerhalb der kritischen Distanz steht und ein
Angriff sich erübrigt.) Die vierte ist die eigentliche *Territorialität,* die
Besetzung eines eigenen Reviers, in dem fremde Artgenossen nicht
zugelassen sind. Die fünfte ist die *Inanspruchnahme eines Wohnge-
biets,* das bei vielen Arten nicht so strikt wie das eigene Revier gegen
Fremde verteidigt wird, das jedoch von einem Tierverband regelmäßig auf der Suche nach Nahrung und Wasser durchstreift wird.
Der Mensch fällt in dieser Beziehung nicht aus dem Rahmen. Er
hat eine eigene Heimstätte, sein Revier, auch wenn es sich bei
nomadischer Lebensweise um ein transportables Revier handelt. Er
hält regional unterschiedliche private Distanzen ein. Und er hat ein
eigenes Wohngebiet oder vielmehr, er ist einem größeren Gebiet
emotional verbunden. Die Gebiete sind zum Teil rein emotional, zum
Teil politisch umgrenzt; er hat seine Jagdgründe, seine Gegend und

Landschaft, seine Kommune und seinen Stadtteil, die alle seine »Heimat« bilden. Er hat sein Volk, sein Land, seine Nation, seinen Kulturkreis. Emotionale Verbundenheit mit dem Allianzblock oder gar mit der ganzen Welt dürfte eine große Seltenheit sein. Fluchtdistanz und kritische Distanz spielen für den Zivilisationsmenschen so gut wie keine Rolle mehr. Dafür hat er einen mit der Arbeitsteiligkeit seiner Gesellschaft zusammenhängenden weiteren Reviersinn entwickelt, der nur noch metaphorisch ein Raumsinn ist: das Bedürfnis nach dem sogenannten Zuständigkeitsbereich, in dem man Eindringlinge ungern sieht oder abwehrt. Wenn man annimmt, daß das Bedürfnis nach dem eigenen Bereich, ob räumlich oder symbolisch, ein primärer menschlicher Antrieb ist, so erhält man nebenbei auch eine weitere, psychologische Erklärung für die rasche Ausdehnung der Wissenschaften in den letzten Jahrhunderten: Jede Disziplin setzt in einem ständigen Prozeß der Spezialisierung neue Unterbereiche an; oder vom einzelnen aus gesehen: Man sucht sich seinen eigenen Spezialbereich, in dem man die Autonomie besitzt, ins Unbekannte und bisher Unbesetzte hinein abzustecken.

Die Territorialität steht in engem Zusammenhang mit jenem anderen im Tierreich weit verbreiteten sozialen Ordnungsprinzip, dem *Dominanzmuster*. Der kalifornische Psychologe Robert Sommer formulierte den Zusammenhang so: »Da soziale und räumliche Ordnungen ähnliche Funktionen erfüllen«, nämlich jedem seinen Platz zuzuweisen und dadurch Aggressionen zu vermeiden oder abzumildern, »überrascht es nicht, daß man räumliche Entsprechungen für Statusebenen und umgekehrt soziale Entsprechungen für räumliche Positionen vorfindet.« Die soziale Elite hat größere Wohnungen, größere Räume, größere Büros und darüber hinaus eine »größere räumliche Mobilität und mehr Gelegenheiten, sich allzu engen, unbequemen und langweiligen Raumverhältnissen zu entziehen... Beim Besuch einer Stadt sieht man sofort, wo die ›besseren Leute‹ wohnen.« Der Status drückt sich in der Größe des Raums aus, der einem zur Verfügung steht, und außer in der Größe durch seine Nähe zu oder Ferne von den Räumen der Dominanten. Karrieren führen durch immer größere, immer nachdrücklicher gegen Fremde gesperrte Räume in immer dichtere Nähe zu den Chefs. Den ganz und gar Deklassierten, Entwürdigten und Unterworfenen werden denn auch die engsten Raumverhältnisse zugemutet: das gedrängt volle Zwischendeck des Auswandererschiffs, das Loch, in das man den Sklaven steckt, den Bunker, in dem der KZ-Häftling tage- und wochenlang stehen mußte, um ihn noch mehr zu strafen, als er

ohnehin gestraft war. Die eigentlichen Dramen in den Verwaltungs-
apparaten ergeben sich viel weniger aus der Auseinandersetzung um
irgendwelche sachlichen Fragen als aus den unablässigen Angriffen
auf Zuständigkeitsbereiche und ihrer Verteidigung sowie aus dem
verschwiegenen, aber zähen und leidenschaftlichen Kampf um die
Lage und um die Quadratmeter und Quadratzentimeter des eigenen
Büroraums, deren praktische Bedeutung nebensächlich ist im Vergleich zu ihrer symbolischen Bedeutung als Statuskennzeichen.
    Unser Reviersinn sagt uns, daß der Besitz eines eigenen Territo-
riums einen Dominanzvorsprung verleiht. Territoriale Vögel sind in
ihrem Revier schwer zu schlagen, insbesondere in der Mitte ihres
Reviers: Und zwar scheint das Revier sowohl den Besitzer zu stärken
als auch den Eindringling zu schwächen. Wer in ein fremdes Land,
einen fremden Ort, eine fremde Wohnstatt tritt, fühlt sich verunsichert, während der Besitzer des Raums im Vorteil ist. Gegner, die zu
gleichberechtigten Verhandlungen zusammenkommen, treffen sich
gern an einem »neutralen Ort«, an dem keiner von ihnen einen
»Platzvorteil«, einen »Heimvorteil« hat. Derjenige, der einen
fremden Raum betritt, fragt zunächst um Erlaubnis (er klopft an);
dann ist er es, der als erster grüßt und durch das Grußritual seine
freundliche Absicht bekundet; an dem anderen ist es nunmehr, ihm
den Zutritt zu gewähren – eventuell steht er auf, geht dem anderen
entgegen, hilft ihm sein Zögern zu überwinden, begleitet ihn in das
Innere seines Reviers, in dem der Fremde indessen sich noch lange
viel gehemmter bewegen wird als der Besitzer, zum Beispiel wird er
eigens um die Erlaubnis bitten, die Toilette aufsuchen zu dürfen.
Gerät man versehentlich in das Territorium eines Fremden, so wird
man eine Beschwichtigungshandlung vornehmen, also etwa um
»Entschuldigung« bitten.
    Die persönliche Distanz, der individuelle Abstand, den einer von
den anderen hält, ist oft als eine Art »tragbares Territorium«
beschrieben worden, eine »Distanzblase«, die den einzelnen unsichtbar umgibt. Sie ist nicht in allen Kulturen und auch nicht in allen
Situationen gleich groß; auch individuelle Unterschiede wurden
festgestellt. In einem vollen Fahrstuhl wird sie kleiner sein als auf
einem Empfang; sie weitet sich und schrumpft den Umständen
entsprechend – der Sinn für die persönliche Distanz besteht vor allem
darin, daß der zur Verfügung stehende Raum gerecht, das heißt
gleichmäßig aufgeteilt wird. In einem Omnibus wird erwartet, daß
sich nicht an irgendeiner Stelle ein Gedränge bildet, während andere
Teile leer bleiben.

Die angemessenen Individualabstände werden in den ersten Lebensjahren gelernt; sie sind nicht in der Erbausstattung vorgegeben. Vorgegeben ist höchstwahrscheinlich nur die Bereitschaft, überhaupt irgendeinen Individualabstand als angemessen zu lernen. Der Mensch ist, anders als etwa Walrosse, Schweine oder Sittiche, keine Kontaktspezies, die sich eng auf den Leib rückt, abgesehen von Ausnahmesituationen wie großer Kälte, in denen die natürliche Kontaktscheu für eine Weile und zu einem bestimmten Zweck suspendiert wird; auch das jedoch kann Tradition werden.

Es gibt charakteristische individuelle Unterschiede in der Größe und Form der unsichtbaren Distanzblase. Bei Schizophrenen ist sie meist übernormal groß. Bei Extravertierten ist sie kleiner als bei Introvertierten. Im Querschnitt sieht die Distanzblase etwa nockenförmig aus; die kleinere, sich verengende Seite befindet sich im Rücken der Person. Das heißt, man läßt hinter sich normalerweise andere näher an sich herankommen, ohne sich angegriffen oder bedrängt zu fühlen; vor sich beansprucht man mehr Raum. Bei Gewaltverbrechern ist ein charakteristischer Unterschied von dieser Norm beobachtet worden: Ihre Distanzblase ist oft nicht nur größer, sie ist besonders nach hinten ausgeweitet. Nähern sich ihnen andere von hinten, so fühlen sie sich also eher bedrängt als andere.

Diese Raumgefühle sind eine Tatsache, auch wenn wir sie oft nicht wahrnehmen oder ihr Vorhandensein rundheraus abstreiten. Die Wissenschaft, die sich mit ihnen beschäftigt, heißt die Wissenschaft von der Nähe, Proxemik. Ihr Hauptvertreter ist Edward T. Hall, Anthropologe an der Northwestern University in Evanston, Illinois. In seinem Buch *Die Sprache des Raumes* schreibt er: »Wir behandeln den Raum ein wenig so wie den Sex. Das Raumgefühl gibt es zwar, aber wir sprechen nicht darüber.«

Bekannt geworden sind einige Experimente der Proxemik. Nancy Russo hat sich in einer relativ leeren Bibliothek versuchshalber unmittelbar neben lesende Studentinnen gesetzt, hat sich mit ihren eigenen Utensilien immer weiter ausgebreitet und ist den Nachbarinnen immer näher gerückt. Die Nachbarinnen waren irritiert, unangenehm berührt, rückten etwas zur Seite, bauten kleine Verteidigungswälle zum Schutz ihres Territoriums. Wurde ihnen die Invasion zu stark, so standen sie auf und setzten sich an einen anderen Platz. Von 80 Studentinnen hat nur eine gebeten, die Experimentatorin möge sich selber anderswo hinsetzen; die anderen sind sozusagen geflohen. Auch Passanten auf der Straße gehen einander unbewußt grundsätzlich aus dem Weg. Beide Tatbestände deuten darauf hin, daß die

74

Die Deutschen haben einen hochentwickelten Sinn für Privatheit, für das eigene, für Fremde gesperrte Territorium. Ihre Sommerstrände sehen, zur Verwunderung weniger territorialer Nachbarn, mit ihren Strandburgen den Nistplätzen von Lachmöwen ähnlich.

Strategie, mit der die Menschen ihre alltäglichen Konflikte lösen, keineswegs eine aggressive ist, sondern eine Vermeidungsstrategie. Ann Gibbs experimentierte in einer Mensa. Sie forderte andere auf, einen Platz freizumachen, weil es ihr Stammplatz sei. Waren die anderen gerade erst eingetroffen, so standen sie in der Regel auf, entschuldigten sich und räumten den Platz. Nur wer schon längere Zeit dasaß, verteidigte ihn.

Um anzuzeigen, daß ein Revier besetzt ist, wird es markiert. In der Bibliothek läßt man auf seinem Platz ein Notizbuch, in Restaurants eine Tasche, in der Bahn oder im Flugzeug einen Mantel, in der Badeanstalt oder Sauna ein Handtuch zurück. Das Markierungszeichen ist um so wirkungsvoller, je persönlicher es wirkt und je leerer der Raum ist. In der Bibliothek, so stellte sich heraus, hält beispielsweise eine auf dem Tisch hinterlassene Illustrierte den Platz weniger wirksam frei als ein persönliches Lehrbuch, und dieses weniger als etwa eine Jacke. Je knapper die Plätze werden, desto mehr büßen die Markierungen an Wirksamkeit ein; am Ende hilft sogar ein »Besetzt«- oder »Reserviert«-Namensschild kaum noch.

Da in der Wissenschaft Ordnung alles ist, hat Hall die Privatdistanz der Menschen aufgegliedert, und zwar in vier verschiedene Distanzen. Die erste ist die *intime Distanz*. Sie reicht von etwa 15 bis 50 Zentimetern. Innerhalb ihrer findet eine »unmißverständliche Beschäftigung mit einem anderen Körper« statt. Die zweite ist die eigentliche *persönliche Distanz*, die von 50 Zentimetern bis 1,20 Meter reicht: »eine kleine schützende Kugel oder Blase, die man zwischen sich selber und den anderen aufrechterhält«. Die dritte ist die *soziale Distanz* von 1,20 Meter bis vier Meter Entfernung: »Niemand berührt den anderen oder erwartet eine Berührung.« Jenseits der Vier-Meter-Grenze beginnt die *öffentliche Distanz*. Personen in öffentlicher Distanz zueinander haben nicht mehr notwendig miteinander zu tun.

Ob man die Annäherung eines anderen als Invasion des eigenen Reviers empfindet, hängt jedoch nicht nur von der Menge des zur Verfügung stehenden Raums, der persönlichen Raumempfindlichkeit und der tatsächlichen Nähe ab, sondern auch davon, ob man den anderen als Person auffaßt oder als Unperson. Kellner, Butler, Diener sind für die Herrschaften keine Personen und dürfen sich darum auch nähern, wo die Annäherung anderer Menschen ungehörig und ausgeschlossen wäre. »Eine Unperson«, schreibt Sommer, »kann den persönlichen Raum nicht mehr verletzen als ein Baum oder Stuhl.«

Das Raumgefühl ist nicht nur individuell und situationsbedingt, es ist auch ethnisch verschieden. Hall hat die Raumgefühle bei Arabern, Japanern, Amerikanern, Engländern, Franzosen und Deutschen untersucht.

Bei den *Arabern* hat wahrscheinlich jahrhundertelange Übervölkerung in den Städten dazu geführt, daß die persönliche Distanz geschrumpft und fast völlig verschwunden ist. Das Ich sitzt gleichsam tief im Körper und ist durch den Körper vor der Außenwelt geschützt. Araber kommen sich demgemäß viel näher als Europäer oder Japaner. Das Gedränge in ihren Städten ist größer. Sie stoßen und schieben sich, Männer kneifen Frauen. Eine wesentliche Rolle beim persönlichen Kontakt spielt bei ihnen, was Europäer und Amerikaner gerne ganz unterdrücken: der Geruch. Es ist wichtig, gut zu riechen, denn im Gespräch will man den anderen riechen und selber gerochen werden. Araber sind nicht gern allein. Wenn sie miteinander reden, sehen und atmen sie sich höflicherweise an; es fällt ihnen schwer, neben jemand herzugehen und sich dabei zu unterhalten. Der Geräuschpegel im Gedränge ihrer Städte ist viel höher. Wenn sie allein sein, wenn sie sich zurückziehen wollen, müssen sie sich nicht von anderen entfernen; es genügt, selber in Schweigen zu verfallen.

Auch die *Japaner* schätzen das Gedränge, verglichen mit Angehörigen des westlichen Kulturkreises. Sie schlafen gern dicht beieinander auf dem Fußboden und drängen sich an kalten Wintertagen unter einer gemeinsamen Decke um das Feuer, möglichst weit entfernt von der kalten Wand. Ihr Raumgefühl ist zentralistisch: Um das Zentrum der Macht, die Hauptstadt, breitet sich in konzentrischen Kreisen das Land. Mit der Annäherung an den Mittelpunkt werden die Ringe loyaler und schützender. Während die Japaner das Gedränge nicht vermeiden, betrachten sie das eigene Haus und den Raum um es herum als eine einzige Struktur; sie teilen ungern die Wände ihrer Wohnung oder ihres Hauses mit anderen und betrachten auch noch den Freiraum um die eigenen Wände als ihnen gehörig.

Die *Engländer* wachsen in gemeinsamen Kinderzimmern auf und entwickeln gar keinen oder nur einen schwachen Anspruch auf den eigenen Raum. Sie sind es gewöhnt, mit anderen zusammenzusein, und sie verteidigen ihre Privatheit mit anderen Mitteln als architektonischen. *Amerikaner* dagegen entwickeln einen starken Anspruch auf ein eigenes Zimmer zu Hause wie am Arbeitsplatz, auf der anderen Seite gehört es bei ihnen zur geselligen Norm, erreichbar, verfügbar zu sein. Man läßt die Türen also möglichst auf – die Tür hinter sich zu schließen, ist ein unhöfliches Signal der Abkapselung. Öffentlicher Raum gehört in Amerika allen; daß eine Gruppe sich unterhält, genügt zu ihrer Isolierung, architektonischen Schutz braucht sie nicht. Amerikaner sprechen laut und haben in Gesellschaft nichts dagegen, von anderen gehört zu werden. Bei Engländern ist die Richtung der Stimme und die eigene Lautstärke ein wichtiges Mittel, Privatheit zu gewährleisten.

Die *Franzosen* des mediterranen Südens akzeptieren ein größeres öffentliches Gedränge als die im Norden. Wie alle Europäer leben sie, mit Amerikanern verglichen, in relativ engen Wohnverhältnissen und gehen überhaupt sparsamer mit dem Raum um. Die eigene Wohnstatt der Franzosen ist weitgehend dem Privatleben vorbehalten. Das gesellige Leben spielt sich außerhalb der Wohnung im Freien ab, in Parks, auf Plätzen, auf Boulevards, in Cafés, in Restaurants. Soziale Kontakte sind deutlich und sinnlich. Wenn man miteinander spricht, sieht man sich unmißverständlich an. Das räumliche Grundmuster der Franzosen ist der ausstrahlende Stern, das Zentrum, zu dem aus allen Richtungen her die Wege führen. Ein besonders hochentwickeltes Privatheitsgefühl konstatierte Hall bei *Deutschen* und *Deutschschweizern*. »Deutsche empfinden den eigenen Raum als eine Erweiterung des Ich... Das Ich des Deutschen ist außerordentlich exponiert, und er wird alles in seiner Macht Stehende unternehmen, seine ›Privatsphäre‹ zu wahren... Deutsche Häuser mit Balkons sind so gebaut, daß man vor Einblick geschützt ist. Höfe sind gerne umzäunt; aber ob umzäunt oder nicht, sie sind heilig... Öffentliche und private Gebäude in Deutschland haben oft doppelte Türen zur Schallisolierung, desgleichen viele Hotelzimmer. Darüber hinaus wird die Tür in Deutschland sehr ernst genommen. Deutsche in Amerika haben das Gefühl, daß unsere Türen lächerlich schwach und leicht sind. Die Bedeutung der offenen und der geschlossenen Tür ist in beiden Ländern sehr verschieden. In Büros lassen die Amerikaner ihre Türen offen; Deutsche halten die ihren geschlossen. Die geschlossene Tür in Deutschland besagt nicht, daß der Mensch dahinter allein oder ungestört sein will oder daß er etwas tut, was andere nicht sehen sollen. Deutsche glauben einfach, daß offene Türen schlampig und unordentlich sind... Die Ordentlichkeit und hierarchische Qualität der deutschen Kultur werden in ihrer Raumbehandlung ausgedrückt. Deutsche wollen wissen, wo und woran sie sind, und haben hartnäckig etwas gegen Menschen, die sich nicht ›anstellen‹ oder die Schildern wie ›Eintritt verboten‹ oder ›Unbefugten ist der Zutritt verboten‹ nicht gehorchen.« Die Privatsphäre des Deutschen wird verletzt, wenn ein anderer sich bis auf zwei Meter nähert, in geringerem Grade jedoch auch schon, wenn sich jemand anderer im gleichen Raum aufhält, oder in wiederum geringerem Grad bereits, wenn man für andere zu sehen ist.

Bei den von Hall untersuchten ethnischen Unterschieden im Raumgefühl stellen die Deutschen damit einen Extremfall der Verschlossenheit dar.

Die mißverständlichen Kulturgebärden

Es ist überhaupt nicht abzustreiten und von den Verhaltensforschern auch nicht abgestritten worden, daß die Körpersprache in ihrer Gesamtheit bestimmte epochale, regionale und soziale Stile hat, die zum größeren Teil kulturell hervorgebracht und kulturell modifiziert werden. Die Gebärdensprache der Antike oder des Mittelalters, wie sie auf vielen bildlichen Darstellungen festgehalten ist, können wir, wenn überhaupt, nur mit großer Mühe entziffern. Ein Mitteleuropäer fühlt sich im gebärdenreichen mediterranen Raum genauso verunsichert wie ein Bewohner des Mittelmeerraums in Nordeuropa: Es verunsichert der relative Reichtum beziehungsweise die Knappheit der Gebärden, und es verunsichert zusätzlich, daß diese Gebärden zum Teil eine andere Bedeutung haben. Und ein Aristokrat hat eine andere Gebärdensprache als ein Arbeiter. Aber in dieser Vielfalt gibt es dennoch Übereinstimmungen, und einige Grundgebärden sind universell; oder die Nötigung ist universell, in bestimmten Situationen eine Gebärde zu machen, auch wenn ihre konkrete Form dann kulturell festgelegt wird. Daß eine Gebärde zurückreicht in unsere tierische Vergangenheit, heißt wiederum nicht, daß nicht auch sie kulturell modifiziert oder sogar völlig unterdrückt werden kann.

Die erheblichen kulturellen Unterschiede in der *Gebärdensprache* können zu Mißverständnissen führen. Der Ceylonese, der seinen Kopf leicht hin und her wiegt, wird von einem uneingeweihten Europäer notwendig falsch verstanden; er sagt nicht, was ein Europäer durch Kopfwiegen zu verstehen gibt, nämlich »Ich weiß nicht, das sollte gut überlegt sein«, sondern »Ja, ich möchte gern«.

Churchills *V-Zeichen* bedeutete *victory*, »Sieg«, und hat sich als eine Geste der Zuversicht, des Optimismus weltweit durchgesetzt. Von Churchill war es eine gewagte Geste: Es kommt darauf an, daß die Innenseite der Hand, deren Zeige- und Mittelfinger das V bilden, dem Publikum zugewendet ist. Ist ihm der Handrücken zugewendet, so handelt es sich um das alte, verbreitete, grob obszöne Zeichen, die ikonische Nachbildung gespreizter weiblicher Schenkel. Wer den Unterschied nicht weiß und das falsche V macht, macht sich lächerlich.

Es wird von einem neuen deutschen Botschafter in Chile erzählt, er habe bei einem Vortrag vor Chilenen deutscher Herkunft, um die dramatischen Stellen seiner Rede gestisch zu betonen, öfter den rechten Arm nach oben gestreckt und die offene Hand dabei leicht geschüttelt. Das Publikum sei jedesmal in Gelächter ausgebrochen. Dem Botschafter war nicht bekannt, daß diese Geste in Chile einen derben populären Fluch begleitet, nämlich *huevos mierda*, »deine Eier mögen zu Scheiße werden«.

Die Geste, die in Deutschland »ein so kleines Licht!« bedeutet (Daumen und Zeigefinger werden in einem Abstand von etwa einem Zentimeter übereinander gehalten), ist in Lateinamerika in einem ganz anderen Sinn weit verbreitet. Hier heißt sie:»Noch einen kleinen Augenblick bitte!«

Pfiffe waren in Deutschland ein Ausdruck der Mißbilligung – ein Redner oder Schauspieler wurde im schlimmsten Fall »ausgepfiffen«. Nach dem Krieg machten amerikanische Filme, Fernsehstücke und das reisende Popmusik-Publikum die Deutschen mit dem Anerkennungspfeifen der Amerikaner bekannt. Für eine Weile wurde das Signal zweideutig. Pfeifen konnte sowohl Anerkennung als auch Mißfallen bedeuten. Seit den sechziger Jahren hat sich die amerikanische Bedeutung durchgesetzt. Das Zeichen für Applaus, das Händeklatschen, hat seinerseits im Buddhismus und manchen animistischen Kulturen die religiöse Bedeutung einer Gebetsgebärde. Als Zeichen für Applaus geht es auf das antike griechische und römische Theater zurück; es galt dort ursprünglich wohl als etwas unfein und vulgär.

Es gibt auch Gebärden, die selbst innerhalb einer Region oder sozialen Schicht vieldeutig sind. In Deutschland mit dem Finger an die Stirn zu tippen, kann »kluges Köpfchen!« bedeuten (der Zeigefinger berührt die Schläfe nur einmal und schnellt dann nach oben) oder aber »Idiot!« (der Zeigefinger tippt mehrfach auf die Schläfe). In anderen Ländern herrscht die eine oder die andere Bedeutung vor. Als die Gerichte den Deutschen das »Vogelzeigen«, das »Idiot!«-Zeichen als Beleidigung zu verbieten begannen, wichen

Einige der verbreitetsten Handgebärden: Oben links die griechische »Moutza«, eine Geste der Verachtung und Beschimpfung; daneben die italienische »Wangenschraube«, die ursprünglich al dente *bedeutet (eine Teigware läge »gut auf dem Zahn«) und die zu einem allgemeinen Zeichen der Anerkennung wurde. Darunter der (nicht nur) deutsche »Vogel« (»Idiot!«), neben ihm, nur durch den Zusammenhang und das sonstige Mienenspiel zu unterscheiden, die Geste für »Köpfchen!«. In der dritten Reihe die sogenannte »Feinhalte«, eine internationale Geste mit der Bedeutung »genau! präzise gemacht!«, neben ihr ein Zeichen, das bei uns die Bedeutung »du bist ein so kleines Licht« hat, in Lateinamerika aber »bitte noch einen so kleinen Augenblick Geduld« heißt. In der vierten Reihe links das 1941 von dem belgischen Anwalt De Lavelaye erfundene V – ursprünglich »Vrijheid«, eine subversive Mauerparole gegen die deutschen Besatzer, dann von Churchill als Victory-Zeichen populär gemacht, inzwischen als Zeichen vorwiegend politischer Zuversicht und Ermutigung weltweit verbreitet. Daneben das andere V mit dem Handrücken nach vorn: eine obszöne Geste, die gespreizten Schenkel symbolisierend. Unten links die obszöne Beleidigung der »Feige«, unten rechts die beleidigenden »Hörner« – beide Gesten haben auch magische Bedeutung.*

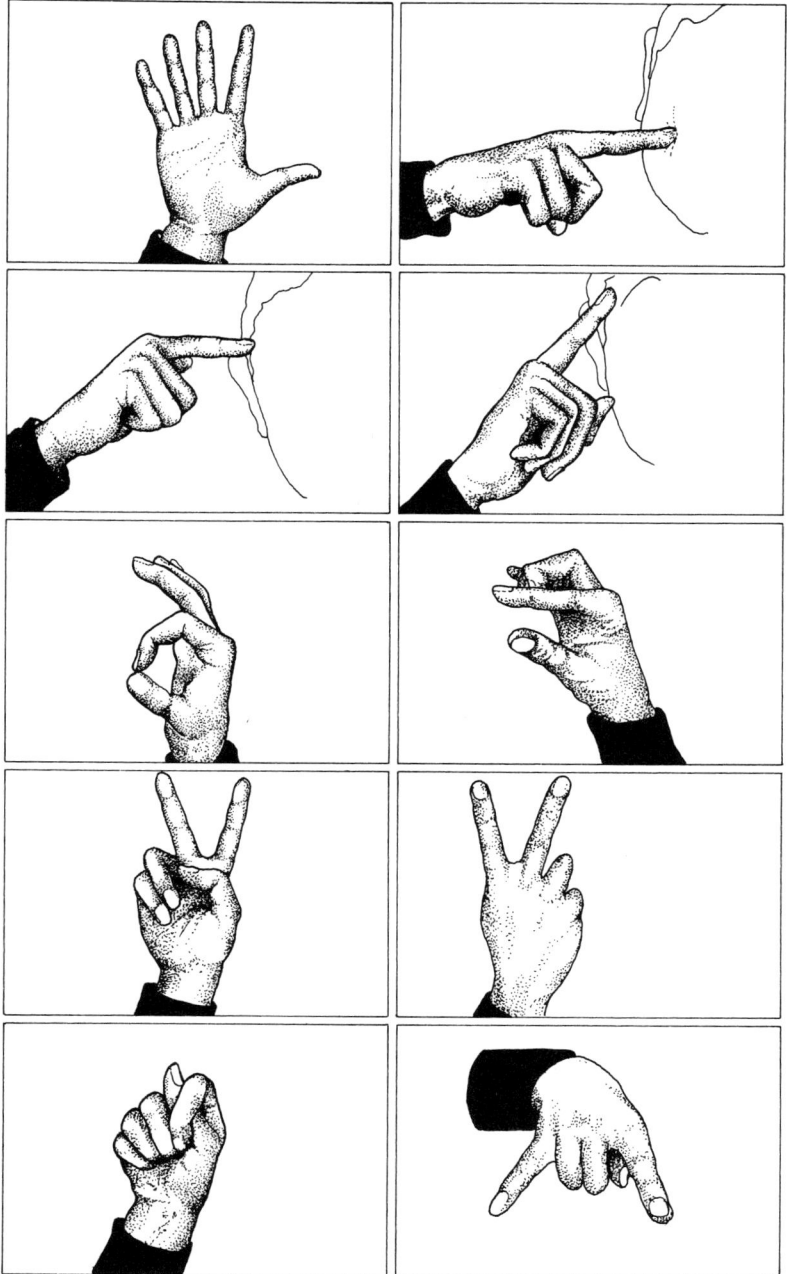

81

die deutschen Autofahrer auf andere Gesten aus: Sie bohrten den Finger in die Wange (die »Wangenschraube« ist in Italien weitverbreitet und bedeutet *al dente,* »gut gekocht«, allgemeiner »hervorragend«), oder sie machten einen Kreis aus Zeigefinger und Daumen. Diese Geste, »*Feinhalte*« genannt, ist weit verbreitet; sie bedeutet »wunderbar präzis«, »tadellos«. Bei den deutschen Autofahrern, auf der Suche nach einer unbelangbaren gestischen Zweideutigkeit, aber erhielt sie eine ganz neue Bedeutung: »Arschloch!« Und jetzt beraten die Gerichte, ob auch diese Geste als Beleidigung einzustufen und zu bestrafen ist.

Drei der ältesten und verbreitetsten Gesten unseres Kulturkreises sind mehrdeutig. Die eine ist die »*Feige*«: der bei geschlossener Faust zwischen Zeige- und Mittelfinger durchgestreckte Daumen. Sie findet sich bereits auf antiken Amuletten, wohl als Zaubergeste gegen den bösen Blick. Caligula gebrauchte sie, um einen »weibischen« Tribun zu beleidigen. Den magischen Sinn – die Abwehr von Dämonen – hat sie bis heute behalten. Daneben aber wird sie als Geste der Verhöhnung und Beschimpfung benutzt. Und drittens hat sie schließlich obszönen Sinn, und das, wie ein Kupferstich von 1650 zeigt, auf dem eine Ehebrecherin auf einem Huhn sitzt und auffordernd die Feige zeigt, seit mindestens drei Jahrhunderten. Als obszöne Geste ist die Feige ikonisch: Sie imitiert das Eindringen des Phallus zwischen die Schamlippen. Ob diese ikonische Bedeutung die ursprüngliche war, ob die Drastik dieses Zeichens die bösen Geister ablenken sollte, wie Morris annimmt, muß dahingestellt bleiben. Im Mittelalter war es gelegentlich bei Strafe verboten, vor religiösen Bildern die Feige zu zeigen.

Die andere auf ähnliche Weise mehrdeutige Geste ist das *Hörnerzeichen:* Daumen und kleiner Finger werden, während die drei mittleren Finger eingewinkelt sind, dem anderen entgegengestochen. Die eine Bedeutung ist: Du trägst Hörner, du bist ein Hahnrei. Sie verspottet den betrogenen Ehemann. In der anderen Bedeutung handelt es sich bei der Hörnergeste wiederum um eine Abwehrgebärde gegen böse Geister und den bösen Blick. Auch sie ist schon auf bildlichen Darstellungen der Antike überliefert.

Das *Herausstrecken der Zunge* ist vornehmlich eine Gebärde des Abscheus, der Schadenfreude, des Trotzes, der Beleidigung, des Spotts. In ihrer magischen Spielart dient sie der Abwehr böser Geister. Antike Gorgonenhäupter und mittelalterliche Wasserspeier strecken in diesem Sinn die Zunge heraus. Die Grundbedeutung könnte ein symbolisches Ausspucken widerwärtiger Nahrung sein.

Daneben aber gibt es in Tibet ein ganz anderes Zungeherausstrekken, nämlich eins zum Zeichen des Respekts. Es könnte zurückgehen auf ein auch im Alten Testament mehrfach erwähntes Auflecken des Staubs, eine krasse Gebärde der Unterwerfung. Schließlich gibt es ein drittes Zungeherausstrecken, deutlich verschieden, nämlich seitlich, und nur von Frauen verwendbar: Hier handelt es sich um eine sexuelle Aufforderung, ein ikonisches Zeichen für den Geschlechtsverkehr.

Versuche, Systeme zu bilden

Ordnung sollte sein, und es wäre zweifellos hilfreich, wenn sich auch die Körpersprache ordentlich sortieren ließe. Nur handelt es sich bei ihr um ein so vieldimensionales Phänomen, daß eine brauchbare Systematik nahezu unmöglich ist. Nicht nur sind ihre Signale in ihrem äußerlichen Ablauf verschieden; auch ihr Ursprung ist verschieden, ihr Zweck ist verschieden, und verschieden ist die Art, in der sie erworben und dem eigenen Verhaltensrepertoire eingefügt werden. Jeder Einteilung haftet unter diesen Umständen etwas Willkürliches und Unbefriedigendes an.

Eine Möglichkeit wäre, sich an das zu halten, was man sieht, und einfach zu fragen: Was tun die Augenbrauen, was tun die Augen, was tut die Nase, was tut der Mund... und so weiter. Es ist versucht worden, und man kam dabei auf knapp 140 verschiedene und deutlich unterscheidbare Signale, die der menschliche Körper aussenden kann. Diese können wiederum teilweise stufenlos ineinander übergehen, und sie können teilweise miteinander kombiniert werden. Auf diese Weise gelangt man zu einer langen Aufzählung, aber nicht zu einer Ordnung.

Eine Ordnung, die einigen Anklang gefunden hat, schlug 1969 der kalifornische Psychologe Paul Ekman zusammen mit seinem Mitarbeiter Wallace V. Friesen vor. Sie teilt die Signale der Körpersprache in fünf große Gruppen auf.

Die erste nennen Ekman und Friesen *Embleme*. Es sind dies Displays, für die es eine direkte sprachliche Übersetzung gibt. Statt einen Vogel zu zeigen, kann man auch sagen: »Du bist verrückt.« Statt einem Kind mit dem Finger zu drohen, kann man auch sagen: »Wenn du nicht ißt, wirst du bestraft.«

Die zweite Gruppe ist in diesem Schema die der *Illustratoren*. Sie begleiten das Sprechen, indem sie es sozusagen bebildern. Hierher gehört etwa die Fingerbewegung, mit der man auf das deutet, wovon man gerade spricht. (Morris hat übrigens die Beobachtung gemacht, daß auf sichtbare Objekte meist direkt gedeutet wird; wenn man aber etwa nach einem Ort oder Gebäude fragt, die nicht sichtbar sind, so zeigt der Finger meist schräg nach oben – so, als deutete er die Bahn eines Projektils an, an deren anderem Ende der gemeinte Ort liegt.)

Die dritte Gruppe nennen Ekman und Friesen *Affektdisplays*. Es sind die Ausdrucksbewegungen für das, was die beiden Psychologen die sieben Primäraffekte nennen: Freude, Überraschung, Angst, Trauer, Wut, Abscheu und Interesse. Sie spielen sich vorwiegend im Gesicht ab.

Die vierte Gruppe ist die der *Regulatoren,* jener Bewegungen nämlich, die das Hin und Her zwischen mehreren Sprechern regulieren. Als häufigsten Regulator nennen Ekman und Friesen das zustimmende Nicken, das einem sprachlichen »Hm« oder »Ja« entspricht.

Die fünfte und letzte Gruppe bilden die *Adaptoren.* Es sind Rudimente größerer, funktioneller Verhaltensabläufe, zum Beispiel Beinbewegungen, die aggressives Treten, sexuelle Aufforderung oder Flucht anzeigen können.

Daß diese Einteilung der Weisheit letzter Schluß nicht ist, merken Ekman und Friesen selber an. Weder enthält sie alle körpersprachlichen Displays, noch fällt jedes Display, das sie erfaßt, notwendig in eine und nur eine ihrer Gruppen. Wie wenig befriedigend sie ist, wird schon an einem einfachen Beispiel klar. Ein ostentatives gespieltes Gähnen während eines Gesprächs hat erstens ein sprachliches Äquivalent, nämlich: »Du langweilst mich.« Es ist damit ein Emblem. Wenn der Gähnende gerade dabei ist, Müdigkeit und Langeweile auch sprachlich auszudrücken, ist es ein Illustrator. Als mimischer Ausdruck des Desinteresses ist es drittens ein Affektdisplay. Da es gleichzeitig die Funktion hat, dem anderen zu verstehen zu geben, daß er endlich aufhören soll mit seinem Gerede, ist es viertens ein Regulator. Und in die heterogene Gruppe der Adaptoren paßt ohnehin fast alles, das Gähnen als Teil des Schläfrigkeitsverhaltens allemal. Dem ganzen schönen System zum Trotz ist also in diesem Einzelfall wenig gewonnen.

Einfacher und abstrakter ist das System, das der Oxforder Psychologe Michael Argyle 1972 vorschlug. Es enthält drei Gruppen. Die erste besteht aus Signalen, mit denen man »die unmittelbare soziale Situation bewältigt« – dazu gehört der Ausdruck der Gemütsbewegungen oder der Einstellung zum anderen (ranghöher/

rangtiefer; freundlich/unfreundlich). Die zweite Gruppe von Signalen »hält die verbale Kommunikation aufrecht« und ist mehr oder weniger identisch mit dem, was Ekman und Friesen »Regulatoren« nannten. Die dritte Gruppe »ersetzt die verbale Kommunikation«; hier handelt es sich vor allem um die verschiedenen Zeichensprachen.

Die Schwäche dieser Einteilung liegt ebenfalls deutlich auf der Hand: Die ganze Körpersprache »bewältigt« unmittelbare soziale Situationen; die Kategorien 2 und 3 sind nur Sonderfälle solcher Bewältigung. Es handelt sich also weniger um eine Einteilung als um eine bloße Definition von Körpersprache.

Alle diese Einteilungen werden hier nicht aus Spaß und auch nicht aus Pedanterie skizziert. Sie werden skizziert, um vorzuführen, wie allgegenwärtig, vielgestaltig und gleichzeitig kaum einfangbar das Phänomen Körpersprache ist.

Tiere kommunizieren miteinander unter anderem durch akustische Signale: das Singvogelmännchen, das durch seinen Gesang Weibchen anlockt und mögliche Rivalen aus seinem Revier verscheucht, der Hund, der bellt, wenn er in der Ferne einen anderen Hund bellen hört. Selbstverständlich handelt es sich nicht um Sprache, auch um nichts Sprachähnliches, sondern um Signale aus dem körpersprachlichen Repertoire der jeweiligen Art, die in diesen Fällen akustisch übermittelt werden. Auch der beredteste Papagei spricht nicht, sondern hat nur Stimmwerkzeuge und ein Nachahmungstalent (das mit Sicherheit ursprünglich ganz anderen, arteigenen Interessen gedient hat), die ihm die Wiedergabe einiger mitgehörter Lautfolgen erlauben.

Wenn sich, wie die Evolutionstheorie besagt, die einzelnen Lebensformen allmählich auseinanderentwickelt haben, wäre es sonderbar und aller Erwartung entgegen, wenn sich das so ungemein nuancierte, potentiell jedem Sachverhalt gerechte Ausdrucksmittel, das die menschliche Sprache darstellt, mit einemmal beim Menschen eingestellt hätte und eine grundsätzliche Kluft zwischen ihm und dem Rest des Tierreichs aufrisse, wo die Kommunikation in so schlichten Signalen wie dem Anknurren oder dem auf den Geschlechtspartner stimulierend wirkenden Körperaufputz besteht. Tatsächlich ist nachgewiesen worden, daß die uns phylogenetisch so nahe stehenden Schimpansen, obwohl ohne gesprochene Sprache, sich mithilfe einer vom Menschen noch längst nicht voll entzifferten, sehr reichhaltigen Körpersprache gegenseitig recht detaillierte Informationen zukommen lassen können.

1970 führte der Zoologe Emil Menzel folgenden Versuch durch: Einem männlichen Schimpansen, und zwar einem dominanten Tier, wurde im Freien eine tote Schlange gezeigt, dann wurde er ins Affenhaus zu seiner Horde zurückgeführt und die Schlangenattrappe entfernt. Jetzt ließ man sie alle hinaus, sie machten einen etwas ängstlichen Eindruck, näherten sich der Stelle, wo die Schlange gelegen hatte, nur vorsichtig, und schließlich griff sich ein Schimpanse, und zwar nicht der Anführer, einen Stock und schleuderte ihn genau an die Stelle, an der sein Gebieter die Schlange gesehen hatte. Dieser muß also, durch körpersprachliche Signale, seinen Untertanen mitgeteilt haben, was da lag, wo es lag, und möglicherweise sogar, wie dagegen vorzugehen sei.

Unter der evolutionären Perspektive läßt sich also theoretisch postulieren, was derartige Indizien bestätigen: daß die menschliche gesprochene Sprache sich nicht abrupt der primitiven tierischen Körpersprache übergestülpt hat, daß es vielmehr eine kontinuierliche Entwicklung der Kommunikationsfähigkeit gegeben hat, in deren Verlauf sich einfachste Formen der Körpersprache zu komplexeren entwickelt haben, um schließlich in der gesprochenen und dann auch geschriebenen (und damit nicht mehr an die individuelle Kommunikation gebundenen) Sprache des Menschen zu gipfeln. (Das Wort »gipfeln« suggeriert die Vorstellung vom Menschen als Krone der Schöpfung, als die er sich nicht erweisen mag, wenn er sich und das Leben auf dem Planeten auslöschen sollte; es ist mit seinem anthropozentrischen Unterton heute vielen verdächtig oder unannehmbar. Tatsächlich besitzt der Mensch nun einmal das komplexeste Kommunikationsmittel, den Gipfel an Ausdrucksfähigkeit, auch wenn diese Komplexität am Ende zu seinem Untergang beitragen mag – die puristische Scheu vor anthropozentrischer Ausdrucksweise, als Reaktion auf viele Jahrhunderte anthropozentrischer Anmaßungen und Übertreibungen nur zu verständlich, kann leicht auch offensichtliche Sachverhalte verschleiern.)

Der amerikanische Psychologe und Primatenforscher Duane Rumbaugh (1977) hat eine Skizze der *Sprachentwicklung in sechs Stadien* entworfen, die der evolutionsbiologischen Perspektive Rechnung trägt. Das heißt, daß sie verbale und nichtverbale Kommunikation nicht als zwei in sich geschlossene Einheiten nebeneinanderstellt und die Körperkommunikation selber evolutionär aufgliedert.

Stufe 1 dieser Skizze umfaßt die *Informationen,* die ein Lebewesen aus den *körperlichen Merkmalen* eines anderen beziehen kann: die Hinweise auf sein Alter, sein Geschlecht, seine augenblickliche

Verfassung, etwa auf seine Brünstigkeit. Es handelt sich bei diesen Hinweisen nicht um »kommunikative Ereignisse« im eigentlichen Sinn, schreibt Rumbaugh. Sie sind keine Botschaften über den physiologischen Zustand eines Tiers, sie sind die physiologischen Zustände, die sich selber annoncieren.

Stammesgeschichtlich, so muß wohl hinzugefügt werden, mögen sie jedoch sehr wohl als Botschaften über den betreffenden Zustand entwickelt worden sein. Die rosigen Gesäßschwellungen bei Weibchen mancher Affenarten, die den Männchen die Zeit der Brunst anzeigen, sind keine individuell hervorgebrachten Botschaften, aber sie sind andererseits auch nicht physiologische Bestandteile der »Hitze«, der sexuellen Empfänglichkeit, sondern nur ein von der Art zum Zwecke der Verständigung hervorgebrachtes Anzeichen für sie; im Unterschied etwa zu dem Biß eines Wildhunds in die Läufe eines Gnus, der nicht eine interspezifische Kommunikation mit dem Inhalt »Zubeißen–Lebensgefahr!« ist, sondern nichts als ein Biß. Das heißt, die physiologischen Attribute, die kommunikativen Zwecken dienen, müßten ihrerseits noch einmal unterteilt werden, und zwar in solche, die phylogenetisch vorwiegend zum Zwecke der Kommunikation hervorgebracht worden sind, und solche, die rein funktionell sind und in ihrer Beschaffenheit ohne Bezug zu ihrem kommunikativen Wert.

Stufe 2 in Rumbaughs Schema umfaßt einzelne, isolierte »*Verhaltensereignisse*«, *die kommunikativen Zwecken dienen*. Sie übermitteln Informationen über die Gefühlshaltung ihres »Senders«. Die Gruppe ist mehr oder weniger identisch mit den *Ausdrucksbewegungen*. Im Unterschied zu Stufe 1 läßt sie bereits einen Hin- und Rückfluß von Informationen zu, der es den Tieren ermöglicht, ihr soziales Verhalten aufeinander abzustimmen und miteinander zu synchronisieren. Jedoch ist ein spielerischer Stoß zum Beispiel immer noch ein spielerischer Stoß; die Kommunikation besteht in der Sache selbst.

Stufe 3 umfaßt dagegen einzelne kommunikative Akte, die zwar ein *Verhaltensereignis darstellen*, aber nicht das Verhaltensereignis selber sind. Hierher gehören die *erweiterten, veränderten, ritualisierten Ausdrucksbewegungen*, etwa die Imponierveranstaltung des Schimpansen, die zwar nahezu identisch ist mit einem wirklichen Angriff, aber einen Angriff nur bedeutet: »Ich könnte dich angreifen!« Einzelne Merkmale des Angriffs werden dabei übertrieben: Das Hochziehen der Schultern, das Sträuben der Haare, der drohstarrende Blick, das Stampfen des Fußes, der Lärm.

Stufe 4 enthält *Intentionsbewegungen,* Displays also, die funktionelle Bewegungsabläufe schematisiert auf ihre Anfangsstadien verkürzen. Das Hochwerfen des Kopfes etwa wäre die Intentionsbewegung des Kämpfens, das Neigen des Kopfes die Intentionsbewegung der Unterwerfung. Auf dieser Stufe wird das Verhalten zum ersten Mal zum Zweck der Kommunikation zeitlich umgeformt: Der *real-time*-Ablauf wird zusammengefaßt oder nur durch seinen Anfang suggeriert.

Auf Stufe 5 finden sich die *»ikonischen«* Gesten. Sie sind nicht mehr nur die abgekürzte Fassung eines Verhaltens, sondern sein »Faksimile« – die bildhafte Darstellung eines Verhaltens. Zum Beispiel ist die »Komm«-Bewegung mit dem aufwärts gewandten gekrümmten Zeigefinger (im mediterranen Raum zeigt der Handrücken nach oben) selbstverständlich kein physiologischer Zustand und auch nicht das Verhaltensereignis des Kommens, es ist kein ritualisiertes Kommen und auch nicht die Intentionsbewegung des Kommens, es ist eine bildhafte Darstellung der Bewegung, die der andere machen soll.

Auf der letzten, der Stufe 6 sind schließlich die *willkürlichen Zeichen* angesiedelt: gesprochene Wörter, Schriftelemente, Lexigramme, Handzeichen der Taubstummensprache. Sie sind auch tauglich für den Ausdruck abstrakter Begriffe, die sich ikonisch nicht darstellen lassen. »Zum Beispiel kann eine bestimmte Form, etwa ein Dreieck oder ein Kreis, ikonisch dargestellt werden, aber wie könnte man den Begriff der ›Form‹ selber mit einer ikonischen Geste darstellen? Nur eine willkürliche Darstellung kommt in Frage. Diese Eigenschaft erlaubt es willkürlichen Darstellungen, wenn sie zusammen in größerer Zahl auftreten, füreinander der Kontext, die Syntax ihres eigenen Ausdrucks zu werden. Es können Kontexte von ihnen dargestellt werden, und so ist die Trennung zwischen kommunikativem Ereignis und seiner Darstellung vollendet ... Der Kontext selbst wird von der Wechselbeziehung willkürlicher Zeichen porträtiert, er wird zu dieser Wechselbeziehung; die Sprache ist geboren.«

Rumbaughs Schema eignet sich nicht zur Einstufung irgendwelcher konkreter Kommunikationsakte; der »Augengruß« zum Beispiel könnte nahezu jeder dieser Stufen angehören – seiner äußeren Form ist es nicht anzusehen. Aber das soll das Schema auch nicht. Es soll nur beschreiben, wie etwa der stammesgeschichtliche Prozeß verlaufen sein mag, der immer komplexere Kommunikationsfähigkeiten hervorgebracht hat.

Körpersprache und Wörtersprache

Der vor allem bei Pädagogen so überaus einflußreiche Kommunikationspsychologe Paul Watzlawik bezeichnet die Körpersprache als »analoge Kommunikation«, die verbale Sprache dagegen als »digitale Kommunikation«. In der wissenschaftlichen Literatur wird seither das Wort »Analogkommunikation« oft als Synonym für Körpersprache verwendet. Analog und digital, die beiden Begriffe kommen aus der Computerwissenschaft. »Digital« arbeitet der Computer, dessen Grundeinheit nur zwei Zustände kennt: geladen oder nicht geladen, ja oder nein, null oder eins. Jede Information – eine Zahl etwa oder ein Buchstabe – wird von ihm aufgelöst, memoriert und verarbeitet als eine bestimmte Folge solcher gleichartiger Ja-Nein-Schritte. Der Analogcomputer dagegen arbeitet mit Mengenvergleichen. Die Zahl 3 etwa stellt er durch eine bestimmte Spannung dar; eine Spannung, die fünf Drittel mal so hoch wäre wie sie, bedeutete dann die Zahl 5. Die Digitaluhr löst die Zeit in Schritte auf. Sie kennt nur ganze Stunden, Minuten, Sekunden: Sie zeigt beispielsweise entweder 5 Uhr 31 oder 5 Uhr 32 und nichts dazwischen. Die herkömmliche alte Analoguhr mit ihrem Ziffernblatt und ihren wandernden Zeigern zeigt gleitend jede Zwischenzeit. Ich bin nicht sicher, ob die Übertragung der beiden Begriffe auf Fragen der Kommunikation glücklich war. Wohl ist ein Wort oder ein Satz entweder da oder nicht da, aber auch die Sprache kann Bedeutungen gleitend ineinander übergehen lassen. Und die gehobene Hand des Schülers, der sich meldet, ist nicht weniger »digital«, als es sein Satz »ich weiß die Antwort« wäre.

Unterteilt man die *Körpersprache* in ihrem Verhältnis zur Wörtersprache, so gibt es zunächst jene, die die *gesprochene Sprache ersetzt:* die Taubstummensprache etwa oder die verschiedenen Handzeichencodes in der Seefahrt, im Straßen- und Flugverkehr, an der Börse, unter Glücksspielern, überall dort also, wo die Stimme versagt oder nicht ausreicht oder zu verräterisch wäre. Dann gibt es die *Körpersprache, die die gesprochene Sprache unterstützt:* die illustrierenden, also drohenden, beschwörenden, abwehrenden, mahnenden Gesten; jene, die den Takt der Worte schlagen; die Gestik und Mimik, die anzeigt, daß einer sprechen will oder mit dem Sprechen fertig ist. Und drittens gibt es die relativ *autonome Körpersprache,* die unsere Gefühlslage anzeigt und unsere Einstellung zu einem Sozialkontakt. Alles lebendige Sprechen wird von Körpersprache begleitet; sie ergänzt es, kommentiert es.

In vielem, was sie anderen über unser Befinden und über die Einschätzung einer Interaktion mitteilt, ist die Körpersprache zuverlässiger, informativer, präziser, als Wörter es sein könnten. Die Feststellung ».. . sagte er lächelnd . ..« ist geradezu ärmlich plump und schematisch im Vergleich zu dem, was der Lächelnde tatsächlich durch seine Mimik zu verstehen gibt.

Außerdem holt sich die verbale Sprache immer wieder Hilfe bei der Körpersprache: Sie ist oft nichts als in Worte übersetzte Körpersprache: Man *winkt ab*. Man *rümpft die Nase*. Man *trägt die Nase* oder *den Kopf hoch*. Man gibt sich *aufgeblasen*. Man *rauft sich die Haare*. Man *ringt die Hände*. Man *rückt jemandem auf den Pelz*. Man *zeigt die Zähne*. Man *spitzt die Ohren*. Man *beugt den Nacken* oder *hält den Nacken steif;* dann *ist man halsstarrig* oder *hartnäckig*. Man steht mit jemandem *Auge in Auge* da, auch mit einem Problem. Man *drückt ein Auge zu* oder *sieht durch die Finger:* das heißt, man sieht nicht so genau hin, man nimmt es nicht so genau, man läßt jemandem etwas durchgehen. Oder aber *man durchbohrt den anderen mit Blicken*. Passiert einem das selber, so *beißt* man *die Zähne zusammen* und *kann* den anderen *nicht mehr riechen*. Man reagiert *achselzuckend* oder *zähneknirschend*. Man zeigt sich *ergriffen*. Man *saugt sich etwas aus den Fingern*. Man *lacht sich ins Fäustchen*. Man *runzelt die Brauen,* wenn man nicht imstande ist, eine *haarsträubende* Nachricht mit *eherner Stirn* aufzunehmen. Man *beugt sich* den Tatsachen.

Die Begriffe für die Gefühle oder Zustände sind hier nichts anderes als Benennungen von ausdrucksvollen Körperhandlungen, die sie typisch begleiten, begleiten könnten, vielleicht einmal begleitet haben oder einem dunklen tiefen Wissen zufolge eigentlich begleiten sollten. Die Sprache imitiert die Körpersprache. Das eigentlich Interessante daran aber ist, daß wir für viele der so bezeichneten Gemütsbewegungen oder Interaktionen schlechterdings keinen anderen Begriff haben. Um sprachlich einer solchen Gemütsbewegung überhaupt inne zu werden, müssen wir zurückgreifen auf ihren körpersprachlichen Ausdruck, so wie wir überhaupt zur Bezeichnung von seelischen oder geistigen Vorgängen oft auf körperliches Geschehen zurückgreifen müssen: Wird das Selbstwertgefühl *angetastet,* so reagiert man *gekränkt* (krank gemacht), *beleidigt* (Schmerz empfindend), *verletzt,* trägt ein *Trauma* (eine Wunde) davon. *Achselzucken* ist nicht dasselbe wie *ratlos;* das Wort weist auch hin auf das Abschütteln der Ratlosigkeit. Und *mit geschwellter Brust* ist nicht ganz dasselbe wie *stolz,* es bezeichnet ein viel ostentativeres, demonstrativeres Imponierverhalten. Aber selbst der *Stolz* ist etymologisch ein rein körpersprachlicher Begriff und geht auf eine Wurzel zurück, die auch noch in *stelzen* steckt und wichtigtuerisches, aufgerichtetes Aufundabschreiten bezeichnet, eben ein *Stolzieren.* In vielen Worten nämlich steckt Körpersprachliches, ohne daß wir es ihnen noch ansehen. Die *Braue* ist ursprünglich das, was blinzelt und zwinkert. *Spotten* ist etymologisch verwandt mit spucken, *hassen* mit hetzen, *Schrecken* mit Aufspringen, *starren* mit stark, *Schaudern* geht zurück auf eine Wurzel, die zittern bedeutet. Auf ähnliche Weise steckt in *Hohn* die Bedeutung Erniedrigung, in *schnöde* kahlgeschoren (wie ein Knecht und Gefangener), in *böse* wütend aufgeblasen, in *achten* (wohlwollend) anschauen, in *trauern* das Senken des Blickes, in *Freude* ein Hüpfen, in der *Schmach* die Kleinheit, Niedrigkeit, in der *Schande* das Verstecken, in der *Bestürzung* ein Hinfallen, im *Ruhm* die Lautstärke, im *Recken* der Riese, im *Drohen* möglicherweise ein Brummen, im *Empören* ein Aufstehen, Erheben, im *Ärger* ein heftiges Zittern und Beben, im Sich-*Schämen* ein Sich-Verhüllen.

Es ist bezeichnend, daß wir den Grad unserer *Achtung,* unseres *Respekts* ausdrücken durch die körpersprachlichen Metaphern der Größe und Kleinheit, der Höhe und Niedrigkeit. Bei den »Großen der Weltgeschichte« würde niemand an die Langgewachsenen denken. Es sind vielmehr die, die uns erfolgreich imponiert haben und deren Dominanz wir anerkennen oder nach dem Willen der *Obrigkeit,* der *hohen Herren,* der *da oben* (alles Imponiersignale aus dem Körpersprachlichen) anerkennen sollen, indem wir uns ihnen *beugen,* um sie durch diesen Submissionsritus zu *beschwichtigen* – das heißt zum »Schweigen« oder, in einer anderen Ableitung, zum »Weichen« zu bringen.

Bis vor kurzer Zeit haben wir ihnen auf unseren Straßen und Plätzen Denkmale gesetzt, in denen sie überlebensgroß gegenwärtig blieben. Die archaische Vergangenheit in uns zwingt uns, unser Beeindrucktsein von einem Mitmenschen automatisch ins Körpersprachliche zu übersetzen, indem wir ihm »Größe« oder »Höhe« zusprechen, gleichsam unseren Blick erheben und ihn also auch dann, wenn er wie Napoleon oder Friedrich II. klein war, zu einem Riesen ernennen.

Wie sonst könnte man einen »großen« Menschen noch nennen? *Wichtig.* Wörtlich heißt das, er ist schwer. Das romanische und englische *important* hatte ursprünglich den gleichen Sinn. Oder er ist *berühmt* oder *illuster* – und das heißt ursprünglich, er sei laut

»Große« Menschen werden groß dargestellt: Lenin und Mao.

beschrien oder hell erleuchtet. Das Deutsche hat noch eine andere, sonderbare Möglichkeit: Es kann ihn *bedeutend* nennen, das heißt, es kann ihm nachsagen, daß er etwas bedeutet, ohne zu verraten was – er bedeutet einfach.

Die Wörtersprache bewahrt Details der Körpersprache. »Vielfach sind offenbar im Laufe der Zeit aus wirklichen Gebärden bloße Sprachgebärden geworden«, schreibt der Volkskundler Lutz Röhrich, »das heißt, die sprachliche Beschreibung der Gebärde ist an die Stelle der Körperbewegung getreten ... Die Redensarten als Ersatz der Geste mochten zunächst noch dieselbe Wirkung wie die Gebärde selbst gehabt haben, sind dann aber mit der Zeit erstarrt und eben nur noch als Redensarten erhalten geblieben.«

Diese *Sprachgebärden* im engen Sinn von Röhrich treten an die Stelle wirklicher Gebärden. Sie bewahren aber auch verschollene Gebärden: außer Dienst gestelltes Brauchtum. Sie reichen dabei teilweise zurück in magische Zonen: *jemandem den Daumen halten,* die *Finger kreuzen* – das Kreuzen der Finger und Hände, das Verschränken der Beine ist eine alte Zaubergebärde, die einen üblen

92

Plan der anderen *durchkreuzt*. Doch die Erinnerung der Sprachgebärden reicht noch weiter zurück als zu fallengelassenen kulturellen Überlieferungen.

Besonders interessant ist in diesem Zusammenhang ein Ausdruck wie *mit geschwellter Brust* oder *sich in die Brust werfen*. Als Display spielt das Aufpumpen des Brustkorbs, das natürlich zum Imponiergehabe der Selbstvergrößerung gehört, wie es im Tierreich weit verbreitet ist (die sich aufblasenden Kröten, die Vögel mit aufgeplustertem Gefieder, die Säugetiere mit gesträubtem Fell, die sich auf den vollgesogenen und durch aufgestelltes Fell vergrößerten Brustkasten schlagenden Menschenaffen), beim Menschen seit dem Aufkommen der Kleidung keine Rolle mehr. Wir werfen uns nicht mehr wirklich in die Brust, und wenn, verfehlte es jede Wirkung, weil man es uns nicht mehr ansähe. Obwohl diese Signale als solche gelöscht wurden, ist uns jedoch das Gefühl für den ihnen zugrunde liegenden Reflex geblieben, und in der Sprache konserviert sich unser archaisches Gefühl.

Nach einer fast verlorenen Wahl forderte ein Leitartikler einen Parteiführer auf,»endlich die Zähne zu zeigen und auf den Tisch zu hauen«. Man kann sich die Szene vorstellen: Der Herr bleckt das Gebiß und bearbeitet den Tisch mit der Faust. Was der Pressemann forderte, war das Drohgebaren eines Menschenaffen. Wirklich ausgeführt, würde es das Ende der Politikerkarriere bedeuten. Daß es als Metapher noch verwendbar ist, zeigt aber, daß es seine Wirkung auf uns noch nicht eingebüßt hat.

Sozialanatomie

Es ist nur konsequent, daß die Ausdrucksforschung, die heutiges Verhalten aus stammesgeschichtlichen Anpassungen herleitet, nicht bei den Bewegungen, bei Mimik und Gestik stehenbleiben konnte, also bei den Fällen, in denen sich am Körper irgendetwas signalhaft verändert. Der Körper ist selber ja schon ein Ensemble von Signalen.

In einem immer noch interessanten Aufsatz machte der französische Ethnologe Marcel Mauss auf einen ganzen Verhaltensbereich aufmerksam, bei dem die Frage ist, ob man ihn zur Körpersprache zählen soll oder nicht: auf das, was er treffend die *Techniken des Körpers* nannte. Eine Technik ist»eine traditionelle, wirksame Handlung«. Sie muß nicht an Werkzeuggebrauch gebunden sein;

»der Körper ist das erste und natürlichste Instrument des Menschen... Genauer gesagt, das erste und natürlichste technische Objekt und gleichzeitig technische Mittel des Menschen ist sein Körper.« Wie der Mensch geht, läuft, klettert, springt, schwimmt, ausruht, schläft, ißt, trinkt, koitiert, gebiert – das ist von Kultur zu Kultur, unter Umständen auch von Epoche zu Epoche verschieden. Ein großer Teil der Menschheit ruht sich in der Hocke aus; die Hockhaltung ist dem Menschen im Norden verloren gegangen. Ein Teil der Menschheit schläft auf der nackten Erde; ein Teil schläft auf Matten oder Decken; ein Teil schläft in Hängematten; ein Teil braucht zum Schlafen eine harte Hinterkopfstütze; nur ein Teil braucht Bett und Kopfkissen. Die Massai in Ostafrika können im Stehen schlafen; die Marathontänzer, die sich während der Wirtschaftskrise in den dreißiger Jahren bis zu zwei Monate lang ununterbrochen über die Dielen amerikanischer Show-Paläste quälten, brauchten etwa 20 Tage, bis sie gelernt hatten, stehend und tanzend ein wenig Schlaf zu bekommen. Diese erlernten, nämlich meist unbewußt nachgeahmten Körpertechniken sind nicht oder nicht primär zur Kommunikation bestimmt; insofern gehören sie nicht zur Körpersprache. Sie verraten dennoch viel über den, der sie gebraucht, nicht weniger als seine »ausdrückliche« Gestik – insofern sind sie doch kommunikativ.

Aber nicht nur die Gebärdensprache und die Körpertechniken verraten etwas über uns. Vermittels der Künste der Friseure, Kosmetiker, Schneider, Schuster modifizieren wir unser Aussehen auf eine Weise, die durchaus etwas über uns ausdrückt. Natürlich ist es nicht gleichgültig, ob sich ein Mann die Barthaare frei sprießen läßt oder sich allmorgendlich glattrasiert, kinderglatt, babyweich – »Achtung«, sagt er, »ich bin noch wie ein Kind, zuwendungsbedürftig und neugierig, schaut nur auf mein kahles Kinn!«

Vermutlich haben etliche unserer äußeren Merkmale ihre Form ausschließlich oder hauptsächlich im Dienst der Signalgebung angenommen. Wir betreten hier den Bereich der sogenannten *Sozialanatomie,* einer neueren Forschungsrichtung, die sich mit dem befaßt, was sie konsequent unsere Sozialorgane nennt. Ihr hat R. Dale Guthrie, Professor für Biologie an der Universität Alaska, ein populäres Buch gewidmet *(Das gewisse Etwas).*

Tatsächlich erklärt die Sozialanatomie Merkmale, die der funktionellen Deutung widerstanden haben. Zum Beispiel das »*Schlitzauge*« der Asiaten. Die Augenpartie, die ausdrucksvollste Zone des menschlichen Körpers, verrät das meiste über uns, über unsere

Betroffenheit, über unsere Gewogenheit oder Aggressivität. Das ist oft von Vorteil, aber es ist auch gefährlich, so offen, so lesbar zu sein.

Und es ist vorstellbar, daß in einer sich abspaltenden und dann isolierten Menschengruppe eine größere »Unergründlichkeit« bevorzugt wurde und ein vom oberen Lid teilweise verhangenes Auge einen Selektionsvorteil erhielt, der im Laufe der Generationen dann zur Ausbildung der Mongolenfalte führte.

Zahlreich sind die Theorien darüber, warum der Mensch *nackt* ist. Die gängigste und am weitesten akzeptierte besagt, daß er sein Fell verlor, um bei der Jagd auf viel größere und schnellere Tiere seine Körpertemperatur besser regulieren zu können: Eine stark schwitzende, unbedeckte Haut gibt durch die bei der Verdunstung entstehende Kühle leichter Wärme ab als eine mit Fell überzogene. (Kein Tier schwitzt so stark wie der Mensch, keins begriffe den Witz einer Sauna.) Wenn dies so ist: Warum sind dann dem Menschen ausgerechnet am Kopf, unter den Achseln und bei den Genitalien Haare verblieben?

Die Sozialanatomie gibt eine Antwort: Die restlichen Haare wurden als Sozialorgane benötigt. Unter den Achseln und an den Genitalien verteilen sie Duftstoffe, die in unserer Vergangenheit sexuell stimulierend wirkten. Inzwischen allerdings sind sie uns peinlich geworden, so daß wir sie mit Deodorants unterdrücken und durch künstliche Düfte ersetzen, die uns wie Blumensträuße riechen lassen; kunstvoll werden in die Parfums echte Reizstoffe wie Moschus einkomponiert.

Das *Kopfhaar* der Frauen dagegen signalisiert nichts anderes als eben Fraulichkeit. Bei Männern signalisiert die Art der Kopfbehaarung Alter, und Alter war in unserer Vergangenheit gleichbedeutend mit Erfahrung, mit Statusanspruch, so daß es im Prozeß der natürlichen Auslese vorteilhaft sein konnte, diesen Status mit einem unverkennbaren Zeichen an deutlich sichtbarer Stelle jedermann vorzuführen. Da der Dominanzwettbewerb bei den Primaten eine Sache vor allem der Männer ist, erklärt sich, warum Männer und nicht auch Frauen im Alter zur Glatzenbildung neigen. Die Kahlheit ist dann nicht einfach ein altersbedingter, auf Männer beschränkter Defekt. Gewiß erklärt sie sich »strukturell« aus einem Nachlassen der Produktion der männlichen Geschlechtshormone, das zu einer trockenen Seborrhoe, einer Schuppenbildung auf der austrocknenden Kopfhaut, führt. »Funktionell« aber hat die mittelbare Folge, der Haarausfall, durchaus einen positiven Sinn. Die kahle gewölbte Stirn wirkt männlich bedrohend und imponierend und war damit ein sozialanatomischer Vorteil. Frauen versuchen oft jeder entsprechenden Reaktion aufs sorgfältigste vorzubeugen, indem sie die Haare betont tief in die Stirn kämmen.

Nun begegnen sich heute zwei gegensätzliche Züge: einmal der ältere Statusvorteil, den die Seneszenz mit sich bringt; zum anderen unsere schnell angestiegene Hochschätzung der in die Länge gezogenen Jugendlichkeit. Der alternde Mann, dessen Haare sich lichten, teilt also mit:»Erschreckt gefälligst achtungsvoll vor meiner hohen blanken Stirn!« Und er erschrickt selber über dieses atavistische Signal. Wenn er sich nicht zu einem »Nun gerade!« durchringt, versucht er seine Kahlheit zu vertuschen. Fabrikanten wirkungsloser Haarwuchsmittel beuten seine Konfliktsituation aus, Köpcke trägt ein Toupet, um seinen Zuschauern jenen Respektschock zu ersparen.

Ein offensichtliches Sozialorgan ist der sichtbare Teil des *Augapfels* mit seinem starken, für den Menschen typischen Kontrast zwischen dem dunklen Kreis der Iris und dem Weiß ringsum. Das Auge unserer nächsten Verwandten, der Schimpansen, ist noch einförmig braun. Unsere Kontrastfärbung hat evolutionären Anpassungswert; sie erlaubt es dem Menschen, die Blickrichtung seiner Artgenossen auf größere Entfernung genau zu erkennen. Die hinzukommende farbliche Absetzung der Pupille von der Iris macht die Blickrichtung noch unmißverständlicher.

Und das Auge ist das Organ der sozialen Kontaktaufnahme par excellence: Noch außer Reichweite berühren, verhaken wir uns bei jeder Interaktion mit den Blicken. Für ein Tier, das aus den Urwäldern in die Savannen zog, um dort in Gruppen zu jagen, konnte Klarheit über die Blickrichtung des Artgenossen von unschätzbarem Vorteil sein, und zwar zur Kooperation über größere Entfernungen bei der Jagd wie zur Orientierung über etwaige feindliche Absichten des Artgenossen.

Auch die unterschiedliche *Färbung der Haut* ließe sich besser erklären, wenn man sie unter anderem als Sozialorgan versteht. An und für sich herrscht kein Zweifel darüber, daß der dunkle Teint der negriden Rassen auf die starke Sonneneinstrahlung in jenen Gegenden zurückgeht, wo sie zu Hause sind. Bei der Abwanderung von Untergruppen in den sonnenärmeren Norden wäre die als Sonnenschutz nun entbehrliche Pigmentierung zurückgegangen. Das ist sicher ein Teil der Wahrheit. Wieso aber leben in einigen ganz besonders sonnenintensiven Gegenden, zum Beispiel in Nordafrika, relativ hellhäutige Menschen, und warum kommen in den (gar nicht übermäßig sonnigen) äquatorialen Urwäldern Afrikas, Südamerikas und Ostasiens ganz verschiedene Tönungen vor, in denen Afrikas die dunkelsten überhaupt? Zweifellos müssen hier auch noch andere Faktoren eine Rolle gespielt haben.

Begreift man die Hautfarbe als Sozialorgan, so ließe sich jedoch annehmen, daß benachbarte Bevölkerungsgruppen sich durch eine unterschiedliche Hauttönung voneinander abgesetzt haben. In der einen Gruppe sagte man vielleicht: *black is beautiful,* und die Milchgesichter hinter den Bergen sind weich und häßlich; in der anderen: *fair is beautiful,* und hinter den Bergen wohnen die bedrohlichen Schwarzen Männer. So hätten, bei einer fast gleichen braunen Ausgangsfärbung, in der einen die heller-, in der anderen die dunklerhäutigen als mehr sexy gegolten und sich entsprechend stärker vermehren können. Langsam hätte sich die Hautfarbe beider Gruppen auseinanderentwickelt.

Daß es eine Tendenz zur kontrastiven Auseinanderentwicklung einzelner Gruppen gibt, belegt unter anderem die Sprachentwicklung: Ohne eine solche Tendenz hätten sich die Sprachen nicht verzweigen können, und wäre durch räumliche Trennung doch eine Differenzierung eingetreten, müßte bei der Wiederherstellung von Kontakten ein Hang zur Wiederannäherung, zur Konvergenz feststellbar sein. Das Gegenteil ist der Fall. Gruppen tendieren dazu, ihre Unterschiede zu betonen.

Die Sozialanatomie lädt zum Phantasieren ein, und phantasiert wird, besonders auf dem Gebiet der *Selbstmimikry.* Im Tierreich gibt es Fälle, bei denen eine Körperpartie an einer anderen Stelle des Körpers als Attrappe nachgebildet wird. Der männliche Mandrill etwa trägt seinen Genitalapparat als Bild im Gesicht (die Nase bildet den Penis nach), die Dschelada-Äffin trägt ihr buntes Vulva-Bild auf dem Brustfell.

Als erster kam Morris auf die Idee, auch die weiblichen Brüste könnten einen Fall von Selbstmimikry darstellen: Die Frau trüge sozusagen vorne eine Gesäßattrappe, um dem sie vorzugsweise von vorn begattenden Menschenmann auch in dieser neuartigen menschlichen Stellung noch ein stimulierendes Hinterteil präsentieren zu können. Wenn es sich so verhalten sollte, wäre es jedenfalls kein sehr gelungener Fall von Automimikry. Vielleicht ist die feste, gewölbte weibliche Brust doch kein so unpraktisches Säugeorgan bei einem aufrecht gehenden Zweibeiner, wie Morris annimmt.

Inzwischen scheinen alle Grübchen und Dellen im Gesicht in Verdacht geraten zu sein, irgendein primäres Sexualmerkmal zu imitieren, allen voran natürlich die Nase; schließlich ist die des

Mannes massiger als die der Frau. Da ähnelt die Suche der Sozialanatomen nach Formähnlichkeiten dann schon der spekulativen Jagd der Psychoanalytiker nach Sexualsymbolen. Wie überhaupt auch die humanethologische Deutung nicht vor komischen Spitzfindigkeiten gefeit ist. Das Rätselraten, ob der Taktstock des Dirigenten ein »ritualisierter Knüppel« ist, mit dem er die Musiker »rituell« verdrischt, oder ein »ritualisierter Phallus«, mit dem er die archaische Imponiergebärde des phallischen Präsentierens vollführt, ist eher heiter, da sie die näherliegende Möglichkeit ganz außer acht läßt, nämlich daß der Taktstock einfach die Zeigebewegung des Zeigefingers auch noch bis zur Pauke und zur Harfe hin verdeutlicht. Wo funktionelle Erklärungen möglich sind, sollten übertragene wohl besser nicht an den Haaren herbeigezogen werden.

Den Menschen als gewesenes Tier verstehen

Was die stammesgeschichtliche Untersuchung menschlicher Verhaltensweisen und sozialer Merkmale an Kenntnissen zusammengetragen hat, entspricht dem Grundbedürfnis aller Wissenschaft: Es reduziert Irrationalität.

Wir erfahren, um nur ein paar Beispiele zu nennen, warum wir zwischendurch Süßes naschen: weil unsere Vorfahren tagsüber Früchte sammelten und aßen. Warum wir nicht dauernd essen, sondern uns am liebsten zu ein paar gemeinsamen Mahlzeiten versammeln: weil unsere jüngeren Vorfahren die gemeinsam erlegte Beute teilten und in gemeinsamen, sie in ihrem Zusammengehörigkeitsgefühl bestärkenden Mahlzeiten verzehrten. Warum wir eine Schwäche für elliptische Ornamente mit einem Punkt darin haben: weil wir dank unserer Attrappensichtigkeit in viele Formen vorzugsweise die für unsere Kontakte so wichtige Augengestalt hineinsehen. Warum wir – die Qual öffentlicher Toiletten! – den Geruch der Fäzes unserer Artgenossen so schwer ertragen: weil der Respekt vor den Reviermarkierungen unserer Säugetiervorfahren, die oft mit Urin und Kot vorgenommen wurden, möglicherweise noch tief in uns steckt. Warum wir beim Essen im Restaurant vor fast jedem Bissen hochsehen: weil wir aus einem obsoleten Instinkt heraus immer noch »sichern«, obwohl kein anderer Lokalgast uns je das Essen entrissen hat oder entreißen wird. Und so fort.

Oft sind stammesgeschichtliche Ableitungen befriedigender als psychologische Hypothesen, die nur die Gegenwart und nur die Ontogenese in Betracht ziehen. Den Austausch von Zärtlichkeiten zwischen Mutter und Kind als frühe Sexualität zu interpretieren, ist immerhin gewagt. Schließlich könnte es umgekehrt richtiger sein: Die Zärtlichkeitsformen der späteren Sexualität greifen auf das früh erlernte und in angenehmer Erinnerung gebliebene Mutter-Kind-Repertoire zurück. Und bei der Rivalität zwischen Vater und Sohn braucht es sich nicht unbedingt um den ungeheuerlichen heimlichen Wunsch zu handeln, den Vater zu ermorden, um die Mutter besitzen zu können: Es könnte sich auch einfach um den für Primaten typischen Rangkampf handeln, mit dem die Jungtiere ihre Aufnahme in den Verband der erwachsenen Männchen betreiben.

Aber der Aufschwung der vergleichenden Verhaltensforschung ist auch noch in einem größeren Zusammenhang zu sehen. Seit Darwin kann der Mensch nicht mehr abstreiten, daß er eine Tierart ist. In den letzten anderthalb Jahrzehnten hat man entschlüsselt, was das Leben ist, nämlich ein spezieller, sich selber in immer komplexere Muster steuernder chemischer Vorgang, der nur unter höchst unwahrscheinlichen Umständen, wie sie zufällig auf unserem Planeten bestanden, in Gang kommen konnte. In den letzten Jahren wächst das Verständnis dafür, daß die Biosphäre ein ökologisches System darstellt, das sich in einem störanfälligen Gleichgewicht befindet – und der Hauptstörfaktor ist der Mensch.

Wir beginnen die chemischen Grundvorgänge des Lebens zu verstehen und die Bedingungen seiner Entfaltung. Zum ersten Mal finden die Menschen eine nichtspekulative Antwort auf die Frage, aus welchem Grund sie sind. Ein Wozu gibt es nicht, ein »Ziel außerhalb der biologischen Natur« (Wilson 1978). Wir beginnen auch zu begreifen, daß das viele menschliche Unglück heute damit zusammenhängen könnte, wie sehr unsere gegenwärtige Lebensweise tiefsitzenden Anpassungen teilweise zuwiderläuft.

Kurz, während die Geschichte des menschlichen Geistes bis vor einiger Zeit auf die anmaßende Überzeugung hinauslief, daß der Mensch über die Natur erhaben, sein Geist ihr geradezu entgegengesetzt sei, daß seine wichtigste Qualität darin bestehe, über seinen Körper, über das Primitive, das Tier in sich triumphiert zu haben, daß er etwas so Lästiges und Genierliches wie eine Stammesgeschichte nicht habe, beginnen wir, uns als den Teil der Natur zu begreifen, der wir immer noch sind. Es geschieht sicherlich nicht zufällig gerade in jenem geschichtlichen Augenblick, da uns klar wird, wie gefährlich wir ihr und damit auch uns selber geworden sind.

Von der Sprache der Menschenaffen

Was unterscheidet den Menschen am allergrundsätzlichsten vom Tier? Die *Sprache* ist es, hieß es seit Descartes, heißt es bis in unsere Tage. »Das Vermögen«, wie Descartes schrieb, »verschiedene Wörter anzuordnen und aus ihnen einen Diskurs zu bilden«. Die Tiere, denen dieses Vermögen fehlt, seien eben bloße Automaten. Im achtzehnten Jahrhundert, als die ersten Menschenaffen nach Europa gebracht wurden und die Menschen nicht umhin konnten, in diesen sonderbaren »Waldmenschen«, die ihre nächsten Verwandten im Tierreich sind, eine Art Fratze ihrer selbst zu erkennen, wagte der Arzt und materialistische Philosoph La Mettrie eine Vermutung. Er glaubte nicht an die Einzigartigkeit des Menschen; er hielt ihn, im Gegensatz zu Descartes, für eine ebensolche Maschine wie die Tiere. Und er vermutete, daß es möglich sein müßte, den Menschenaffen Sprache beizubringen: »Warum sollte nicht ein Menschenaffe durch große Mühewaltung wenigstens nach der Weise der Taubstummen die für die Sprache notwendigen Bewegungen nachmachen?«

Es war eine prophetische Vermutung. 220 Jahre später, 1967, als die Schimpansin Washoe in der Glücksspielstadt Reno die Taubstummensprache lernte, erfuhr sie ihre Bestätigung.

Heute wissen wir: Sprache ist nicht auf den Menschen beschränkt, ebensowenig wie die anderen immer wieder ins Feld geführten angeblich ehernen Unterscheidungsmerkmale, der Werkzeuggebrauch und das Phänomen Kultur. Wir unterscheiden uns graduell, nicht prinzipiell. »Darin vor allem unterscheidet sich der Mensch von den Tieren: durch die Überlieferung seiner Techniken und sehr wahrscheinlich durch ihre mündliche Überlieferung«, schrieb 1937 der französische Ethnologe Marcel Mauss. Indessen, Werkzeuggebrauch wurde bei vielen Tieren inzwischen beobachtet. Der Spechtfink der Galapagos-Inseln – ein Angehöriger jener Finkenschar, die es irgendwann vom Festland auf den Archipel verschlagen hatte und die dort die verschiedensten Anpassungen entwickelte, um alle ihr

Fähig zu vorkulturellem Verhalten: japanische Rotgesichtsmakaken.

zugänglichen ökologischen Nischen zu besetzen – kratzt sich mit einem Kaktusstachel, den er in den Schnabel nimmt, Insekten aus der Baumrinde. Der Seeotter schlägt Krebse und Krabben mit einem Stein auf. Der Schmutzgeier und die Streifenmanguste öffnen zu harte Eier, indem sie Steine darauf fallen lassen. Und Schimpansen wissen auf vielfältige Weise mit Stöcken und Wurfgeschossen umzugehen; mit einer Art selbstgemachter Rute, einem Stengel Gras, angeln sie sich gerne Termiten aus deren Bauten; mit Laubbüscheln säubern sie sich, wenn sie sich schmutzig gemacht haben; durchgekaute Blätter benutzen sie als eine Art Schwamm, um sich Trinkwasser aus Vertiefungen aufzusaugen.

Einige dieser Fertigkeiten sind sicher kulturelle – oder, vorsichtiger gesagt, vor- oder protokulturelle – Errungenschaften. Wenn ein Schimpanse durch Zufall oder überragendes Geschick oder beides auf ein vorteilhaftes Verhalten verfiel, breitete sich seine Neuentdeckung unter den Gefährten aus, ohne daß diese besondere Fertigkeit erst langsam und mühselig in dem genetischen Programm der Population verankert werden mußte.

Die schlagendsten Beispiele für protokulturelles Verhalten im Tierreich verdanken wir japanischen Primatenforschern, die auf Koshima und anderen Inseln seit 1950 lange Zeit Trupps von Rotgesichtsmakaken beobachtet haben; Makaken wohlgemerkt, also noch nicht einmal Menschenaffen. Die Makaken leben in Gruppen mit regem sozialen Kontakt zusammen; sie sind sehr aggressiv und zeigen ein starkes Territorial- und Dominanzverhalten. 1953 erfand die anderthalb Jahre alte Jungäffin Nummer III (Imo genannt) die Technik des Süßkartoffelwaschens. Den Tieren waren von den Forschern Süßkartoffeln an den Strand gestreut worden. Imo kam darauf, daß sie den Sand am besten abputzen konnte, wenn sie die Süßkartoffel mit einer Hand ins Wasser tauchte und mit der anderen abwischte. Innerhalb von zehn Jahren reinigten 90 Prozent aller Tiere dieses Trupps ihre Süßkartoffeln auf die nämliche Weise. 1955 erfand dieselbe Imo noch eine andere Technik. Die Forscher hatten den Affen wieder Futter in den Sand gestreut, diesmal jedoch Weizenkörner. Die Tiere mußten sie einzeln auflesen. Imo nahm eines Tages eine Handvoll mit Weizen durchmischten Sand und warf ihn ins Wasser: Der Sand sank nach unten, der Weizen schwamm und konnte abgeschöpft werden. Die neue Technik verlangte noch ein höheres Maß an Einsichtigkeit: Die Tiere mußten sich von der Nahrung, die sie bereits in der Hand hielten, für eine Weile trennen, sie mußten sie wegwerfen, um sie dann wieder einzuraffen – sie mußten auf die sofortige Stillung ihres Freßbedürfnisses verzichten, um später um so sicherer und bequemer zu fressen. Sie mußten also in Ansätzen das lernen, was die Menschen von den Affen, wenn man sie nebeneinander agieren sieht, am offenkundigsten unterscheidet: Geduld, eine Geduld, die um späterer besserer Ergebnisse willen auf sofortige Befriedigung verzichtet. Die Makaken bewiesen in ersten Ansätzen, was die Sozialpsychologen als *deferred gratification,* »aufgeschobene Bedürfnisstillung«, bezeichnen – und beim Menschen immer noch ungenügend entwickelt finden.

Die japanischen Forscher ermittelten auch, wie sich ein solches protokulturelles Verhalten innerhalb der Horde ausbreitete.

Immer waren es junge Tiere wie Imo, die die Erfindungen machten. Nachgeahmt wurden sie am schnellsten von den anderen etwa gleichaltrigen Tieren des Trupps. Von diesen gelangten sie, aber schon nicht mehr mit Sicherheit, zu den Müttern, die sie wiederum an ihre Jungen, die männlichen wie die weiblichen, weitergaben. Selten erreichten sie die erwachsenen männlichen Tiere der Horde; die älteren Männchen so gut wie nie. Eine neue Technik war unter beiden

Geschlechtern also erst dann gleich verbreitet, wenn sie in den sicheren Besitz der Mütter übergegangen war, die sie ihrerseits an alle ihre Jungen, die weiblichen wie die männlichen, vermittelt hatten. Die Neuerer waren immer Jungtiere; Männchen, vor allem ältere Männchen, waren Neuerungen nicht geneigt. So ist es auch bei den Schimpansen; Jungtiere sind neugierig und probieren alles aus – zum Beispiel haben sie keine Hemmungen, alle Arten von Beeren und Früchten zu fressen. »Das kulturelle Repertoire des Schimpansen«, schreibt der britische Primatenforscher John MacKinnon, »beruht auf der erfinderischen, wißbegierigen und explorativen Natur der Jungtiere, aber um sicherzustellen, daß die Neugier den jungen Schimpansen nicht umbringt, legen die Erwachsenen ein hohes Maß an Konservatismus an den Tag... Die Folgen des Konservatismus der Erwachsenen bei den Schimpansen könnten zuweilen irrtümlich für Dummheit gehalten werden, genau wie die Jugendlichen in unserer Gesellschaft ihre konservativen Älteren für unaufgeklärt halten.« Natürlich mag man es für bloßen Zufall halten, daß das Muster »innovative Jugend gegen konservatives Alter« sich auch in menschlichen Gesellschaften wiederfindet und hier, auf einer anderen Ebene, den nämlichen Zweck erfüllt: Neuerungen kommen auf, aber den mit ihnen verbundenen Risiken sind Grenzen gesetzt.

Das Schimpansenkind Washoe

Werkzeuggebrauch und *Sprache* hat der Mensch zu einzigartiger Höhe entwickelt. Eine prinzipielle Zäsur, die ihn von dem Rest der Natur teilte, bedeuten sie nicht.

Schon 1925 stellte der amerikanische Primatenforscher Robert M. Yerkes fest, was zu seiner Zeit mehr als eine Vermutung war: »Könnte der Nachahmungstrieb des Papageis mit der Qualität der Schimpansenintelligenz gekoppelt werden, so könnte der Schimpanse unzweifelhaft sprechen.« Aber erst nach dem Ende des Zweiten Weltkriegs begann in Florida der erste ernsthafte Versuch, einen Schimpansen sprechen zu lehren. Das Neurobiologen-Ehepaar Catherine und Keith Hayes zog von 1947 bis 1954 das Schimpansenjunge Viki in seinem Haushalt auf, zusammen mit einem eigenen Kind und genau wie ein eigenes Kind. Aber nur unter größter Mühe gelang es, Viki vier Worte beizubringen: *mama, papa, cup* (Tasse in der Bedeutung »trinken«) und *up* (»rauf« in der Bedeutung

»Huckepack«); als sie 1954 an einer Viruskrankheit starb, artikulierte sie immer noch nur sieben Wörter, und die zum Teil schwer verständlich. Der ganze Versuch war offenbar ein Fall von irregeleiteter Liebesmüh. Und zwar fehlte es Viki sicher nicht an dem, was hier kurz Sprachintelligenz genannt werden soll. Es war nur so, daß der Kehlkopf, die Zunge, der Gaumen eines Menschenaffen einfach nicht auf die Artikulation von Sprache eingerichtet sind. Aber daß ihm darum die gesprochene menschliche Sprache verwehrt ist, heißt nicht, daß er keine Sprachintelligenz besitzt.

Der Versuch, der das ein für allemal klarstellte und damit den Durchbruch brachte, war das *Washoe-Projekt*. Beatrice und Robert Gardner, Psychologen an der Universität Nevada, unterrichteten 1966 bis 1970 die in einem Trailer (Wohnmobil) gehaltene junge Schimpansin Washoe. Washoe sollte gesprochene Sprache gar nicht erst lernen. Sie wurde unterrichtet in der *American Sign Language*, kurz ASL oder Ameslan genannt, in der Zeichensprache, die etwa 200000 amerikanische Taubstumme beherrschen.

ASL ist eine echte eigene Sprache. Sie ist nicht, oder nur in geringem Maß, ikonisch. Ihre Handzeichen bilden nicht Wirkliches nach, sie sind willkürliche, auf Verabredung beruhende Symbole. Die Faust ballen und den Daumen an die Lippen führen heißt »trinken«; mit der Handfläche wiederholt gegen den Schenkel schlagen »Hund«; den Zeigefinger abwechselnd eingewinkelt und gestreckt über den Handrücken ziehen »kitzeln«. Für den Taubstummen, der sie lernt, haben die Zeichen nie eine klangliche Entsprechung und eine schriftliche nur dann, wenn er auch noch Englisch lesen und schreiben lernt. Ihre Wörter sind nicht spezielle Töne, sondern spezielle Bewegungen; sie hat eine Grammatik, die nicht die gleiche ist wie die englische. So wie sich die paar Dutzend Laute, die der Mensch hervorbringen kann, zu beliebig vielen Wörtern und die Wörter wieder zu beliebig vielen Sätzen verbinden lassen, sind auch der Kombinierbarkeit einer Zeichensprache wie ASL, die sich aus den Elementen von Handbewegungen aufbaut, keine Grenzen gesetzt.

Warum der Mensch überhaupt seine Lautsprache entwickelt hat, statt die Körpersprache seiner vormenschlichen Ahnen zu einer ebenso leistungsfähigen Gebärdensprache auszubauen, scheint der Sprachunterricht an Menschenaffen nebenbei ebenfalls geklärt zu haben: Die Gebärdensprache verlangt die vollständige konzentrierte Aufmerksamkeit desjenigen, an den man sich wendet; in der Lautsprache kann man sich beiläufig und sogar außer Sichtkontakt

Die vier Menschenaffen in freier Natur: Gibbon, Orang-Utan, Gorilla und Schimpanse (von links).

verständigen. Wo die anatomischen Voraussetzungen zu beiden bestehen, wie beim Menschen, wird sich wahrscheinlich die praktischere Lautsprache durchsetzen – und im Laufe ihrer Entwicklung wiederum ihre anatomischen Voraussetzungen verbessern. Hätten die Hominiden den anderen Weg eingeschlagen, gäbe es heute vielleicht eine akrobatische Rhetorik und Gestikopern mit virtuosen Fingerkoloraturen.

Der elementare Kern einer menschlichen Sprache *(Basic English)* besteht aus etwa 850 Wörtern. Washoe lernte in vier Jahren 132 ASL-Zeichen; einige fast auf Anhieb, für andere brauchte sie Wochen. »Erlernte« heißt: Sie konnte sie immer wieder von sich aus richtig anwenden, auch wenn sie ihr nicht gerade vorgemacht worden waren, und sie konnte sie sinnvoll in neue Zusammenhänge einsetzen. Die Kriterien dafür, ob ein Zeichen als erlernt gelten durfte, waren streng. Es genügte nicht, daß Washoe und ihre Nachfolger ein bestimmtes Zeichen einigermaßen richtig und einigermaßen häufig machten; sie mußten es von sich aus, ohne jede

106

Nachhilfe und sinngemäß richtig an 15 aufeinanderfolgenden Tagen jeweils mindestens einmal gemacht haben, ehe es als Teil ihres aktiven Vokabulars angesehen wurde.

Jede Sprache setzt ein erhebliches Übertragungs- und Abstraktionsvermögen voraus; andernfalls müßte es für jedes Ding und jede Tätigkeit und für jede Beziehung, in der Dinge und Tätigkeiten miteinander stehen, verschiedene Wörter geben; das heißt, es gäbe keine Sprache. Und »Tiere abstrahieren nicht«, befand der englische Philosoph John Locke und bot damit einen weiteren grundsätzlichen Unterschied zwischen Mensch und Tier an. Washoe abstrahierte.

Sie ordnete Gegenstände richtig in Klassen ein und gebrauchte folglich auch richtige Sammelbegriffe. Abbildungen, auch Zeichnungen und Fotos, identifizierte sie richtig. Bei den regelmäßigen Tests saß ihr ein Ameslan-mächtiger Fremder gegenüber; auf eine Bildfläche vor ihr wurden Dias projiziert, die der Fremde nicht sehen konnte; ein Dritter beobachtete Washoe und den Fremden. Wurde ihr beispielsweise, unsichtbar für den Fremden, das Bild eines Autos gezeigt, so bestand ihre Aufgabe darin, dem Fremden das früher gelernte Ameslan-Zeichen für Auto zu machen. Erst wenn er – ohne zu wissen, was für ein Zeichen sie machen sollte, und ohne ihr irgendwelche Hilfen oder Hinweise geben zu können – ihre Handbewegungen eindeutig als Auto-Zeichen erkannte, wurde ihr eine richtige Antwort gutgeschrieben. Es wurden ihr dabei aber nicht nur verschiedene Klassen von Dingen gezeigt, sondern jedes Ding in vielen Exemplaren, etwa immer wieder andere aus immer wieder anderen Blickwinkeln aufgenommene Autos. Sie ordnete die verschiedenen Stahlblechgebilde, abstrahierend, fast ausnahmslos richtig in die Klasse der Automobile ein.

Verkleinerte Abbildungen machten ihr viel weniger Mühe als verkleinerte Gegenstände: Ein kleines Autofoto nannte sie einfach »Auto«; ein Spielzeugauto dagegen »Baby«, wie sie eine Pinocchio-Puppe, wohl ihrer langen Nase wegen, »Baby-Elefant« nannte. Auch das setzt Abstraktionsvermögen voraus: Einmal muß die Klasse, der ein Ding angehört, bestimmt werden (für Washoe, die in ihrem Trailer Elefanten nur von Bildern kannte, war ein »Unbekanntes-Wesen-mit-langem-Auswuchs-mitten-im-Gesicht« eben verzeihlicherweise ein Elefant), und dann mußte die Bezeichnung der Schrumpfung der Größenverhältnisse Rechnung tragen. »Baby« wird für Washoe gleichbedeutend mit »klein« gewesen sein.

Den schlagendsten Beweis für ihr Abstraktionsvermögen aber lieferte Washoe mit ihren Übertragungen des Wortgebrauchs, zum Beispiel bei dem Wort »offen/auf«. Sie lernte es im Zusammenhang mit einer Tür: War diese bestimmte Tür »auf«, so konnte sie an einen für sie verlockenden Ort gelangen. Zunächst übertrug sie das Wort von sich aus auf sämtliche Türen; dann aber auch auf Kühlschränke, Schubfächer, Aktentaschen und Gläser; und schließlich sogar auf den Wasserhahn. Der laufende Wasserhahn wird im Englischen nicht »auf«, der geschlossene nicht »zu« genannt; Washoes Sprachlogik entsprach in diesem Fall der des Deutschen, nicht der des Englischen. Das Wort »mehr« lernte sie zuerst im Zusammenhang mit Kitzeln: »mehr kitzeln«. Von sich aus übertrug sie es zunächst auf andere Beschäftigungen mit ihrem Körper (»mehr schaukeln«, »mehr bürsten«), dann auf Nachschläge beim Essen, und schließlich bat sie ihre menschlichen Gefährten mit dem Wortzeichen »mehr«, akrobatische Darbietungen oder Tierimitationen zu wiederholen.

Was Washoe zuerst lernte, waren Eigennamen und Namen der Gegenstände um sie her, dann aber auch Verben, Pronomen (ich, du) und einige jener syntaktischen Partikel, die klarmachen, in welcher Beziehung die Begriffe zueinander stehen. Substantive und Verben überblendeten sich in Washoes Begriffshaushalt zum Teil: Der Name eines Gegenstands war auch der für die Tätigkeit, zu der er sich herlieh. Menschliche Sprachen gehen vielfach ähnlich vor: Für »trinken« und »Getränk« gibt es ein englisches Wort *(drink)*, für »essen« und »Essen« ein deutsches.

Und so konnte Washoe ihren Pflegern und Erziehern sprachlich recht genau signalisieren, woran einem Affenkind liegt: »bitte süß trinken«, »mehr süß trinken«, »mir-geben süß trinken«, »bitte schnell süß trinken« oder die Quasi-Entschuldigung »leidtun Schmerz« und das Versprechen »bitte leidtun brav«.

In einem Film festgehalten wurden folgende Szenen mit Washoe, damals zwischen 16 Monate und dreieinhalb Jahre alt:
(Washoe, ihre Wärterin Susan und Beatrice Gardner mit einem großen Spiegel auf einem Rasen.)
Susan (zeigt auf Washoes Gesicht im Spiegel): »Komisch da. Wer ist das?«
Washoe: »Ich.«
Gardner: »Wer ist das?«
Washoe: »Ich.«
Gardner: »Ja, das bist du... Wer ist das?«
Washoe: »Ich. Ich Washoe.« (Washoe hängt mit einem Arm an einem Dachbalken.)
Susan: »Wer macht piep-piep?«
Washoe: »Vogel.«
Susan: »Und wer macht wau-wau?«
Washoe: »Katze.«
Susan: »Nein, nein.«
Washoe: »Hund.«
Susan: »Wer macht miau?«
Washoe: »Katze.«
Susan: »Wer ist dumm?«
Washoe (zögernd): »Susan.«
Susan (mißbilligend): »Wer ist dumm?«
Washoe: »Susan dumm.«
Susan (stirnrunzelnd): »Wer?«
Washoe: »Washoe.«
Susan (lächelt, kitzelt Washoe, nimmt sie auf den Arm und trägt sie auf eine Matte): »Wer ist ruhig?«
Washoe: »Ruhig du.«
Susan: »Wer ist komisch?«
Washoe: »Komisch Käfer« (Irrtum: die Zeichen für »komisch« und »Käfer« sind ähnlich)... »Komisch ich.«
Susan: »Ja. Wer ist klug?«

Die Schimpansin Washoe, zweieinhalb Jahre alt, übt mit Beatrice T. Gardner das ASL-Zeichen für »trinken« (oben). Der dreijährige Schimpanse Tatu macht der sechsjährigen Moja das gleiche Zeichen (unten).

Washoe: »Doktor Gardner.«
Susan: »Ja, Dr. Gardner. Wer ist dumm?«
Washoe: »Susan dumm.«
Susan (stirnrunzelnd): »Wer?«
Washoe: »Washoe.«

Seit sie erwachsen ist, lebt Washoe in einem Primatenforschungs-institut der Universität von Oklahoma in der Obhut des Psychologen Roger Fouts – erwachsene Menschenaffen gelten, wohl nicht ganz zu Recht, als zu gefährlich, um als Haustiere gehalten zu werden.

Nachdem sie ihr erstes Kind verloren hatte, sehr zu ihrem monatelangen tiefen Kummer, brachte sie Anfang 1979 eine Tochter zur Welt, Sequoyah. Ihre Betreuer haben Grund zu der Hoffnung, daß sie ihr von sich aus Ameslan beibringen wird. Wenn das geschieht, wäre ein Schimpansenstamm begründet, in dem die Kulturtechnik der Zeichensprache ASL tradiert wird.

Washoe war in der afrikanischen Wildnis gefangen worden und mit etwa zehn Monaten zu den Gardners gekommen. In der Zeichensprache Ameslan wurde sie erst mit einem Jahr unterrichtet, die ersten Versuche waren zögernd und unsicher. Verglichen mit menschlichen Kindern, für die Sprache von der Geburt an zur Umwelt gehört, war Washoe also sozusagen sprachlich depriviert. Wieviel Sprache ein Schimpanse tatsächlich lernen kann, ließ sich an ihr nicht mehr erweisen. Höchstleistungen wären es vermutlich nie gewesen. Denn für die Gardners ist nur das noch die Frage:»Die kategorische Frage, ob ein nichtmenschliches Wesen eine menschliche Sprache gebrauchen kann, muß durch quantitative Fragen ersetzt werden: wieviel menschliche Sprache, wie bald, und wie weit können sie gehen?« Um dies herauszufinden, unterrichten sie seit Jahren die gleich nach der Geburt in ihre Obhut gekommenen Schimpansenkinder Moja, Tatu und Dar (ein viertes starb), und sie haben vor, den Unterricht fortzusetzen, bis die Schimpansen im vierzehnten bis sechzehnten Lebensjahr ihre volle Reife erreichen.

Bisher läßt sich sagen: Die ersten erkennbaren Zeichen der Schimpansenjungen, zu denen von Geburt auf in Ameslan»gesprochen« wurde, begannen am Ende des dritten Lebensmonats zu erscheinen; bei (taubstummen) Kindern, die einer Zeichensprache ausgesetzt sind, erscheinen die ersten eigenen Zeichen zwischen dem fünften und sechsten Lebensmonat – die ersten gesprochenen Worte gesunder Kinder treten erst Monate später auf. Ein fünfzig Wörter umfassendes Vokabular erreichen Kinder durchschnittlich mit etwa zwanzig Monaten; Gardners Schimpansenjungen brauchten durchschnittlich 22 Monate. Allgemeine Substantive wie»Hund«,»Licht« oder »Milch« stellten bei Schimpansenjungen wie bei Menschenkindern etwa die Hälfte des Vokabulars. Überhaupt deckte sich beider Wortschatz weitgehend und ebenfalls die Art und Weise, wie später Wörter zusammengesetzt wurden. Es scheint so zu sein, als begänne der Spracherwerb der Schimpansen früher und sei ganz am Anfang in seiner Geschwindigkeit dem Spracherwerb menschlicher Kinder voraus, bliebe aber dann erst leicht, jenseits des dritten Lebensjahres jedoch stark hinter dem menschlichen Spracherwerb zurück.

Sarah und die logische Implikation

Der nächste Versuch fand 1970/71 statt, als der kalifornische Psychologe David Premack die siebeneinhalb Jahre alte, also fast erwachsene, aus Afrika gebürtige Schimpansin *Sarah* unterrichtete. Er ging einen anderen Weg als die Gardners. Statt ASL benutzte er eine Magnettafel und kleine farbige, unregelmäßig geformte Haftplättchen, von denen jedes ein bestimmtes Wort bedeutete. Sarah mußte sie untereinander legen, um Sätze zu bilden. Premacks Ziel war nicht, Sarah ein möglichst großes Vokabular beizubringen. Er wollte im Gegenteil herausfinden, mit wie wenig Zeichen man auskommt, um ein einfaches Kommunikationssystem zu erzeugen, das den Namen Sprache verdient. So begnügte er sich mit etwa hundert Wörtern, legte aber großen Wert darauf, Sarah in einigen schwierigeren sprachlogischen Fertigkeiten zu unterrichten. Sie lernte die abstrakten Begriffe »gleich«/»verschieden«, »Farbe«, »Größe«, »Form«, die Verneinung, ein Frage-Zeichen – und vor allem den Tatbestand, daß Dinge überhaupt Namen haben. Das erlaubte Premack, Sarah mit sprachlichen Mitteln Sprache beizubringen. Er legte ihr auf ihre Sprachtafel etwa die Symbole für »Apfel« und »Banane«, daneben einen richtigen Apfel oder eine Banane und zwischen beide die Symbole für »ist-Name-von« oder »ist-nicht-Name-von«; nachdem sie die Funktion dieser beiden Symbole begriffen hatte, lernte sie die Namen von Gegenständen einfach, indem ein neues Zeichen mit dem Symbol »ist-Name-von« und dem betreffenden Ding zu einem Satz arrangiert wurde.

Dabei zeigte sie eine andere Fähigkeit, die angeblich nur den Menschen eigen sein sollte: Sie konnte geistig auch mit abwesenden Dingen operieren. Das für sie neue Wort »braun« etwa lernte sie aus dem Satz »braun (ist-)Farbe-von Schokolade«. Sie wußte, was »(ist-)Farbe-von« bedeutet; sie kannte Schokolade, sowohl die Sache wie das Wort. Aber als sie »braun« lernte, war keine Schokolade in der Nähe. Um die Bedeutung von »braun« zu begreifen, mußte sie mit der bloßen Vorstellung von Schokolade auskommen.

Sarah lernte sogar eine logische Figur, die man für rein sprachlich gehalten hatte, das heißt ohne und außerhalb von Sprache überhaupt nicht vollziehbar: den »Wenn-dann-Satz«. Ihr wurde auf ihrer Sprachtafel mitgeteilt: »Wenn Sarah nehmen Apfel dann Mary geben Schokolade« und »wenn Sarah nehmen Banane dann nicht Mary geben Schokolade« – wobei das »Wenn-dann« in einem einzigen Zeichen zusammengefaßt wurde, ähnlich dem Implikationszeichen der symbolischen Logik (»Sarahs Nehmen eines Apfels impliziert Marys Geben von Schokolade«). Dann folgten dem Wort die Werke: Sarah nahm den Apfel, bekam die Schokolade, nahm die Banane, bekam keine Schokolade. Als sie soviel gelernt hatte, wurde die Mitteilung umgedreht: »wenn Sarah Apfel nehmen dann Mary nicht geben Schokolade«. Zunächst fuhr Sarah fort, weiter das zu nehmen, was ihr bis dahin die Schokolade eingebracht hatte: den Apfel. Als sie ausblieb, bekam sie zunächst Enttäuschungs- und Wutanfälle. Aber schließlich durchschaute sie den sprachlogischen Sachverhalt und wählte mit Sicherheit das, was dem jeweils vorliegenden Satz zufolge zur Schokolade führte.

Lana am Computer

Duane Rumbaugh, Psychologe und tätig am Yerkes-Primatenforschungszentrum in Atlanta, Georgia, gab sich mit solchen Versuchen nicht zufrieden. Was die Gardners und Premack erreicht hatten, erschien ihm zu anekdotisch, zu wenig den strengen Versuchsanordnungen der Naturwissenschaften gemäß. Um dem abzuhelfen, begann er 1972 sein *Lana-Projekt,* das bis heute andauert. Für die Äffin, die 1970 in Atlanta geborene Schimpansin Lana, ist es wahrscheinlich weniger amüsant als die weniger streng konzipierten Untersuchungen der anderen Forscher. Sie lebte jahrelang sozusagen in Einzelhaft. Ihr Umgang beschränkte sich im wesentlichen auf ihren Wärter Tim. Für ihre sprachlichen Verständigungen war sie auf die Konsole eines Computers angewiesen.

In Atlanta nämlich wollte man eine Vorrichtung, die sämtliche sprachlichen Äußerungen des Affenjungen rund um die Uhr aufzeichnen und analysieren konnte; man wollte auch ausschließen, daß irgendetwas in dem Verhalten menschlicher Trainer dem Affen die angemessene und erwartete Antwort nahelegte. Ein Sprachwissenschaftler entwarf eine einfache künstliche Sprache, die mit wenigen Wörtern und wenigen syntaktischen Regeln auskam. Diese Sprache, »Yerkisch« genannt, wurde einem kleinen Computer eingegeben. Lana erhielt eine Art Schaltpult in ihrem Raum. Jede Taste, mit einem anderen willkürlichen (also nicht bildlichen) Muster versehen, entsprach einem Sprachelement (Lexigramm genannt), meist einem Wort, manchmal auch einer einfachen syntaktischen

Figur (etwa »welcher/welche/welches-ist«). Lana mußte an einer Stange ziehen, um das System in Betrieb zu nehmen: Das half ihr, bei der Sache zu bleiben. Dann drückte sie die Lexigramme. Eine Reihe von Leuchttafeln zeigte ihr, welche Lexigramme sie in welcher Reihenfolge gedrückt hatte. Der Computer prüfte, ob der Satz den Yerkisch-Regeln entsprach. Meist handelte es sich bei Lanas Kommunikationen selbstverständlich um Bitten: Bitten um Futter, um Getränke, um einen Spaziergang, um die Öffnung des Fensters, um ein Stückchen Film (war es Gemeinheit, daß man ihr ausgerechnet 30-Sekunden-Bruchstücke aus einem Film über *Das erste Jahr eines Gorillas* vorführte?).

Mit dem Computer war eine Art Verkaufsautomat verbunden, der, auf ihre grammatisch einwandfreie Bitte hin, und nur auf sie, eine kleine Ration des Verlangten verabreichte; besonders begehrte Belohnungen waren Bonbons der Marke M & M. Jede Aufforderung mußte mit einem Aufforderungszeichen (höflich als »bitte« übersetzt), jede Frage mit dem Frage-Lexigramm begonnen, jeder Satz mit dem Lexigramm für »Punkt, Ende der Mitteilung« beendet werden. Sätze wie »Bitte Fenster Tim« akzeptierte der Computer nicht; auf »Bitte Maschine geben M & M Punkt« jedoch erhielt sie ein Bonbon. Nachts einmal, einsam und gelangweilt, drückte sie den richtigen, aber vergeblichen Satz: »Bitte Maschine kraulen Lana Punkt«. Mit Tim konnte sie schließlich über ihre Sprachtastatur Unterhaltungen wie diese führen:
Lana: »Frage du gießen Saft in Tasse Punkt.«
Tim: »Ja Tim gießen Saft in Tasse Punkt.«
Lana: »Frage du geben Saft Lana Punkt.«
Tim: »Ja Punkt.« (Er gibt ihr die Tasse.)
Tim: »Frage Lana wollen mehr Saft Punkt.«
Lana: »Ja Lana wollen mehr Saft in« (Satz unfertig).
Tim: »Frage mehr Saft in was Punkt.«
Lana: »Lana wollen mehr Saft in Tasse Punkt.«
Tim: »Tim gießen mehr Saft in Tasse Punkt.«
Lana: »Ja du geben Saft Lana Punkt.« (Sie erhält den Saft und trinkt ihn.)
Lana: »Frage du geben Saft mehr Tasse Punkt.«

Die Schimpansin Lana, etwa vierjährig, an der Konsole ihres Sprachcompu-
ters. Er ist in Betrieb, solange sie die Stange oben herabzieht; jedes gedrückte
Symbol (Lexigramm) erscheint als Bild an der Frontscheibe der Kästen über
der Tastatur; unter der Tastatur befindet sich der Ausgabe-Automat.

Tim (denn die Grammatik war unrichtig):»Nein Punkt.«
Lana:»Frage du geben Saft Lana Punkt.«
Tim:»Ja.« Und so fort.

Inzwischen hat man in Atlanta Yerkisch fallengelassen.»Es war weder Fisch noch Fleisch, weder menschliche noch schimpansische Sprache. Heute bringen wir den Tieren vor allem die Bedeutungen bei und warten dann ab, was für eine Syntax sie dafür entwickeln«, sagt Rumbaugh. Mit Yerkisch wurde Lana gewiß äußerste Korrektheit beigebracht; in ihren Apparat eingetippte mutwillig fehlerhafte Satzanfänge verbesserte sie geduldig und in 90 Prozent der Fälle richtig. Das Lana-Projekt bewies auch, daß Schimpansen Grammatikpedanten werden können.

Heute unterhalten sich in Atlanta mehrere Schimpansen mit Hilfe ihrer Sprachtastatur. Im ersten Experiment dieser Art ließ man einen Schimpansen sehen, wie beispielsweise eine Banane in einen Kasten gesteckt wurde; dann wurde er in einen anderen Raum zu seinem Kumpan gebracht und mußte ihm auf der Konsole mitteilen, was in dem Kasten war. Fragte der zweite Affe auf seiner Konsole daraufhin richtig nach der Banane, so erhielten beide eine. In einem weiteren Experiment lernten die beiden Affen, sich gegenseitig um Werkzeuge zu bitten: Der eine hatte in seinem Raum ein Stück Futter, das er ohne Werkzeug nicht erreichen konnte; der zweite, in einem durch eine Glasscheibe abgetrennten Nebenraum, das passende Werkzeug, aber kein Futter. Um an das Futter heranzukommen, also sich das Werkzeug zuzureichen und dann das Futter zu teilen, mußten sie sprachlich richtig kommunizieren. Sie lernten es. Gegen die Experimente Premacks und der Gardners war gelegentlich eingewendet worden, daß den Affen vielleicht nur eine Folge von ihnen gänzlich uneinsichtigen Bewegungen andressiert worden war, die zu bestimmten ihnen erwünschten Ergebnissen führten, ohne daß sie sich über den symbolischen Charakter dieses Tuns im klaren gewesen wären. Mit seinen letzten Versuchen glaubt Rumbaugh nicht nur endgültig bewiesen zu haben, daß die Affen sich mit den ihnen beigebrachten Sprachen auch untereinander verständigen können und es auch spontan tun, sondern daß sie den symbolischen Charakter des Werkzeugs Sprache wohl durchschaut haben.

So wie Rumbaugh die Versuchsanordnung von Premack und den Gardners für zu lax hält, halten die Gardners seine für zu streng. Die Zahl der richtigen Symbolfolgen sei bei ihr so begrenzt und sie seien so lange und intensiv trainiert worden, daß ein Tier von der Merkfähigkeit eines Menschenaffen sie, statt ihren sprachlichen

Charakter zu begreifen, auch einfach auswendig memoriert haben könnte. Die natürlicheren Lernbedingungen, unter denen ihre eigenen Affenjungen aufwachsen, halten sie für überlegen: Das Sprachmilieu sei viel reichhaltiger, die Fehlermöglichkeit damit größer – das mache jede richtige sprachliche Reaktion unwahrscheinlicher und damit wertvoller; und die Kriterien dafür, ob eine sprachliche Reaktion richtig oder falsch ist, seien bei ihren Kontrollen nicht weniger streng.

Der Außenstehende, der sieht, wie mißtrauisch diese Forscher ihre Methoden und Erfolge gegenseitig kritisieren, darf sich davon eher vergewissert fühlen: gleichgültig, wie tastend und unvollkommen und möglicherweise unproduktiv die Lernanordnungen und wie verschieden die Symbolsysteme waren – die Affen haben in jedem Fall etwas gelernt, was von einer einfachen Sprache nicht zu unterscheiden war.

Koko und das Selbstbewußtsein

Im Oktober 1978 berichtete die kalifornische Entwicklungspsychologin Francine (»Penny«) Patterson in der Zeitschrift *National Geographic* von ihrer Äffin *Koko,* die sie seit 1972 in einem Wohnwagen auf dem Campus der Universität Stanford in der Zeichensprache ASL unterrichtet hatte, allerdings wiederum auf eine wissenschaftlich weniger strikte Weise. Gleichzeitig erfuhr die Öffentlichkeit von dem Unternehmen aus einem Film des Dokumentaristen Barbet Schroeder, bekannt durch sein filmisches Idi-Amin-Porträt (Koko war ihm weitaus sympathischer). Der Bericht war eine Sensation. Sie bestand zum einen darin, daß Koko keine Schimpansin war, sondern ein junger weiblicher Gorilla. Wiederum richtig vorausschauend hatte schon Yerkes den Gorillas die größte Intelligenz zugetraut. Zum andern war sensationell, wieviel Koko gelernt hatte: 375 ASL-Zeichen wendet sie regelmäßig und verläßlich an, 650 versteht sie und benutzt sie gelegentlich. Seit einigen Jahren bedient sie auch eine Tabulatur, die ihre Tastendrücke in menschliche, auf Tonband gespeicherte Wörter übersetzt. Es gibt Anzeichen dafür, daß ihr Verständnis für gesprochene Sprache noch größer ist als für ASL. Streng genommen ist Koko damit zweisprachig.

Sich mit den Tieren unterhalten zu können – näher als in den Experimenten mit den Menschenaffen sind die Menschen Franz von

Assisis Traum nie gekommen. Der gemeinsame Gesprächsstoff allerdings ist begrenzt auf die Interessen der Affen, und bisher waren es immer nur Affenkinder: auf Nahrung, Unterhaltung, sozialen Kontakt wie spielen, kraulen, kitzeln, hochnehmen. Es ist nicht zu erwarten, daß Menschen und Affen eines Tages Konversation machen und ihre Lebenserfahrungen austauschen können. Immerhin, wenn es irgendwann erwachsene Schimpansen und Gorillas gibt, die sich das ihnen erreichbare Maximum an Sprache zu eigen gemacht haben, wird es vielleicht möglich sein, ihnen auch Äußerungen über ihre Einstellung zu Sexualität, zu ihren Gefährten, zu Menschen, zu Tieren, zur Mutter, zu ihren Kindern, zu vielen Gegenständen, einigen Vorgängen und möglicherweise sogar zum Tod zu entlocken.

Der bisherige gemeinsame Gesprächsstoff war allerdings nicht ausschließlich auf die Wörter beschränkt, die den Affen beigebracht wurden. Den Menschen gleich, wissen sie sich zu helfen und bekannte Wörter zu neuen Begriffen zu kombinieren. Wie sich das Deutsche, als ein Begriff nötig wurde, die Eisen-Bahn oder den Kühl-Schrank erfand, so erfinden auch die Affen, richtig und phantasievoll wie ein barocker Sprachkonstrukteur. Washoe nannte den ihr neuen Schwan einen »Wasser-Vogel«, das verhaßte Radieschen eine »Weinen-weh-tun-Frucht«; Lana taufte Fanta »Cola welche-ist orange« und eine Gurke »Banane welche-ist grün«; Koko bezeichnete Tabak als »Pfeifen-Futter«, eine Maske als »Gesichts-Hut«, eine Wassermelone als »Trink-Frucht«, einen Ring als »Finger-Armband«, ein Zebra als »Weißer Tiger«.

Sie scheint aber noch mehr ausdrücken zu wollen und zu können. Zu Kokos Vokabular gehören Begriffe für Gemütszustände und gefühlsbetonte Attribute: »froh«, »traurig«, »neugierig«, »sacht«, »wütend«, »langweilig«, »dumm«; ein Fluch: »verdammt«; und ein paar Wörter, die zumindest den Anschein eines moralischen Bewußt-seins geben: »brav«, »ungezogen«, »leidtun«. Ob Koko darunter auch nur annähernd dasselbe versteht wie wir, ist selbstverständlich die Frage. Immerhin bestätigen alle Forscher, die mit Schimpansen und Gorillas zu tun haben, daß die Tiere nicht nur auf materielle Belohnungen, sondern sehr stark auch auf Lob und Tadel reagieren, daß sie Freude und Trauer mit Mitgefühl beantworten, ja, in ihrem Mitgefühl geradezu überschwenglich sind. Penny Patterson ist sicher, daß Koko genau merkt, wenn ihre Pflegemutter wütend oder traurig ist; dann packt sie, je nachdem, eine mitfühlende Wut, oder sie versucht zu trösten.

Das Gorilla-Junge Koko, etwa sechsjährig, mit Francine Patterson.

Koko lügt auch – zum Beispiel, wenn sie wieder einmal etwas zerbrochen hat und die Schuld jemand anderem zuschanzen will. Mit dem Wort »später« (offenbar ihrem Äquivalent für das spanische *mañana*) lernte sie, unangenehme Dinge zu verschieben. Koko hat Sinn für Humor: »Komisch« findet sie die Vorstellung eines roten Frosches. Koko weiß auch zu fluchen; zu ihrem Wortschatz gehören »verfault«, »stinkig«, »schmutzig«. »Vogel« und »Nuß«, in einer ganz bestimmten Weise ausgeführt, sind ebenfalls Schimpfwörter für sie. Einmal wurde sie grundlos ausgeschimpft; da nahm sie ihre ganze eigene Schimpfkraft zusammen und warf ihrer Pflegemutter ein »du schmutzig ungezogen Klo« an den Kopf.

Kokos Bewußtsein umfaßt auch Dinge, die räumlich und zeitlich entfernt sind. »Einmal hatte sie am Tag zuvor eine Kameradin gebissen«, sagt Francine Patterson. »Ich fragte sie: Was hast du gestern getan? Sie signalisierte: Falsch, falsch. Ich fragte: Was war falsch? Sie signalisierte: Beißen. Sie erinnerte sich.« Als sie einmal gefragt wurde, ob sie Mensch oder Tier sei – und ein unter Menschen aufgewachsenes Tier mit einer menschlichen Ziehmutter könnte immerhin versucht sein, sich für einen Menschen zu halten – antwortete sie prompt: »Schönes Tier Gorilla.« Es war eine selbstbewußte Antwort, in den beiden Bedeutungen des Wortes.

Das bin ich

Das *Selbstbewußtsein* ist nun allerdings ein äußerst heikles und schwieriges psychologisches und philosophisches Problem. Je nachdem, welche Ansprüche man an das Selbstbewußtsein stellt, wie weit oder eng man es definiert, kann man es den höchsten uns verwandten Tieren zusprechen oder aber sie grundsätzlich davon ausschließen.

Der Psychologe Roger Fouts an der Universität von Oklahoma, der Schimpansen und andere Menschenaffen betreut, ist davon überzeugt, daß diese Tiere Selbstbewußtsein haben. In Barbet Schroeders Film über Koko sagt er: »Unsere Experimente demonstrieren ganz klar, daß hier ein Bewußtsein von sich selbst vorhanden ist, und zwar sowohl im Raum als auch in der Zeit. Dieses Bewußtsein besitzt Kontinuität in dem Sinn: Ja, ich bin es, der diese Menge verschiedener Dinge wahrnimmt. Der deutsche Philosoph Franz Brentano definierte ursprünglich den Menschen, das Menschliche am Menschen, als absichtsvolles Tun, als Intentionalität. Er wies damit einfach darauf hin, daß wir unsere Absichten von unseren Handlungen unterscheiden können und unsere Wahrnehmungen von dem, was wir tatsächlich wahrnehmen. Wenn mir jemand sagt, ich solle ein Einhorn sehen, dann kann ich die Augen schließen und mir irgendein Tier mit einem Horn vorstellen. Aber ich weiß, daß ich ein solches Lebewesen nie wahrgenommen habe. Diese Fähigkeit macht mich zu einem Menschen. Ehe Francine Patterson ihre Arbeit mit Koko begann, haben wir niedere Menschenaffen studiert, sehr soziale Tiere mit vielen Parallelen zum menschlichen Sozialleben. Wir haben ihre Stirnen angemalt und sie in einen Spiegel schauen lassen. Die großen Menschenaffen, Gorillas, Schimpansen und auch Orang-Utans, erkennen sich selber sehr leicht und versuchen, die Farbe abzuwischen. Die Gibbons haben sich niemals selber identifiziert. Das mag ein Fehler unserer Methode gewesen sein; vielleicht haben wir es nur nicht geschafft, in dem Gibbon das zu mobilisieren, was es braucht, um sich selber zu erkennen. Aber bisher scheint dieser Unterschied zwischen den kleinen und den großen Menschenaffen zu bestehen, der natürlich einen Unterschied in der Intentionalität und dem Bewußtsein von sich selbst bedeutet.«

Das Selbstbewußtsein ist das Hauptthema in dem gemeinsamen Buch des Philosophen Karl Popper und des Gehirnforschers und Nobelpreisträgers John Eccles. Eccles beschreibt die Tätigkeit des selbstbewußten Gehirns an einer Stelle zusammenfassend so:»Der selbstbewußte Geist ist aktiv damit beschäftigt, die Menge der aktiven Zentren auf der höchsten Ebene der Gehirntätigkeit abzulesen, nämlich die Liaison-Gebiete der vorherrschenden Gehirnhälfte. Der selbstbewußte Geist trifft aus diesen Zentren gemäß der Richtung seiner Aufmerksamkeit eine Auswahl und faßt seine Auswahl von einem Augenblick zum anderen zusammen, um so den flüchtigsten Erfahrungen Einheit zu verleihen. Weiterhin wirkt der selbstbewußte Geist auf diese neuralen Zentren ein und verändert damit die dynamischen raumzeitlichen Muster der neuralen Geschehnisse. Wir behaupten also, daß der selbstbewußte Geist eine übergeordnete interpretierende und kontrollierende Rolle bei diesem neuralen Geschehen spielt.«

Ob Gorillas und Schimpansen über ein Selbstbewußtsein in Form eines solchen unablässigen und mächtigen Aufmerksamkeitsstrahls verfügen, der wie ein Scheinwerfer durch das Gehirn streift, muß nach den bisherigen Experimenten offen bleiben. Wenn man gar, wie Popper und Eccles mit den amerikanischen Biologen Peter und Jean Medawar, das Todesbewußtsein für einen unerläßlichen Teil des Selbstbewußtseins hält, wird es noch fraglicher, ob sich den großen Menschenaffen Selbstbewußtsein zusprechen läßt.»Nur Menschen«, schrieben Peter und Jean Medawar, »lassen ihr Verhalten von dem Bewußtsein dessen leiten, was geschah, bevor sie geboren wurden, und durch eine vorgreifende Vorstellung dessen, was geschehen könnte, nachdem sie gestorben sind: So finden einzig und allein die Menschen ihren Weg mit Hilfe eines Lichts, das mehr beleuchtet als den Fleck Erde, auf dem sie stehen.« Im Tierreich wurde bisher lediglich bei Elefanten eine Art Totenbestattung beobachtet: Sie bedecken die Kadaver gestorbener Artgenossen; dieses merkwürdige Phänomen muß aber nicht unbedingt damit erklärt werden, daß Elefanten ein Todesbewußtsein besitzen.

Popper und Eccles reservieren das Selbstbewußtsein ausschließlich dem Menschen. Als Evolutionisten, die sie sind, schließen sie jedoch nicht kategorisch aus, daß es bereits in dem weiteren Übergangsfeld zwischen Tier und Mensch aufgetreten sein könnte. Und eigentlich macht die Evolutionstheorie es unwahrscheinlich, daß sich so komplexe Fähigkeiten wie die des Selbstbewußtseins, der symbolischen Kommunikation, der Sprachfähigkeit, der analysierenden Intelligenz plötzlich bei einer einzigen Art eingestellt haben sollten; viel wahrscheinlicher wäre es, wenn sie sich von einfachsten Anfängen, die hinter den Menschen zurückreichen, langsam entfaltet haben, bis ihre Entwicklung bei unserer Gattung explosionsartig zunehmen konnte; daß sich also auch bei den uns verwandtesten Tieren einfache Vorformen finden.

Vermutlich ist es unevolutionistisches, an idealen Urbildern orientiertes, typologisches Denken, von »dem« Selbstbewußtsein zu sprechen wie von einer eigenen Wesenheit, die jenseits einer Grenze in der Evolution plötzlich da ist und vorher nicht da war. Biologen denken nicht typologisch. Sie suchen nicht nach der »Urpflanze«, nach »dem« Flügel hinter allen existenten Flügeln. Sie denken in Kategorien allmählichen Werdens. Sie werden also auch die Wurzeln des Selbstbewußtseins so, wie es der Tierpsychologe Hediger tut, in dem bei den Säugetieren sich langsam entfaltenden Bewußtsein vom eigenen Körper suchen: dem Bewußtsein von seiner Ausdehnung, von dem eigenen Schatten, von der individuellen Markierung (der tierlichen Entsprechung zum menschlichen Eigennamen), vom eigenen Duft, von der eigenen sozialen Stellung und schließlich vom eigenen Spiegelbild. Dieser Prozeß hat das Tier langsam instand gesetzt, den Inhalt des Satzes »das bin ich« und »das bist du« zu denken. Und in dem Maß, in dem sein Bewußtsein zunahm, nämlich seine Fähigkeit, sich geistige Modelle von seiner Umwelt zu machen, am Ende auch von der räumlich und zeitlich abwesenden Umwelt, muß auch die Fähigkeit zugenommen haben, sich in diesem Modell selber zu situieren: das Selbstbewußtsein, welches die Welt in Subjekt und Objekt scheidet, in den Wahrnehmenden und das Wahrgenommene, und damit die Grundlage aller Philosophie ist.

Das Denken vor aller Sprache

Das Lana-Projekt kommt auch Menschen mit schweren Sprachstörungen zugute, die mit der für Lana entwickelten Apparatur wenigstens eine rudimentäre symbolische, also quasi-sprachliche Ausdrucksmöglichkeit fanden. Im übrigen aber sind die Sprachexperimente an Menschenaffen zweckfrei; sie sind Grundlagenforschung, die uns Auskunft geben kann über Entstehung und Grundlagen unserer Sprachfähigkeit und Intelligenz.

So putzig oder sensationell ihre Befunde auch anmuten mögen – wer evolutionsbiologisch denkt, wird von ihnen, bei aller Hochachtung vor der hingebungsvollen Ausdauer von Forschern und Ausgeforschten, nicht völlig überrascht sein. Etwas in dieser Art war zu erwarten. Der evolutionäre Schritt von der körpersprachlich kommunizierenden Tierwelt zum sprachbegabten, symbolproduzierenden, intelligenten Menschwesen war zu groß. Es mußte Zwischenformen geben. Die Grundlagen der Sprache, schreibt Rumbaugh, seien in den Prozessen der Intelligenz zu suchen. Schimpansen verfügen über verborgene Sprachprozesse. Sie liegen in der »Fähigkeit, die Dingwelt zu ordnen und zu katalogisieren und schließlich die in der Umwelt des Individuums angetroffenen Dinge und Geschehnisse miteinander in Beziehung zu setzen und sie in symbolischer Form zu kodieren«.

Den Affen kann schlechterdings nicht die Begriffsfähigkeit selber beigebracht worden sein; damit ihnen verschiedene willkürliche symbolische Ausdrücke für einzelne Begriffe beigebracht werden konnten, mußten sie vielmehr notwendigerweise von vornherein sowohl über zumindest vage Begriffe wie über die Anlage zu ihrem symbolischen Ausdruck verfügen. Die Anlage wiederum existierte gewiß nicht, wenn sie nicht in irgendeinem Maße auch gebraucht würde. Warum diese Affen eine rudimentäre Sprachintelligenz entwickelt haben, ohne eine Sprache zu gebrauchen, ist freilich ein ebensolches Rätsel der Evolution wie die Tatsache, daß das menschliche Gehirn fast eine halbe Million Jahre lang fertig war, ehe es sich jäh zu den heutigen Kulturen aufschwang, in denen alle seine Möglichkeiten erst voll zur Geltung kommen.

Wir haben noch vor jeder Sprache in Symbolen denken gelernt. Es gibt ein *konzeptuelles, quasi-begriffliches Denken* noch vor den Begriffen. Die Sprache ist nicht das Denken selbst, sie ist vielmehr eine konventionelle Weise, das schon vor ihr vorhandene Denken zu »kartographieren«.

Der Genfer Psychologe Jean Piaget hat im einzelnen analysiert, wie ontogenetisch (individualgeschichtlich) *Intelligenz* entsteht, in welchen Etappen sie sich entwickelt. In den ersten beiden Lebensjahren des Kindes bildet sich, was Piaget die *sensomotorische Intelligenz* nennt. Sensomotorik ist die Gesamtheit der Sinneswahrnehmungen und Körperbewegungen. Handelnd, nicht denkend erwirbt sich das Kind die Gegebenheiten des Raums, der Zeit und der Kausalität. Die sensomotorische Intelligenz erfaßt Wahrnehmungen und Bewegungen immer nur einzeln und gelangt noch zu keinen Gesamtvorstellungen. »Die sensomotorische Intelligenz geht wie ein langsam abrollender Film vor, bei dem man nacheinander alle Bilder zwar sieht, aber unabhängig voneinander ...« Außerdem strebt die sensomotorische Intelligenz nur praktische Erfüllungen an, nicht aber Verständnis als solches. In der zweiten Etappe, zwischen dem dritten und vierten Lebensjahr, baut sich auf der sensomotorischen Intelligenz ein *symbolisches,* aber noch vorbegriffliches *Denken* auf. Das Kind wird fähig zu symbolischen Spielen: Es verwendet zum Beispiel Bauklötze als Symbole für Autos oder Möbelstücke, es spielt Rollen- und Fiktionsspiele. In dieser Phase beginnt der Spracherwerb; aber die Sprache bildet nicht die Symbolfähigkeit aus, sie baut vielmehr auf der nun zunehmend vorhandenen Symbolfähigkeit auf. Zwischen dem fünften und siebten Lebensjahr liegt die Etappe des *anschaulichen Denkens:* Das Denken erfaßt Änderungen zwar nur in konkreten Situationen, aber im Unterschied zur vorherigen Stufe bereits Gesamtkonfigurationen. Füllt man zwei tatsächlich und für das Kind erkennbar gleiche Mengen irgendeiner Flüssigkeit in zwei verschiedene Gläser um, ein höheres und ein flacheres, so wird das Kind auf dieser Stufe der anschaulichen Intelligenz darauf bestehen, in dem höheren Glas befinde sich mehr.

Zwischen dem siebten und elften Lebensjahr folgt, als Stufe 4, die der *konkreten Operationen.* Unter Operationen versteht Piaget verinnerlichte Handlungen; es sind logische Schlüsse, zunächst aber noch ausschließlich an konkretem Material. Erst in der fünften Stufe, vom zwölften Lebensjahr an, meistert der Heranwachsende nach und nach die *formalen* Operationen: deduktive Schlüsse, die an kein konkretes Anschauungsmaterial mehr gebunden sein müssen.

Die Versuche mit Menschenaffen deuten darauf hin, daß sie die Stufe der sensomotorischen Intelligenz sogar etwas schneller als menschliche Kinder durcheilen und darüber hinaus auch gewisse Fähigkeiten der Stufen 2 und 3, im symbolischen und anschaulichen Denken, erwerben.

Der Umwelterkenntnisapparat unseres Zentralnervensystems muß, als er noch sprachlos war, eine Art von Quasi-Begriffssystem entwickelt haben: die Fähigkeit, Dinge nicht nur wahrzunehmen, sondern zu erkennen und wiederzuerkennen, sie zu Gruppen zu klassifizieren, rudimentäre Modelle von Beziehungen und Abläufen im Raum und in der Zeit zu entwerfen, einfache, praktische logische Schlüsse zu ziehen.

Einer Hypothese zufolge hängt die Entwicklung des begrifflichen Denkens und damit der Sprache mit der Entwicklung dessen zusammen, was in der Psychologie »intermodale Wahrnehmung« heißt. Die Informationen über die Außenwelt erreichen uns über verschiedene Sinneskanäle. Wir hören einen Hund bellen. Wir sehen gleichzeitig einen Hund, der bellt. Wir riechen die Nähe eines Hundes. Wir fühlen mit dem Tastsinn einen Hund, der beim Bellen rhythmisch zuckt. Alle diese Informationen treffen auf verschiedenen Wegen und an verschiedenen Stellen in unserem Gehirn ein. Wir fügen jedoch die vier unterschiedlichen Wahrnehmungen im Kopf zusammen, indem wir Verbindungen zwischen den verschiedenen Modi der Wahrnehmung herstellen, die sich zu unserer genauen Vorstellung eines unmittelbar vor uns bellenden Hundes addieren. Eine einzige ausreichend genaue Wahrnehmung können wir uns zu der kompletten mehrmodalen Vorstellung ergänzen: Hören wir ein Bellen, können wir uns einen bellenden Hund anschaulich vorstellen. Die Annahme lautet nun, daß diese verschiedenen Wahrnehmungen leichter zur Deckung zu bringen sind, wenn wir über so etwas wie einen Begriff verfügen. Der Begriff hilft, die Reize im Gehirn zu ordnen und an einem Punkt zu fixieren. Bis etwa 1970, schreibt der Psychologe Richard K. Davenport (in Rumbaugh, 1977), war man der Ansicht, die intermodale Wahrnehmung sei eine ausschließlich menschliche Angelegenheit und abhängig von der Sprache. Experimente an Tieren haben jedoch gezeigt, daß manche, obwohl ohne Sprache, durchaus über intermodale Wahrnehmungen verfügen. Schimpansen zum Beispiel konnten Gegenstände, die sie lediglich ertastet hatten, richtig ihren sichtbaren Gegenstücken zuordnen und umgekehrt, und sie konnten es auch noch, wenn sie nicht den Gegenstand selbst, sondern eine Darstellung des Gegenstands, sogar eine stark verfremdete, zu sehen bekamen. Wenn, unter anderem, die intermodale Wahrnehmung also Voraussetzung ist für die Ausbildung des begrifflichen Denkens, dann kann es lange vor dem Menschen und damit vor jeder Sprache entstanden sein. Auch in unserer menschlichsten Fähigkeit, der abstrahierenden, symbolischen, sprachlichen Geistestätigkeit, sind wir, wie zu erwarten, dem Tierreich über ein Kontinuum von Zwischenstufen rückverbunden. Den unübertrefflichen Schlußsatz hat David Premack geschrieben, als er seinen Forschungsbericht mit dem unerwarteten, lakonischen Satz schloß: »Da der Mensch nötig ist, dem Schimpansen Sprache beizubringen und nicht umgekehrt, mögen wir weiterhin Einzigartigkeit beanspruchen.«

Von der Biologie der Geselligkeit

Die Idee hat etwas an sich, das Anhängerschaft erzeugt. Sie ist düster. Sie erscheint auf den ersten Blick wenig glaubhaft, aber ist sie einmal erfaßt, wirkt sie um so unwiderstehlicher. Sie läßt sich auf die Situationen des Alltags nur schwer anwenden, verleiht aber das überlegene Gefühl, Verborgenes zu durchschauen. Sie lautet: Wir, wie alle Lebewesen, existieren im Dienst einer chemischen Substanz.

Es ist die *Desoxyribonukleinsäure,* kurz DNS genannt. Sie besitzt die Eigentümlichkeit, sich unter günstigen Umständen selber zu vervielfältigen. Dieses Vermögen der Selbstreplikation ist die Grundlage allen Lebens. Um sich in einem weniger vorteilhaften Ambiente, als es das Meer, die »Ursuppe« des neuen Planeten Erde war, in der ihre Aufbaustoffe reichlich schwammen, weiter vervielfältigen und somit ausbreiten zu können, mußte sie die Fähigkeit entwickeln, sich konkurrierende Moleküle einzuverleiben und sich selber gegen die Gefräßigkeit der Rivalen zu schützen. Sie baute sich Festungen. Die Festungen sind wir, die Lebewesen. Es ist ihr gleich, ob sie aussehen wie ein Fettsteißschaf oder ein Schalterbeamter; Hauptsache, sie überlebt. Samuel Butlers Bonmot aus dem Jahre 1877 hätte sich als wörtlich wahr erwiesen: »Das Huhn ist nur die Methode des Eis, ein weiteres Ei hervorzubringen.«

Butlers berühmter Satz, zu finden in seinem frühdarwinistischen Buch *Life and Habit,* lautet vollständig übrigens so: »Es ist, glaube ich, des öfteren festgestellt worden, daß ein Huhn nur die Art und Weise eines Eies ist, ein weiteres Ei hervorzubringen... Warum das Federvieh für lebensvoller als das Ei gehalten werden sollte, warum es heißen soll, daß das Huhn das Ei legt und nicht das Ei das Huhn – dies sind Fragen, die die Macht philosophischer Erklärung übersteigen... Ein Huhn ist, wie jedes andere lebende Wesen, nur die Art und Weise der Urzelle, zu sich selbst zurückzukehren.«

Geradezu rhapsodisch beschreibt der Oxforder Biologe Richard Dawkins diesen Stand der Dinge in seinem brillanten, wiewohl nicht durchweg überzeugenden Buch *Das egoistische Gen:* »Jetzt schwärmen sie (die chemischen Replikatoren) in riesigen Kolonien, sicher im Innern plumper Großroboter, von der Außenwelt abgeschnitten, mit der sie auf gewundenen indirekten Wegen kommunizieren und die sie durch Fernsteuerung manipulieren. Sie sind in dir und mir; sie haben uns erschaffen, Körper und Geist; und ihre Erhaltung ist der letzte Zweck unseres Daseins. Sie haben einen langen Weg hinter sich, diese Replikatoren. Heute heißen sie Gene, und wir sind ihre Überlebensmaschinen.«

Daß die Lebewesen die Überlebensmaschinen der Gene sind, welche auch ihr Verhalten steuern oder wenigstens mitbestimmen, ist Grundüberzeugung einer jungen, brisanten, kontroversen Wissenschaft, der Soziobiologie. Im weitesten Sinn ist die *Soziobiologie* die Lehre vom *sozialen Verhalten der Tiere.* Und als solche gibt es sie natürlich schon seit über einem Jahrhundert. Soziobiologie im engeren Sinn ist jedoch etwas relativ Neues. Ihre ersten Denkmodelle gehen auf die sechziger Jahre zurück. Sie begnügt sich nicht damit, wie weitgehend die Verhaltensforschung (Ethologie) vor ihr, tierisches Verhalten zu beschreiben und zu systematisieren, auf seinen Überlebenswert hin zu befragen, seine Entwicklung im Laufe der Stammesgeschichte, seinen Erwerb im Laufe der Individualgeschichte zu erforschen. »An der Soziobiologie ist wahrhaft neu, wie sie die wichtigsten Fakten über die soziale Organisation aus ihrem traditionellen Mutterboden der Verhaltensforschung und Psychologie herausgeholt und auf einer Grundlage der Ökologie und Genetik, beide auf der Ebene der Population studiert, neu zusammengefügt hat, um zu zeigen, wie sich soziale Gruppen durch Evolution der Umwelt anpassen... Soziobiologie läßt sich definieren als die systematische Erforschung der biologischen Grundlage aller Formen sozialen Verhaltens bei allen Organismen, den Menschen eingeschlossen« (Edward O. Wilson, 1978).

Die Soziobiologie unternimmt also den Versuch, die Entwicklung tierischen Verhaltens aus der Theorie der Evolution des Lebens durch natürliche Auslese zu erklären: Wie konnte unter den Bedingungen der Evolution soziales Verhalten entstehen? Warum setzt sich unter bestimmten Bedingungen ein bestimmtes Verhalten evolutionär durch? Sie fragt nach den Gründen des Verhaltens, aber nicht nach seiner physiologischen, neurologischen Grundlage (also nicht nach dem Funktionieren von Verhalten), sondern nach dem Warum seiner Entstehung. Ihr Interesse gilt nicht den Strukturen einzelner Merkmale, sondern ihren Funktionen.

Manche Soziobiologen sind der Überzeugung, aus dem Mechanismus der natürlichen Auslese müsse sich eine große einheitliche Theorie des Verhaltens ableiten lassen – eine exakte, das heißt auch mathematisierbare umfassende Theorie, die jedwedes tierische Sozialverhalten zu erklären und vorauszusagen imstande ist. Mit den Worten des amerikanischen Soziobiologen Richard D. Alexander (1975): »... eine wahrhaft umfassende und nützliche Theorie des Verhaltens: eine evolutionsgeschichtliche, aber dabei voraussagetüchtige Theorie; eine philosophisch belangvolle, aber dabei praktische und wirksame Theorie; eine für Biologen und Sozialwissenschaftler gleich wertvolle, annehmbare und in der Tat unverzichtbare Theorie.«

Soziobiologie ist keine Doktrin

Wirklich publik wurde die Soziobiologie, auch als Schlagwort, als der Insektenforscher Edward O. Wilson, Biologe an der Harvard-Universität, 1975 in einem 700 Seiten dicken, anspruchsvollen, aber dennoch auch für Laien lesbaren, im allgemeinen vorsichtig abwägenden Kompendium mit dem Titel *Soziobiologie: Die neue Synthese* die verschiedenen soziobiologischen Ansätze zusammenfaßte.

Der Untertitel ist sicher auch eine Anspielung auf einen früheren Markstein der Biologie, Julian Huxleys *Evolution: Eine moderne Synthese*. Huxley hatte darin 1942 die von Darwin begründete Evolutionstheorie mit der von Gregor Mendel begründeten Genetik endgültig verschmolzen zu dem, was seither Neodarwinismus heißt und in den Grundzügen bis heute gilt. Die »neue Synthese«, die Wilson nunmehr für möglich hält, ist die systematische Anwendung der neodarwinistischen Evolutionstheorie auf das soziale Verhalten der Tiere.

Nicht eigentlich das jedoch hat die Aufregung ausgelöst: die Zeitungspolemiken hin und her, die Flugblätter, Demonstrationen, aufgeregten Kongresse. Sie geht erstens darauf zurück, daß manche Soziobiologen (Wilson selber übrigens nur mit Maßen, sein ehemaliger Harvard-Kollege Robert L. Trivers dagegen mit wahrer Wonne) zwischen tierischem und menschlichem Verhalten eine ganze Menge Entsprechungen glauben konstatieren zu können, also den Menschen aus der soziobiologischen Betrachtung nicht von vornherein ganz ausschließen. Der andere Grund ist, daß vor allem Wilson wenig hält

von den bisherigen Leistungen von Psychologie und Soziologie. Für ihn sind beide Wissenschaften in einem kindlichen Stadium steckengeblieben und dazu bestimmt, eines Tages endlich zu richtigen, erwachsenen, nämlich biologischen, evolutionistischen Naturwissenschaften zu werden.

Den schärfsten Angriff auf Wilson und die Soziobiologie (oder vielmehr gegen das, was die Soziobiologie über den Menschen und seine Natur impliziert) formulierte ein Brief an die *New York Review of Books,* eine Kollektivarbeit von 16 Wissenschaftlern. Er führt zwei Argumente ins Feld: Erstens, die Soziobiologie sei politisch schädlich; zweitens, sie sei unwissenschaftlich. Politisch schädlich sei sie, weil sie wie frühere deterministische Theorien »dazu neigt, eine genetische Rechtfertigung für den Status quo und für die Privilegierung gewisser Rassen-, Klassen- oder Geschlechtsgruppen zu liefern ... (Sie) festigt die gesellschaftlichen Institutionen, indem sie sie von der Verantwortung für gesellschaftliche Probleme freispricht.«

Wissenschaftlich falsch sei sie aus mehreren Gründen: Wilson nehme Gene für Verhalten an, für deren Existenz es keinen Beweis gebe. Er halte alles Existierende für adaptiv (er spreche allem Existierenden einen Anpassungswert zu), alles Adaptive für gut und

130

Edward O. Wilson (geboren 1929) beim Insektenstudium (links). Robert L. Trivers (geboren 1943) auf dem Campus der Harvard-Universität (rechts).

darum schlechthin alles Existierende für gut. Er behaupte einen Zusammenhang zwischen tierischen Verhaltensmustern und menschlichen Gesellschaften, der logisch nicht zwingend sei. Er schließe des öfteren aus spekulativen Rekonstruktionen der menschlichen Vorgeschichte. »Wir streiten nicht ab, daß das menschliche Verhalten eine genetische Komponente hat,« lautet das Resümee, »aber wir haben den Verdacht, daß sich die menschlichen biologischen Universalien eher in so allgemeinen Betätigungen wie Essen, Defäkation und Schlafen aufspüren lassen als in so spezifischen und überaus variablen Gewohnheiten wie dem Führen von Kriegen, der sexuellen Ausbeutung der Frauen und dem Gebrauch von Geld als Tauschmittel.«

Wilson erledigte in seiner Replik die wissenschaftlichen Einwände zum größeren Teil mit dem Nachweis, daß sie auf der Verkürzung von Zitaten beruhten oder auf ihrer Verdrehung ins Gegenteil. Zum Beispiel habe er keineswegs aufgrund der Befunde in manchen Insektengesellschaften die Sklaverei für natürlich ausgegeben und damit eine bestimmte menschliche mit einer bestimmten tierischen Praxis auf logisch nicht stichhaltige Weise verknüpft, sondern im Gegenteil die Analogie ausdrücklich für zu entlegen erklärt, »uns irgendeine moralische oder politische Lektion zu erteilen«. Ein

Einwand, auf den er nicht einging und der unentkräftet stehenblieb, war der, daß er spezielle Gene für alles mögliche menschliche Verhalten annehme; er scheint es wirklich zu tun. Was aber die politischen Implikationen der Soziobiologie angeht, zitierte er aus einem früheren eigenen Artikel im *New York Times Magazine:*

»Der Augenblick ist gekommen, zu betonen, daß eine gefährliche Falle in der Soziobiologie lauert, eine Falle, die sich nur durch dauernde Wachsamkeit vermeiden läßt. Die Falle ist der naturalistische Trugschluß der Ethik, der unkritisch behauptet, daß alles, was ist, auch sein sollte. Das ›Was-ist‹ in der menschlichen Natur ist in hohem Maß das Erbe des Jäger-Sammler-Lebens im Pleistozän. Wenn dafür eine genetische Wurzel aufgewiesen wird, kann sie nicht benutzt werden, die Fortsetzung dieser Praxis in heutigen oder künftigen Gesellschaften zu rechtfertigen. Da die meisten von uns in einer radikal neuen, selbsterschaffenen Umwelt leben, wäre die Fortsetzung einer solchen Praxis schlechte Biologie; und wie jede schlechte Biologie wäre sie eine Einladung zur Katastrophe. Die Neigung etwa, unter bestimmten Umständen Krieg gegen rivalisierende Gruppen zu führen, könnte durchaus in unseren Genen stecken, da sie für unsere neolithischen Ahnen von Vorteil war, aber heute könnte sie zum globalen Selbstmord führen. So viele gesunde Kinder wie möglich aufzuziehen, war lange der Weg zur Sicherheit; aber jetzt, da die Erde überquillt von Menschen, ist sie der Weg zur Umweltkatastrophe. Unsere primitiven alten Gene werden darum in der Zukunft die Bürde noch vieler kultureller Veränderungen zu tragen haben ... Genetische Prädispositionen können überschritten, Leidenschaften abgelenkt oder auf andere Ziele gerichtet werden, die Ethik läßt sich revidieren; und die geniale menschliche Begabung, Verträge zu schließen, kann weiterhin eingesetzt werden, um glücklichere und freiere Gesellschaften zu erwirken. Doch ist der Geist nicht unbegrenzt formbar. Die Humansoziobiologie sollte fortgesetzt, ihre Erkenntnisse sollten als das beste Mittel genommen werden, das wir haben, die evolutionäre Geschichte des Geistes zurückzuverfolgen. Auf dem schwierigen Weg vor uns, bei dem wir uns letztlich von unseren tiefsten und im Augenblick noch am wenigsten verstandenen Gefühlen leiten lassen müssen, können wir es uns wahrhaftig nicht leisten, diese Geschichte zu ignorieren.«

Gegen den Usurpierungsversuch haben sich besonders einige Anthropologen aufgelehnt. Einer von ihnen, Marshall Sahlins, Kulturanthropologe an der Universität Chicago, vertritt in einem gegen die Soziobiologie gerichteten Buch die folgende nicht leicht von der Hand zu weisende Grundthese: Die Gesetze von Physik und Chemie reichen nicht aus, die Gesetze des Lebens zu erklären, obwohl das Leben selbstverständlich auf den Gesetzen von Physik und Chemie beruht und nicht gegen sie verstoßen kann; es stellt jedoch eine neue, über sie hinausgehende Ordnung dar. Eine ebensolche neue, höhere Ordnung ist die der menschlichen Kultur.

Kultur im Sinne der Anthropologie und der Biologie ist das Netz der einer Gesellschaft gemeinsamen, nicht-genetisch weitergereichten, Symbole, Techniken, Riten, Wertsetzungen und Normen. Diese der Vererbung enthobene Kultur ist das bleibende Arbeitsfeld der Anthropologen, Psychologen, Soziologen. Auch sie kann nicht gegen die biologischen Gesetze verstoßen, aber diese reichen nicht hin, sie vollständig zu erklären.»Zwischen die Grundtriebe, die man der menschlichen Natur zuschreiben kann, und den sozialen Strukturen der menschlichen Kultur kommt eine ausschlaggebende Unbestimmtheit ins Spiel... Kultur ist diese Freiheit der menschlichen Ordnung von emotionaler oder motivmäßiger Notwendigkeit.«

Kaum noch ein Wissenschaftler (auch Sahlins tut es nicht) würde jedoch heute behaupten wollen, diese Freiheit sei, bei aller Unbestimmtheit, absolut: Wir sind frei, aber nicht zu allem und jedem. Die kommenden, weniger auf polemischen Effekt als auf Erkenntnis zielenden Forschungen werden darum auch nur noch um die Frage gehen, wie groß genau diese menschliche Freiheit ist.

Inwieweit sich der Mensch betroffen fühlen muß, ist für die Soziobiologie eine Nebenfrage. Die Soziobiologie ist nicht eine bestimmte einzelne Theorie, die als solche widerlegt oder bestätigt werden könnte. Sie ist eine Forschungsrichtung, eine Disziplin, ein Teilgebiet der Biologie. Die Soziobiologie betreibt das Studium sozialen Verhaltens in der Tierwelt. Sie untersucht, auf welche Weise Tiere zusammenarbeiten – das ist die Definition sozialen Verhaltens: die Kooperation von zwei oder mehr Tieren – und warum es unter gegebenen ökologischen Umständen eine evolutionär sinnvolle Strategie darstellt, zusammenzuarbeiten, also dieses oder jenes soziale Verhalten an den Tag zu legen, obwohl doch der Kampf ums Dasein, neutraler ausgedrückt: der Wettbewerb um die Erhaltung und Mehrung der eigenen Erbmasse, das Grundgesetz der Natur bildet. Darum ist es auch unmöglich, »für« oder »gegen« die Soziobiologie zu sein; wie es unmöglich wäre, für oder gegen die Klimakunde zu sein. Gegner der Soziobiologie sind denn auch höchstens versehentlich Gegner der Disziplin an sich; sie verwerfen, wenn man genauer hinsieht, nur einige der Folgerungen, die aus soziobiologischen Denkansätzen gezogen worden sind. Sie stören sich daran, daß einige Soziobiologen menschliches Verhalten zu einem Teil für genetisch programmiert halten.

Jahrzehntelang sind die Verhaltensforscher in die Wildnisse der Erde ausgeschwärmt und haben Verhaltensinventare einzelner Tierarten abgeliefert, »Ethogramme« oder »Biogramme« genannt. Und dann haben sich Soziobiologen in den letzten Jahren vor allem mit Hilfe der Spieltheorie ans Rechnen gemacht und am Computer eine Reihe von Denkmodellen entwickelt, die das Zustandekommen verschiedener Arten sozialen Verhaltens erklären, ja voraussagen. Die treibende Grundfrage ist dabei gewesen: *Wie kommt altruistisches Verhalten zustande?* Darwins Welt der natürlichen Auslese ist eine Welt des Wettbewerbs: Das Lebewesen, dem es gelingt, mehr fortpflanzungstüchtige Nachkommen in die Welt zu setzen, trägt den evolutionären Gewinn davon. Seine Gene breiten sich stärker aus als die des weniger »tüchtigen«, »tauglichen«, »geeigneten« Rivalen (alles mögliche Übersetzungen für *the fittest*). Das ist der *struggle for existence,* der »Kampf ums Dasein«, bei dem es um Überleben und Fortpflanzung geht, um die Erhaltung der zweckmäßigsten Erbmassen *(survival of the fittest)* zu sichern. Der einzige Maßstab der Tüchtigkeit oder Eignung im evolutionären Sinn ist der Fortpflanzungserfolg. Und *Altruismus,* wie die Biologie ihn versteht, ist ja gerade die Erhöhung der Eignung eines Rivalen auf Kosten der eigenen Eignung.

Bei oberflächlicher Betrachtung sollte man tatsächlich einen Kampf aller gegen alle erwarten, ein immerwährendes Gemetzel, in dem ein Tier die eigene Eignung auf Kosten des anderen zu erhöhen versucht. Tatsächlich aber geht es in der Natur nicht so zu. Lebewesen verschonen einander auch, sie helfen einander sogar. Sie benehmen sich nicht immer auf die direkteste Weise eigennützig. Sie bringen verschiedene Formen der Geselligkeit, der Kooperation, des Altruismus hervor. Wie aber kann das unter den Bedingungen der genetischen Konkurrenz sein?

Die Biene, die einen vermeintlichen Feind sticht, opfert ihr Leben für ihr Volk; mit dem Stachel bleiben meistens Eingeweide in dem Gestochenen hängen, deshalb wird die Biene nach dem Stich sterben. Die Ameise, die ein Feuer auszudrücken hilft, gibt ihr Leben für ihren Staat. Die Thomsongazelle und der größere Springbock in den Savannen Afrikas vollführen hohe Luftsprünge, wenn sie merken, daß sich ein Raubtier nähert; sie veranlassen damit die Herde zur Flucht, machen aber den Freßfeind besonders auf sich aufmerksam und bringen sich damit in erhöhte Gefahr. Die kleinen pelzigen Lemminge verhalten sich auf eine augenscheinlich so wenig eigennützige Weise, daß sie die Phantasie der Menschen schon lange beschäftigt haben: Sie ziehen zuweilen in einem langen Zug fort aus dem Zentrum einer Bevölkerungsexplosion ins Meer und in den Tod. Wie kann die Selektion derlei auf den ersten Blick doch für das Individuum und seinen Fortpflanzungserfolg nachteiliges Verhalten hervorbringen?

Die Molekülfiguren namens Gene

Um besser zu begreifen, wovon die Soziobiologie handelt, macht man sich praktischerweise noch einmal in kurzen Zügen klar, was sich in den Genen abspielt.

Der Prozeß der Evolution beruht bekanntermaßen auf zwei Vorgängen: einem schöpferischen, in dem durch zufällige Mutationen von Genen und ihre teilweise zufälligen Rekombinationen bei der geschlechtlichen Fortpflanzung neue Lebensformen hervorgebracht werden; und einem Vorgang der Elimination, in dem alle jene Mutanten wieder verschwinden, die unter bestimmten Umweltbedingungen nicht mindestens ebenso lebens- und fortpflanzungstüchtig sind wie die unveränderten Attribute. Dies ist die Auslese, die natürliche Selektion. Die Mutation bringt wahllos Neues hervor, die Selektion drängt es in die Richtung des Möglichen. Alles zusammen, also der Mechanismus aus Mutation, Rekombination und Selektion sowie dazu die Isolation einzelner Populationen, die damit ihren eigenen Evolutionsweg nehmen können, erklärt, wie es zu der Vielfalt der Lebensformen gekommen ist. Es gibt keine andere Erklärung; es gibt vor allem keine Vererbung erworbener Eigenschaften.

Eine Gruppe von Organismen, die sich regelmäßig miteinander fortpflanzen, heißt in der Biologie Population, Fortpflanzungsgemeinschaft. Durch Mutationen kommen in der Population mit der Zeit Varianten zu den Botschaften der einzelnen Gene auf: Die Gene liegen nunmehr in der Form zahlreicher über die ganze Population verteilter Allele vor, die bei der Fortpflanzung ständig neue Verbindungen miteinander eingehen und durch diese immer neuen Kombinationen auch immer wieder andere Individuen hervorbringen. Eine Population stellt einen bestimmten Vorrat an Allelen dar

– einen »Gen-Pool«, ein »Gen-Reservoir«. Es kann sich für die Population als nützlich erweisen, wenn dieser Vorrat reichhaltig ist.

Steht sie nämlich vor veränderten Umweltbedingungen, so besitzt ein Gen-Pool, der sich den Luxus vieler Allele leisten konnte, in seinem Bestand mit größerer Wahrscheinlichkeit auch solche, die dieser neuen Herausforderung gewachsen sind.

Im allgemeinen Sprachgebrauch ist *Evolution* die langsame Entwicklung und Auffächerung der Lebensformen. Genetisch ist Evolution jede Veränderung in der Häufigkeitsverteilung von Allelen in einer bestimmten Fortpflanzungsgemeinschaft. Ein »Allel« ist die durch Mutationen hervorgebrachte Alternative zu einem bestimmten Gen. Der evolutionäre Wettbewerb spielt sich an der Basis zwischen den verschiedenen Allelen eines Gens ab. Da Gene aber nicht einzeln vorkommen, sondern nur in Verbänden, die ein Individuum ergeben, stellen sich die Gene nur in Form von Individuen dem Test des Lebens. Ein einziges tödliches Gen annulliert ein ganzes individuelles Gen-Kollektiv.

Evolution kann sich rein zufällig ergeben, wenn eine Mutation weder Vor- noch Nachteile mit sich bringt, also selektionsneutral ist. Diese zufällige genetische Veränderung, bei der auch Allele verschwinden, die genetische Vielfalt einer Population also verringert werden kann, heißt »genetische Drift«. Manche Mutanten aber verschaffen den Lebewesen, in deren Gen-Bestand sie sich befinden, Vorteile über ihre Rivalen: Dann ist die Wahrscheinlichkeit bei ihnen größer, daß sie (wiederum fortpflanzungstüchtige) Nachkommen hinterlassen. So belohnt die Evolution die gelungenere Anpassung, die zweckmäßigere Einstellung auf die Gegebenheiten einer Umwelt. Es gibt keine grundsätzlich und ein für allemal gute Anpassung; jede gilt nur, solange die Umweltbedingungen gleichbleiben – dem Eisbären wäre sein Fell in der Wüste nur hinderlich.

Das Gen ist die Grundeinheit der Vererbung. Es ist, genauer gesagt, der kleinste in sich sinnvolle Abschnitt jener Anweisungen, die den Bau und Betrieb lebender Zellen steuern. Materiell ist ein Gen ein Stück aus einem Riesenmolekül der *Desoxyribonukleinsäure* (DNS). Das Molekül hat die Form eines doppelt um sich selbst gewundenen

Schematische Darstellung der sogenannten Doppelhelix des DNS-Moleküls in der Phase der Replikation: In der Mitte trennt sich der Strang; unten haben sich durch Anlagerung freier Nukleinsäurebasen (A = Adenin, C = Cytosin, G = Guanin, T = Thymin) an die beiden Halbstränge bereits zwei neue Stränge gebildet (nach James D. Watson).

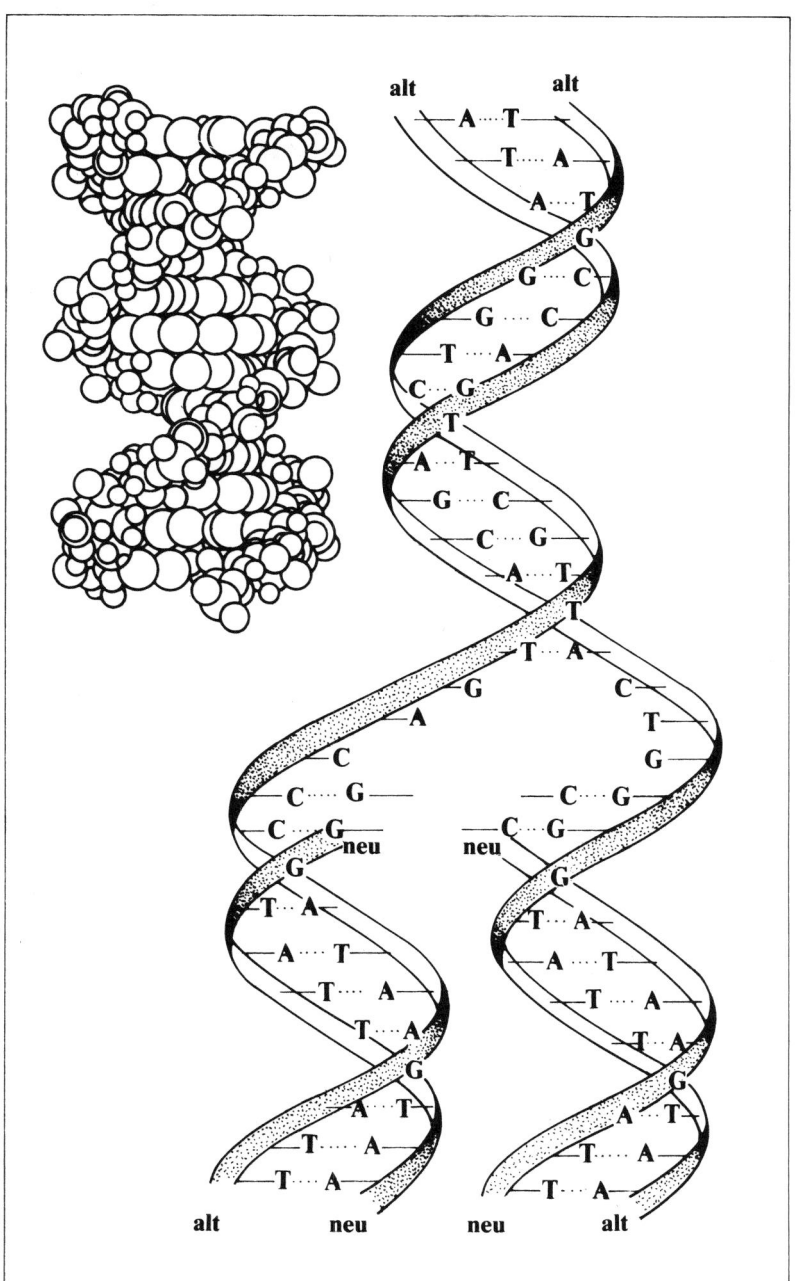

Strangs, einer sogenannten »Doppelhelix«. Auf diesem Doppelstrang sind sprossenartig vier chemische Verbindungen, organische Basen, in wechselnder Folge aufgereiht. Jede bestimmte Folge hat eine Bedeutung. Die vier Verbindungen lassen sich mit den Buchstaben eines nur vier Zeichen enthaltenden Codealphabets vergleichen, die in unbegrenzt vielen verschiedenen Kombinationen und Reihenfolgen auftreten und damit unbegrenzt viele Botschaften bilden können. Durch ihre Kombination und Reihenfolge teilen sie der Zelle, in der sie sich befinden, mit, welche chemischen Reaktionen sie zu vollziehen hat. Der ganze DNS-Strang kann der Länge nach aufreißen, einem Reißverschluß ähnlich. Da die vier Nukleinsäuren jeweils paarweise aneinanderlagern, bleibt jeder Hälfte des Stranges die charakteristische Reihenfolge erhalten, nur auf der einen Seite gleichsam als Negativ; »spiegelsymmetrisch« ist das richtige Wort dafür. Wenn A und B ein Paar bilden und C und D, dann kämen bei einem geschlossenen Strang die Paare AB, BA, CD und DC vor. Angenommen, sie treten irgendwo auf dem Strang in der Folge CD, BA, DC, AB, BA auf, und dieser Abschnitt bedeutet die Anweisung, ein bestimmtes Eiweiß zu erzeugen. Jetzt reißt der Strang auf, und die Paare trennen sich. Dann verbleibt auf der einen Seite des Reißverschlusses die Folge C-B-D-A-B, auf der anderen D-A-C-B-A. Soweit freie Moleküle A, B, C und D in der Nähe vorhanden sind, lagern sie sich auf jeder Seite des aufgerissenen Stranges an, und zwar wiederum in den beiden charakteristischen Paarungen: An C lagert sich ein D, an D ein C, an B ein A, an A ein B. So entstehen aus einem Strang zwei Stränge mit der nämlichen Reihenfolge. Der ursprüngliche Strang hat sich verdoppelt. Er hat sich selber repliziert. Diese Eigenschaft des DNS-Moleküls, sich mit Hilfe von freien Nukleinsäuremolekülen selber zu kopieren, bildet die Grundlage des Lebens. Wenn sich eine Zelle teilt, repliziert sich ihr DNS-Strang, so daß nunmehr beide ein gleichlautendes Exemplar der Bau- und Betriebsanweisung erhalten.

Jede Zelle enthält somit die *Bau- und Betriebsanleitung* für den gesamten Organismus, dessen Teil sie bildet. Aber bei vielzelligen Lebewesen betrifft nur ein Abschnitt dieser Gesamtanweisung die einzelne Zelle; der Rest wird durch die chemische Umgebung ausgeschaltet. Die zutreffenden, also die chemisch aktiven, Passagen enthalten zum einen Strukturanweisungen: Sie veranlassen die betreffende Zelle dazu, bestimmte Eiweißverbindungen hervorzubringen. Es sind dies die sogenannten »Strukturgene«. Ihre Tätigkeit

wird von einer anderen Gruppe von Genen gesteuert, den sogenannten »Operatorgenen«; und denen wiederum sind »Regulatorgene«
übergeordnet.

Den Genen, die die chemischen Synthesen veranlas-
sen und damit die Körperzellen aufbauen, sind somit zwei Kontroll-
systeme beigegeben, die bestimmen, welche von ihnen unter welchen
chemischen Umständen aktiv zu sein haben.

Schon aus diesem Grund ist die Vorstellung falsch, jedem Gen
entspreche irgendein Merkmal im Organismus, und jedes Merkmal
ließe sich auf ein einziges Gen zurückführen. Jedes Merkmal geht auf
die Zusammenarbeit der dafür zuständigen Instanzen in den drei
Systemen von Genen zurück. Die Vorstellung stimmt noch aus einem
anderen Grund nicht: Es gibt einzelne Gene, die für mehrere ganz
verschiedene Merkmale zuständig sind (»Pleiotropie«), und auf der
anderen Seite gibt es einzelne Merkmale, die auf die Zusammenwirkung mehrerer verschiedener Gene zurückgehen (»Polygenie«).
Wenn man sich dies vor Augen hält, wird man schwerlich in den
Fehler verfallen, hinter jedem Merkmal ein einzelnes verantwortli-
ches Gen zu suchen. Es ist, um es kraß zu sagen, also nicht zu
erwarten, daß eines Tages »das« Gen für Körpergröße oder gar für
noch komplexere Merkmale wie »Aggressivität« oder »Intelligenz«
entdeckt wird.

In jeder Zelle des Organismus befindet sich, wie gesagt, der
gesamte Bau- und Betriebsplan. Bei den Organismen, die sich nicht
durch Teilung, sondern geschlechtlich fortpflanzen, findet er sich
doppelt: von jedem Elternteil ein Gen-Satz. Die DNS-Stränge lagern
in winzigen, aber im Mikroskop sichtbaren Trägerkörperchen,
»Chromosomen« genannt. Jede Art besitzt eine ganz bestimmte
charakteristische Zahl von Chromosomen – beim Menschen sind es
46. Bei fast allen Lebewesen, die sich geschlechtlich fortpflanzen,
steuert jedes Elternteil die Hälfte der Chromosomen bei. Im Kern
jeder menschlichen Körperzelle beispielsweise befinden sich 23
Chromosomen von der Mutter und 23 Chromosomen vom Vater, alle
ihr ganzes Leben über getrennt. Einzig die Geschlechtszellen
(»Gameten«), also die weiblichen Eizellen und die männlichen
Spermatozoen, machen eine Ausnahme. Sie besitzen nur einen
einfachen Chromosomen- und damit Gen-Satz (ein »Genom«, sagt
die Fachsprache); um ihn zu erzeugen, nehmen Zellen mit dem
normalen doppelten Chromosomen- oder Gen-Satz eine Teilung vor,
bei der auf jede der beiden neu entstehenden Keimzellen nur eine
Hälfte der Chromosomen und somit Gene, ein Genom also, entfällt.

Was bei diesem Vorgang vonstatten geht, der aus Zellen mit dem üblichen doppelten Genom solche mit einem einfachen Genom macht, ist entscheidend für das richtige Verständnis der Vererbung. Jede Körperzelle besitzt ein doppeltes Genom, sie ist, um das Fachwort zu gebrauchen, »diploid«. Der Gen-Satz ist verteilt auf die Chromosomen, von denen die eine Hälfte väterlicher, die andere mütterlicher Herkunft ist. Wenn sich solch eine diploide Zelle teilt, um zwei Keimzellen mit je einem einfachen Genom zu bilden – der Vorgang heißt »Meiosis«; die Zelle, die nur mit einem einfachen Gen-Satz ausgestattet ist, heißt »haploid« –, wandern nicht etwa die mütterlichen Chromosomen alle in die eine, die väterlichen alle in die andere Keimzelle. Vielmehr ereignet sich etwas anderes. Die DNS-Fäden auf den Chromosomen zerteilen sich in viele kleine Stücke, die nicht unbedingt mit ihren kleinsten Einheiten, den Genen, identisch sein müssen, sondern auch ganze Komplexe von Genen umfassen oder sogar einzelne Gene zerreißen können. Aus diesen Einzelteilen stellen sich zwei neue Genome zusammen. In jedem befinden sich Abschnitte aus den DNS-Fäden der Mutter und solche aus denen des Vaters; und jedem väterlichen Abschnitt in dem einen Genom entspricht ein mütterlicher in dem anderen. Dieser Vorgang, bei dem die DNS-Stränge sich neu montieren, ist das *Crossing-over*. Es bewirkt, daß die neu entstehenden Geschlechtszellen genetisch sämtlich ungleich sind: Jede enthält einen anderen Anteil von väterlichen und mütterlichen Genen.

Bei der Befruchtung verschmelzen zwei haploide Keimzellen zur »Zygote«: Eine neue diploide Zelle mit dem doppelten Gen- und Chromosomensatz ist entstanden. Aus der Zygote wächst der neue Organismus heran. Er tut es wiederum durch Teilung, aber durch erbgleiche Teilung, »Mitosis«: Bei jeder Teilung wird der doppelte Gen- und Chromosomensatz weitergegeben, jede Zelle also bringt eine genetisch identische Kopie ihrer selbst hervor, und bei jeder dieser Kopien sind die mütterlichen und väterlichen Chromosomen und Gene säuberlich getrennt – bis durch Meiosis wiederum Keimzellen gebildet werden, in denen die beiden Gen-Sätze sich neu mischen und in dieser neuen Zusammenstellung den Weg in die folgende Generation suchen.

Die beiden Gen-Sätze der diploiden Körperzelle entsprechen sich sozusagen thematisch vollkommen, inhaltlich aber nicht ganz. Jedem einzelnen Gen des einen Genoms steht an der gleichen Stelle (dem gleichen »Locus« in der Fachsprache) ein Gen des anderen Genoms gegenüber, das eine Botschaft zum gleichen Thema enthält. Aber es ist nicht unbedingt die gleiche Botschaft. Zum Beispiel mag sich ein

Gen (oder ein Gen-Komplex) mit dem Thema Haarfarbe befassen; dann stünden sich vielleicht, an dem nämlichen Locus des Genoms, zwei Botschaften zum Thema Haarfarbe gegenüber. Sie mögen sich decken, also etwa beide »schwarz« lauten. Sie mögen aber auch voneinander abweichen; das eine sagt etwa »schwarz«, das andere »blond«. Was fängt der sich aufbauende Körper mit derlei widerstreitenden Instruktionen an? Er richtet sich entweder nur nach einer Anweisung, oder er muß einen Kompromiß zwischen beiden finden. Nach einem Gen allein richtet er sich, wenn es »dominant« ist, das heißt, wenn es die Eigenschaft hat, sich durchzusetzen. Ein Gen, das diese Eigenschaft nicht besitzt und sich vielmehr unterordnet, heißt »rezessiv«.

Tritt ein bestimmtes Gen in der dominanten Form A auf und stößt es in dieser Form auf sein rezessives Pendant a, so setzt sich A mit seinen Anweisungen durch; a bleibt folgenlos. Was bei den Kombinationen Aa und aA gilt, ist klar: A. Ein Beispiel: Ist a etwa ein rezessives Gen für eine bestimmte Krankheit, so tritt diese solange nicht in Erscheinung, solange am gleichen Locus auf dem anderen Genom ein dominantes »Allel« (ein alternatives Gen) steht, welches die Anweisungen für die betreffende Krankheit nicht enthält und das rezessive Gen in seiner Wirkung zudeckt. Stößt jedoch a einmal nicht auf A, sondern auf a, so wird die Krankheit nicht mehr unterdrückt. Erbkrankheiten können so für Generationen verborgen bleiben.

Bei allen diploiden Lebewesen liegt also gleichsam die gleiche Anweisung in zwei verschiedenen Fassungen vor. Abschnittweise gelten bald die Vorschriften der einen, bald die Vorschriften der anderen Anweisung. In anderen Abschnitten gelten beide Vorschriften gleichermaßen. Die Erbausstattung ist mit einer Art Archiv vergleichbar, in dem auf kleinstem Raum doppelt festgehalten ist, welche chemischen Prozesse nötig sind, um ihre spezielle Überlebensmaschine zu konstruieren, und was alle ihre Teile können müssen, um ihre Reproduktion möglichst wahrscheinlich zu machen.

In der biologischen Literatur ist viel von dem »Eigennutz« der Gene die Rede. Das ist bildlich gemeint, und mir scheint es darum einigermaßen irreführend. Die Gene selber sind nicht eigennützig und auch nicht uneigennützig. Es sind chemische Verbindungen, die unter bestimmten Bedingungen Reaktionen vollziehen. Ihr Egoismus ist nicht größer als der des Sauerstoffs, der sich mit Kohlenstoff zu Kohlendioxid verbindet und dabei einen Ofen heizt. Sie haben keine Voraussicht und wollen gar nichts. Es ist auch nicht so, daß sie ausschließlich unumwunden egoistische Attribute hervorbringen.

»Das Aufregende an der Evolutionstheorie ist ja gerade, daß sie eine einheitliche Erklärung für Kooperation und Konkurrenz anbietet«, schreiben Wolfgang Wickler, Direktor am Max-Planck-Institut für Verhaltensphysiologie in Seewiesen, und seine Mitarbeiterin Uta Seibt in ihrem Buch *Das Prinzip Eigennutz*. Nur kann in der Natur kein Gen Bestand haben, welches seinen Trägern mehr schadet als nützt, welches also dafür sorgt, daß Rivalen, die dieses Gen nicht besitzen, sich stärker vermehren können als sie selber. Was wäre demnach das Geheimnis von Altruismus und Kooperation? Daß sie eine indirektere, raffiniertere Form des genetischen Egoismus sind.

In einer Population taucht durch Mutation ein neues Allel auf. Sein Besitzer legt ein etwas anderes Verhalten an den Tag, als es bislang die Regel war. (Man nimmt an, daß Verhaltensänderungen meist anatomischen Veränderungen vorausgehen und damit die Schrittmacher der Evolution sind.) Bewährt sich das neue Allel, indem sich das in ihm codierte Verhalten bewährt, verschafft es also dem mit ihm behafteten Organismus irgendeinen Überlebens- und Fortpflanzungsvorteil, so wird es sich in der nächsten Generation etwas öfter präsentieren. Und von Generation zu Generation breitet es sich weiter aus. Es verdrängt die alten Allele, und das um so schneller, je größer die mit ihm verbundenen Eignungsvorteile sind. Betrachtet man diesen Verdrängungswettbewerb im nachhinein, so sieht es aus, als ob es das Bestreben der Gene sei, sich selber zu maximieren, und als verfolge die Natur Ziele. Sie tut es nicht. Der Lebensstrom drängt sich ziellos durch die Welt, besetzt alle Nischen, in denen er ein Auskommen findet, und wird dabei in seine Einzelformen gepreßt.

»Die Evolution«, schreibt der englische Gehirnforscher John C. Eccles, »stellt man sich am einfachsten als eine wunderbare biologische Prozedur vor, um diejenige genetische Codierung hervorzubringen, die den Bedingungen der ökologischen Nische, in der wir uns zufällig befinden, am gemäßesten ist.«

Der Wettbewerb unter Ungleichen

Wie nun kann unter diesen Umständen soziales Verhalten entstehen? Es sollen hier einige Denkmodelle an einer erfundenen Tierart umrissen werden. Zoologen wird sie nicht gefallen, aber sie macht die Sache vielleicht etwas anschaulicher und unterhaltsamer; daß es sich um ernsthafte Theorien handelt, wird durch diese Art der Bebilderung hoffentlich nicht verdeckt.

Nehmen wir also an, es gäbe am Ende der Welt eine auf keiner Karte verzeichnete Insel, eine Art King-Kong-Eiland, wie Hollywood sie mehrfach erträumt hat, und dort lebte in dem fruchtbaren Krater eines erloschenen Vulkans die weder Brehm noch Grzimek geläufige fiktive Art *Nasobem morgensterni*, auffällig durch ihren Reichtum an Nasen, auf denen die Nasobeme obendrein auch noch daherschreiten.

Sie leben in *Gruppen* zusammen. Und sofort erhebt sich die Frage: Warum eigentlich tun sie das? Warum ist nicht jedes Nasobem darauf programmiert, einzeln und auf eigene Faust seine Reproduktionschancen wahrzunehmen und möglichst auf Kosten der anderen zu erhöhen, auf daß sich seine Gene ausbreiten?

Daß sie sich sexuell fortpflanzen, zur Paarung also zusammentreffen müssen, erklärt noch nicht, daß sie sozial leben. Viele Tiere, wie der Leopard, treffen sich zur Paarung, dann setzen sie ihr einzelgängerisches Leben fort. Nur wenige Gründe kommen in Betracht. Es könnte sein, daß die Nasobeme zusammenleben, weil es nur an dieser Stelle das ihnen bekömmliche Futter gibt; dann lebten sie zwar beieinander, aber sie suchten nicht die Nähe der anderen; eine Tiersozietät wäre diese bloß räumliche Anhäufung von Nasobemen nicht zu nennen. Des weiteren könnte es auch sein, daß sie einen Freßfeind haben, dem sie einzeln nicht gewachsen sind, den sie jedoch gemeinsam in die Flucht schlagen können – dann wird sich jenes Gen durchsetzen, das der für jedes einzelne Nasobem vorteilhaften Geselligkeit förderlich ist, einfach weil alle Gene für Einzelgängertum vom Feind aufgefressen werden. Viele Tierverbände, Schwärme von Fischen oder Vögeln, auch die Herden der Steppentiere, sind in erster Linie solche *Verteidigungsgemeinschaften*. Es könnte ferner sein, daß sie selber mehr Beute machen, wenn sie sich zusammentun, so wie die in Rudeln jagenden Wölfe oder Wildhunde; die gemeinsame Jagd verschafft jedem einzelnen Tier mehr Fleisch, als es sich selber erjagen könnte.

Unsere Nasobeme sollen ein friedlicher Schlag sein. Sie fressen Früchte, deren köstlichste hoch oben auf Bäumen wachsen. Mit ihren Nasen können sie nicht klettern. Um an das Obst zu kommen, blieb ihnen nur eine Methode übrig: Sie mußten im Laufe ihrer Stammesgeschichte lernen, sich wie die Bremer Stadtmusikanten übereinanderzustellen. Wer nicht mitmacht, bekommt keine Nahrung, verkümmert und hat also auch keinen Fortpflanzungserfolg; ein durch zufällige Mutation etwa entstehendes Gen zum Nichtkooperieren fällt der natürlichen Auslese zum Opfer.

Diese Nasobem-Pyramide aber stellt ihre Geselligkeit notwendig auf die Probe. Die Nasobeme an ihrer Spitze haben es am besten: Sie müssen am wenigsten auf ihren Rücken tragen und kommen am ehesten zu ihrem Obst; je weiter unten ein Nasobem plaziert ist, um so schwerer ist seine Last und um so spärlicher und später gelangt die Nahrung zu ihm. Es gibt also, wie überall, wo die Ressourcen nicht unbegrenzt und nicht mühelos erreichbar sind, also kurz in der ganzen realen Welt, die kein Schlaraffenland ist, einen *Wettbewerb* unter den Nasobemen. Dieser Wettbewerb findet nicht unter völlig Gleichen statt, einfach weil die sexuelle Fortpflanzung keine völlig gleichen Wesen hervorbringt. Sie könnten den Wettbewerb in Kämpfen auf Tod und Leben austragen. Es wäre ein evolutionär kostspieliges Verfahren, welches die Population dermaßen dezimierte, daß am Ende gar keine Pyramide mehr zustande käme und auch noch die siegreichen Überlebenden im Angesicht der zu hoch hängenden Früchte verhungerten. Vorteilhafter ist es, wenn sie eine von allen anerkannte Reihen- und Rangfolge untereinander ausmachen. Ihre Auseinandersetzungen sind sportliche Turniere, *Kommentkämpfe.* Die Nasobeme schieben sich nur, und wer endlich den Nachbarn zur Seite drängt, hat gewonnen und kommt in der Pyramide über ihn zu stehen. Wenn, wie bei der Hackordnung der Hühner, das Tier A das Tier B besiegen kann, das Tier B das Tier C, das Tier C aber möglicherweise das Tier A, so kompliziert das die Verhältnisse natürlich und verdirbt die Pyramide; nehmen wir an, die Kraftunterschiede sind bei den Nasobemen so groß, daß dergleichen nicht vorkommt. Das Ergebnis ihrer Auseinandersetzungen ist also eine hierarchische Ordnung – jeden Tag, wenn sie sich zu ihrer Pyramide aufstellen, ist sie unmittelbar zu besichtigen. Diese Hierarchie ist ein *Dominanzmuster:* Oben kommt das Tier zu stehen, das alle anderen besiegt hat, das Alpha-Nasobem; unter ihm stehen die beiden Beta-Nasobeme, und so fort bis zu den Omegas ganz unten.

So also schieben sie sich sportlich, stellen sich zu ihrer Pyramide auf, fressen Obst, gehen spazieren und schlafen, und da sie sich an den Ausgang ihrer Rempeleien nicht erinnern können, müssen sie sie vor jedem Fressen wiederholen. Es ist ein friedliches Schauspiel.

Die Molekularchemie ihrer Gene weiß nichts davon, daß die Verhältnisse solchermaßen befriedigend geregelt sind. Sie macht Fehler nach dem Zufallsprinzip, und irgendwann taucht ein Allel auf, das das mit ihm ausgestattete Nasobem veranlaßt, nicht zu schieben, sondern zuzubeißen, der Anschaulichkeit halber gleich mit einem tückischen Biß, der den gebissenen Populationskameraden unfruchtbar macht.

Da Nasobeme sich nicht erinnern, nichts lernen und sich nicht auf neue Situationen einstellen können, da ihr Verhalten also nur auf dem Erbweg geändert werden kann, ist es jetzt, sollte man meinen, mit dem sanften Leben vorbei: Es vermehren sich nunmehr die Gene des Beißers und breiten sich aus, bis die ganze Population aus Beißern besteht.

Sind die »Kommentkämpfer« tatsächlich verloren, wenn in ihrer Population durch Mutation oder Zuwanderung ein »Beschädigungskämpfer« auftritt? Wie Maynard Smith, Dawkins und Wickler vorgerechnet haben, sind sie es nicht. Zunächst breiten sich allerdings die Beißer aus – das heißt, solange sie nur auf Schieber stoßen. Aber in dem Maß, in dem sie auf andere Beißer stoßen, die eben nicht nur schieben, sondern die ihren Sterilisationsbiß anbringen, wird es offenbar immer riskanter, Beißer zu sein.

Man kann den Fall spieltheoretisch durchrechnen, indem man den einzelnen Akten Punktwerte beimißt. Sie sind willkürlich, aber nicht beliebig. Dawkins gibt folgendes vereinfachtes Beispiel für eine Population von »Falken« und »Tauben«. Hier sollen es die Zarten sein, die Schieber, und die Harten, die Beißer. Kämpfen Zarte gegeneinander, bekommt der Sieger 50 Pluspunkte. Beiden Kämpfern werden 10 Punkte abgezogen, da sie bei ihrem Gerempel Energie und Zeit verausgabt haben. Der Sieger geht also mit 40 Pluspunkten, der Verlierer mit 10 Minuspunkten aus dem Kampf hervor. Insgesamt werden pro Kampf somit 30 Pluspunkte verteilt. Die Chancen, zu siegen oder zu verlieren, sollen für jeden gleich sein; dann gewinnt jeder durchschnittlich jeden zweiten Kampf. Die durchschnittliche Ausbeute unter den Zarten ist mithin 15 Punkte je Kampf.

Jetzt tritt der erste Harte auf. Er gewinnt, ohne sich groß zu verausgaben, jeden Kampf, 50 Pluspunkte also. Doch wenn sich die Harten genügend ausgebreitet haben, ändert sich die Lage. Stößt ein Harter auf einen anderen, so wird einer von ihnen ganz reproduktionsunfähig gemacht. Der Schaden ist irreversibel und größer als der Gewinn bei irgendeinem Sieg und wird darum mit 100 Minuspunkten bedacht. Der Sieger erhält immer noch 50 Pluspunkte; mehr als den Sieg gibt es ja nicht. Die durchschnittliche Erwartung je Kampf beträgt bei den Harten also nur noch 25 Minuspunkte: Das ist das Mittel von +50 und −100. Trifft ein Zarter auf einen Harten, so flieht er sofort, was das Zeug hält. Er gewinnt so zwar keinen Kampf und keinen einzigen Punkt, wird aber auch nie verletzt. Seine mittlere Punkterwartung ist 0 mal alle seine Kämpfe mit Harten plus 15 mal alle seine Kämpfe mit anderen Zarten. Die Gewinnerwartung des Harten ist demgegenüber 50 mal alle seine Kämpfe mit Zarten plus −25 mal alle seine Kämpfe mit anderen Harten. Bei welchem Verhältnis ist beider Gewinnerwartung gleich?

Eine kleine Rechnung ergibt: 0 mal »Kampf mit Harten« (KH) plus 15 mal »Kampf mit Zarten« (KZ) (zusammen die Gewinnerwartung der Zarten) soll gleich sein der Gewinnerwartung der Harten, nämlich 50 mal »Kampf mit Zarten« plus −25 mal »Kampf mit Harten«.

$$0 \times KH + 15 \times KZ = 50 \times KZ - 25 \times KH.$$ Oder 25 KH = 35 KZ.

Oder: Wenn auf 5 Bekämpfer der Harten 7 Bekämpfer der Zarten kommen, stehen beider Chancen gleich, die Selektion läßt sie in Ruhe. Zwischen Harten und Zarten wird sich ein Verhältnis 7:5 einspielen. Das ist die sogenannte »Evolutionär Stabile Strategie« (ESS). Sie bleibt solange stabil, bis eine ganz neue Strategie auftaucht, zum Beispiel die des Bluffers, der nur so tut, als sei er ein Harter, und damit jeden Zarten zur Flucht veranlaßt, aber nicht wirklich zubeißt, von einem anderen Harten also immer besiegt wird; oder die des Hinterhältigen, der so tut, als sei er ein Zarter, andere Zarte also nicht in die Flucht jagt, aber dann doch zubeißt.

Daß Harte und Zarte, um einen stabilen Zustand zu erzeugen, in einem bestimmten Zahlenverhältnis wie 7 zu 5 stehen müssen, besagt nicht, daß auf 7 beißende 5 schiebende Tiere kommen. Es könnte auch jedes Tier selbst zu 7 Teilen Harter, zu 5 Teilen Zarter sein. Es müssen nur beide Eigenschaften in dem evolutionär stabilen Verhältnis über die Population verteilt sein.

Das Beispiel zeigt: Die Selektion favorisiert gar nicht zwangsläufig die härtesten Kämpfer, denn harter Kampf verursacht auch hohe Kosten. Es zeigt sich aber auch noch etwas anderes: Solange die Zarten unter sich waren, hatte jeder von ihnen 15 Punkte zu erwarten. Jetzt, wo Harte und Zarte zusammenleben, sind die mittleren Aussichten für jedes Tier nur noch 6,25 Punkte pro Kampf. Insgesamt stehen sie sich alle schlechter als zuvor. Wenn die Selektion nach dem Wohl der Gruppe vorginge, hätte sie das Aufkommen der Harten verhindern müssen. Das hat sie nicht.

Es ist dies eine der heute am härtesten umstrittenen Fragen der theoretischen Biologie: An welcher Einheit setzt die Selektion an, am Gen (beziehungsweise, da Gene nur in Verbänden ihre Brauchbarkeit erweisen können, am Produkt eines solchen Genverbandes, am Individuum), an der Sippe, an der Gruppe, an der Population, an der Art? Gibt es eine *Gruppenselektion* oder nur eine *Individualselektion*, oder gibt es beide?

Die These der Gruppenselektionisten, zu denen Konrad Lorenz gehört und die am engsten mit dem schottischen Ökologen V. C. Wynne-Edwards assoziiert wird, ist leicht zu begreifen: Trennen sich zwei Gruppen derselben Art, und ficht die eine zum Beispiel ihre Dominanzkämpfe blutig aus, die andere aber in unblutiger, »ritualisierter« Form, so wird es letzterer besser ergehen; schließlich fügt sie sich selber keinen so großen Schaden zu, wird sich also auch stärker vermehren. Das ist soweit ganz plausibel. Trotzdem haben manche Biologen heute eine Abneigung gegen die Idee der Gruppenselektion. Sie beruht darauf, daß tatsächlich zunächst das Individuum die Form ist, in der sich die Gene dem Test des Lebens stellen. Und wenn das Prinzip der Individualselektion ausreichen sollte, auch das kooperative und altruistische Verhalten zu erklären, sind zusätzliche Prinzipien wie das des Gruppenwohls oder der Arterhaltung überflüssig.

Wilson hält es für selbstverständlich, daß es neben der Individual- eine Gruppenselektion gibt, daß sich die Gen-Verbände der rivalisierenden einzelnen ebenso dem Test der natürlichen Auslese stellen wie die Gen-Pools rivalisierender Populationen. Theoretisch kann eine Gruppenselektion dort auftreten, wo eine Population in verschiedene konkurrierende Gruppen zerfällt, die so stark voneinander isoliert leben, daß sie sich auseinanderentwickeln, gleichzeitig aber so nah beieinander bleiben, daß sie sich gegenseitig ersetzen können. Und der Soziobiologe Richard D. Alexander ist der Meinung, daß menschliche Gruppen ein geradezu ideales Modell abgeben, an dem Gruppenselektion ansetzen könnte: Die Menschen seien möglicherweise immer in verfeindete Gruppen zerfallen, die sich gegenseitig wie Angehörige einer anderen Art behandeln; ihre Fähigkeit zu kulturellen Neuerungen setzt die Gruppen instand, sich sehr schnell und mit sehr schwerwiegenden Folgen für ihr kompetitives und reproduktives Verhalten auseinanderzuentwickeln; sie können bewußt ihr Verhalten so ausrichten, daß es dem Gruppenwohl dient und die Überlebens- und Fortpflanzungschancen der Gruppe erhöht.

Der Streit zwischen Gruppen- und Individualselektionisten wird vorläufig nicht endgültig entschieden werden. Solange tut man wohl richtig daran, auch für den Menschen die Gruppenselektion nicht prinzipiell auszuschließen und für ihn damit neben dem reinen, nackten Egoismus einen auf das Wohl der Gemeinschaft bedachten Altruismus anzunehmen, der nichts anderes ist als der auf alle ihre Angehörigen verteilte Egoismus einer Gruppe.

Die Warnung der Rivalen

Wenn ein Nasobem einen Freßfeind bemerkt, verhält es sich kooperativ: Es warnt die Gruppe – so wie viele Vögel mit Alarmrufen ihre Gefährten warnen, wenn am Himmel ein Habicht erscheint, oder wie der Springbock, der eine Löwin bemerkt, die Herde mit seinen Luftsprüngen zur Flucht verleitet. Das Nasobem schnauft warnend. Damit macht es den Freßfeind auf sich besonders aufmerksam, bringt sich also in besondere Gefahr. Es begeht einen Akt des Altruismus: Es verringert in einer Welt, wo der Geeignetste überlebt, seine eigene Eignung, das heißt seine eigenen Fortpflanzungsaussichten. Es nimmt scheinbar um der Gruppe willen ein Risiko auf sich.

Also ein Fall von Gruppenselektion? Nicht unbedingt. Man kann nämlich auch argumentieren, daß es durchaus im eigenen Interesse des einzelnen Nasobems liegt, die anderen zu warnen. Sich heimlich selber in Sicherheit bringen und die anderen ihrem Schicksal überlassen – das kann es nicht, denn es kann nur in der Gruppe überleben; jedes Gen für Drückebergerei verhungerte bei den Nasobemen in seiner Überlebensmaschine oder würde vom Feind gefressen. Wenn es die anderen warnt, können alle zusammen fliehen, und die gemeinsame Flucht ist auch für den Warner insgesamt ein günstigeres Verhalten, als einfach still stehenzubleiben und so zu tun, als sehe es den Feind nicht. Es kann sogar vorteilhaft sein, die Warnung ganz besonders deutlich zu machen, damit der Freßfeind sieht: Die sind gewarnt, sie fliehen gleich, es hat keinen Zweck, sie noch anzugreifen.

Alle haben also persönliche Vorteile davon, daß sie einander warnen. Insofern handeln sie nicht aus purem Altruismus. Aber sie haben alle gleichviel Vorteile von ihrem Verhalten. Das gegenseitige Warnen bringt keine unterschiedlichen Eignungsgewinne mit sich, und die Individualselektion beruht ja gerade auf den mit unterschiedlichem Fortpflanzungserfolg gekrönten unterschiedlichen Eignungen der einzelnen Organismen. In diesem Sinn sind hier Individual- und Gruppennutzen nicht mehr unterscheidbar. Der Vorteil des Individuums ist auch der Vorteil der Gruppe. Es handelt sich um das, was von

Der afrikanische Springbock warnt (wie die kleinere Thomsongazelle) die Herde durch hohe Luftsprünge, wenn sich ein Feind nähert, und bringt sie damit zur Flucht.

Robert L. Trivers »*reziproker Altruismus*« getauft wurde: Gibst du mir, gebe ich dir; laust du mich, lause ich dich; warnst du mich, warne ich dich. Man kann nicht sagen, daß er uneigennützig ist, denn jeder profitiert höchstpersönlich davon; aber da alle im gleichen Maße davon profitieren, verschafft er keinen Vorteil über den Nachbarn und nützt damit der Gruppe insgesamt im Vergleich zu Gruppen, in denen er sich nicht entwickelt.

Bei verschiedenen Vogelarten warnen sich die Tiere gegenseitig vor Feinden; so bei den Amseln, den Drosseln, den Meisen, den Rotkehlchen. Erblickt ein Tier einen Raubvogel am Himmel, einen Falken oder Habicht, so duckt es sich auf den Boden und läßt ein dünnes Pfeifen hören. Auch wenn dieser Pfeifton so beschaffen ist, daß dem Raubvogel am Himmel die Ortung besonders schwer fällt, geht das warnende Tier doch ein erhöhtes Risiko ein: Es zieht die Aufmerksamkeit des Freßfeinds auf sich. Die betonte Unauffälligkeit des Warnrufs selber beweist, daß er nicht ungefährlich ist. Warum verhält sich der Vogel so?

Die ältere Verhaltensforschung hätte sich damit begnügt, derlei riskante Warnrufe festzustellen; vielleicht hätte sie nach dem »Auslesedruck ihrer arterhaltenden Leistung« gefragt, das heißt, nach ihrem Nutzen für die Gemeinschaft, der einer mit derartigen Warnrufen ausgestatteten Gruppe einen evolutionären Vorteil über andere Gruppen verschafft, in denen sich dieses Warnsystem nicht durchgesetzt hat.

Die Soziobiologie stellt die Frage anders: Wie können sich Gene für ein Verhalten ausbreiten, das ihren Trägern offenbare Nachteile verschafft, das sich also altruistisch ausnimmt? Selbstverständlich scheidet die Vermutung aus, die Vögel warnten sich aus überlegter Zuneigung und Fürsorglichkeit. Menschen wären dazu vielleicht imstande; wenn dem Verhalten aber ein genetisch festgelegtes Programm zugrundeliegt, das seinen Trägern im Wettbewerb um die Fortpflanzung unter dem Strich mehr schadet als nützt, so muß die Häufigkeit der zuständigen Gene notwendigerweise immer weiter abnehmen, bis sie schließlich ganz verschwinden. Der Altruismus des Warnens muß also einen Haken haben. Auf irgendeine Weise muß der warnende Vogel seinen für das Warnen verantwortlichen Genen nützen. Die Soziobiologie sucht Modelle zu konstruieren, die den Eigennutz hinter der scheinbaren Selbstlosigkeit aufweisen. »Modelle, die altruistisches Verhalten unter den Rahmenbedingungen der natürlichen Auslese zu erklären unternehmen, sind Modelle, die dazu bestimmt sind, aus dem Altruismus den Altruismus herauszuholen«, wie Robert L. Trivers (1971) es formulierte.

Sieben solcher Modelle von unterschiedlicher Überzeugungskraft liegen vor.

Das erste, entwickelt 1962 von V. C. Wynne-Edwards, schreibt das Phänomen seiner *arterhaltenden Leistung* zu. Es komme der Art zugute, also lasse die natürliche Auslese es durchgehen.

William D. Hamilton und J. Maynard Smith gründeten demgegenüber ihr Modell 1964 auf das Prinzip der *Sippenselektion*. Der Warnruf komme Verwandten, also Trägern zum Teil gleicher Gene, zugute; zumindest bestehe eine bestimmte durchschnittliche Wahrscheinlichkeit, daß nahe Verwandte in der Nähe sind, ihn hören und davon profitieren. Der Gesamtnutzen, den sich gleiche Gene damit gegenseitig erweisen, sei größer als der Schaden, der einem einzelnen ihrer Träger aus der vermeintlich altruistischen Tat erwachse.

G. C. Williams stellte dem 1966 sein Modell gegenüber, das auf dem *Nutzen für die Brutpflege* beruht. Der Vogel warne seine Jungen und seinen Partner, mit dem er sich in die Mühe der Aufzucht teilt.

Eigentlich wären die Warnrufe also nur während der Zeit der Brutpflege sinnvoll; aber die Natur mache sich nicht die Mühe, dem Keimplasma auch noch die zusätzliche Information aufzubürden, daß das Warnrufverhalten außerhalb der Brutzeit zu löschen sei.

Trivers beurteilte das zweite Modell am günstigsten, wandte jedoch dagegen ein, daß es auf jene Arten nicht zutreffe, bei denen sich in der Regel keine nahen Verwandten in der Nähe des Warnenden aufhalten. Das Gruppenselektionsmodell schien ihm nicht im Einklang mit dem Mechanismus der Selektion, die sich auf individueller Ebene abspiele. Das Brutpflegemodell, das nur für einen Teil der Zeit Geltung beanspruchen kann, schien ihm zu weithergeholt. Er selber stellte ihnen als viertes sein eigenes Modell entgegen: *Warnrufe helfen dem Warner selber*. Und zwar sei es ungünstig für einen Vogel, wenn ein Freßfeind einen nahen Artgenossen frißt, da jener nämlich dann auch ihn selber mit größerer Wahrscheinlichkeit fressen wird – weil er während des Fressens in der Nähe bleibt, oder weil er nach gemachter Beute ein genaueres Bild seines Beutetiers, seiner Lebensgewohnheiten, seines Reviers hat. Der einzelne Vogel habe also ein durchaus selbstsüchtiges Interesse daran, daß der Raubvogel gar nicht erst einen nahen Artgenossen erbeutet; geschieht es doch, so wächst nämlich sein eigenes Risiko.

Richard Dawkins fügte 1976 zwei Modelle hinzu. Das erste nennt er die *Cave!-Theorie*. Der Sinn des Warnrufs sei:»Paßt auf, kuscht!«. Solange der Vogel nämlich nur selber den Habicht bemerkt, helfe es ihm wenig, sich allein still hinzukauern – seine Artgenossen liefen derweil weiter achtlos herum und zögen den Freßfeind auf die Gruppe herab. Er selber sei sicherer, solange auch die anderen der Aufmerksamkeit des Räubers entgehen.

Die andere Hypothese nannte er die *Zusammengehörigkeitstheorie*. Sähe ein Vogel den Falken und brächte er sich selber schleunigst in Sicherheit, so müßte er sich zeitweise vereinzeln; vereinzelt aber würde er für den Raubvogel eine besonders leichte Beute. Es liege also in seinem eigenen Interesse, daß alle gewarnt sind und sich gemeinsam in Sicherheit bringen. E. L. Charnow und J. R. Krebs (1975) gingen so weit, dem warnenden Vogel zu unterstellen, er »manipuliere« seine Artgenossen zu seiner eigenen größeren Sicherheit und damit zur weiteren Ausbreitung seiner eigenen Gene.

Trivers' Hypothese steht in seinem Aufsatz über reziproken Altruismus. Man sollte also erwarten, daß er die Warnrufe nicht als einen Fall von unverblümtem individuellen Egoismus, sondern von *reziprokem Altruismus* deutet. Das tut er nicht; dieses siebte Modell

151

formulierten Wickler und Seibt (1977):»Wenn viele Tiere einen Schwarm bilden und wir annehmen, daß jeder einmal als erster den Feind entdeckt und warnt, dann wird jeder häufiger gewarnt, als er selbst warnen muß. Solange der Nachteil, der durch das Warnen entsteht, geringer ist als der Vorteil aus dem häufigeren Gewarnt-Werden, lohnt sich das Verhalten.« Trivers hatte es wenig wahrscheinlich gefunden, daß es sich um einen Fall von reziprokem Altruismus handelt. Reziproker Altruismus setzt voraus, daß Betrüger und Schmarotzer erkannt und diskriminiert werden können; sonst hätten nämlich jene Tiere die größten Reproduktionschancen, die es sich zwar gefallen lassen, daß andere sie auf eigene Kosten warnen, im entscheidenden Moment aber selber das Risiko des Warnens nicht eingehen. Bei Vögeln aber seien keinerlei Kontrollmechanismen zu erkennen, die sich gegen den Schmarotzer auswirken.

Die einzelnen Hypothesen schließen einander nicht unbedingt aus. Das Warnverhalten kann sich herausgebildet haben, weil es verschiedene evolutionäre Vorteile bietet, die bei seiner Durchsetzung zusammengewirkt haben; wobei unter bestimmten artspezifischen und ökologischen Umständen hier der eine, dort der andere Vorteil schwerer wog. Die individuellen Vorteile, um deretwillen das Verhalten von der Selektion begünstigt wurde, können am Ende sogar der Gruppe, der Population, der Art insgesamt zu gleichmäßigem Vorteil gereichen, so daß der Mechanismus der Individualselektion in seinem Ergebnis als eine Leistung erscheint, die der Gruppe dient. Nur vom Altruismus bleibt wenig übrig.

Das Territorium

Die Nasobeme haben inzwischen schon ein ziemlich reichhaltiges soziales Leben. Sie leben zusammen, sie haben ihre Beiß- und Schiebekämpfe, ihre Hierarchie, sie warnen sich, lausen sich. Vermutlich müssen sie auch lernen, ihren Wald mit den Obstbäumen gegen rivalisierende Gruppen von Artgenossen zu verteidigen, also territoriales Verhalten an den Tag zu legen.

Die *Territorialität,* so kann man überspitzt sagen, wurde 1920 entdeckt. Daß Vögel bestimmte Bezirke für sich in Beschlag nehmen, war zwar schon Aristoteles und Plinius bewußt. Aber erst im Jahr 1920 widmete der englische Ornithologe Eliot Howard, seinerzeit führender Spezialist seines Landes für Singvögel, dem Phänomen ein eigenes Buch. Seitdem erst wurde es in seiner ganzen Bedeutung erfaßt und zu einem bevorzugten Gegenstand der Verhaltensforschung.

Jahrzehntelang ist dabei über die genaue Definition der Territorialität diskutiert worden. Die allgemeinste scheint am Ende auch die akzeptabelste zu sein: Territorialität ist jenes Verhalten, bei dem ein Tier (oder eine Gruppe von Tieren) ein Revier besetzt, für sich beansprucht und notfalls gegen andere Artgenossen verteidigt. Territorialität ist die tierische Form des Bedürfnisses nach Grundbesitz.

Und so beschrieb Howard die *Territorialität der Singvögel*: »Die Besetzung eines Reviers ist Teil eines Prozesses, dessen Ziel die erfolgreiche Aufzucht der Jungen ist. In diesem Prozeß folgen sich der primäre Impuls, der Erwerb eines Ortes, der sich zu den Zwecken der Brutpflege eignet, die Ankunft eines Weibchens, die Entladung der Sexualfunktion, der Bau des Nestes und die Aufzucht der Jungen in geordneter Folge. Doch da wir so wenig von den organischen Veränderungen wissen, die das Sexualverhalten bestimmen, und keine Mittel haben, die Natur des Impulses zu erkunden, der als erstes geweckt wird, können wir die Situation erst von dem Punkt an erfassen, an dem sich die inneren organischen Veränderungen im Verhalten zu einem Grad widerspiegeln, der einem Beobachter sichtbar ist. Dieser Punkt ist erreicht, wenn eine große Anzahl von Arten die normale Routine ihres Lebens, an die sie seit Monaten gewöhnt sind, im Stich läßt und ihr Verhalten plötzlich radikal verändert. Wie zeigt sich diese Veränderung an? Indem riesige Mengen einzelner Vögel von einem Teil der Welt zu einem anderen, von einem Land ins andere und sogar von der Mitte des Ozeans an die Küsten eilen; indem Abteilungen von einem Bezirk in den anderen fliegen; indem sie alle jene Bewegungen vollziehen, die im weiteren Sinn unter den Begriff Wanderung fallen. Der Impuls, der diese ziehenden Scharen treibt, muß gleichartig sein, ob die Reise nun lang oder kurz ist; und es wäre besser, sollte man meinen, solche Bewegungen als Ganzes zu betrachten, als die Aufmerksamkeit auf irgendeine bestimmte Wanderung zu richten, die uns mit Erstaunen füllt, weil die zurückgelegte Entfernung so weit ist oder so große Schwierigkeiten bewältigt werden mußten. Denn was schließlich sucht jedes individuelle Tier? Es mag einige unreife Vögel geben, die, obwohl sie die nötige Entwicklungsphase noch nicht erreicht haben, sich zufällig den anderen anschließen, bei denen der Impuls stark ist, und von ihnen sie wissen selber nicht wohin geführt werden. Doch in ihrer Mehrheit suchen sie weder einen bestimmten Kontinent noch ein bestimmtes Land, kein Bezirk und keine Gegend ist ihr Ziel, sondern ein Ort, an dem sie sicher Junge aufziehen können...«

Die Vögel ziehen an ihren Brutplatz, die Männchen besetzen ein Revier, und die männlichen Singvögel beginnen zu singen. Der Gesang soll ein Weibchen anlocken, und er ist vor allem eine regelmäßig wiederholte Botschaft an alle männlichen Artgenossen, die besagt: Dieses Revier ist besetzt, Zutritt verboten. Was uns so gefällig in den Ohren tönt, ist der männliche Grundbesitzertitel, dazu bestimmt, Rivalen von vornherein abzuschrecken und es gar nicht erst darauf ankommen zu lassen, sie aus dem eigenen Gebiet vertreiben zu müssen.

Territoriales Verhalten wurde bei vielen verschiedenen Arten festgestellt. Sehr verschieden ist auch die Art und Weise, in der die Tiere ihren Revieranspruch einander anzeigen: Grillen zirpen. Frösche quaken. Eine Art des Maulbrüterfischs wirft am Meeresboden sechseckige Sandwälle auf. Libellen fliegen Patrouillen um die Teiche, in denen sie ihre Eier abgelegt haben, und verscheuchen Eindringlinge der gleichen Art durch Flugangriffe. Wölfe setzen um das etwa hundert Quadratkilometer große Revier eines Rudels Duftmarken durch Urinieren. Hirsche markieren ihr Revier durch Duftstoffe aus einer Drüse nahe der Nase. Bären kratzen zur Kennzeichnung ihres Grundbesitzes Rinde von den Bäumen. Gibbonfamilien schreien jeden Morgen im Chor.

Territorialität erscheint in der Tierwelt in vielen Formen. Einige Vögel sind nur zeitweise, etwa während der Brutzeit territorial, in der übrigen Zeit leben sie einzeln oder in wandernden Schwärmen. An indischen Schlankaffen wurde beobachtet, wie sich die Territorialität verstärkt, wenn die Bevölkerungsdichte zunimmt und die Ressourcen folglich knapper werden. Verschieden ist auch, welche Ressource mit dem eigenen Revier vor Rivalen geschützt wird: der Nahrungsvorrat, die Zufluchtsstätte, der Zugang zu Weibchen, der Raum für sexuelle Displays, die Brutstätte. Die Reviere werden je nach Art einzeln besetzt und verteidigt oder von Paaren, die gemeinsam ihre Jungen aufziehen, oder von Großfamilien, Rudeln, Herden. Solche Unterschiede im territorialen Verhalten sind für einzelne Arten nicht weniger charakteristisch als anatomische Unterschiede.

Als Hauptfunktion der Territorialität nannte der Zürcher Tierpsychologe Hediger die Fortpflanzung der Art durch die *Regulierung der Bevölkerungsdichte*. Wo Fortpflanzung nur im Schutz eines eigenen

Reviers möglich ist und die Ressourcen nicht überreichlich sind, gibt es zunächst einen Wettbewerb unter den Tieren um die Besetzung eines Reviers, den die Lebenstüchtigeren für sich entscheiden: Die Schwächeren müssen mit schlechteren Revieren vorliebnehmen (in denen ihre Chancen, Junge aufzuziehen, geringer sind) oder gehen bei noch größerer Knappheit ganz leer aus, so daß sie sich gar nicht vermehren können. Territorialität bindet die Fortpflanzung an das Vorhandensein eines Lebensraums. So gesehen, ist Territorialität ein in ihren Formen zwischen den Arten, aber auch innerhalb der Arten je nach den Umständen flexibles Prinzip, das die Ressourcen rationiert und den Geeignetsten zuteilt, so daß sie weder ausgeplündert noch zu wenig genutzt werden – und zwar rationiert es sie, indem es sie räumlich parzelliert.

Grob unterscheiden lassen sich drei verschiedene Arten von Territorium. Das größte ist das gesamte *Wohngebiet* eines Tierverbandes, der Bezirk, den er regelmäßig auf Suche nach Nahrung durchstreift; dieses gesamte Wohngebiet wird nicht notwendig immer gegen rivalisierende Gruppen verteidigt. Verteidigt wird das *Revier im engeren Sinn* – jener Bezirk, der eben dadurch definiert ist, daß nur seine Besitzer Zugang zu ihm haben. Eine Unterform der Territorialität ist die *individuelle Distanz:* der Abstand, den sozial lebende Tiere für gewöhnlich voneinander halten.

Dieser Individualabstand ist anschaulich als ein privates tragbares Territorium beschrieben worden oder als eine »Distanzblase«, die ein Tier umgibt und in die es kein anderes eindringen läßt. Allen ist der Anblick etwa von Krähen auf Telegrafendrähten geläufig: Sie sitzen in regelmäßigen Abständen voneinander da, und dieser Abstand ist so gering wie möglich und so groß wie nötig – sie rücken möglichst eng zusammen, aber nicht so eng, daß ein Vogel in die Reichweite des zuhackenden Schnabels seines Nachbarn geriete.

Der Besitz eines eigenen Reviers verleiht Überlegenheit. Manche Vögel, so beschrieb es schon Niko Tinbergen, sind im Zentrum ihres Reviers so gut wie unschlagbar. Der Revierbesitzer hat einen offenkundigen Vorteil über seinen Rivalen: Er kennt sich auf seinem Gebiet bestens aus. Darüber hinaus scheint das Revier auch noch den Besitzer psychisch zu stärken und den Eindringling zu schwächen. Das eigene Revier verleiht auch Geborgenheit und zieht seinen Besitzer immer wieder zurück in seinen Schutz; es hat, um das Fachwort zu gebrauchen, »Heimvalenz«.

Nicht alle Tiere achten auf eine körperliche Distanz; es gibt Kontakttiere, die sich wahllos und gleichgültig berühren oder die

So nah wie möglich, so weit wie nötig: rastende Stare auf einer Lichtleitung.

sich, wie die Schwanzmeisen, beim Schlafen eng aneinanderschmiegen, weil sie sonst erfrieren müßten. Nicht alle Tiere sind territorial, und die territorialen sind es nicht in einem starren Maß; andererseits erwiesen sich manche Arten, die lange als nicht territorial galten, wie die Schimpansen, bei genauerem Studium doch als recht rabiat territorial: Jede Kommune verteidigt ihr Wohn- und Futtergebiet. Territorialität findet sich bei den meisten Wirbeltieren; Plankton hingegen treibt durchs Meer.

Die jüngere amerikanische Soziobiologie hat sich wiederum mehr für die berechenbare Seite des Phänomens interessiert. Damit sich Territorialität ausprägt, muß sie einen bezifferbaren Vorteil mit sich bringen. Der Vorteil besteht in der Sicherung einer Ressource. Aber läßt sich auch angeben, wie groß ein Revier sein müßte? Handelt es sich bei der durch den Revierbesitz gesicherten Ressource um Nahrung, so muß das Revier groß genug sein, um genügend Nahrung zu enthalten; je größer es ist, desto mehr wächst allerdings auch die Gefahr, daß das Tier den Gefahren des Lebens, Freßfeinden etwa, zum Opfer fällt. Das optimale Gebiet ist so groß wie nötig und so klein wie möglich. Was das Tier aus seinem Territorium beziehen muß, ist Energie. Sein Energiebedarf hängt von seinem Stoffwechsel ab, und der Stoffwechsel wiederum von seinem Körpergewicht. Der Stoffwechsel und damit der Energiebedarf nimmt jedoch sehr viel stärker zu als das Körpergewicht. »Das Wohngebiet ist eine logarithmische Funktion des Energiebedarfs«, schreibt Wilson (1975). Das bedeutet gleichzeitig, daß der Größe der Tiere Grenzen gesetzt sind. Wenn ihre Größe um irgendeinen Faktor zunimmt, reichte es nicht, daß ihr Wohngebiet um den gleichen Faktor größer wird – es müßte sich um ein Vielfaches dieses Faktors vergrößern, und irgendwann ist der Punkt erreicht, an dem der Größenzuwachs nicht mehr ausreicht, das so viel stärker mitwachsende Revier effektiv auszubeuten. So kommt es, daß es für jede Tierart in jeder Umwelt eine optimale Größe gibt.

Die Verteidigung eines Territoriums bedeutet einen zusätzlichen großen Aufwand an Energie und an Risiko (denn man könnte ja bei der Verteidigung verletzt oder getötet werden, so daß die eigenen Reproduktionschancen jedenfalls sinken). An und für sich, so wurde berechnet, ist der Kampfwettbewerb *(contest competition),* bei dem mehrere Tiere um eine Prämie, Futter etwa, gegeneinander zum Kampf antreten, aufwendiger als die *scramble competition,* der Wettbewerb, bei dem sie einfach auf das Futter losstürzen und demjenigen, der es als erstes erbeutet, kampflos seinen Besitz überlassen. Warum werden also Territorien überhaupt verteidigt? »Das Paradox läßt sich leicht lösen. Territorialität ist eine ganz besondere Form des Kampfwettbewerbs, bei dem ein Tier nur einmal oder relativ wenige Male gewinnen muß. Folglich verausgabt der Revierbesitzer weit weniger Energie, als er verausgaben müßte, wenn es bei jedem seiner Versuche, in Gegenwart eines anderen Tieres zu fressen, zum Kampf käme . . . Doch wenn das so ist, warum sind dann nicht alle Tiere mit festen Wohngebieten auch strikt territorial? . . . Die Theorie der natürlichen Auslese sagt voraus, daß ein Tier nur soviel an Grund und Boden sichern sollte, bis es mehr Energie daraus bezieht, als es selber aufwendet. Mit anderen Worten: Wenn ein Tier, ein Fleischfresser zum Beispiel, ein viel größeres Terrain besetzt, als es leicht übersehen und überwachen kann, so wird es ihm als Energieverschwendung scheinen, von einem Ende seines Gebiets zum anderen zu trotten, nur um Eindringlinge hinauszuwerfen. Darum favorisiert die natürliche Selektion ein raumzeitliches anstelle eines absoluten Territoriums« (Edward O. Wilson, 1975).

Noch ein anderer Mechanismus hält den Energieaufwand der Revierverteidigung klein. Es ist das, was im Englischen *dear-enemy-phenomenon* heißt, das Geliebter-Feind-Phänomen. Ein neuer Revierbesitzer reagiert auf die Signale jedes möglichen Rivalen anfangs gleich aggressiv (und Aggression strengt an). Mit der Zeit gewöhnt er sich jedoch an die Signale, die er immer und immer wieder hört, also die der Nachbarn. Vertrautheit mindert durchweg Argwohn und Aggression. Wenn irgend etwas längere Zeit da ist, ohne einem etwas anzutun, muß es nicht mehr gefürchtet und bekämpft werden; so jedenfalls können es lernfähige Tiere halten.

Daß die bloße längere Nähe eines Lebewesens oder Dinges (eines Reizes, um mit der Reiz-Reaktions-Psychologie zu sprechen) Abwehr abbaut und Bindung bewirkt, ist ein Prinzip, das der Psychologe Robert B. Zajonc an vielen Tieren und auch am Menschen beschrieben oder selber experimentell erforscht hat. Unter anderem berichtet er von einem Experiment aus dem Jahr 1967, durchgeführt von Cross, Holcomb und Matter. In seinem Verlauf wurden drei Gruppen von Ratten verschiedenen akustischen Reizen ausgesetzt: Die eine Gruppe hörte 52 Wochen lang Mozart-Musik, die andere Schönberg, die dritte keine. Einige Tage später konnten sich die Ratten durch Tastendruck nach Wahl entweder Mozart oder Schönberg einschalten, wenn auch andere Stücke. Die an Mozart gewöhnten Ratten wählten vorwiegend Mozart, die an Schönberg gewöhnten Schönberg. Bei den ohne Musik aufgewachsenen Ratten überwog die Vorliebe für Mozart; auch waren die Schönberg-Ratten ihres musikalischen Wunsches nicht ganz so sicher wie die Mozart-Ratten. (»Vielleicht findet es dies oder jenes höhere Säugetier beunruhigend«, bemerkt Zajonc, »daß einige niedere Säugetiere seine Vorlieben teilen.«) Insgesamt kam Zajonc zu dem Schluß: »Der Mensch und andere Tiere sind mit der Fähigkeit ausgestattet, sich an andere anzuschließen. Sie besteht einfach in der Fähigkeit, aus dem Umgang Zuneigung zu entwickeln. Vertrautheit bringt nicht Verachtung hervor, sondern Nachkommen!«

So frei also sind die Vögel nicht in den Lüften und selbst die Könige der Raubtiere nicht auf der Erde. Um sie sind chemische, akustische, optische Grenzen, die ihren Bewegungsraum einzäunen.

Die Rangordnung

Ein mit der Territorialität verwandtes Ordnungsprinzip ist die *soziale Rangordnung, die Hierarchie, das Dominanzmuster.* Der Nutzen der Territorialität besteht darin, in Mangelsituationen – und Situationen ohne jeden Mangel sind in der Natur höchst selten – die Zahl der Kämpfe zwischen den Individuen zu verringern. Das *Dominanzmuster* – es wurde bereits an der Futterpyramide der Nasobeme vorgestellt – verfolgt den gleichen Zweck, aber innerhalb eines geschlossenen Tierverbands. Wenn die Rangordnung einmal etabliert ist, brauchen die Tiere nicht mehr um jeden Bissen Nahrung oder jeden kleinen anderen Vorteil gegeneinander zum Kampf anzutreten; es steht dann fest, in welcher Reihenfolge sie Zutritt zu den begehrten Ressourcen haben.

Das erste Mal ausdrücklich beschrieben wurde das Dominanzprinzip 1802 von dem Schweizer Entomologen Pierre Huber an Hummeln. Die breite Erforschung aber setzte 1922 ein, zwei Jahre nach der »Entdeckung« der Territorialität, und zwar mit den Beobachtungen von Thorleif Schjelderup-Ebbe im Hühnerhof. Daß sich die Hühner gegenseitig hacken, war natürlich vorher bekannt; aber es sah so aus, als hackten sie sich ziemlich wahllos durcheinander. Schjelderup-Ebbe entdeckte eine Ordnung in der Hackerei, eben die »*Hackordnung*«. Wiederum soll der Entdecker selber zu Worte kommen:

»Wenn man glaubt, daß die Einwohner eines Hühnerhofes gedankenlose, frohe Wesen seien, für die das tägliche Leben eine ungemischte Freude ist und die in Frieden miteinander und unbesorgt um die ganze Welt krähen, Eier legen und fressen, dann ist man auf dem Holzwege. Ein tiefer Ernst liegt über dem Hühnerhof, und die Hennen haben viel Kummer, viel Ärger und Angst auszustehen. Sogar die Lebhaftigkeit, die die Hennen während der Mahlzeiten beweisen, ist eigentlich keine frohe Lebhaftigkeit, da sich, wie schon angedeutet, das Leben der ganzen Szene auf dem Eifer der einzelnen Henne gründet, soviel wie möglich selbst zu konsumieren und die anderen soviel wie möglich zu verjagen. Eine der ernstlichsten, bedeutungsvollsten, im Gesellschaftsleben wichtigsten Begebenheiten für die Hennen ist die Rauferei, dieser plötzliche, oft furchtbare Kampf zwischen zwei Geschöpfen. Meist, wenn auch nicht immer, entscheidet es sich beim Kampf, welche von zwei Hennen Despot über eine andere sein soll... Diejenige Henne, welche so glücklich ist, ›über‹ zu werden, darf monatelang, vielleicht für immer ein

Herrscherregiment über die andere führen, die sich darein finden muß, auf alle Weise gehunzt und sowohl vom Futtertrog wie vom Nest weggejagt zu werden... Es gibt nicht zwei in derselben Gesellschaft lebende Hennen, die nicht genau wissen, wer von ihnen ›über‹ und wer ›unter‹ ist. Und diese Rangordnung hängt nicht so sehr von der Stärke der Hennen ab, als von der Gewohnheit oder von gewissen Umständen bei dem ersten Zusammentreffen der Hennen... Es erwies sich bei den verschiedensten und eingehendsten Experimenten, daß die Neigung zur sozialen Gliederung den Hühnern im Blute liegt, und daß sie sich – wenn die Zeit ihrer Entfaltung gekommen ist – bei den jungen Tieren zeigt, gleichgültig, ob diese ihr ganzes Leben abgesondert von den älteren waren oder nicht. Diese Neigung beruht mit anderen Worten auf Vererbung, nicht auf Nachahmung.«

Wie die Territorialität ist auch das Dominanzprinzip weit über das ganze Tierreich verbreitet. Dominant sein, heißt, je nachdem, den Vortritt haben beim Fressen, bei der Eiablage, bei der Wohnstätte, beim Zugang zu Geschlechtspartnern. Dies ist einer der weitestverbreiteten Vorteile der Dominanz: Sie garantiert, daß sich die lebenstüchtigeren, durchsetzungskräftigeren Tiere eher und stärker fortpflanzen als die anderen. Ob Mäuse, Ratten, Kaninchen, Haushühner, Hirsche, Bergschafe – die Väter der Nachkommen sind, oft überwiegend, die dominanten männlichen Tiere. In den oligarchischen Gesellschaften der Paviane, von mehreren Männchen streng regierten Trupps, haben fast nur die dominanten Männchen die Chance der Kopulation.

Dem untergeordneten Tier entgehen diese Privilegien. Bei manchen Arten tritt ein, was »psychische Kastration« genannt wird: Sein Kopulationsbedürfnis erlischt. Bei anderen verläßt es seine Gesellschaft und versucht sein Glück anderswo ein weiteres Mal. Solche Emigranten halten den Fluß der Gene innerhalb einer Art aufrecht, sind also eine willkommene und nützliche Erscheinung für die Evolution einer Art. Bei anderen wiederum warten untergeordnete Tiere, daß die dominanten alt, krank, schwach werden, und versuchen sich dann an ihre Stelle zu setzen. Bei vielen Affen und Menschenaffen ist Dominanz an Alter gebunden: Alter heißt Erfahrenheit und ist der Beweis, den Gefahren lange Zeit über erfolgreich getrotzt zu haben; es verleiht einen Statusvorsprung. Jüngere Männchen erkennen ihn auch dann noch an, wenn sie eigentlich kräftig genug wären, die bewährten Anführer zu stürzen.

Um Ansprüche auf ein Territorium oder auf Dominanz anzumel-

Der tödliche Kampf um die Rang-
ordnung unter Hähnen – von den
Menschen vielerorts (hier in Assam)
zum Wettsport gemacht.

den, ohne gleich zum Kampf schreiten zu müssen, haben viele Arten eindrucksvolle Displays entwickelt, die dem Rivalen klarmachen sollen, daß er es mit einem höchst gefährlichen Vertreter seiner Art zu tun hat, mit dem er sich besser gar nicht erst auf einen ernstlichen Kampf einläßt: das auch in der Umgangssprache so genannte Droh- oder Imponiergehabe. Sein Pendant ist das Demuts- oder Submissionsverhalten, mit dem ein Tier demjenigen, mit dem es gerade kämpft, Bescheid gibt, daß es sich geschlagen fühlt. Hunde und Wölfe rollen sich auf den Rücken und bieten dem Sieger den ungeschützten Bauch, Paviane den ungeschützten Hals dar. Wahrscheinlich ist es ein Rückgriff auf infantiles Verhalten: Jungtiere werden geschont. Indem sie solchermaßen signalisieren, daß der andere ohne weiteres zubeißen könnte, ersparen sie sich, daß er am Ende des Kampfes wirklich zubeißt.

Submissionsverhalten beschwichtigt. Daß diese Beschwichtigungswirkung tatsächlich eintritt und der Gegner seinen Vorteil nicht bis zum bitteren Ende ausnützt, ist ein von der natürlichen Selektion begünstigter und somit im Verhaltensrepertoire fest angelegter Effekt. Das einzelne Tier wie auch die gesamte Gruppe profitiert schließlich davon, daß nicht jeder Streit mit einem toten oder

161

verstümmelten und damit in der freien Wildbahn ebenfalls so gut wie toten Tier enden muß.

In der gesamten Ordnung der Primaten gibt es keine ganz und gar egalitäre Art, die jegliches Dominanzverhalten vermissen ließe.

Vorteile der Sexualität

So reichhaltig das soziale Leben der Nasobeme nun auch schon ist – ihre Sexualität ist eine ganz fade Angelegenheit. Aus irgendwelchen Gründen haben sie einen eigentlich sehr frühen Evolutionsschritt noch nicht vollzogen und leben viele Jahrhundertmillionen hinter dem Mond. Keimzellen brauchen gleichmäßige Wärme und Feuchtigkeit. Die Nasobeme deponieren ihre völlig gleichartigen haploiden Keimzellen (die in der Fachsprache »Isogameten« heißen und in der Natur tatsächlich nur bei so relativ primitiven Organismen wie einigen Algen und Pilzen vorkommen, nicht aber bei Tieren) in einem Tümpel, so wie manche Amphibien ihre (ungleichartigen) Keimzellen ins Wasser legen. Einige der Keimzellen finden und vereinigen sich, und aus der befruchteten diploiden Zelle wächst im Tümpel ein neues Nasobem heran. Es gibt bei ihnen also sexuelle Reproduktion, aber es gibt – ein märchenhaftes Naturwunder – noch keine *Geschlechtsunterschiede*. Wenn es die Evolution nur auf die Rekombination der Gene, auf die Fortpflanzung durch Befruchtung angelegt hätte, brauchte es auch gar keine Geschlechtsunterschiede zu geben. Warum treten sie ein?

Irgendwann fallen im Unterschied zu vorher nicht mehr alle Keimzellen gleich groß aus. Es sind größere dabei, die mehr Nährstoffe enthalten; mehr Nährstoffe erhöhen die Überlebenschancen des Nachkommen, kosten aber auch ihre Erzeuger mehr Energie und Zeit. Und es sind kleinere dabei; sie nützen dem Jungen weniger, kosten aber auch ihren Erzeuger weniger, so daß dieser mehr davon hervorbringen kann. Und was passiert nun? Was begünstigt die Evolution? Wird sie die Erzeuger von wenigen großen oder die von vielen kleinen Keimzellen favorisieren, oder wird sie einen Mittelweg einschlagen und für gleiche Größe und gleiche Anzahl sorgen, also für den Fortbestand von Isogameten? Wickler/ Seibt rechnen es vor, einer Arbeit von Parker, Baker und Smith aus dem Jahre 1972 folgend: Die Selektion begünstigt nicht den Mittelweg. Sie drängt auf ein Entweder-Oder der Extreme. Die Population wird sich in zwei Gruppen teilen: Die eine bringt sehr wenige sehr große, die andere sehr viele sehr kleine Keimzellen hervor. Damit aber differenzieren sich die Geschlechter. Jetzt gibt es weibliche und männliche Nasobeme. Nehmen wir an, es sei auch der Tümpel nicht mehr so verläßlich wie früher; manchmal trocknet er jetzt aus, und damit sterben die Keimzellen, die nur in konstant feuchter Umgebung gedeihen können, so daß ihre Deponierung im Wasser nicht mehr zweckmäßig, nicht mehr adaptiv ist und neue Adaptionen entwickelt werden müssen, soll die Art nicht untergehen. Daher behalten die Nasobemweibchen ihre wenigen großen Keimzellen in ihrem Leib und seiner sicheren warmen Feuchtigkeit; die Männchen müssen ihre Spermatozoen in die Körper der Weibchen befördern und entwickeln dazu, was in der Geschichte des Lebens tatsächlich die Reptilien erfunden haben: den Penis.

Damit ist eine Erklärung für das Entstehen der Geschlechtsunterschiede gefunden. Warum aber überhaupt sexuelle Fortpflanzung? Warum nicht Fortpflanzung durch Teilung? Für die ältesten einzelligen Organismen in der Frühzeit des Lebens (und für die heutigen Bakterien und Amöben, die ihre Nachkommen sind) gibt es nur eine Art der Fortpflanzung: durch erbgleiche Zellteilung (»Mitose«). Aus einer Zelle werden zwei. Genetisch sind beide Zellen miteinander und mit ihrer Mutterzelle identisch, und in der Nachkommenschaft bleibt die genetische Identität erhalten, bis es irgendwann zu einer Mutation kommt. Ist die Mutante da, so stellt sich die eigentliche Frage: Taugt sie etwas, taugt sie nichts? Erst die tauglichere Mutante bleibt wahrscheinlich erhalten und begründet einen neuen Stamm, der sich, da er überlegen ist, stärker vermehren wird als die Stämme, die nicht über diese Mutation verfügen. Die Vorteile der Mutation sind diesen auf keine Weise mitzuteilen.

Wie oft ereignen sich Mutationen? Es gibt keine festen Mutationsraten. Einen Eindruck von den Größenordnungen, mit denen hier zu rechnen ist, bekommt man, wenn man annimmt, daß sich zwischen jeder fünfhunderttausendsten und millionsten Zellteilung eine Mutation ereignet, und daß sich nur etwa ein Prozent aller in den Geschlechtszellen aufgetretenen Mutationen schließlich als lebensfähig oder gar überlegen erweist. Das heißt, es gibt in diesem Zufallsspiel einen Treffer nur in einem von 100 Millionen Fällen. Bei ungeschlechtlicher Fortpflanzung dauert es mit anderen Worten 100 Millionen Generationen, bis einmal eine neue Anpassung gelingt. Evolution durch Zellteilung ist unter diesen Umständen eine höchst langwierige Sache.

»Der Vorteil der geschlechtlichen Fortpflanzung«, so schreibt Wilson, liege demgegenüber »in der viel größeren Geschwindigkeit, mit der neue Genotypen zusammengebaut werden«. (Der »Genotyp« ist die Gesamtheit der Erbanlagen eines Individuums.) »Diversifizierung heißt Anpassung; Populationen mit geschlechtlicher Fortpflanzung bringen mit größerer Wahrscheinlichkeit als ungeschlechtliche neue Erbkombinationen hervor, die besser an veränderte Umweltbedingungen angepaßt sind. Ungeschlechtliche bleiben immer weiter auf ihre besonderen Kombinationen angewiesen und sterben mit größerer Wahrscheinlichkeit aus, wenn die Umwelt sich ändert. Ihr Dahinscheiden überläßt das Feld ihren sexuellen Pendants, so daß geschlechtliche Fortpflanzung immer mehr Mode wird« (Wilson, 1975).

Nun, nach der verspäteten Erfindung der Geschlechtsunterschiede, geht es schon viel bewegter zu im King-Kong-Krater. Die Weibchen investieren von vornherein mehr Zeit, Energie und Risiko in ein Junges als ein Männchen: Sie müssen es austragen. Sie sind daran interessiert, nach der Geburt nicht allein für die Aufzucht sorgen zu müssen. Die Männchen sind nicht so sehr daran interessiert, für die Brut zu sorgen; für sie wäre es genetisch profitabler, mit anderen Weibchen weitere Fortpflanzungsversuche zu unternehmen, jedenfalls solange die Jungen von jemandem aufgezogen werden. Also wird es Konflikte zwischen den Geschlechtern geben: Gelingt es einem, dem anderen die Mühe der Aufzucht zuzuschanzen oder jedenfalls einen größeren Teil der Mühe? So wie es später Konflikte zwischen den Jungen und den Eltern geben wird, wenn die Eltern nach ihrer (unbewußten) Rechnung genug investiert haben, um das Junge lebens- und fortpflanzungstauglich zu machen, das Junge aber weiter versorgt sein will.

Die Nasobeme arbeiten im Laufe der Evolution eine der möglichen stabilen Strategien der Brutpflege aus: Beide Eltern sorgen gemeinsam für das Junge; danach ist dann ihre Gemeinschaft beendet. Um sicher zu sein, daß der Vater auch wirklich zuverlässig ist, zeigt sich die Nasobemin zunächst spröde und stellt ihn vor der Paarung auf die Probe: Er muß ihr erst vorführen, daß er verläßlich ist und ein guter Versorger. Er tut es, indem er auszieht, Gefahren besteht und ihr Obst mit nach Hause bringt; erst danach gibt sie ihr Sprödigkeitsverhalten auf. Er seinerseits hat nichts gegen eine solche Verlobungszeit, jedenfalls wenn er während ihrer Dauer alle Rivalen verscheuchen und damit sicher sein kann, daß das Junge sein Junges ist. So wahren beide die Interessen ihrer Gene.

Die Nasobeme haben inzwischen auch gelernt, sich individuell zu erkennen. Besonders wichtig ist, daß sie Mechanismen entwickeln, mit deren Hilfe Eltern und Kinder sich aneinander binden. Die neugeborenen Nasobeme klammern sich an jedes große bewegliche Ding, das ihnen als erstes vor die Nasen kommt, und nehmen es als Mutter an, ein Vorgang, der in der Verhaltensforschung als »Prägung« bekannt ist. Bei der Mutter löst das weiche feuchte niedliche Nasenknäuel automatisch Betreuungshandlungen aus. Es handelt sich um das aus der Verhaltensforschung bekannte Kindchenschema. Funktionierte die Bindung nicht so sicher, so wäre die Gefahr zu groß, daß Junge im Stich gelassen oder einer Mutter fremde Junge untergeschoben werden.

Nepotismus als Naturprinzip

Nun, da sie sich individuell kennen können, entwickeln die Nasobeme eine weitere Art der Fürsorge für ihre eigenen Gene: Sie verzichten auf eigene Vorteile zugunsten naher erkannter Verwandter. Es ist dies das 1964 von William D. Hamilton entworfene Modell der *Sippenselektion (kin selection)*. Mein Kind, aber auch meine Geschwister, hat durchschnittlich zur Hälfte die gleichen Gene wie ich. Einem einzelnen eigenen Gen helfe ich also auch, wenn ich zugunsten eines Geschwisters auf einen Teil meiner eigenen Eignung verzichte und dadurch die seine fördere. Bei einem Neffen, mit dem ich durchschnittlich nur 25 Prozent meiner Gene gemein habe, fördere ich meine eigenen Gene immer noch, aber nur halb so stark wie bei meinem Geschwister oder ein Viertel so stark wie bei mir selber – also sollte ich ihm gegenüber auch nur halb so altruistisch sein wie gegenüber meinem Bruder, und so fort – um so weniger, je ferner die Verwandtschaft. Das Prinzip der Sippenselektion schaut auf die sogenannte Gesamteignung: Es begünstigt Verhalten, das anderen wahrscheinlichen Trägern eines bestimmten Gens zugutekommt, auch wenn es zu Lasten des Wohltäters geht. Ein Verhalten fällt der Selektion erst dann zum Opfer, wenn es der Gesamteignung mehr schadet als nützt.

Die Sippenselektion ist im Grunde also ein auf nahe Verwandte erweiterter Egoismus: Identische Gene befördern ihren eigenen Nutzen, auch wenn sie über verschiedene Individuen verteilt sind, und sie fügen dabei einem einzelnen ihrer Träger auch Nachteile zu,

wenn ihnen in ihrer Gesamtheit nur in einem höheren Maß gedient ist
– das heißt, sie veranlassen einen ihrer zufälligen Träger, sobald es für
ihre Gesamtheit profitabel wird, auf einen Teil seiner biologischen
»Eignung« zu verzichten. Der Nepotismus der Sippenselektion steht
dem reinen Egoismus sehr nahe. Wilson nennt darum auch den
Altruismus, der auf der Sippenselektion beruht, einen »harten
Altruismus«, im Unterschied zu dem »weichen« (reziproken) Altruismus, der im Vertrauen darauf gibt, daß dann, wenn alle geben, alle
auch Nehmende sind. Beruhte das menschliche Sozialgefüge auf der
Sippenselektion, so gäbe es nur den unzertrennlichen aufopferungsvollen Zusammenhalt naher Verwandter, die verbissen füreinander
sorgen und verbissen gegeneinander konkurrieren: Sippen träten mit
einem Sippenegoismus auf, der der Schärfe des unverblümten
persönlichen Egoismus nahe wäre, und es wäre schwer bis unmöglich,
diesen Egoismus der Sippen zugunsten anderer Koalitionen zwischen
den Menschen aufzuweichen. Menschliche Sozialsysteme kennen
zwar viele Formen des Nepotismus, aber den genau nach dem
Verwandtschaftsgrad abgestuften Altruismus der Sippenselektion
nicht. Die Natur hält sich nicht pedantisch an diese Gewinnrechnung
der Gene, andere Gewinn- und Verlustrechnungen überlagern die
der Sippenselektion oder decken sie zu.

Mit dem Theorem der Sippenselektion konnte jedoch 1964 durch
William D. Hamilton eins der großen Rätsel der Natur plausibel
erklärt werden, das schon Darwin zu schaffen gemacht hatte und von
ihm als eine Art Testfall für die ganze Evolutionstheorie betrachtet
wurde: das höchst eigenartige *Sozialverhalten der staatenbildenden
Insekten.* Wie kann die Evolution eine Sozietät hervorbringen, bei
der nur ein weibliches Wesen, die Königin, Nachkommen produziert
und alle diese Nachkommen selber steril sind, also ihre eigenen
Erbausstattungen anscheinend gar nicht weitergeben können?

Der Grund, so Hamilton, liegt in den eigenartigen Gen-Bestük-
kungen und ihren Folgen für die Verwandtschaftsverhältnisse.
Tatsächlich sind die Verhältnisse bei den einzelnen Arten der
staatenbildenden Insekten (Bienen, Wespen, Hummeln und Ameisen) leicht voneinander verschieden; hier soll der Mechanismus an
dem Staat einer imaginären Art demonstriert werden, die ihn in
voller Reinheit verwirklicht.

Er gruppiert sich um ein einziges weibliches Tier, die Königin. Am
Anfang ihres Lebenswegs als Königin, auf einem Jungfernflug oder
Jungfernzug, kopuliert sie ein einziges Mal mit einem männlichen
Tier. Das Sperma verwahrt sie ihr Leben lang, das um ein Vielfaches

länger ist als das ihrer Nachkommen: Es kann Jahre betragen, das der Nachkommen nur Wochen. Ihr Leben über produziert sie Eier. Manche befruchtet sie aus dem Vorrat des gespeicherten Spermas. Aus den befruchteten Eizellen wachsen Töchter heran. Manche Eier befruchtet sie nicht. Aus diesen entstehen männliche Insekten, Söhne (bei den Bienen heißen sie Drohnen). Die Mutter-Königin hat den üblichen doppelten Chromosomensatz, sie ist diploid. Ihre Eizellen entstehen, indem sich dieser doppelte Satz halbiert, so daß jede Eizelle irgendeine Hälfte des mütterlichen Gen-Bestands abbekommt. Die Eizellen haben jeweils, und auch das ist noch wie üblich, einen einfachen Chromosomensatz, sie sind haploid. Die ohne Befruchtung entstandenen männlichen Tiere besitzen ebenfalls nur diesen einen einfachen Chromosomensatz. Die befruchteten Eizellen sind wiederum diploid: Die Töchter haben im Unterschied zu den Söhnen den üblichen doppelten Chromosomensatz.

Daraus ergeben sich Verwandtschaftsverhältnisse, in die ein Wirbeltier wie der Mensch sich nicht einfühlen kann. Wir kennen nur symmetrische Verwandtschaftsverhältnisse: Ein Bruder ist mit seiner Schwester genetisch ebenso verwandt wie sie mit ihm, eine Tochter mit ihrem Vater wie er mit ihr, ein Onkel mit seiner Nichte so wie sie mit ihm. Diese Symmetrie besteht bei den staatenbildenden Insekten nicht. Ein Sohn hat alle seine Gene von der Mutter und nur von ihr, denn er hat ja keinen Vater; er ist also mit ihr im Grad 1 verwandt. Eine Mutter gibt die Hälfte ihrer Gene, einen einfachen Satz, an ihren Sohn weiter; die Chance, daß ein einzelnes ihrer Gene sich bei ihm wiederfindet, ist 1:1. Sie ist mit ihm genetisch also nur so verwandt wie Wirbeltiermütter mit ihren Söhnen: 0,5. Der Verwandtschaftsgrad zwischen Müttern und Töchtern ist für beide Seiten 0,5. Die Mutter-Königin gibt die Hälfte ihrer Gene wie an einen Sohn so auch an eine Tochter weiter; eine Tochter hat die Hälfte ihrer Gene von der Mutter, die andere Hälfte vom Vater. Der Verwandtschaftsgrad zwischen Vätern und Töchtern ist wiederum asymmetrisch: Sämtliche Gene des Vaters finden sich in der Tochter wieder, sein Verwandtschaftsverhältnis zu ihr ist also 1; die Tochter jedoch hat nur die Hälfte ihrer Gene von ihm, ihr Verwandtschaftsverhältnis zu ihm ist also nur 0,5.

Entscheidend aber ist das Verwandtschaftsverhältnis unter den Schwestern. Sie besitzen alle irgendeine Hälfte der mütterlichen und sämtliche väterlichen Gene. Die von der Mutter stammende Hälfte kann bei jeder Tochter eine andere sein, je nachdem, wie die Karten beim Crossing-over gemischt wurden; das väterliche Genom aber ist für alle Töchter gleich. Die Wahrscheinlichkeit, daß sich ein bestimmtes einzelnes mütterliches Gen in einer Schwester wiederfindet, beträgt 0,5; die Wahrscheinlichkeit, daß ein bestimmtes väterliches Gen auch in einer Schwester vorliegt, ist 1. Über ihre Mutter sind die Schwestern genetisch halb miteinander verwandt, über ihren Vater sind sie identisch. Ihr tatsächlicher Verwandtschaftsgrad liegt, wenn sie mit der Hälfte ihrer Gen-Ausrüstung halb, zur anderen Hälfte hundertprozentig miteinander verwandt sind, genau in der Mitte: Der Verwandtschaftsgrad zwischen zwei Insektenschwestern beträgt 0,75 – und das ist eine Enge, wie sie uns unvorstellbar ist.

Hätten die Töchter eigene Nachkommen, so wären sie mit diesen nur so verwandt wie ihre Mutter mit ihnen: 0,5. Ihren eigenen Genen nützen sie allemal mehr, wenn sie ihre Mutter-Königin gleichsam als schwesternproduzierende Anlage betreiben, indem sie sie versorgen und schützen, als wenn sie eigene Nachkommen hätten. Sterilität ist für sie, das heißt für die Ausbreitung ihrer Gene, die evolutionär profitablere Strategie. Sobald sie merken, daß ihre Mutter-Königin in der Eierproduktion nachläßt, sobald also die Hervorbringung ähnlicher Gen-Träger – ähnlicherer, als es eigene Kinder sein könnten – in Gefahr gerät, ziehen sie schleunigst aus ihrer Mitte eine neue schwesternproduzierende Mutter-Königin heran.

Ist der Verwandtschaftsgrad zwischen Schwestern besonders eng, so ist er zwischen Schwestern und Brüdern, von den Schwestern aus gesehen, besonders locker. Ihre vom Vater ererbten Gene finden sich in den haploiden Brüdern überhaupt nicht; und die Chance, daß ein bestimmtes mütterliches Gen sich in einem Bruder wiederfindet, ist 1:1. Verwandt sind sie also nur insoweit, als sie in einer Hälfte jener Gen-Hälfte übereinstimmen, die sie von der Mutter ererbt haben: im Grad 0,25. Wenn die Schwesternschaft die Mutter-Königin dazu bringen kann, mehr Eier zu befruchten als nicht zu befruchten, also mehr Schwestern als Brüder zu erzeugen, so haben sie der Ausbreitung ihrer Gene einen Nutzen erwiesen. Tatsächlich gibt es Hinweise darauf, daß zumindest bei einigen Arten eine von diesem Interesse bestimmte Geschlechtsbestimmung erfolgt, indem mehr Töchter als Söhne hervorgebracht werden. Da den Genen einer Arbeiterin durch eine weitere Schwester dreimal soviel gedient ist wie durch einen weiteren Bruder, wäre, genauer gesagt, zu erwarten, daß sie ein Geschlechterverhältnis von 3:1 anstreben, oder auch, daß das Gesamt-Gewichtsverhältnis zwischen Schwestern einerseits und Brüdern andererseits 1:3 beträgt, denn das Körpergewicht drückt am direktesten die für die Aufzucht eines Einzelwesens aufgewendete Energie aus. Trivers und Hare haben die weibliche und männliche Trockenmasse bei zwanzig Ameisenarten gewogen und tatsächlich ein solches Verhältnis festgestellt.

Genetisch ist der Zusammenhalt zwischen den Schwestern einer solchen Schwesternschaft höher als der Zusammenhalt zwischen den engsten Verwandten bei uns Wirbeltieren. Er hält genau die Mitte zwischen der engsten uns geläufigen Verwandtschaft und der genetischen Identität zwischen den Zellen und Organen eines einzelnen Körpers. Ein solches Insektenvolk ist eine Station auf der Hälfte des Wegs zwischen einem einzelnen Organismus und einer Kleinfamilie.»Es gibt enorm persönliche Völker. Es gibt faule und fleißige, aggressive und sanfte Bienenvölker. Es gibt sogar leichtsinnige und unsolide...« (Lars Gustafsson). Daß ein solcher Staat ein Mittelding zwischen Familie und Körper ist, ermöglicht die Ausbildung von Kasten. Sie haben fast die Funktion von Körperorganen. Die Königin ist das Fortpflanzungsorgan; die Töchter sind das Versorgungs- und Schutzorgan, oder sie teilen sich in eine Gruppe, die das Versorgungs-, und eine andere, die das Schutzorgan bildet, in Arbeiterinnen und Soldaten.

Der Schlüssel für die evolutionäre Möglichkeit der staatenbildenden Insekten mit ihrem stark reduzierten Individualismus und ihrer Sterilität liegt also in ihrer»Haplodiploidität«, die Schwestern einen Verwandtschaftsgrad von 0,75 beschert. Ein beliebiges weibliches Insekt investiert, was die Ausbreitungschancen seiner Gene angeht, seine Energie, Zeit und Risiken besser in die Hervorbringung weiterer Schwestern als in die Hervorbringung eigener Nachkommen; und ein altruistischer Akt, der der Schwesternschaft nützt (ein selbstmörderischer Stich etwa), darf in einem bei anderen, nicht zu drei Vierteln miteinander verwandten Tieren unerlaubt hohen Maß dem Altruisten schaden, da der Nutzen für die Gesamteignung ja auch wesentlich höher ist.

Bevölkerungskontrolle

Zurück zu den Nasobemen. Sie müssen noch eine höchst wichtige soziale Leistung vollbringen: ihre *Bevölkerungszahl kontrollieren.* Malthus meinte, die Lebewesen vermehrten sich solange, bis die Nahrungsmittel- und sonstigen Ressourcen aufgebraucht seien und

Ein Zug von Lemmingen in der Nacht – aber er zieht nicht absichtlich in den Tod, er befindet sich auf der Wanderschaft von Sommer- zu Winterplätzen oder umgekehrt, vielleicht handelt es sich auch um die Flucht aus dem Zentrum einer Bevölkerungsexplosion. Dabei kommen viele Tiere um – aber sie begehen nicht Selbstmord.

das Sterben einsetze. Tatsächlich aber gibt es offenbar in der Tierwelt Mechanismen, die die Bevölkerungszahl noch vor der Erschöpfung der Ressourcen stabilisieren. Vor allem nimmt bei wachsendem Bevölkerungsdruck die Sterblichkeit der Nachkommen zu, oder es läßt bereits die Kopulationsneigung nach. Warum versucht nicht jedes Tier, sich möglichst stark zu vermehren? Die Gruppenselektionisten sagen: Es schränkt sich dem Gruppenwohl zuliebe sogar bei dem evolutionären Tüchtigkeitsbeweis par excellence ein, der Fortpflanzung.

Eine individualselektionistische Antwort gab 1954 der englische Biologe David Lack: Das Tier opfere keineswegs etwas auf, es erhöhe im Gegenteil die Überlebenschancen seiner Nachkommen und sorge damit für die Erhaltung seiner Gene. Es gebe nämlich eine, je nach den ökologischen Umständen optimale Brutgröße. Wenn die

170

Nasobeme zwei Junge relativ sicher aufziehen können, so heißt das nicht, daß sie auch drei aufziehen könnten; versuchte ein Nasobem seine Chancen entsprechend zu erhöhen, so würden, da die vorhandene Nahrung nun auf drei statt auf zwei Esser verteilt werden muß, im Durchschnitt nicht drei und nicht zwei, sondern weniger als zwei überleben. Genetisch hätte sich der Expansionist selber geschädigt, das heißt, er hätte weniger als sein maßhaltender Nachbar für den Weiterbestand seiner Gene getan.

Und wie verhält es sich mit den Todeszügen der *Lemminge?* Der Lemming ist ein 10 bis 18 Zentimeter langes graubraunes Nagetier, das im Norden Eurasiens und Amerikas vorkommt. Er lebt den Winter über in seinem Bau oder in Felsspalten, im Sommer zieht er scharenweise auf der Suche nach Nahrung umher. Massenwanderungen zwischen Sommer- und Winterplätzen sind die Regel. Der Lemming ist sehr fruchtbar. Das Weibchen kann zwischen Frühjahr und Herbst alle drei Wochen bis zu neun Junge gebären, die ihrerseits bereits nach zwei Wochen geschlechtsreif sind. Alle drei bis fünf Jahre kommt es zu einer Bevölkerungsexplosion, in deren Verlauf bei den Tieren hormonale Störungen auftreten und häufig Tod durch Streß. Aus den übervölkerten Gebieten laufen die Lemminge in alle Richtungen davon. Die Tiere sind gute Schwimmer, nur Wellen können ihnen gefährlich werden. Dennoch nähern sie sich dem Wasser vorsichtig und vermeiden es auf ihren Migrationen möglichst ganz, indem sie sich Landbrücken suchen. Daß sie in geschlossenen Kolonnen zum Wasser ziehen und sich kopfüber hineinstürzen, um sich zu ertränken, ist ein Märchen. Tatsache ist nur, daß viele bei der Flucht ums Leben kommen. Tatsache ist ebenfalls, daß es sich nicht um einen aufopferungsvollen absichtlichen Selbstmord handelt. Individual- und Gruppenselektionisten sind sich nur nicht einig darüber, welchen genetischen Zweck ihr Verhalten erfüllt.

Gruppenselektionisten interpretieren es als ein Mittel, der Population zu helfen. Durch Emigration mit oft tödlicher Folge lichten die Lemminge den Bevölkerungsdruck, so daß die Lebensbedingungen wieder erträglich werden. Eine Population, in der das genetische Programm »Fliehen, wenn es zu eng wird!« auftaucht, ist demnach besser dran als eine mit dem Programm »Auf jeden Fall zusammenbleiben!« Die riskante Flucht nützt objektiv der Population, darum favorisiert die Selektion Populationen mit Fluchtverhalten. Individualselektionisten meinen dagegen, ein Phänomen wie dieses ließe sich ohne Rückgriff auf das Wohl der Gruppe erklären. Ihnen zufolge laufen die einzelnen Lemminge einfach weg, wenn die Bevölkerung zu dicht wird: Ein jeder sucht sich und damit seine Gene zu retten. Die Flucht verläuft zwar oft tödlich; das mit ihr verbundene Risiko aber ist geringer als das Risiko des Ausharrens. Jeder Lemming mit der Fluchtreaktion hat also größere Aussichten, seine Gene zu propagieren, als einer, dem sie abgeht. So kann sie zum Standardverhalten werden. Der Altruismus ist nur Schein.

Die politische Frage

Mit den vorgestellten Modellen versucht die Soziobiologie zu erklären, wie sich unter den Bedingungen der natürlichen Auslese Verhalten entwickeln, verändern, stabilisieren kann.

Aber sie hat dabei, wie gesagt, Zorn auf sich gezogen, aus mehreren Gründen: Erstens fühlten sich die Menschen immer mitgemeint, wenn von den Tieren die Rede war, und das nicht ganz ohne Anlaß. Der Mensch ist nun einmal ein Tier; zwar hat er durch seine einmalige Fähigkeit der Symbolproduktion eine Ordnung des Lebens erreicht, die aus biologischen Gesetzmäßigkeiten allein nicht mehr zu erklären ist. Gleichwohl bleibt er dieser biologischen Ordnung angehörig. Offenbar kommen den Biologen, die es mit vielen Arten von möglichem Verhalten zu tun haben, manche menschlichen Verhaltensmuster gar nicht so unvergleichlich vor, und einige haben sich nicht gescheut, das auch zu sagen.

Der zweite Vorwurf verwahrt sich gegen jeden »biologischen Determinismus«. Weder die europäische vergleichende Verhaltensforschung, in Amerika öfter als »Pop-Ethologie« verlästert, noch die spätere amerikanische Soziobiologie hat aber den Menschen zu einem Automaten erklärt. Durchgehend und immer wieder sagt sie: Wir sind frei, aber nicht vollkommen frei; wir sind formbar, aber wir lassen uns nicht in jede Form kneten. Das aber ist ein Unterschied. Er bringt auch den zweiten Teil des Einwands zu Fall: Die Humansoziobiologie laufe auf nichts anderes als eine Rechtfertigung des Status quo hinaus und führe geradewegs in einen resignierenden Sozialfatalismus. Die Soziobiologie nämlich sagt, daß wir uns, wenn auch wiederum in Grenzen, gegen die Instruktionen und Suggestionen der Gene verhalten können, ja im Sinne einer guten Biologie sogar unter Umständen lernen müssen, uns gegen sie zu verhalten. Sie löst das Entweder-Oder, entweder Vererbung oder Lernen, in eine Diskussion über Spielräume auf.

Ein dritter Einwand lautet, die Humansoziobiologie sei der »bösartige Versuch, Rassismus als respektable Wissenschaft wiedereinzuführen« (der Biologe Stephen Jay Gould). Bei diesem Punkt ist nun wirklich äußerste Vorsicht geboten; allerdings sollte das auch für jene gelten, die einen solchen Vorwurf erheben. In Deutschland ist das Wort »Rasse« heillos kompromittiert. Auch in Amerika läßt sich das Rassenproblem nicht unbefangen erörtern – und überhaupt nirgends, wo Rassismus praktiziert wird. Das aber heißt, daß auch vernünftige Fragen kaum noch oder nur zaghaft und in einem Gestöber von Verdächtigungen und Besänftigungen gestellt werden können. Das Wort »Rasse« hat heute einen unerträglichen Beiklang von Überheblichkeit. Es suggeriert, daß die Menschheit in eine Reihe scharf abgegrenzter Rassen zerfällt, und es ignoriert die Tatsache, daß Misch- und Zwischenformen die Regel sind. Dennoch ist unbestreitbar: wenn Populationen über viele Generationen hin voneinander isoliert leben, entwickeln sie sich durch genetische Drift voneinander fort; und wenn ihr getrenntes Leben unter verschiedenen Umweltbedingungen stattfindet, sind die entstehenden Unterschiede nicht bloß zufällig, sondern Anpassungen an die jeweilige Umwelt. Wir sind körperlich offensichtlich verschieden: von Individuum zu Individuum, aber auch von Gruppe zu Gruppe. Nur körperlich, oder gibt es auch angeborene Mentalitätsunterschiede und mit ihnen typische ethnische Verhaltensformen?

Der Chicagoer Verhaltensforscher Daniel G. Freedman machte eine Reihe einfacher Experimente. Er prüfte die Reaktionen von Neugeborenen: drückte ihnen kurz ein Tuch an die Nase, drehte sie auf den Bauch, ließ helles Licht in ihre Augen fallen. In den Vergleichsgruppen kamen die Mütter aus der gleichen sozialen Schicht, hatten vorher gleich viele Kinder geboren, waren gleich alt, hatten die gleiche Schwangerschaftsfürsorge hinter sich. Die Kinder selbst waren erst einige Stunden alt, so daß die Umwelt noch keine Gelegenheit gehabt hatte, formend auf sie einzuwirken. Wären die Menschen am Anfang gleich – diese Kinder hätten es sein müssen. Tatsächlich reagierte kein Kind ganz genau wie das andere. Aber auch zwischen den ethnischen Gruppen gab es systematische Unterschiede. Legte man etwa weiße Babys auf den Bauch, drehten sie sich sofort zur Seite. Chinesische Babys blieben liegen oder preßten sogar die Nase ins Bettuch. Navajo-Indianer-Babys übertrafen sie noch an Ruhe und Anpassungswilligkeit. Japanische Babys waren weniger verspielt und weniger am Daumenlutschen interessiert als weiße (kaukasische), jedoch reizbarer als indianische und chinesische. Chinesische, japanische und indianische Babys waren leichter zu trösten als weiße.»Der Eindruck drängte sich auf«, schrieb Freedman,»daß das Klischee vom reizbaren, launischen Weißen und vom ruhigen, unergründlichen Chinesen bereits in den ersten 48 Lebensstunden Geltung hat. Wir sollten endlich diese langgehegten Mythen fallenlassen, daß die ethnische Herkunft keine Rolle spiele und wir alle gleich geboren wären, daß Biologie und Kultur nichts miteinander zu tun hätten. In allem, was wir sagen und tun, sind wir in Wahrheit biosoziale Wesen, und es wird Zeit, daß Anthropologen, Psychologen und Populationsgenetiker die gleiche Sprache zu sprechen beginnen... Wir sind völlig Geschöpfe der Biologie und völlig Geschöpfe der Umwelt; die beiden sind so untrennbar wie ein Gegenstand und sein Schatten.«

Es ist das eine, individuelle und ethnische Verschiedenheiten zu konstatieren. Es ist etwas ganz anderes, die eine ethnische Gruppe für minderwertiger, die andere für wertvoller zu halten. Nur dies aber ist Rassismus. Den Unterschied kann man nicht deutlich genug hervorheben. Wer nämlich seine Forderungen nach der Ausmerzung rassistischer Einstellungen und Praktiken auf die Voraussetzung gründet, daß alle gleich wären, begibt sich ganz unnötigerweise von vornherein in die Defensive: Er muß unaufhörlich alle tatsächlich konstatierten Unterschiede wegdisputieren. Wir sollten vielmehr lernen, daß wir ungleich sind, daß das aber kein verhängnisvoller Nachteil ist, sondern das Gegenteil: Unsere große Variabilität gehört zum Reichtum der Spezies Mensch. Dies nämlich sind wir in aller Vielfalt: eine einzige Art, *Homo sapiens sapiens,* wie wir uns in optimistischeren, fortschrittsgläubigeren und menschenfreundlicheren Zeiten getauft haben, der doppelt weise Mensch. Wir sind verschieden und haben doch das meiste gemein. Eine solche Einstellung ist kein Rassismus. Sie ist realistischer als der Gleichheitsmythos und damit die Vorbedingung für die Überwindung von Rassismus.

Das wirkliche Problem der ethnischen Unterschiede besteht heute nicht in der emotionellen Einschätzung, die eine Gruppe der anderen angedeihen läßt. Es besteht darin, daß eine ethnische Gruppe im Begriff ist, der ganzen Welt ihre Lebensbedingungen und Werthaltungen zu diktieren; und daß damit gerechnet werden muß, daß nicht alle ethnischen Gruppen in einem nach ihren Regeln gespielten Spiel gleich gut abschneiden.

Der vierte Grund, warum die Soziobiologie Anstoß erregte, war der: Sie besteht darauf, daß die treibende Kraft der Evolution der individuelle Vorteil ist, daß Altruismus nur die Verfolgung des genetischen Vorteils auf Umwegen darstellt, daß das ganze Phänomen namens Leben eine einzige riesige immerwährende Gewinn- und Verlustrechnung ist. Sahlins sagte es dankenswert deutlich: Die Soziobiologie projiziere das kapitalistische Denken einiger heutiger Gesellschaften in die Natur. Es ist dies nun ein Argument, das leicht auf den zurückfallen könnte, der es gebraucht. Die soziobiologischen Hypothesen mögen aus welchen persönlichen Motiven auch immer hervorgebracht werden – sie könnten einfach richtig sein; zumindest hat noch niemand das Gegenteil zu vertreten versucht, daß sich in der Evolution irgendein Merkmal durchsetzen könne, das seinen Trägern mehr schadet als nützt. Das müßte in der Tat eine verkehrte Welt sein. Wäre dann aber bewiesen, daß der Kapitalismus nichts anderes ist als eine – unbewußte, unvollkommene – Nachahmung der Natur und vielleicht gerade darum ökonomisch so relativ erfolgreich? Das Argument liefe, zurückgegeben, auf eine Rechtfertigung des Kapitalismus aus der Natur hinaus, die jedenfalls die Soziobiologie nicht betreibt.

Doch das Verführerische an der Soziobiologie ist, meine ich, nicht irgendein unbewußter Krypto-Kapitalismus. Es besteht darin, daß sie Ernst macht mit dem, was alle für selbstverständlich halten, in seinen Konsequenzen aber gern verdrängen: Auch das Verhalten hat sich durch die Evolution, also durch die unterschiedlichen Reproduktionsraten unterschiedlich ausgestatteter Individuen entwickelt; und auch das Verhalten des Menschen muß zum Teil evolutionistisch erklärt werden. Wie es der Harvarder Paläontologe George G. Simpson nun wiederum ganz im Hinblick auf den Menschen formulierte:»Die Frage ›Was ist der Mensch?‹ ist wohl die tiefste, die der Mensch aufwerfen kann. Sie hat immer das Kernstück der Philosophie und Theologie ausgemacht... Alle Versuche, diese Frage vor 1859 zu beantworten, sind wertlos, und wir fahren besser, wenn wir sie ganz ignorieren. Der Grund ist der, daß keine Antwort eine solide, objektive Grundlage hatte, bis erkannt wurde, daß der Mensch das Produkt der Evolution des Uraffen ist und davor, durch Milliarden Jahre allmählichen, doch proteischen Wandels hindurch, aus einer spontan, das heißt natürlich entstandenen Urmonade hervorgegangen ist.«

Von der Natur des Menschen

Ist der Mensch, was immer die Umstände und die Erzieher aus ihm machen? Oder gibt es in seinem Wesen etwas, das die äußeren Umständen nur in Grenzen beeinflussen können und das man als seine *Natur* bezeichnen darf? Ende der sechziger Jahre reiste der amerikanische Anthropologe Colin Turnbull, der unter anderem eine schöne Studie über das glückliche Leben eines westafrikanischen Pygmäenvolkes veröffentlicht hatte, in den Norden Ugandas, um dort einen unerforschten nomadischen Jägerstamm zu erkunden. Er wußte nicht, daß ihm eine einzigartige, böse Erfahrung bevorstand. Jener Stamm jagte nicht mehr; sein Hauptjagdgebiet war einige Jahrzehnte zuvor zu einem Naturpark erklärt worden. Er hungerte. Die *Ik* hatten sich am Rand des Todes einrichten müssen. Ihre unabsehbar in die Länge gezogene Ausnahmesituation hatte ihr soziales Leben verwüstet. Hilfsbereitschaft, Güte, Zuneigung, Liebe – nichts dergleichen war bei ihnen mehr zu finden. Verschwunden war jede Achtung vor Schmerz und Sterben; ihre häufigste Reaktion war eine kindische, absolut gleichgültige Schadenfreude. Eltern sorgten nicht mehr für ihre Kinder, die Jungen nicht für die Alten, die Gesunden nicht für die Kranken, Männer nicht mehr für Frauen und Frauen nicht mehr für Männer. Die einigenden Rituale waren weitgehend fallengelassen worden. Das Wort für »gut« in der Sprache der Ik war dasselbe wie das für »satt«. Ihr Interesse aneinander bestand darin, vielleicht etwas von dieser Gutheit des anderen abzubekommen: Jeder jagte dem anderen den letzten Bissen ab. In ihrer Hobbesschen Gesellschaft war einer des anderen Wolf (die Redensart tut dem kooperativen Wolf Unrecht), und wie Hobbes sah auch der liberale amerikanische Forscher nur eine Art, diese Menschen voreinander zu retten: durch einen hart durchgreifenden Staat.

In seinem Buch *Das Volk ohne Liebe* beschrieb er die Trümmer des sozialen Lebens, die den Ik verblieben waren, als eine Art »Verhaltenssumpf«. So nannte der Biologe John B. Calhoun 1962 die mörderische Zerrüttung des Soziallebens einer Rattenpopulation unter dem Streß eines berühmt gewordenen Übervölkerungsexperiments. Der Verhaltenssumpf der Ik hatte die gleiche Wirkung: Die Nachkommenschaft wurde reduziert.

Zunächst lebten die Ik durchaus weiter eng zusammen in ihren Dörfern, auch wenn sie diese in stachelige Festungen verwandelt hatten. Eine Gruppe, der es gelang, sich in einer Gegend niederzulassen, in der es keinen Hunger gab, kehrte freiwillig zu den anderen in das Elend zurück. Versuche, die Ik anderswo anzusiedeln, scheiterten; zu stark war ihr Gefühl, nur an diesen wenn auch noch so kargen Fleck der Erde und zu dieser wenn auch noch so erbarmungslosen Gemeinschaft zu gehören.

Die Bänder zwischen den Generationen waren zerrissen, aber in einer Karikatur überlebte das Gefühl, einander verpflichtet zu sein. Es wurde zur Erpressung benutzt: Gelang es einem, einem anderen irgendeinen und sei es noch so unerwünschten Gefallen zu erweisen, so konnte er dafür irgendwann ein Essengeschenk erwarten. Die Kinder wurden, soweit sie nicht vorher starben, mit drei Jahren aus der Hütte der »Familie« geworfen und mußten sich allein durchschlagen. Während bei den Erwachsenen der Kampf aller gegen alle nur die Rudimente einer hierarchischen Ordnung übrigließ und das Amt des angesichts der hoffnungslosen Lage nahezu machtlosen Anführers wenig begehrt war, aber die Verteidigung des eigenen Reviers eine bizarre Intensität erreichte, hatten die Kinderbanden kein Revier zu verteidigen, sie zogen auf Nahrungssuche umher, despotisch befehligt von dem Ältesten und Stärksten. Das sexuelle Interesse aneinander war nahezu erloschen, es galt als unnütze Energieverschwendung; kam Sexualität vor, stand sie auf einer Stufe mit der Defäkation, die den liebsten Zeitvertreib darstellte. Nicht erloschen war das Bedürfnis, Koalitionen zu bilden und Nachbarstämme zum eigenen Nutzen gegeneinander auszuspielen. Und immer wieder gab es Schlägereien, wenn aus nichtigem Anlaß eine Gruppe der Ik eine andere überfiel.

Dies soll nicht heißen, daß, was bei den Ik übriggeblieben war, die nackte Natur des Menschen war – unter günstigeren Umständen wären ihnen vielleicht die normalen Formen menschlicher Zuwendung nicht weniger natürlich gewesen. Es soll auch nicht heißen, aus ihrem trostlosen Beispiel gehe hervor, daß es keine Natur des Menschen gibt – die Umstände hätten hier eben alle Menschlichkeit beseitigt. Turnbull war es nur zu klar, wie menschlich diese Menschen

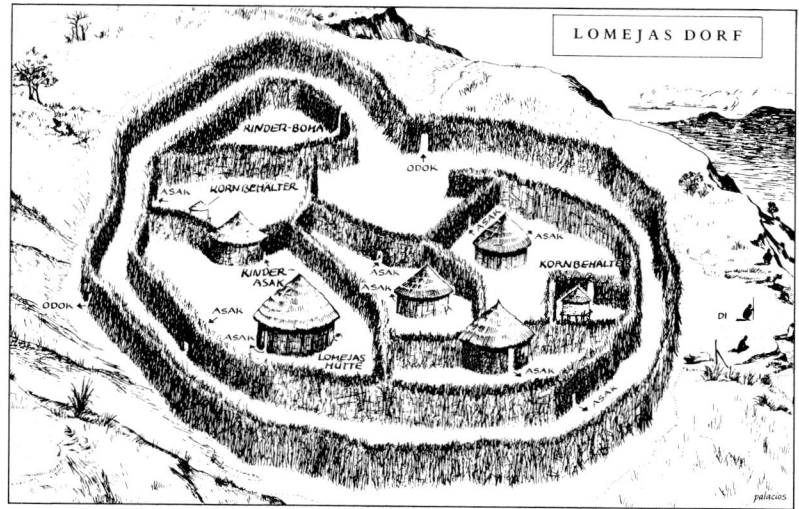

Ein Dorf der Ik: Die Einlässe in die Innenhöfe sind kleine Öffnungen in der stacheligen dichten Hecke dicht über dem Boden; der Eindringling muß hindurchkriechen und könnte dabei mit einem Knüppel leicht getötet werden.

trotz der Abnormität ihres Lebens waren. Er sah in ihnen geradezu karikaturhafte Verdeutlichungen des allgemeinen Menschenwesens, das bessere Umstände lediglich gnädig übertünchen. Der Fall der Ik soll nur ein Hinweis darauf sein, daß einige Muster menschlichen Verhaltens selbst unter langanhaltenden extremsten Bedingungen, wenn auch noch so verzerrt, und gegen die simpelste Vernunft, relativ hartnäckig sind.

Umwelt, Erbe, Erblichkeit

Es gibt Leute, besonders aus dem Umkreis des Behaviorismus und der Kulturanthropologie, die sagen: Der Mensch hat keine Natur; er ist einzig das Produkt seiner Kultur, und die Kultur ist ein verabredetes System gemeinsamer Symbole, Riten, Techniken und Normen, für die kein Muster irgendwie natürlicher ist als ein anderes. »Menschliches Verhalten«, heißt die Formel, »ist das Ergebnis sozialen Lernens«. Daß einiges leichter und lieber gelernt wird als anderes, ist bereits eine Überlegung jenseits des Horizonts dieser Einstellung, denn das setzt immerhin vorgegebene Lerndispositionen

179

voraus. Diese Haltung fürchtet jeden Hinweis, daß der Mensch vielleicht doch keine absolute Freiheit zu jeder Art von Verhalten hat. Sie besteht auf seiner unbeschränkten Belehrbarkeit, weil sie in ihr seine einzige Hoffnung sieht.

Seit Jahrzehnten liegt sie im Streit mit jenen – Biologen vor allem und Anthropologen, auch einigen Sozialwissenschaftlern –, die im Gegensatz dazu meinen: Der Mensch ist manches von dem, was er bei aller kulturell verschiedenen Ausgestaltung ist, grundsätzlich und von vornherein, eben als Gattungswesen Mensch, und es sei zwar viel, aber nicht alles und jedes aus ihm zu machen. In der breiteren Öffentlichkeit spielt sich diese epochale Kontroverse meist in der Form ab, daß »Erbe« gegen »Umwelt«, »Natur« gegen »Kultur«, »Angeborenes« gegen »Erworbenes«, »nature« gegen »nurture« ausgespielt wird. Es ist eine in dieser Form obsolete, unsinnige und der Wahrheitsfindung abträgliche Konfrontation.

Nicht, daß die radikalen Anwälte der Umwelt ihrerseits Beweise für die Allmacht der Umwelt erbrächten. Wen die These von der Erblichkeit von Intelligenzunterschieden so stört, hätte sich ihrer, so könnte man denken, am allerwirkungsvollsten entledigen können, indem er nachwies, daß gleiche Milieus auch gleiche Intelligenzen hervorbringen. Nichts dergleichen ist geschehen. Trotzdem geraten jene, die sagen, bei diesem oder jenem Verhaltens- oder Leistungs-merkmal spiele Vererbung mit, in ein schwer auflösliches Beweisdilemma. Die Molekularbiologie hat in den letzten Jahrzehnten überaus imposante Fortschritte gemacht. Aber sie ist immer noch weit davon entfernt, entziffern zu können, welche Anweisungen in den Genen verschlüsselt sind. Von den 50 000 bis 2 Millionen Genen, die der Mensch hat (noch nicht einmal über ihre Zahl besteht Klarheit), sind erst etwa 1200 identifiziert worden.

Gene sind molekulare Figuren. Sie haben die Eigenschaft, ganz bestimmte chemische Prozesse hervorzurufen und zu steuern. Der Genotyp, die Gesamtheit der Erbanlagen eines Individuums, ist ein Streifen von DNS-Molekülen, beim Menschen etwa drei Zentimeter lang, und sonst nichts. Damit er einen Phänotyp, einen Organismus hervorbringt, braucht er Nährstoffe, Energie, Stimulierung, und die kann er sich nicht selber schaffen, er muß sie aus der Umwelt beziehen. Die Erbmasse ist nichts als eine Möglichkeit. Der Phänotyp vereinnahmt die »Umwelt« gemäß dem Bau- und Betriebsplan, der in den Genen festgelegt ist. Wer sich soviel klar macht, ist sicher vor der Versuchung, Gene und Umwelt als Widersacher zu sehen, die sich gegenseitig die Herrschaft über ein Lebewesen streitig machen. Die

Frage, ob irgendein bestimmtes Merkmal, sei es das Schlüsselbein oder die Rechtshändigkeit, mehr auf die Gene oder mehr auf die Umwelt zurückzuführen sei, ist in dieser allgemeinen Form unsinnig. Ohne den Beitrag der Umwelt gäbe es das Merkmal ebensowenig wie ohne den Bau- und Betriebsplan der Gene. Das Merkmal geht nicht zur Hälfte auf die Vererbung, zur anderen Hälfte auf die Umwelt zurück: Es braucht beide zu 100 Prozent. Die Feststellung, die Hautfarbe etwa sei überwiegend erblich, ist Nonsens. Dem trägt selbst der laxe umgangssprachliche Wortgebrauch Rechnung. Niemand wird sagen, Kopfhaar sei erblich. Selbstverständlich ist es das: Es verdankt sich einem allen Menschen gemeinsamen genetischen Programm. Aber wenn einer sagt, Kopfhaar sei erblich, so meint er gar nicht das. Er meint, die Dichte, die Farbe, die Dicke des Haars seien erblich. Er meint, es gebe ja bekanntlich viele verschiedene Arten von Haar, und daß einer eine bestimmte habe, gehe normalerweise nicht auf irgendwelche Einflüsse der Umwelt zurück, sondern auf die Art des Haars seiner Vorfahren, die ihm mit den Genen den Plan zu seiner eigenen Kopfbehaarung weitergereicht haben. Die Frage nach dem Grad der Erblichkeit eines Merkmals läßt sich nur stellen, wenn das betreffende Merkmal tatsächlich in verschiedener Gestalt oder Intensität vorkommt. Sinnvoll ist nicht die Frage, ob und in welchem Grad irgendein allgemeines Merkmal erblich sei, sondern nur die Frage, in welchem Grad, bei einem gegebenen Merkmal, die festgestellten Unterschiede auf Unterschiede im Erbprogramm zurückgehen.

Die wissenschaftliche *Erblichkeitsberechnung* befaßt sich einzig mit der Analyse dieser festgestellten Unterschiede. Die Streuung um einen Mittelwert heißt Varianz. Beim Menschen ist die Varianz der Körpergröße offenbar sehr viel geringer als beim Haushund: Hunde, heißt das, unterscheiden sich in ihrer Größe sehr viel stärker voneinander als Menschen.

Die wissenschaftliche Berechnung der Erblichkeit geht aus von einer Varianzanalyse. Im wissenschaftlich-technischen Sinn ist die *Erblichkeit* (in der Fachsprache »Heritabilität« oder h^2 genannt) eine Zahl, die angibt, in welchem Maß die in einer Population de facto beobachteten phänotypischen Unterschiede sich durch Unterschiede im Erbgut erklären lassen. Die Zahl kann zwischen 0 und 1 liegen. Ist die Erblichkeit 1, so sind die registrierten Unterschiede restlos auf unterschiedliche genetische Anweisungen zurückzuführen. Ist sie 0,75, so sind sie zu 75 Prozent aus erblichen Unterschieden zu erklären, und so fort.

An diesem Punkt schleicht sich oft ein anderes, dauerhaft beliebtes Mißverständnis ein. Wenn zum Beispiel aus einem Datenmaterial errechnet wird, die Erblichkeit des Intelligenzquotienten liege bei 0,8, so besagt das keineswegs, daß der einzelne in jedem Fall oder auch nur im Durchschnitt seinen IQ zu vier Fünfteln seinen Genen und zu einem Fünftel den Einflüssen der Umwelt verdanke. Es sagt überhaupt nichts über das Zustandekommen irgendeines individuellen IQ aus. Es besagt: Es gibt zwischen den Menschen IQ-Unterschiede, sie kommen durch irgendein ungeklärtes Zusammenwirken der beiden Faktoren Vererbung und Umwelt zustande, und zu 80 Prozent sind sie durch Unterschiede im Faktor Erbanlage zu erklären. Die Erblichkeit bezieht sich immer auf eine Gruppe; sie ist ein statistischer Wert. Über den einzelnen sagt er lediglich soviel (oder immerhin soviel): Je höher der Wert, desto unwahrscheinlicher wird es, daß das betreffende Merkmal tatsächlich anders ausfällt, als es zu erwarten wäre, wenn es allein nach den Genen ginge. Im Einzelfall mag alles mögliche eintreten, im allgemeinen aber ist ein Merkmal den Einflüssen der Umwelt um so weniger zugänglich, je höher die Erblichkeit ist.

Der britische Zoologe Robert A. Hinde schlug, um der unfruchtbaren Gegenüberstellung von »Vererbung« und »Umwelt« zu entgehen, 1959 zwei neue Begriffe vor, die sich seither auch weithin durchgesetzt haben. Statt zu fragen, in welchem Maß sich ein Merkmal den Genen und in welchem Maß dem Milieu verdankt, da doch offenbar beide erforderlich sind, es zu erzeugen, empfahl er, jeweils zu untersuchen, wie *umweltstabil* oder *umweltlabil* dieses Merkmal ist, also wie offen für Modifikationen durch Umwelteinflüsse. Ist ein umweltstabiles Merkmal eines mit einer hohen Erblichkeit? Meist wird es das sein, aber nicht immer.

In der DDR wurden 1977 die Erblichkeiten von Körpergröße und Körpergewicht ermittelt. Erstaunlicherweise waren beide sehr hoch: 0,89 beziehungsweise 0,88. Nun ist die Körpergröße das beliebteste Anschauungsbeispiel für ein umweltstabiles, das Körpergewicht für ein umweltlabiles Merkmal. Denn während sich das Wachstum kaum beeinflussen läßt, ist das Gewicht leicht zu beeinflussen. Nähme man jenes Bevölkerungs-Sample, bei dem die Erblichkeit des Gewichts 0,88 beträgt, und setzte es einer stark unterschiedlichen Ernährung aus, so magerten die einen ab, die anderen würden dicker. Die Korrelation mit dem Gewicht der jeweiligen Eltern würde im Durchschnitt geringer sein als vorher, entsprechend auch die Erblichkeit. Dagegen würde sich eine zunehmend hohe Korrelation zwischen Gewicht (dem Merkmal) und Ernährung (dem Umweltfaktor) zeigen. Das aber besagt nur, daß das Gewicht auf Umweltunterschiede anspricht, die im Bereich des Normalen liegen, wie eine üppigere oder kargere Ernährung. Gäbe es aber in den normalerweise zu erwartenden Umwelten auch einen Einflußfaktor, der das von der Hirnanhangdrüse ausgeschüttete Wachstumshormon unwirksam machte (künstlich könnte die Medizin das besorgen), so wäre auch das Wachstum durch die Umwelt stark modifizierbar. Die tatsächliche Körpergröße hinge dann wesentlich davon ab, ob und wie sehr bei einem Individuum das Wachstumshormon ausgeschaltet wurde oder nicht. Ein Merkmal ist also nicht unverrückbar an irgendeiner Stelle der Umweltstabilitätsskala angesiedelt. Wie umweltstabil es ist, hängt nicht von ihm allein ab, sondern auch davon, ob die Umwelt Ansatzpunkte für seine Modifizierung findet. Der IQ hat sich bisher als recht umweltstabil erwiesen: Auch großzügige Förderungsprogramme konnten die Unterschiede nicht aufheben. Das aber heißt nicht, daß nicht irgendwann Methoden gefunden werden könnten – neue Lehrweisen etwa, aber auch biochemisch wirksame Substanzen –, ihn dem Zugriff zugänglicher zu machen. Es sind bisher nur leider keine solchen Methoden in Sicht. Bei genauerer Betrachtung hängt die Umweltstabilität also nicht nur von dem Merkmal selbst ab; sie sagt auch etwas aus über die tatsächlich gegebenen Chancen der Umwelt bei der Veränderung eines Merkmals.

Und noch einem anderen Sachverhalt ist Rechnung zu tragen: Die Erblichkeit ist keine Konstante, sondern eine empirische Größe. Die Erbgesetze sind zwar immer gleich, und gleich bleibt der Mechanismus der Vererbung. Die Erblichkeit aber gilt immer nur für die Gruppe, für die sie errechnet wurde, und für die Zeit, in der sie errechnet wurde. Wenn sich die genetische Zusammensetzung der Gruppe ändert, wenn sich also die Häufigkeit der für das betreffende Merkmal zuständigen Allele innerhalb der Population verschiebt, ergibt sich auch für die Erblichkeit ein neuer Wert. Und ein neuer Wert ergibt sich ebenfalls, wenn sich die Palette der normalen Umwelten so wandelt, daß sie auf eine statistisch belangvolle Weise verändernd in die Ausbildung eines bestimmten Merkmals eingreift. Wenn sich beispielsweise in einer Bevölkerung, weil das geltende Schönheitsideal es so will, die Mageren stärker vermehren als die Dicken, werden sich die Gene für Körperfülle langsam verringern, der Genotyp verliert an Variabilität. Trifft man dennoch weiter Dicke neben Dünnen an, so muß das eine Folge verstärkt unterschiedlicher Ernährung sein: Die Erblichkeit ist zurückgegangen, die

»Umweltlichkeit« (um den fehlenden Parallelbegriff kurzerhand zu erfinden) hat zugenommen. Ändert sich hingegen an der Variabilität des Genotyps nichts, aber bricht eine allgemeine Hungersnot aus, die alle mager werden läßt, die sowieso Dünnen wie die eigentlich Korpulenten, so sind etwaige dennoch verbleibende Unterschiede nicht mehr aus der Umwelt zu erklären, die allen die gleichen Entbehrungen auferlegt, sondern nur noch aus der Erbanlage – die Erblichkeit nimmt zu, die Umweltlichkeit ab.

Wie aber läßt sich ermitteln, in welchem Maß ein Merkmal erblich ist, erblich in dem engen technischen Sinn? Hier soll nicht von den komplizierten rechnerischen Einzelheiten die Rede sein, sondern allein von dem Grundgedanken, auf dem Erblichkeitsberechnungen beruhen. Wenn man ein Produkt zweier Faktoren hat, so läßt sich der eine Faktor errechnen, sobald man weiß, wie groß der andere ist. Wenn man einen Faktor unverändert unter Kontrolle halten kann, läßt sich der Beitrag des anderen erschließen.

Einmal könnte man also, theoretisch zumindest, die relevanten Umwelteinflüsse kontrollieren. Wenn man eine repräsentative Gruppe von Menschen genau gleichen Umwelteinflüssen aussetzt, und es ergeben sich dennoch Unterschiede, so können diese ja wohl nicht auf die Umwelt zurückgehen; sie müssen Ergebnis verschiedener Erbanlagen sein. Manche Merkmale ließen eine solche Probe durchaus zu. Wenn man einer Gruppe von Kindern, die bisher nicht Klavier gespielt haben, also in bezug auf das Attribut »Klavierspielen« völlig gleich, nämlich gleiche Nichtkönner waren, eine Weile lang den gleichen Klavierunterricht erteilt, und sie können am Ende nicht gleich gut spielen, so muß ein Faktor, der außerhalb des Unterrichts liegt, in ihr Lernen hineingewirkt haben. Wenn alle möglichen Umwelteinflüsse auszuschließen sind, muß es sich dabei um ihr angeborenes Klavierspieltalent handeln.

Tatsächlich aber wäre es schon bei einem so verhältnismäßig einfachen Experiment schwer, jedem wirklich den völlig gleichen Umwelteinfluß »Klavierunterricht« zu bieten und alle anderen Umwelteinflüsse, die in das Lernen mit hineinspielen, ganz und gar auszuschließen. Bei komplexeren Merkmalen geht es überhaupt nicht mehr. Zum Beispiel könnte es gut sein, daß Introvertiertheit genetische Wurzeln hat. Aber erstens wäre es schon schwierig genug, herauszufinden, welches überhaupt die entscheidenden Umwelteinflüsse sind, die zu Introversion führen oder sie verhindern. Und wenn man es wüßte, verböte es sich aus ethischen wie aus praktischen Gründen, Neugeborene in Laboratorien zu sperren: eine Gruppe in eine sorgfältig konstruierte Umwelt, die mutmaßlich der Introversion gleichmäßig förderlich ist, die andere in eine der Introversion mutmaßlich abträgliche Umwelt – um dann nach Jahrzehnten nachzusehen, in welchem Maß die eine Umgebung tatsächlich Introversion erzeugt, die andere sie verhindert hat. So ungefähr aber hätte das Experiment auszusehen, das Aufschluß bringen könnte. Es hätte gleichwohl immer noch einen entscheidenden methodischen Fehler: Träte in der introversionsfeindlichen Umwelt dennoch Introversion auf, so könnte sie, müßte aber keineswegs unbedingt genetisch verursacht sein. In der Tat wäre dies ein wichtiges Indiz dafür, daß sie es ist; ein Beweis aber wäre es nicht. Denn durchaus könnten einige zur Introversion gefunden haben, nicht weil sie genetisch dazu mehr disponiert waren als die anderen, sondern weil sie sich allein aufgrund freien Nachdenkens, also rein »kulturell«, die Introversion als den passenderen Charakterzug angeeignet haben.

Dieser Weg also ist aus vielen Gründen so gut wie nie gangbar. Menschenexperimente in künstlichen Labormilieus scheiden aus. Aber nahe kommt man den Aufschlüssen, die sie bringen könnten, auf eine andere Weise. Wo Pflege- oder Adoptivkinder zusammen mit leiblichen Kindern aufwachsen, haben alle mehr oder weniger dasselbe Milieu. Wenn aber leibliche Kinder einander und ihren Eltern in irgendeinem Punkt systematisch ähnlicher sind als die angenommenen Kinder, die alle Milieueinflüsse mit ihnen teilen, so ist das ein Hinweis auf die Stärke des Faktors Vererbung.

Es läßt sich jedoch auch ein ganz anderer Weg gehen, um zu dem erwünschten Ziel zu kommen. Wenn man genetisch völlig gleiche Personen in verschiedenen Umwelten beobachten könnte und dabei feststellte, daß sie stärker übereinstimmen als genetisch ungleiche, ließe sich das Gewicht des genetischen Faktors errechnen. Es gibt solche genetisch identischen Personen: eineiige Zwillinge, die aus einer einzigen befruchteten mütterlichen Geschlechtszelle hervorgegangen sind. Sie kommen selten genug vor, und sie über Jahre und Jahrzehnte hinweg in ihrer Entwicklung zu beobachten, ist nicht leicht; aber es kommt noch eine Schwierigkeit wiederum methodischer Art hinzu. Gesetzt, eineiige Zwillinge stimmten in allem mehr oder weniger, jedenfalls mehr als ein durchschnittliches Sample anderer Personen überein: in ihrer Körpergröße, ihrer Hautfarbe, ihrer Musikalität, ihrem IQ – es wäre damit noch keineswegs bewiesen, daß das Maß, in dem sie die normalen Übereinstimmungen überschreiten, auch schon das Maß für das Gewicht des Faktors Vererbung wäre. Es könnte ja auch sein, daß ihre Übereinstimmung darum größer als normal ist, weil jedes Paar in der gleichen Umwelt aufgewachsen ist.

Die eine Möglichkeit, diese Falle zu umgehen, besteht darin, Gruppen von eineiigen Zwillingen mit Gruppen von nicht-eineiigen Zwillingen zu vergleichen. Es ist anzunehmen, daß zweieiige Zwillingspaare nicht anders behandelt werden als eineiige. Die Umwelteinflüsse, die beide Geschwister einander angleichen, wären in beiden Fällen also etwa gleich hoch anzusetzen. Wenn trotzdem die eineiigen Zwillinge sich im Durchschnitt ähnlicher sind als die zweieiigen, dann muß das genetische Gründe haben.

Der andere Weg, dieser Komplikation Rechnung zu tragen, ist der, daß man getrennt aufgewachsene eineiige Zwillinge untersucht. Wenn sie zwar verschiedene Umwelten um sich hatten, aber einander ähnlicher sind als der Durchschnitt anderer Menschen aus ebenso verschiedenen Umwelten, so muß das genetischen Ursachen zugeschrieben werden. Allerdings nur unter der Bedingung, daß es tatsächlich verschiedene Umwelten waren; es wäre ja leicht möglich, daß Zwillingspaare, wenn sie schon getrennt werden müssen, doch wenigstens in überdurchschnittlich ähnlichen häuslichen Umständen aufwachsen. Man muß also, um zu einer beweiskräftigen Rechnung zu kommen, außerdem noch feststellen, ob sie wirklich in einem durchschnittlichen Sample von Umwelten aufgewachsen sind, und dazu muß man zunächst einmal die Umwelten überhaupt bewerten. Es ist also kein Wunder, daß Studien an getrennt aufgewachsenen eineiigen Zwillingen, die schlüssige Resultate bringen könnten, so rar sind.

Wo sie fehlen, kann man sich mit Verwandtschaftsuntersuchungen behelfen. Aufgrund des Verwandtschaftsgrades lassen sich exakte genetische Prognosen machen. Angehörige der sogenannten Kernfamilie (Eltern und Kinder) sind genetisch miteinander zu 50 Prozent verwandt. Das heißt, ein Kind hat die Hälfte seiner Gene vom Vater, die andere Hälfte von seiner Mutter. Anders gesagt: die Chance, daß ein bestimmtes Gen des Vaters auf sein Kind übergeht, beträgt 1:1. Der Verwandtschaftsgrad zwischen einem Elternteil und einem Kind beträgt 0,5 – nur eine andere Schreibweise für 50 Prozent. Genauso hoch ist er zwischen Geschwistern: Jedes von ihnen hat eine Hälfte seiner Gene von der Mutter, die andere vom Vater. In dem unwahrscheinlichsten Extremfall, daß bei den beiden vorausgegangenen Halbierungen und Neuzusammenstellungen der Gen-Sätze genau die gleichen Mischungen hervorgebracht wurden, wären alle ihre Gene identisch; in dem ebenso unwahrscheinlichen anderen

Extremfall, daß beide von Vater und Mutter genau komplementäre Gen-Sätze erhalten hätten, wären sie genetisch völlig ungleich; im Durchschnitt aber werden sie miteinander genetisch halb, also im Grad 0,5 verwandt sein. Der nächste Verwandtschaftsgrad umfaßt Großeltern, Enkel, Neffen, Nichten, Onkel, Tanten. Man hat die Hälfte seiner Gene von seinem Vater; der hat die Hälfte seiner Gene von seinem Vater; man hat also ein Viertel seiner Gene von seinem Großvater – anders gesagt: die Chance, daß ein bestimmtes Gen des Großvaters sich bei einem wiederfindet, beträgt 25 Prozent. Der Verwandtschaftsgrad ist 0,25. Cousins und Cousinen sind demzufolge wiederum nur noch halb so eng miteinander verwandt: 0,125. Und so verringert sich der Verwandtschaftsgrad um jedes Individuum in konzentrischen Kreisen, von Kreis zu Kreis halbiert er sich. Bekannt ist also das Maß der genetischen Übereinstimmung zwischen Verwandten. Wenn man nun einzelne Merkmale durch ganze Verwandtschaften hindurch verfolgt und dabei feststellt, daß jene in einem bestimmten Ausmaß übereinstimmen, so läßt sich das tatsächliche Ausmaß der Übereinstimmung vergleichen mit dem rein rechnerischen Ausmaß, in dem sie miteinander übereinstimmen müßten, wenn das Merkmal ausschließlich genetisch verursacht wäre. Die Differenz ergibt das Gewicht des Faktors Umwelt – wiederum unter der Voraussetzung, daß die Verwandten nicht eine überdurchschnittlich ähnliche Umwelt miteinander geteilt haben.

Dies sind die wichtigsten Wege, die zur Bestimmung der Erblichkeit eines Merkmals führen. Bei menschlichen Verhaltensmerkmalen ist die Sammlung der Daten so schwierig, die Wertung des Gewichts einzelner Umweltfaktoren so heikel, die statistische Verarbeitung so fallenreich, daß hieb- und stichfeste Erblichkeitsberechnungen Seltenheitswert haben. Wo es sie gibt, werden sie besser nur als Annäherungen betrachtet.

Sofern es nicht um Erblichkeitsberechnungen geht, sondern nur um die Frage, ob ein Merkmal überhaupt erbliche Wurzeln hat, kann man allerdings auch andere Indizien heranziehen. Wenn man ein Merkmal in allen oder in den meisten Kulturen vorfindet, auch wenn diese lange isoliert waren, so ist es unwahrscheinlich, daß sie es alle aus sich heraus erfunden haben. Wahrscheinlich haben sie es alle aus einer gemeinsamen Quelle, dem Gen-Reservoir der menschlichen Art. Daß es in dieser oder jener Kultur dennoch fehlt, muß noch kein Gegenbeweis sein: Es könnte ja kulturell unterdrückt worden sein. Allerdings ist die genetische Programmierung nur dann wahrscheinlich, wenn sich das Merkmal nicht ohne weiteres auch funktionell erklären läßt – das wird meist dann der Fall sein, wenn es etwas Irrationales an sich hat. Daß wartende Menschen zum Beispiel oft die Arme kreuzen oder Sitzende die Beine übereinanderschlagen, muß keineswegs auf irgendein Erbprogramm fürs Armekreuzen oder Beineübereinanderschlagen zurückgeführt werden. Man kann mit den Armen wenig tun, wenn man sie nicht braucht; auch ohne von den Genen dazu eigens ermuntert zu werden, dürfte jeder Mensch von sich aus auf die Möglichkeit verfallen, sie zu verschränken. Wenn man andererseits bei den Menschen bestimmte Phobien feststellt, etwa Angst vor Schlangen, Spinnen, Ratten, vor geschlossenen Räumen, großen Höhen oder weiten Plätzen, und wenn man sie auch dort feststellt, wo die Menschen praktischerweise besser Angst vor Autos, Röntgenstrahlen oder Lebensmittelfarbstoffen hätten, darf man genetische Ursachen für wahrscheinlich halten. Noch größer wird die Wahrscheinlichkeit, wenn solche Phobien selbst dort auftauchen, wo jemand überhaupt noch keine Bekanntschaft mit dem Gegenstand der Furcht machen konnte, wenn also Menschen, die noch nie eine lebende Schlange gesehen haben, geschweige denn von einer gebissen worden sind, eine solche Phobie entwickeln.

Die Annahme, ein Merkmal sei erblich und nicht gelernt, liegt auch dann nahe, wenn es entwickelt wird, ohne daß die Gelegenheit bestand, es zu lernen. Die wichtigsten Ausdrucksbewegungen des Gesichts (Lachen, Lächeln, Weinen, zorniges Stirnrunzeln, Schmollen) wurden auch an taub und blind geborenen Kleinkindern festgestellt. Sie konnten sie weder an anderen beobachten, noch konnten sie ihnen beschrieben werden.»Der mögliche Einwand, die Kinder hätten zum Beispiel das Lächeln gelernt«, schreibt Eibl-Eibesfeldt (1970),»weil man sie stets mit freundlicher Betreuung belohnte, wenn sie sich ›zufällig‹ einmal ein dem Lächeln ähnliches Verhalten zeigten, ist leicht zu entkräften. Auch schwer hirngeschädigte Kinder, denen man mit größter Mühe nicht beibringt, wie man einen Löffel zum Munde führt, lächeln, lachen und weinen. Man kann sich nicht vorstellen, wie sie diese komplizierten Bewegungsmuster gelernt haben sollen, wo sie doch bei viel einfacher zu erlernenden Aufgaben versagen. Wer hier die Lernhypothese noch vertreten will, müßte als Zusatzhypothese eine besondere angeborene Lerndisposition postulieren. Auch das Argument, die Kinder könnten mit ihrem Tastsinn das Gesicht der Eltern oder Pfleger abgetastet, dabei den Ausdruck abgelesen und dann nachgeahmt haben, ist nicht stichhaltig. Ich kenne einen taubblind geborenen

Buben, der, wahrscheinlich als Folge einer Contergan-Schädigung, nur winzige Stummelhändchen besitzt, mit denen er nichts betasten kann. Die Mimik dieses Kindes ist im wesentlichen normal.« Eine ganz andere Klasse von Hinweisen darauf, ob ein Verhalten genetisch bedingt ist oder nicht, liefert die *Biochemie*. Immer mehr Substanzen werden identifiziert, die die Gemütsverfassung und über sie auch das Verhalten beeinflussen. 1978 entdeckten Forscher am Institute of Mental Health der Vereinigten Staaten, daß es eine Beziehung zwischen dem Grad an Aggressivität und bestimmten Stoffen im Gehirn zu geben scheint. Sie untersuchten bei 26 durch ihre Aggressivität aufgefallenen Marinesoldaten die Zusammensetzung der Rückenmarkflüssigkeit, in der sich die Endprodukte der Neurochemikalien aus dem Gehirn sammeln. Bei den am wenigsten aggressiven unter ihnen wurde ein relativ hoher Spiegel an Serotonin festgestellt, einer Substanz, die bei Tieren impulsives Verhalten dämpft. Die aggressivsten unter ihnen wiesen einen relativ hohen Spiegel von einer Substanz namens Norepinephrin auf, die bei Tieren mit Aggression einhergeht.»Es könnte bei einer ganzen Palette von Verhaltensweisen, die als einigermaßen normal gelten, eine biologische Komponente im Spiel sein«, sagte dazu Frederick Goodwin, der der psychobiologischen Abteilung des Instituts vorsteht.»Biologisch heißt nicht notwendigerweise genetisch. Es ist durchaus möglich, daß gewisse Arten von Erfahrung – beispielsweise Lernen, Unterernährung, Verletzungen – an einem Punkt der Entwicklung die chemische Produktion auf einer bestimmten Stufe einregulieren. Immerhin aber drängt der Befund dazu, die Annahme, daß Gewalttätigkeit, oder gar Familiengeschichten der Gewalttätigkeit nichts anderes als gelerntes Verhalten darstellen, einer kritischen Prüfung zu unterziehen« (so die Zeitschrift *Psychology Today* vom November 1978). Der neurochemische Haushalt des Körpers ist den Einflüssen der Umwelt nicht völlig entzogen; daß er bestimmte Stoffe in bestimmtem Maß erzeugt, ist noch kein Beweis dafür, daß er es auf Kommando bestimmter Gene tut. Aber leicht ist er den Einflüssen der Umwelt nicht zugänglich, und das macht eine Mitwirkung der Gene immerhin wahrscheinlich.

Der englische Mediziner J. M. Tanner, der führende Fachmann für Fragen des menschlichen Wachstums, hat die von Mißverständnissen strotzende, fortschwelende Kontroverse zwischen den Anwälten der »Umwelt« und denen der »Gene« mit einem erfrischend rabiaten Satz weggeräumt: »Die moderne Biologie kann mit simplistischen Vorstellungen nichts anfangen, und schon gar nichts mit den obskurantistischen Schlagworten der vorsätzlich Unwissenden. Feststellungen wie ›Körpergröße ist ein ererbtes Kennzeichen‹ oder ›Intelligenz ist das Produkt sozialer Kräfte‹ (oder natürlich auch umgekehrt) sind intellektueller Müll, der in den Abfalleimer der Propaganda gehört.«

Mehr Naturwesen, mehr Kulturwesen?

Angenommen, der Mensch wäre irgendwann aus der Aufsicht der Gene entlassen worden. Sie legten zwar noch die Anatomie und Physiologie fest, überließen ihm jedoch, sich sein Verhalten selber auszusuchen. Es wäre begrenzt durch seine Anatomie und Physiologie: Er könnte auch durch fleißigstes Training nicht fliegen oder unter Wasser leben. Sonst aber wäre er frei. Verhaltensinstruktionen fände er in seinen Genen nicht vor. Was immer er an Verhalten entwickelt, er müßte es selber erfinden, oder er müßte es von anderen übernehmen: beobachtend, nachahmend, lernend. Die Gründe für sein Verhalten wären dann in seiner spontanen Erfindungsgabe zu suchen und in der Umwelt, in der er aufgewachsen ist – in der Sprache der Sozialwissenschaften in den Bedingungen seiner Sozialisation, in der Sprache der Psychologie in seiner Ontogenese. Und sofern er sein Verhalten nicht frei erfunden hat, wäre der Mensch das Produkt dessen, was ihn geformt hat, nichts weiter. Die Bereitschaft, sich sein eigenes Verhalten zu erfinden, dürfte jedoch gering sein: Schließlich lebt man in einer Gemeinschaft und will, daß das eigene Verhalten als sinnvoll verstanden wird. Im wesentlichen wäre kein Mensch in seinem Verhalten viel anderes als das Produkt seiner Umwelt.

Diese radikale umwelttheoretische Annahme aber stellt einen schnell vor eine Reihe von Fragen. Wenn der Mensch das Produkt seiner Umwelt ist, wer hat dann die Umwelt gelehrt, wozu sie ihn macht? Warum etwa lachen alle Menschen vor Vergnügen und weinen aus Trauer? Wie kommt es, daß in Kulturen, die sich lange Zeit über isoliert voneinander entwickelt haben und die nichts voneinander wissen, trotzdem immer aus Freude gelacht und aus Trauer geweint wird und nicht etwa umgekehrt?

Hinter der Frage, warum der Ausdruck der Gemütsbewegungen universal oder nahezu universal ist, steckt jedoch noch eine andere. Wie kommt es, daß wir (aus etwas unterschiedlichen Anlässen und mit unterschiedlicher Intensität) überhaupt ähnliche Gemütsbewegungen empfinden, die uns zu ähnlichem Verhalten motivieren? Warum sind wir alle dankbar, wenn uns jemand ein Geschenk macht, wahrscheinlich um so dankbarer, je größer das Geschenk ist? Wäre nicht irgendeine Kultur zu erwarten, in der die Tradition besteht, als Antwort auf das Geschenk nicht Dankbarkeit, sondern Haß zu empfinden? Haß, weil ein Geschenk verpflichtet, und weil man das Ansinnen einer solchen Verpflichtung zurückweist? Gäbe es diese Kultur, so hätte sie immer noch eins mit den anderen gemeinsam: das Gefühl, daß Geschenke verpflichten; sie hätte nur die entgegengesetzte Konsequenz daraus gezogen und Geschenke verpönt. Sie wäre uns noch immer verständlich. Aber warum löst ein Geschenk nirgends ein ganz anderes, darum auch nicht benennbares Gefühl aus? Schon eine Kultur, in der Geschenke mit völliger Gleichgültigkeit aufgenommen würden, wie Wasserflöhe von Aquariumsfischen, erschiene uns völlig unverständlich und unmenschlich. Woher aber rührt diese Übereinstimmung?

Und eine dritte Frage taucht auf: Haben wir im Verlauf unserer Ontogenese eigentlich genug Zeit und Gelegenheit, all das zu lernen, was wir schließlich können? Angenommen, wir wollten einem Computer eine menschliche Sprache beibringen: nicht nur eine Reihe von Wörtern und feststehenden Sätzen, die er auf bestimmte auslösende Impulse hin äußert, eine begrenzte Zahl von sprachlichen »Reaktionen« auf eine begrenzte Zahl von »Reizen«, sondern eine richtige Sprache. In seinen Speicher müßte dazu zunächst ein Vokabular eingehen – es wird ihm wenig Schwierigkeiten machen; vor allem aber eine Anzahl syntaktischer Regeln, mit deren Hilfe er diese Vokabeln zu einer beliebigen Zahl richtiger Sätze verknüpfen könnte. Obwohl Computer in der Speicherung von Informationsmengen und der Geschwindigkeit ihrer Verarbeitung das menschliche Gehirn um astronomische Größen übertreffen, ist die Konstruktion eines derartigen Computers auch nicht von fern abzusehen.

Wenn die Aufgabe aber einen so gewaltigen Input von Informationen, insbesondere von abstrakten Regeln erfordert – wie kommt es dann, daß jedes normale menschliche Kind diese Lernleistung ohne besondere Mühe, ja sogar mit einer gewissen Lust schafft? Wie kommt es, daß in dem singulären Fall der Helen Keller, die, taub und blind geboren, erst mit acht Jahren durch den Einfallsreichtum einer intelligenten Erzieherin entdeckte, was Sprache ist – als diese ihr nämlich die ersten Worte mit dem Finger in die Hand schrieb –, sich innerhalb weniger Monate und fast gierig eine überdurchschnittliche Sprachbeherrschung einstellte? Die moderne Sprachwissenschaft kann noch nicht endgültig und zweifelsfrei beweisen, daß es angeborene Gehirnstrukturen gibt, die einer allen Sprachen unterliegenden »Tiefengrammatik« entsprechen; daß sich diese Tiefengrammatik in bestimmten Lebensabschnitten wie ein Organ entwickelt; daß dieses Sprachorgan, welches die Struktur der Sprache noch vor jeder Sprache beherrscht, gleichsam implosionsartig das zufällig vorgefundene Material irgendeiner bestimmten Sprache aufsaugt, um mit ihm seine virtuelle Sprachkompetenz zu realisieren, so daß es, mag dieses Material auch noch so fehlerhaft, unvollständig und zufällig sein, am Ende eine unbegrenzte Zahl nie gehörter korrekter Sätze bilden kann. Bewiesen ist es noch nicht; aber ohne die Annahme einer solchen angeborenen Sprachfähigkeit (nicht Sprechfähigkeit) ist die ungeheure Leistung des Spracherwerbs schlechterdings nicht zu erklären. »Wir müssen«, schrieb der Linguist Noam Chomsky, »eine angeborene Struktur postulieren, die reich genug ist, die Kluft zwischen Erfahrung und tatsächlichem Können zu erklären.«

Ist der Mensch also doch nicht ein reines Produkt seiner Kultur? Hat er eine Natur? Muß eine Natur schon darum postuliert werden, weil die Übereinstimmungen in seinem Verhalten und das schiere Ausmaß seines Verhaltensrepertoires sich durch Lernen allein gar nicht erklären ließen? Weil man zwar sehr viel in seinem Verhalten als erworben nachweisen kann – aber nicht, warum er die Umweltreize so zielsicher in einer bestimmten, eben menschentypischen Weise sortiert und ordnet und sich einverleibt oder abstößt?

»Die allgemeinen Charakterzüge der menschlichen Natur«, schreibt Edward O. Wilson, »erscheinen als begrenzt und typisch, wenn man sie vor den weiten Hintergrund all der anderen lebenden Arten hält... Die stereotyperen Formen des menschlichen Verhaltens sind ihrem Wesen nach säugetierhaft und noch spezifischer primatenhaft, so wie es die allgemeine Evolutionstheorie voraussagt.« Diesem Satz aus *Über die menschliche Natur* steht ein anderer aus Wilsons *Soziobiologie* gegenüber, und erst beide zusammen machen den Befund vollständig: »Die geistige Hypertrophie hat selbst die elementarsten primatenhaften sozialen Muster fast bis zur Unkenntlichkeit verzerrt. Einzelne Arten der Altwelt- und Menschenaffen haben bemerkenswert plastische soziale Organisationen; der Mensch hat diesen Trend zu einer proteischen ethnischen Vielfalt getrieben. Affen und Menschenaffen setzen verschiedenartiges und verschieden intensives kommunikatives Verhalten ein, um ihre aggressiven und sexuellen Interaktionen aufeinander abzustimmen;

beim Menschen sind diese Nuancierungen vieldimensional, kulturell anpaßbar und nahezu unbegrenzt subtil geworden. Bindungen und die mit reziprokem Altruismus einhergehenden Praktiken sind bei den anderen Primaten rudimentär; der Mensch hat sie zu großen Netzbeziehungen ausgeweitet, in denen die Individuen ihre Rolle von einer Stunde zur anderen ändern, als wechselten sie die Maske.« Bilder sind immer riskant. Im ungünstigen Fall wird der Gewinn an Anschaulichkeit, den sie versprechen, dadurch wieder zunichte gemacht, daß sie die Vorstellung in eine falsche Richtung locken. Für das *Verhältnis von Umwelt und Vererbung* im menschlichen Verhalten möchte ich trotzdem ein Bild gebrauchen, wenn auch zögernd. Ich möchte das Verhalten wie einen großen Baum sehen. Seine Gestalt wird im wesentlichen von der Form seines Stammes und dessen immer feineren Verästelungen bestimmt. Stamm und Äste sollen das Bild für die genetisch bestimmte Grundlage des Verhaltens sein. Bald dünner, bald dichter, wächst auf ihrem Gezweig das Laubwerk des erlernten, erworbenen Verhaltens. Es ist beweglicher, es kann verschiedene Farben annehmen, es kann abfallen und wieder nachwachsen, es läßt an einigen Stellen die kahlen Zweige sehen, an anderen verdeckt es die Zweige vollständig und wuchert aus zu üppigen Formen, so daß jemand, der nur die Blätter sähe, den Verlauf der Zweige nicht mehr erkennen und noch nicht einmal mit Sicherheit sagen könnte, ob da überhaupt ein Zweig ist, und wenn, wie stark er wohl sein mag. Die Gestalt des belaubten Baums ist nicht die des kahlen Geästs, nur: wo kein Zweig ist, wächst kein Blatt; wo Blätter sind, muß auch ein Zweig sein, der sie trägt. Das menschliche Sozialverhalten besteht in den reichen kulturellen Variationen einiger Grundfiguren, die von der menschlichen Natur festgelegt sind.

Die Annahme, im Gegensatz zu unserer Anatomie und Physiologie, für die die genetische Basis zu bestreiten keinem jemals eingefallen ist, habe sich unser Verhalten von der Mitbestimmung der Gene emanzipieren können – diese Annahme ist schon darum verwegen unwahrscheinlich, weil sie auf einer primitiven und überholten Vorstellung beruht, nämlich der, Körper und Geist seien etwas ganz Verschiedenes, ja einander Entgegengesetztes. Es gibt nichts Geistiges und Psychisches ohne materielle Grundlage. Einer jeden seelischen oder geistigen Regung liegt ein biochemischer oder elektrischer Prozeß zugrunde. Der Körper ist ein Verhaltenspotential, und das nicht nur in dem Sinn, daß er dem möglichen Verhalten Grenzen setzt, sondern daß er sich auf die ihm gemäßeste Weise verhalten will. Vermutlich wird man niemals einzelne Gene für bestimmte Verhaltensweisen entdecken, eines für unsern Sinn für Humor und eines für unsere Faulheit und eines fürs Briefmarkensammeln und so weiter. Nicht Verhaltensgene also wird man entdecken, sondern Gene, die unser Nervensystem strukturieren, seinen elektrischen Schaltplan festlegen und unseren neurochemischen Haushalt, insbesondere unseren Hormonhaushalt, steuern und damit mittelbar Muster für unser Verhalten entwerfen; Gene also, die unseren Wahrnehmungen Ordnung geben, unsere Gefühle und Antriebe, unsere Vorlieben und Abneigungen einfärben, unseren Bedürfnissen die materiellen Voraussetzungen schaffen.

Die Frage, die immer wieder gern aufgeworfen wird, ob nämlich der Mensch nun in erster Linie ein biologisches oder ein historisches, kulturelles Wesen sei, ist unter diesen Umständen vernünftig gar nicht zu beantworten. Sie setzt voraus, daß es zwei voneinander unabhängige Faktoren gibt, die in der Formung des Menschen wetteifern: Auf der einen Seite hält ihn die »Natur« in ihren rohen Klauen, auf der anderen Seite versucht seine Umgebung, ihn kulturell zu modellieren und zu ziselieren; und nun müsse man nur den Beitrag der beiden Faktoren abschätzen. Formuliert man die Frage um, erkundigt man sich, was dem Menschen mehr Informationen zur Verfügung stellt, die sein Verhalten lenken, das in den Genen kodifizierte Verhaltensprogramm oder die im Gehirn gespeicherte Lebenserfahrung, so ist eine Antwort leichter zu geben: Er kann ein Vielfaches von dem lernen, was er genetisch weiß, ist also überwiegend ein Kulturwesen. Carl Sagan rechnet in *Die Drachen von Eden* vor, daß in der Entwicklungsgeschichte des Lebens zum erstenmal irgendwo auf der Höhe der Reptilien die Menge der genetischen Informationen, die einem Lebewesen zur Verfügung stehen, übertroffen wurde von den außergenetischen, also gelernten Informationen.

Ganz befriedigend ist aber auch eine solche Antwort nicht, eben weil es sich nicht um zwei unabhängige oder gar gegensätzliche Inputs handelt. Von denen, die die Rolle der Biologie im Leben des Menschen verkleinern wollen, wird gern angeführt, daß selbst ein so elementarer biologischer Lebensvorgang wie die Säuglingsfürsorge aus dem genetischen Repertoire des Menschen weitgehend getilgt wurde: Die Mutter weiß nicht von vornherein und von selbst, wie sie ein Neugeborenes zu behandeln hat; sie muß es in Erfahrung bringen. Übrigens kann man bei Jane von Lawick-Goodall nachlesen, wie geradezu versessen junge Schimpansinnen darauf sind, ihre

194

Mütter bei ihren mütterlichen Tätigkeiten zu beobachten oder gar ihre jüngeren Geschwister an sich zu nehmen und mit ihnen Mutter und Kind zu spielen – sie eignen sich durch Spiel und Erfahrung ihre spätere Mutterrolle an, die ihnen ihre Gene nicht verraten. Und es braucht jeder nur an seine eigene unaufgeklärte frühe Sexualität zu denken, um eine Idee davon zu bekommen, auf welche sonderbaren Betätigungen dieser elementare biologische Antrieb möglicherweise ausgewichen wäre, wenn man nicht noch beizeiten gelernt hätte, was der Mensch mit seiner Sexualität normalerweise anfängt. Die Natur läßt den Menschen offenbar weitgehend im Stich, wenn er die Regeln seines Handelns zu etablieren wünscht. Er muß sie lernen, und er ist von der Natur darauf eingerichtet, sie zu lernen. Die Natur belastet das Gehirn nicht damit, ihm von vornherein eine ganze Sprache einzuspeichern; sie hat es nur so ausgelegt, daß es zu gegebener Zeit begierig eine beliebige Sprache aufnimmt. Daß eine Mutter nicht von Natur aus weiß, wie sie ein Neugeborenes behandeln muß, heißt nicht, daß ihr Mütterlichkeit überhaupt erst anerzogen werden muß. Die Natur hat es nur so eingerichtet, daß die mutmaßlich eines Tages von Mutterschaft betroffenen Menschen sich beizeiten sehr neugierig dafür interessieren, wie sich eine Mutter richtig verhält. Und wiederum weiß jeder aus der Zeit seiner Vorpubertät, daß er nicht nur einfach nicht wußte, wie seine aufkommenden Sexualempfindungen anzuwenden waren, sondern daß ihn gleichzeitig eine quälende Neugier befiel, hinter dieses Erwachsenengeheimnis zu kommen. Die Natur erreicht ihre Ziele also schon. Sie kann sich nur, im Falle des Menschen, allzu viele Detailanweisungen ersparen; sie braucht lediglich Lernbedürfnisse und Lernbereitschaft anzulegen und kann sich darauf verlassen, daß ihre Geschöpfe das Nötige schon tun werden, und zwar nach ihrem eigenen Ermessen flexibler und den jeweiligen unterschiedlichen Lebensumständen adäquater, als sie es aufgrund fertiger Verhaltensprogramme könnten. Wir sind zwar überwiegend Kulturwesen. Wir sind aber mit einem Lernmuster geboren, das unsere Kulturerfahrungen ordnet und das sie immer stark genug geordnet hat, um die isolierten Gruppen der Menschheit, die Jahrhunderttausende lang in den verschiedensten Umweltbedingungen ihr Überleben gesucht haben, von den trockenen heißen Savannen über die Regenwälder zu den Meeresküsten und den Frosträndern der Eiszeiten, als eine einzige Art zusammenzuhalten.

Daß unsere enorme Lernfähigkeit biologisch vorstrukturiert ist, ist aber nur der eine Grund, der die Frage so unbeantwortbar macht, ob der Mensch denn nun mehr Natur- oder mehr Kulturwesen sei. Der andere ist der, daß unsere erworbenen Eigenschaften, also das, was wir uns kulturell aneignen und weitergeben, ihrerseits wieder Rückwirkungen haben auf unsere Erbausstattung. Um es an einem fiktiven Beispiel klarzumachen: Wenn eine mit großen Vollmachten ausgestattete Kulturbehörde willkürlich, etwa durch Los entschiede, daß schwarze Haare schöner und wertvoller sind als blonde, wenn daraufhin ein Werbefeldzug einsetzte, der die Schwarzen auf- und die Blonden abwertete, wenn zu ihm Druckmittel träten, Prämien für schwarzhaarige Nachkommen, Diskriminierungen für die Blonden, wenn sich also, von keinem Naturtrieb bewegt, die Kultur in Bewegung setzte, schwarze Haare durchzusetzen, würde wahrscheinlich das Gen-Reservoir der betreffenden Population in gar nicht so vielen Generationen eine deutliche Verschiebung zugunsten der für Schwarzhaarigkeit verantwortlichen Gene aufweisen. Die Kultur hätte biologische, genetische Evolution betrieben und die Häufigkeitsverteilung der Allele beeinflußt. Tatsächlich ist der Test des Lebens, dem sich die individuellen Genverbände im Falle des Menschen zu stellen haben, ein unentwirrbar kulturell-biologischer Test; der Selektionsdruck, der bestimmten Gen-Zusammenstellungen Vorteile über andere verschafft, ergibt sich bei jedem Lebewesen unausweichlich aus der besseren oder schlechteren Angepaßtheit an die Ökologie, in die es hineingerät – und die ökologischen Verhältnisse des Menschen sind eben teils natürliche, teils selbsthergestellte, teils natürliche Modifikationen kultureller Gegebenheiten, teils kulturelle Modifikationen natürlicher Gegebenheiten.

Eine der großen, in Mythen wie dem von Prometheus verherrlichten, kulturellen Taten des Menschen war die Beherrschung des Feuers. Vermutlich beobachtete er zunächst nur natürliche Brände; dann begann er sie seinen Bedürfnissen entsprechend zu lenken – an den Lagerstätten vorbei oder über die abgesammelten Landflächen, die darauf schneller wieder Frucht trugen; mit der Zeit ging er über zu vorsätzlichen Brandrodungen, bis er schließlich das Feuer bewahren und mit Hilfe von funkensprühendem Feuerstein oder durch Reiben von trockenem Holz selber erzeugen konnte.

Die Natur hatte ihm die Fertigkeit nicht mit auf den Weg gegeben, sondern nur die Neugier, Findigkeit und Vorsicht, die die Vorbedingung für sie waren. Sonderbarerweise besitzt das Feuer für den Zivilisationsmenschen, für den es doch ohne Probleme und Geheimnis ist, der es durch Druck auf die Taste seines Feuerzeugs oder durch eine Knopfdrehung am Gashahn beiläufig und gedankenlos erzeugen kann, wann immer er will, bis heute noch eine sonderbare Faszination. Bei jedem Brand sammeln sich aufgewühlte Zuschauermengen; Lager- und Kaminfeuer haben die Eigenschaft, die Geselligkeit zu intensivieren. Etwas in uns, das seine Prägekraft nicht aus unserer Zivilisation beziehen kann, antwortet mit einer »irrationalen« Hochstimmung auf den Anblick eines Feuers. Wer grundsätzlich abstreitet, daß solche Aufwallungen auf unsere genetische Ausstattung zurückgehen, und erst dann eines anderen zu belehren wäre, wenn man ihm ein Gen Nummer soundso mit einem Programm »Faszination durch Feuer« vorweisen könnte, wird es für ein weiteres Märchen der Biologisten und Naturalisten und Evolutionisten halten. Ich selber halte es für plausibel, daß unsere Ururahnen die Liebe zum beherrschten Feuer lernten, weil das ihre Überlebenschancen wesentlich vergrößerte, indem es ihnen die wilden Tiere in sicherer Entfernung hielt und die Winter der Eiszeiten erträglicher machte; daß die größeren Reproduktionschancen hatte, wer diese einmal lebensentscheidende Faszination und Liebe aufbrachte; und daß sie so in den genetischen Bestand unserer Art aufgenommen wurde, der selbst heute, funktionslos geworden, noch unsere Emotionen tönt.

Auf der Fährte der Gegner

Die naturalistische, »biologistische« Perspektive ist entschieden nicht à la mode. Sie ist dem Hauptstrom im Denken der Zeit entgegengesetzt. Daß die Debatten aber immer wieder so erbittert geraten, liegt zu einem größeren Teil an der Unfähigkeit oder Unwilligkeit, Halbtöne zu verstehen, anders als in plakativem Entweder-Oder zu denken. Es wird diskutiert, als habe man sich zwischen »Natur« und »Kultur«, zwischen »Vererbung« und »Umwelt« zu entscheiden – und da das Reich der Natur in der Tradition älteren spiritualistischen Denkens vorzugsweise als das der brutalen Notwendigkeit, das der Kultur als das der Freiheit verstanden wird, obwohl nicht einzusehen ist, wieso ein völlig von der Gesellschaft determinierter Mensch freier wäre als ein von natürlichen Dispositionen gelenkter, geht es scheinbar um die Alternative zwischen Determinismus und Freiheit. Wer die Überzeugung äußert, der Mensch besitze manche seiner Eigenschaften von Natur aus, gerät sofort in den Verdacht, ihm seine Willensfreiheit rauben zu wollen und ihn zu einem Automaten der Materie zu machen. Zwischen den politischen Fronten wird er leicht vereinnahmt von denen, die an bestehenden sozialen Verhältnissen nicht gerüttelt sehen möchten und denen es darum nur zupaß kommt, wenn irgendwo der menschlichen Veränderbarkeit Grenzen gezogen werden. Die andere Seite fürchtet diese Konsequenz und sieht die naturalistischen Theorien gern als Bestandteil eines reaktionären Komplotts zur Unterminierung jedes Veränderungswillens. Sie geht in der vorsorglichen Abwehr so weit, dem Menschen unbegrenzte Formbarkeit zuzusprechen.

An einem unverdächtigen Beispiel ist das Mißverständnis wohl am ehesten klarzumachen. Der Mensch neigt am Rand von Abgründen zu Schwindelgefühlen. Diese sind evolutionsbiologisch leicht zu erklären, denn einem sturzgefährdeten Wesen wie ihm mußte die Natur eine Alarmanlage einbauen, die ihn vor der Gefahr des Fallens bewahrt. Schwindel befällt einen, ohne daß man ihn lernt; also ist er uns genetisch einprogrammiert. Auf diesem unverfänglichen Gebiet wird die Feststellung keine Empörung auslösen: Die Menschen haben eine angeborene Neigung zum Höhenschwindel, er ist Teil ihrer Natur. Das aber heißt nun nicht, daß er bei allen gleich stark auftreten muß, daß er immer das ganze Leben über gleich bleibt und daß man sich nicht auch über ihn hinwegsetzen könnte: Wer sich seine Unabhängigkeit von den Zwängen der Natur beweisen will, ist gern frei, soviel er will am Rand der Abgründe entlangzubalancieren. Trotzdem wird man im allgemeinen den Höhenschwindel als naturgegeben in Rechnung stellen; es ist nicht zu erwarten, daß eine revolutionäre Architektenschule plötzlich Treppen- und Brückengeländer als biologistische Verleugnungen menschlicher Willensfreiheit und Veränderbarkeit wegläßt. Und wo die natürliche Disposition zum Schwindel dem Menschen hinderlich ist, wo sie also eine kraß unzweckmäßig gewordene Anpassung darstellt, wird man nicht einfach behaupten, es gäbe sie nicht, wird man dem Betroffenen nicht abverlangen, sie zu ignorieren, da er doch erhaben sei über die primitiven Verstrickungen der Natur, sondern wird sie in behutsamem Training verhaltenstherapeutisch zu mindern suchen.

Eben dies halten die Naturalisten den Verfechtern des rigorosen Umweltstandpunkts entgegen. Wer natürliche Dispositionen von vornherein völlig ausschließt, gibt sich einer Illusion über das Ausmaß menschlicher Veränderbarkeit hin, die nur in Enttäuschungen und Niederlagen enden kann, nämlich dann, wenn der erwartete Neue Mensch seinen nächsten Auftritt verpatzt; erfolgreich ändern läßt sich der Mensch nur unter Berücksichtigung seiner Natur, nicht, indem man sie ihm ganz abstreitet und vergewaltigt.

Es war hier immer von den *Milieutheoretikern* die Rede und den Nativisten, Biologisten, Naturalisten. Bei näherem Hinsehen jedoch ist es gar nicht so einfach, den Standpunkt, der *Mensch werde einzig durch Lernen zu dem, was er ist,* in der Wissenschaft zu lokalisieren. Er ist gleichzeitig allgegenwärtig und ungreifbar. Wenn zum Beispiel ein Artikel in einer psychologischen Fachzeitschrift so aufgemacht ist, als versetze er dem IQ endlich den verdienten Todesstoß und mit ihm jedem Verdacht, die Höhe der Intelligenz hänge auch von der Erbausstattung ab, dann aber nur einige altgediente Argumente gegen einige laienhafte Vorstellungen von IQ-Tests aufzählt und dabei ausdrücklich von der Voraussetzung ausgeht, daß ein erheblicher Teil der Intelligenz fraglos als erbbedingt gelten muß, stellt sich die Frage, worum die große IQ-Kontroverse Anfang der siebziger Jahre eigentlich ging. Schließlich sahen sich die »Nativisten« damals Morddrohungen und einem strengen akademischen Anathema ausgesetzt, weil sie dem IQ eine relativ hohe Erblichkeit zugesprochen hatten, als Resümee einer jahrzehntelangen Forschung. Welche Widersprüche die Diskussion kennzeichnen, mag folgendes Zitat von Chomsky zeigen: »Skepsis ist gewiß angebracht, wenn die Doktrin einer ›inhärenten Aggressivität‹ des Menschen in einer Gesellschaft an die Oberfläche kommt, die den Wettbewerb glorifiziert, in einer Zivilisation, deren Kennzeichen die Brutalität ihres Angriffs auf weniger glückliche Völker war«. Im gleichen Absatz sagt er aber auch dieses: »Es ist zweifellos wahr, daß es angeborene Tendenzen in der menschlichen psychischen Konstitution gibt, die unter bestimmten sozialen und kulturellen Bedingungen zur Aggressivität führen. Doch es gibt wenig Grund zu der Annahme, daß diese Tendenzen so beherrschend sind, uns am Rand eines Krieges aller gegen alle wanken zu lassen – was Konrad Lorenz übrigens völlig klar ist«. Ist damit, unter dem Strich, die Hypothese, Aggression sei unter anderem menschliches Erbe, verworfen oder anerkannt? 1962 noch hat Ashley Montagu, der erklärte Erzfeind aller Nativisten, mit John B. Watson geschrieben, im Laufe der Evolution des Menschen seien sämtliche natürlichen Instinkte dahingewelkt, und es seien ihm keine verblieben als »möglicherweise die automatische Reaktion auf ein lautes Geräusch und gleichfalls seine Reaktion, wenn er den Boden unter sich verliert«. 1968 sagt Montagu ebenfalls in einem einzigen Absatz: »Das Bemerkenswerte am menschlichen Verhalten besteht darin, daß es gelernt wird... Aus der Herrschaft biologischer oder ererbter vorbestimmter Reaktionen, wie sie im Verhalten anderer Tiere vorherrschen, hat sich der Mensch in eine Anpassungszone begeben, in dem sein Verhalten von erlernten Reaktionen beherrscht wird... Daß die Vererbung bei allem menschlichen Verhalten eine Rolle spielt, ist offensichtlich falsch; daß sie bei manchem menschlichen Verhalten eine Rolle spielt, läßt sich indessen nicht bezweifeln.« Auch hier löst sich die Härte des Widerspruchs fast in nichts auf, und zurück bleibt nur, daß der von keinem mehr ernstlich bestrittene Befund, der Mensch sei ein biosoziales Wesen und als solches *Produkt sowohl der Vererbung als auch der Umwelt* (beziehungsweise der Kultur oder Gesellschaft), verschiedene Akzentsetzungen gemäß politischer Opportunität herausgefordert hat.

Die psychologische Richtung, in der sich der härteste Widerstand gegen jede Art von Nativismus vermuten läßt, ist der Behaviorismus. Seine Kernfrage ist: Wie lernt der Organismus? Und da sein ausschließliches Augenmerk dieser Mechanik des Lernens gilt, haben die Lerntheorien in seinem Gefolge meist keinen Raum für angeborene Verhaltensweisen; was nicht gelernt wird, interessiert sie einfach nicht.

Der *Behaviorismus* knüpft an die Forschungen der russischen Reflexphysiologen an. Um 1900 hatte Iwan Petrowitsch Pawlow sein berühmtes Hunde-Experiment gemacht. Einem angeschnallten Hund in einem schalldichten Raum wurde Futterpulver in die Schnauze geblasen; der Hund sonderte daraufhin Speichel ab, der wurde aufgefangen und seine Menge gemessen. Dann ließ Pawlow zusammen mit jedem Futterwindstoß ein Glockenzeichen ertönen. Und nach einiger Zeit trat der Speichelreflex auch dann ein, als nur die Glocke ertönte, das Futter jedoch ausblieb. Der Hund hatte einen neuen Reflex gelernt: den Reflex Glocke-Speichel. Es ist ein anerzogener, ein »bedingter« (»konditionierter«) Reflex. Pawlow glaubte, alles Verhalten bestehe aus Ketten ursprünglicher oder konditionierter Reaktionen.

Diese Reiz-Reaktions-Psychologie übernahm der Amerikaner John B. Watson, der 1913 mit einer Art Manifest den Behaviorismus begründete. Er glaubte, aus der Psychologie Begriffe wie Bewußtsein, Seele, Gefühl und Wille ganz verscheuchen und so aus einer bislang weithin introspektiven Wissenschaft eine nüchterne, objektive Naturwissenschaft machen zu können, für die nur die im Experiment beobachtbaren meßbaren Aktionen eines Organismus zählten. Instinkte sprach Watson dem Menschen ab, bis auf ein instinktives Zusammenschrecken bei einem lauten Geräusch und eine instinktive Furcht vor dem Fallen. Für ihn war der Mensch bei seiner Geburt »ein sehr tiefstehendes formloses Protoplasma«, dem

Ratten werden in einer Skinner-Box »konditioniert«, Operationen zu lernen, die sie normalerweise nie ausführen würden. An ihnen studiert der Behaviorismus, wie sich Lernen in einzelnen kleinen Schritten vollzieht.

erst von seiner Umwelt zur Form verholfen werde. Ganze Populationen von Laborratten hat der Behaviorismus durch Labyrinthe getrieben, ganze Schwärme von Tauben dressiert, um die Bedingungen des Lernens an seiner kleinsten Einheit, dem einzelnen Lernschritt, zu erforschen und aufzuzeigen. Er hat erhebliche Dressurakte vollbracht, aber den Aufbau eines komplexen Verhaltens aus lauter Atomen von Reiz und Reaktion hat er nicht nachvollziehen können.

Zu der »klassischen Konditionierung«, wie Pawlow sie an jenem bedauernswerten Hund vorgenommen hatte, trat, was besonders der amerikanische Behaviorist B. F. Skinner erforscht hat und was im Behaviorismus die »operante Konditionierung« heißt. Die klassische Konditionierung benutzt einen unbedingten (natürlichen) Reflex, um auf ihm einen bedingten aufzubauen. Die operante (nämlich eine Handlung, eine Operation hervorbringende) Konditionierung belohnt irgendein bestimmtes Verhalten, eine bestimmte Handlung, eine bestimmte Operation, die das Versuchstier lernen soll. Die

Belohnung wirkt als »Verstärkung«, und in der Folge wird das Verhalten um so häufiger, rascher, nachdrücklicher auftreten, je wirksamer es verstärkt wurde. Die klassische Versuchsanordnung ist die »Skinner-Box«. In ihr befindet sich eine Taste und eine Ratte. Die Ratte bewegt sich. Manchmal drückt sie zufällig die Taste. Wenn sie die Taste drückt, erhält sie eine Futterkugel. Die Handlung »Tastendrücken« wird verstärkt. Langsam lernt die Ratte, sich durch Drücken der Taste Futterkugeln zu verschaffen. Normalerweise pflegen Ratten keine Tasten zu drücken. In der Skinner-Box lernen sie es. Sie verdanken diese neue Fähigkeit operanter Konditionierung.

Alles, was formend auf das Verhalten einwirkt, nannte Skinner »Kontingenzen«; und die Lerntheorie im Gefolge des Behaviorismus sieht die Kontingenzen so gut wie ausschließlich in der Verstärkung. Der Mensch ist sein Verhalten, und sein Verhalten wird geformt, indem es durch Belohnungen in bestimmte Richtungen gelockt und aus anderen durch Bestrafungen vertrieben wird. Die Belohnung kann bewußt von anderen verabreicht werden, wie es bei allem Unterricht und aller Erziehung geschieht; oder ein bestimmtes Verhalten kann sich durch seine positiven Folgen selber belohnen und verstärken. »Die Herkunft erlernten Verhaltens ist erschöpfend analysiert worden«, schrieb Skinner 1966. »Gewisse Arten von Ereignissen wirken als ›Verstärker‹, und wenn solch ein Ereignis einer Reaktion folgt, werden ähnliche Reaktionen mit größerer Wahrscheinlichkeit auftreten... Was wir die Ontogenese des Verhaltens nennen können, ist somit auf die Kontingenzen der Verstärkung zurückzuführen.« Für den Behaviorismus ist der Mensch also ein Ensemble von Reaktionen; und diese Reaktionen werden gelernt.

Doch schon im gleichen Aufsatz war es für Skinner gar keine Frage mehr, daß es neben dieser Ontogenese des Verhaltens, seiner individualgeschichtlichen Entstehung, eine andere Quelle gebe: die Stammesgeschichte, die Phylogenese. Skinner sah in der Stammesgeschichte den gleichen Vorgang am Werk wie in der Ontogenese: So wie der einzelne lernt, indem seine Reaktionen unterschiedlich belohnt und damit verstärkt werden, so lernt die ganze Art, indem einzelne von ihr versuchte Verhaltensmuster sich als günstiger für das Überleben erweisen als andere, also gleichfalls durch größere Überlebenserfolge belohnt und verstärkt werden. Was für den einzelnen die »Kontingenzen der Verstärkung« sind, sind für die Art die »Kontingenzen des Überlebens«. (Diese elegante Vereinnahmung der Stammesgeschichte durch den Behaviorismus übergeht die

Tatsache, daß es sich um zwei ganz verschiedene Vorgänge handelt, die nur im allgemeinsten Sinn überhaupt vergleichbar sind.) Die Stammesgeschichte wird zu einem Lernprozeß im Sinne des Behaviorismus gemacht; dieser Lernprozeß reicht allerdings ins Dunkel der Zeiten zurück und ist experimentell viel schwerer exakt zu fassen als der ontogenetische.»Konrad Lorenz' Buch *Das sogenannte Böse* könnte ernstlich irreführend sein, wenn es unsere Aufmerksamkeit von relevanten manipulierbaren Variablen in der gegenwärtigen Umwelt auf phylogenetische Kontingenzen ablenkt, die allein schon wegen ihrer Entlegenheit eine Da-hilft-alles-nichts-Haltung fördern.«

Der fundamentale Gegensatz war im Grunde schon hier begraben; übrig blieb nur eine Frage politischer Zweckmäßigkeit. Vollkommen wurde das Friedensangebot Skinners in seinem Buch *Was ist Behaviorismus?* aus dem Jahre 1974.»Zweifellos urteilten die Behavioristen viel zu enthusiastisch über die Lernprozesse, die sie entdeckt hatten, und vernachlässigten dabei die Rolle einer Genetik des Verhaltens... Heute besteht die Notwendigkeit einer Kontroverse nicht mehr, obwohl wir noch ein gutes Stück davon entfernt sind, das Kräftespiel der Kontingenzen des Überlebens und der Verstärkung in seiner Gesamtheit zu durchschauen.«

Wenn aber selbst der Behaviorismus als kategorischer Gegner der Humansoziobiologie und -ethologie zurücktritt und ausfällt – wo dann wären die Gegner noch zu suchen? Sie artikulieren sich hin und wieder noch in journalistischen Pamphleten, wie denen der sozialistischen Studiengruppe *Science for the People* (Wissenschaft fürs Volk). Das Sowohl-Als-Auch, die Wenns und Abers der Wissenschaft haben hier keinen Raum.»Verhalten wird sozial gelernt.«»Wir wissen von keinen relevanten Zwängen, die die menschliche Biologie den gesellschaftlichen Prozessen auferlegte.« Und vor allem die Motive der Nativisten sind schnell durchschaut:»Deterministische Theorien beschreiben allesamt ein besonderes Gesellschaftsmodell, das den sozioökonomischen Vorurteilen des Autors entspricht... Ein solcher Determinismus liefert eine direkte Rechtfertigung für den Status quo, der als ›natürlich‹ erscheint, obschon manche Deterministen sich von einigen Konsequenzen ihres Arguments distanzieren... Diese Theorien wirken als machtvolle Formen der Legitimierung vergangener und gegenwärtiger gesellschaftlicher Institutionen wie Aggression, Wettbewerb, Beherrschung der Frauen durch die Männer, Verteidigung des nationalen Territoriums, Individualismus und das Vorhandensein einer Status- und Vermögenshierarchie.« Es handelt sich hier nicht um eine Widerlegung, sondern um eine Zurückweisung – nämlich abermals und in besonders reiner Form um eine politische Inopportunitätserklärung, die sich taub und blind stellt für jede Frage nach der Herkunft dieser gesellschaftlichen Institutionen, für die Frage, warum der Mensch, wenn sie ihm denn nicht gemäß sind, sich mit ihnen abfindet, ja sie geradezu sucht, und was ihm an ihrer Stelle eigentlich gemäß wäre und warum. Nicht daß es sich um ganz grundlose Befürchtungen handelte: Der Hinweis auf die »Natur des Menschen« kann allerdings zur Rechtfertigung sozialer Mißhelligkeiten und Mißstände herangezogen werden. Um Humanethologie und Humansoziobiologie zu diesem Zweck zu benutzen, muß man jedoch gründlich verkennen, was sie sagen. Man muß die Disposition zu gewissen Verhaltensfiguren verwechseln mit der zwanghaften Nötigung zu detaillierten Verhaltensabläufen.

Wenn Polemiken wie die der Gruppe *Science for the People* auch an relativ obskurer Stelle erscheinen und man in der Wissenschaft heute vergeblich nach dem strikt milieutheoretischen Standpunkt sucht, darf man sich doch keiner Täuschung hingeben: Die Opposition von »Naturalismus« und Milieutheorie ist kein bloßes Phantom. Sie existiert auf eine lautlose und dennoch fast allgegenwärtige Weise – indem der größte Teil der Sozialwissenschaften alle naturalistischen Erklärungen verpönt hat und einfach nicht zur Kenntnis nimmt.

1977 diskutierten zwei der bedeutendsten heutigen Philosophen die »anthropologischen Grundlagen der Gesellschaft«, Jürgen Habermas und Herbert Marcuse. Wenn Philosophen über die Gesellschaft reden, reden sie natürlich davon, wie die vernünftige Gesellschaft beschaffen sein sollte. Und wenn sie über die anthropologischen Grundlagen reden, müßte die Frage eigentlich die sein, ob es irgendetwas im Wesen des Menschen gibt, was ihm eine Gesellschaft als gemäßer und vernünftiger als die andere erscheinen läßt. Habermas irritierte, was er den »stark anthropologischen Einschlag« des Marcuseschen Marxismus nennt: Marcuse spreche vom Wesen des Menschen, von seiner Triebstruktur, von seinem naturhaften Boden, und »man fragt sich, wie solche starken anthropologischen Annahmen mit dem Historischen Materialismus, also schlicht mit der These der Veränderbarkeit der menschlichen Natur vereinbar sind«. Habermas selber verspricht sich das Zustandekommen der vernünftigen Gesellschaft aus dem »herrschaftsfreien Dialog«, dem zwanglosen Prozeß der Willensbildung unter Gleichen. Von der organisatorischen Schwierigkeit einmal abgesehen, ein paar Milliarden voneinander abhängiger und ungleicher Individuen zu einem zwanglosen

Dialog zu bringen, läßt das Modell vor allem offen, ob irgendwelche Bedürfnisse von vornherein und mit mehr Wahrscheinlichkeit und Berechtigung als andere in diesen demokratischen Willensprozeß eingehen, also zugespitzt gesagt: wovon jener herrschaftsfreie Dialog eigentlich handeln soll. Die Vernunft wird verankert in einer – gewiß erfreulichen und erstrebenswerten – Prozedur, die selber keinen bestimmten Inhalt hat. Für Habermas gibt es hier nur das eine Grundbedürfnis: eben frei miteinander zu reden.

Marcuse denkt demgegenüber irdischer. So weit, dem Menschen eine Natur zuzubilligen, geht er allerdings nicht; den Verdacht, er tue es doch, weist er von sich:»Natur ist etwas, das es erst herzustellen gilt.« Aber er geht immerhin von zwei Annahmen, zwei Werturteilen aus, die sich aus der Vernunft nicht ableiten lassen und seinem Denken also unreduzierbar vorgegeben sind: daß der Mensch lieber lebe als nicht lebe, und daß er lieber gut als schlecht lebe. Und er nimmt auch mit Freud eine invariante Triebstruktur an, nämlich einen Konflikt zwischen Eros und Thanatos, der eine Grundgegebenheit darstelle, auch wenn die Formen dieses Konflikts geschichtlich und sozial veränderbar sind – und verändert werden müssen, indem dem Eros zum Sieg über den Thanatos verholfen wird. Während es für Habermas also offensichtlich keine anthropologischen (oder natürlichen) Grundlagen der Gesellschaft gibt außer dem Bedürfnis, herrschaftsfrei miteinander zu kommunizieren, gibt es für Marcuse zwei sich entgegenwirkende Triebe, die jedoch überaus allgemein gefaßt sind: Eros ist die Sammelbezeichnung für ein Bedürfnis nach allem Schönen, Guten, Angenehmen, Positiven, Thanatos nach allem Destruktiven, Bösen, Häßlichen, Schlechten. Nicht auszudenken, wie dieses aus nichts abgeleitete, von nichts herleitbare spekulative dualistische Triebmodell auch nur mit so einfachen und alltäglichen konkreten Phänomenen fertig würde wie einer Mutterliebe, die auf die geliebten Kinder erdrückend, zerstörerisch wirkt, oder einem Akt der Aggression, der nötig ist, um einer Liebe den Weg freizumachen. Und der Lebenswille selbst, samt dem Wunsch, das Leben möge eher angenehm als unangenehm verlaufen, scheint diesem Denken vollends irrational, nicht näher begründbar, eine willkürliche Wertsetzung.

Es ist wohl richtig, daß die Evolutionsbiologie in ihrem heutigen Stand vorwiegend nur naheliegende Vermutungen äußern und nicht schwarz auf weiß beweisen kann, diese oder jene Disposition zu sozialem Verhalten sei vorgegeben und müsse als solche akzeptiert und in das Fundament jeder Gesellschaftstheorie eingebaut werden.

Aber gegenüber den luftigen Spekulationen dieses psychoanalytisch durchtränkten Marxismus sind die begründeten Vermutungen der Humansoziobiologen und Humanethologen von einer geradezu bestechend detaillierten Präzision. Der Lebenswille ist für sie nichts Unerklärbares. Was die reine Logik nicht begründen kann, die Geschichte der Natur kann es. Das Leben ist nicht »vernünftiger« als das Nichtleben, als Schiefer oder Granit, es ist einfach eine andere Konfiguration der Materie, und zwar eine, deren Eigenschaft es ist, die Selbsterhaltung ihrer Formen zu betreiben. Leben und Lebenswille (oder um die menschliche Kategorie des Willens herauszuhalten, Leben und sein Bestreben nach Erhaltung) sind Synonyme: Leben ist das chemische Vorkommnis, das sich – unter möglichst vorteilhaften Bedingungen – erhält, und als solches überhaupt nicht irrational und außerhalb jeder Vernunft. Und über das Zustandekommen und den evolutionären Wert der Sexualität, der verschiedenen Formen der Bindung und des Abstands- und Feindschaftsverhaltens ist bei Lorenz, Eibl-Eibesfeldt, Tiger/Fox, Wilson und Trivers so viel nachzulesen, daß wir uns mit einer vagen Konkurrenz mythischer Urkräfte wie Eros und Thanatos nicht mehr begnügen müssen.

Abschweifung: Homosexualität und Religion

Einige der heutigen amerikanischen Soziobiologen interessieren sich also auch für die Frage nach der menschlichen Natur, wie sich schon die vergleichenden Verhaltensforscher Europas, vor allem Konrad Lorenz, Niko Tinbergen und einige ihrer Schüler, seit längerem auf eine lockerere Weise, nämlich nicht unter dem Aspekt des strikten genetischen Nutzens, immer wieder dafür interessiert haben.

In Edward O. Wilsons Büchern und Schriften zur Humansoziobiologie gibt es dabei einen seltsamen Gegensatz zwischen der akribischen Behutsamkeit im wissenschaftlichen Detail, die selbst so wahrscheinliche Hypothesen wie Chomskys Theorie von den angeborenen Tiefenstrukturen des Sprachvermögens noch mit Fragezeichen versieht, also die Theorie, daß wir zwar nicht die speziellen Grammatiken der einzelnen Sprachen, aber die allen Sprachen zugrundeliegende gemeinsame Tiefengrammatik als genetische Mitgift erhalten. Neben dieser Behutsamkeit finden sich bei Wilson großformatige Prophezeiungen über den Stellenwert einzelner Wissenschaften in der Zukunft, vor allem über die wachsende Bedeutung der Soziobiologie, welche Psychologie, Soziologie und andere Humanwissenschaften umwälzen und dann in sich aufnehmen würde.

Ein ähnlicher und damit eng zusammenhängender Gegensatz bei Wilson ist einerseits die Vorsicht, mit der er sich der Frage der *genetischen Determiniertheit der Menschennatur* nähert, andererseits seine nicht gerade leichtfertig, aber doch kühn anmutende Art, die genetische Vorprogrammierung auch bei solchen Eigenheiten erst zu postulieren und dann vorauszusetzen, bei denen niemand bislang eine Erbbestimmtheit angenommen hat. So läßt er, was das Verhältnis von genetischer Ausstattung und menschlichem Verhalten angeht, prinzipiell drei Möglichkeiten offen: Erstens, daß die »natürliche Auslese die genetische Variabilität, die dem sozialen Verhalten zugrunde liegt, erschöpft hat; in bezug auf den sozialen Genotyp sind die menschlichen Populationen uniform... Der Genotyp schreibt nur die Kulturfähigkeit vor; in diesem Sinn ist das Sozialverhalten des Menschen von den Genen befreit.« Die zweite Möglichkeit: »Der soziale Genotyp ist uniform, schreibt jedoch eine beträchtliche Menge instinktartigen Verhaltens vor.« Und drittens: Einige der Unterschiede im menschlichen Sozialverhalten, die de facto angetroffen werden, gehen auf nach wie vor bestehende genetische Unterschiede zurück – »zumindest einiges Verhalten ist genetisch eingeengt«. Zwar hält er die dritte Möglichkeit für die wahrscheinlichere, schließt jedoch die anderen keineswegs aus. (Die Zitate sind dem auf die Auseinandersetzungen der letzten Jahre zurückblickenden Vorwort des Sammelbandes *The Sociobiology Debate* entnommen.)

Aller Vorsicht zum Trotz jedoch schreitet er dann umstandslos zur Erörterung von Homosexualität und Religion im Licht des genetischen Selektionsvorteils. Daß das Phänomen *Homosexualität* der Soziobiologie größere Verlegenheit bereiten könnte, liegt auf der Hand. Stellte sich nämlich heraus, daß Homosexualität tatsächlich in nennenswertem Ausmaß erblich ist, so fragte es sich sogleich, wie das eigentlich sein kann. Wie können sich im Gen-Pool Allele für Nichtfortpflanzung ausbreiten und fortpflanzen? Sobald an irgendeiner Stelle des Gen-Pools durch Mutation und Rekombination der Gene eine Anlage zur Homosexualität erschiene, müßte sie doch, sollte man annehmen, mit dem betroffenen Individuum sogleich wieder verschwinden; es zeugt ja keine Nachkommen, jedenfalls statistisch gesehen weniger als die sich fortpflanzende Schar der Heterosexuellen, so daß seine Gene gegen die der Heterosexuellen keine Chance hätten. Einer Disziplin, die es gewöhnt ist, das

207

beobachtete Verhalten auf genetische Ausstattungen zurückzuführen und diese auf ihren Selektionsvorteil zu befragen, paßte also ein Phänomen wie die Homosexualität gar nicht ins Konzept. Denn welches sollte der Selektionsvorteil eines Verhaltens sein, das darin besteht, im Wettbewerb der Lebewesen um die größere Reproduktionstüchtigkeit von vornherein aufzugeben? Vorbeugend hat Wilson eine Antwort darauf gefunden, scharfsinnig und wohlmeinend. Er schlägt vor, Homosexualität für »im biologischen Sinn etwas Normales« zu halten: »Homosexuelle könnten die genetischen Träger einiger der seltenen altruistischen Impulse der Menschheit sein.« Und wie das? Homosexuelle, befreit von den Mühen der Aufzucht eigener Kinder, hätten diese Freiheit dazu nutzen können, sich den Nachkommen ihrer Verwandten zu widmen. Diese zusätzliche haushälterische und erzieherische Mühewaltung hätte den Verwandten, denen sie zugute kam, zu einem Selektionsvorteil verholfen, so daß diese sich wiederum, statistisch und im ganzen gesehen, reichlicher vermehren konnten als der Rest der Population. In den Verwandten aber stecken, zu einem Teil, auch die Gene der Homosexuellen, mithin wahrscheinlich auch die für die Homosexualität verantwortlichen Gene. Diese müßten demnach keineswegs der Selektion zum Opfer fallen. Homosexualität hätte sich im Laufe unserer Stammesgeschichte aufgrund der positiven Kraft der mit ihr verbundenen Fürsorglichkeit durchgesetzt und erhalten. Das nun ist eine Hypothese, der man wahrhaftig nicht vorwerfen kann, sie trage in irgendeiner Weise zur Diskriminierung der Homosexuellen bei. Sie hat nur einen Schönheitsfehler: Bisher gibt es keinen Beweis dafür, daß Homosexualität überhaupt erblich ist.

Ähnlich verfährt Wilson mit der *Religion*. Die soziobiologische Erklärung der Religion hält er geradezu für den Gipfel dessen, was diese Disziplin zu leisten fähig ist. »Die Religion stellt die größte Herausforderung an die Humansoziobiologie dar und ihre erregendste Gelegenheit, Fortschritte als eine wahrhaft originelle theoretische Disziplin zu machen.« Und wie nun das? Indem man für einen Augenblick annimmt, es gäbe Gene für Religiosität, diese auf ihren Selektionsvorteil befragt, zu dem Schluß kommt, daß religiöse Menschen nichtreligiösen gegenüber tatsächlich im Vorteil gewesen sein müßten, und den so aufgespürten Selektionsvorteil als Beweis dafür ausgibt, daß es tatsächlich Gene sein müssen, die Religiosität hervorrufen. Es ist ein logischer Ring: Ich erfinde mir etwas, ich suche Gründe zu seiner Rechtfertigung, und habe ich sie wirklich aufgespürt, so halte ich die gelungene Rechtfertigung schon für einen Beweis, daß meine Erfindung Realität ist.

Der Grund für die Annahme, die Religion könnte genetische Wurzeln haben, ist nun in der Tat nicht von der Hand zu weisen: »Die Prädisposition für religiösen Glauben ist die komplexeste und mächtigste Kraft im menschlichen Geist und höchstwahrscheinlich ein unausrottbarer Teil der menschlichen Natur.« Religion ist universal, sie ist auch unter Strafandrohung nicht abzuschaffen, und selbst säkulare, militant antireligiöse Überzeugungssysteme haben eine Neigung, auf quasireligiöse Formen zurückzufallen: die quasi-liturgischen Formen der Feiern zur Oktoberrevolution, die rote Bibeln schwenkenden Massen unter den Führerikonen, die Prophetenverehrung im Lenin-Mausoleum seien als Beispiele genannt.

Wilson übrigens war nicht der erste, der die Wurzel unserer Religionen in den Genen suchte. Kein Geringerer als der französische Molekularbiologe und Nobelpreisträger Jacques Monod sprach die gleiche Vermutung aus. In seinem Buch *Zufall und Notwendigkeit* (1970) schrieb er: »Einige hunderttausend Jahre lang stimmte das Schicksal eines Menschen mit dem Los seiner Horde, seines Stammes überein, außerhalb dessen er nicht überleben konnte. Der Stamm konnte nur überleben und sich verteidigen durch seinen Zusammenhalt. Deshalb hatten die Gesetze, mit deren Hilfe die Geschlossenheit des Stammes organisiert und garantiert wurde, eine so ungeheure Gewalt über den einzelnen... Bei der immensen Bedeutung, die derartige Sozialstrukturen für die Selektion notwendig annehmen mußten und die sie während so langer Zeiträume innehatten, kommt man schwerlich um den Gedanken herum, daß sie die genetische Evolution der angeborenen Kategorien des menschlichen Gehirns beeinflußt haben müssen. Durch diese Evolution mußte nicht nur die Bereitschaft gesteigert werden, das Stammesgesetz zu akzeptieren; sie mußte auch das Bedürfnis wecken, es durch eine mythische Erklärung zu begründen und ihm dadurch Herrschaftsgewalt zu verleihen. Wir sind die Nachfahren jener Menschen. Von ihnen haben wir zweifellos das Bedürfnis nach einer Erklärung geerbt – jene Angst, die uns zwingt, den Sinn des Daseins zu erforschen. Diese Angst ist die Schöpferin aller Mythen, aller Religionen, aller Philosophien und selbst der Wissenschaft... Beim Menschen sind die gesellschaftlichen Institutionen rein kulturbedingt... Aber das bloß kulturelle Erbe war nicht sicher und nicht stark genug, um die sozialen Strukturen abzustützen. Es brauchte eine genetische Unterlage...«

Sieht man diese inhaltsschweren Sätze genauer an, so sind es jedoch nicht eigentlich Religions-Gene, die Monod hier postuliert. Er spricht das Unabweisliche aus: daß es angeborene Kategorien des Gehirns gibt; und er postuliert, daß zu diesen eine angeborene Disposition zum Zusammenhalt in der Horde gehörte, eine Art zwanghafter natürlicher Solidarität, die durch gemeinsame (mythische) Erklärungen gestärkt wurde. Religion wäre danach kein unmittelbares Produkt der Erbausstattung; sie wäre, was die Naturwissenschaften ein Epiphänomen nennen, eine Folgeerscheinung, und zwar ein Epiphänomen erstens des Zwangs, der uns überhaupt zu sozialen Wesen macht, und zweitens einer angeborenen und unserer Art eigentümlichen Urangst, der Wurzel unserer Erklärungssucht, unserer Wißbegier.

Als Hauptvorteile der Religiosität nennt Wilson: Die Religion beschreibe die Wirklichkeit in Bildern und mit Definitionen, die leicht zu verstehen sind und von Widersprüchen und Ausnahmen nicht erschüttert werden können; die Religion fordere Konformität und Hingabe, wirke also einigend auf die Gemeinschaft und weise dem einzelnen seinen Platz zu; die Religion biete Mythen, nämlich Erzählungen, die dem Stamm seinen Platz in der Welt in rationalen Begriffen erklären und mit dem Verständnis des Zuhörers für die physikalische Welt um ihn her übereinstimmen. Dies mag alles so sein. Daß es bestimmte Gene für Religiosität gibt, beweist es jedoch nicht. Alles, was es im Leben gibt, muß notgedrungen biologisch möglich sein, sonst existierte es eben nicht. Mit dem gleichen Recht könnte man jedem Verhalten überhaupt eine genetische Basis zusprechen: Etwas existiert, also muß es sich im Prozeß der Auslese irgendwie bewährt haben, also läßt es sich auf Gene zurückführen, also ist es genetisch verursacht. Tatsächlich gibt es nicht die Spur eines Hinweises darauf, daß besondere Religiositäts-Gene existieren. Und solange solche Hinweise fehlen, tut man wohl besser daran, Religion weiter für ein kulturelles Phänomen zu halten.

Dies heißt andererseits jedoch nicht, daß ihr nicht angeborene Gefühlsbedürfnisse zugrunde liegen könnten. Ein höchstwahrscheinlich genetisch determiniertes Bedürfnis des Menschen ist es, nichts unerklärt zu lassen; Magie und Religion aber liefern *Erklärungen* für das Unbegriffene; sie haben es mit dem Unerforschlichen zu tun, indem sie es gleichzeitig entrücken und in den Griff nehmen. Magie ist die Technik, das Unerklärte zu beeinflussen – eine Art vorrationaler Ingenieurwissenschaft.

Ein anderes menschliches Bedürfnis, das höchstwahrscheinlich genetische Ursprünge hat und auf die Dominanzhierarchien in den Gemeinschaften unserer subhumanen Vorfahren zurückgeht, ist unser *Verehrungsbedürfnis:* Wir sind durch unseren Gefühlsapparat motiviert, in Gemeinschaft mit anderen zu überlegenen Wesen aufzusehen. Ein priesterlicher Weiser, der uns die Welt erklärt und uns Richtlinien gibt für ein sinnvolles Verhalten in dem Unerforschten ringsum, ist ein solches überlegenes Wesen, und eine übermenschlich mächtige Gottheit erst recht.

Wir haben schließlich möglicherweise von Natur her die Anlage zur *Ritenbildung;* falls sie uns nicht angeboren sein sollte, lernen wir sie jedenfalls sehr früh in unserem Leben schätzen. Bestimmte Verhaltensabläufe zu normieren, indem unwichtiges Beiwerk unterdrückt, einige hervorstechende Züge aber akzentuiert werden, gibt unserem Handeln die Sicherheit des Wiederkehrenden und Vertrauten. Sicher ließen sich weitere Motive aufzählen. Aber schon ein Zusammentreffen dieser drei Bedürfnisse – *Erklärungsbedürfnis, Verehrungsbedürfnis, Ritualisierungsbedürfnis* – wäre ein ausreichender Grund dafür, daß sich in den menschlichen Gemeinschaften irgendeine Art von Religiosität entwickelt. Es bedarf dazu nicht der Annahme spezifischer Religions-Gene.

Aber obwohl manche seiner Spekulationen etwas von retrospektiver Science Fiction an sich haben, mag Wilson im Recht sein, wenn er in seinem Buch *Über die menschliche Natur* schreibt:»Die Frage lautet nicht länger, ob das menschliche Sozialverhalten genetisch bestimmt wird; sie lautet: in welchem Ausmaß? Die angesammelten Beweise für eine erhebliche erbliche Komponente sind detaillierter und zwingender, als den meisten bewußt ist, Genetiker selber eingeschlossen.«

Neuralgischer Punkt IQ

Für einige sehr verschiedenartige menschliche Eigenschaften wurden Erblichkeitsberechnungen vorgenommen. Am bekanntesten und umstrittensten sind jene für die *Intelligenz:* Zeichen dafür, daß uns – westlichen Zivilisationsmenschen – keine andere menschliche Eigenschaft so wichtig ist wie sie. Wäre uns die Intelligenz gleichgültiger, wenigstens so gleichgültig wie etwa die Musikalität oder die Körperkraft, so wäre die Vorstellung, daß die manifesten und meßbaren Unterschiede in der Intelligenz zum Teil auf Unterschiede in der Erbausstattung zurückgehen sollen, auch keine Zumutung an irgend jemandes Weltbild. Seit dem Anfang dieses Jahrhunderts gibt es Intelligenztests. Sie haben sich mit der Zeit zu einem recht verläßlichen und in der Praxis unverzichtbaren Meßinstrument entwickelt. Ihre Grenzen liegen offen zutage. Sie messen nicht, was man vielleicht selber für Intelligenz oder für einen unerläßlichen Bestandteil von Intelligenz halten würde. Zum Beispiel messen sie nicht, wie frei von Vorurteilen jemand ist, wie flüssig jemand seine Gedanken vortragen kann, ob sein Gedächtnis gut ist oder ob er die Fähigkeit der Einfühlung hat – alles Eigenschaften, die man mit Fug und Recht von einem intelligenten Menschen erwarten könnte. Wenn die Psychologen von »Intelligenz« sprechen, meinen sie ein Konstrukt.

Seit Alfred Binet 1905 seinen ersten *Intelligenztest* entwarf, hat man auf verschiedenste Weise alle möglichen geistigen Fähigkeiten zu messen versucht: Sprachvermögen, Rechenfähigkeit, räumliche Vorstellungskraft, Gedächtnis, Antwortgeschwindigkeit und anderes mehr. Es hätte sein können, daß all diese gemessenen Fähigkeiten überhaupt nichts miteinander zu tun haben. Gezeigt hätte es sich daran, daß zwischen den verschiedenen Arten von Tests, die verschiedene Arten geistiger Tätigkeit erkunden sollten, keine systematischen Übereinstimmungen aufgetreten wären. Dann in der Tat wäre es nicht möglich gewesen, weiter von »der Intelligenz« zu sprechen; dann hätte man vielleicht immer eine Sprach- von einer Rechenintelligenz trennen müssen. Tatsächlich gab es aber Übereinstimmungen zwischen den verschiedenen Tests. Es mußte bei den diversen geistigen Tätigkeiten also irgendein gemeinsamer Faktor im Spiel sein. Charles E. Spearman nannte ihn einfach »g« – eine Abkürzung für *general mental ability,* »allgemeine geistige Fähigkeit«. Diesem Konstrukt »g« ist die Psychometrie seitdem auf der Spur. Wenn sie beschreiben soll, was dieses »g« in Wirklichkeit ist, kann sie nur aufzählen, welche Fähigkeiten zu hohen »g«-Werten führen. Danach setzt »g« die Fähigkeit voraus, einen Input geistig zu manipulieren, ferner Auswahlvermögen, Entscheidungskraft, Erfindungsgabe, bedeutungsbewußtes im Gegensatz zu mechanischem Gedächtnis sowie die Fähigkeit, relevante von irrelevanter Information zu unterscheiden.

Beispiele für Aufgaben aus einem »kulturneutralen« Reihenfortsetzungstest. Die Viererreihen sind jeweils mit einem der folgenden, zur Auswahl angebotenen Felder zu vervollständigen. (Auflösung: 1b, 2a, 3c, 4b, 5a, 6c.)

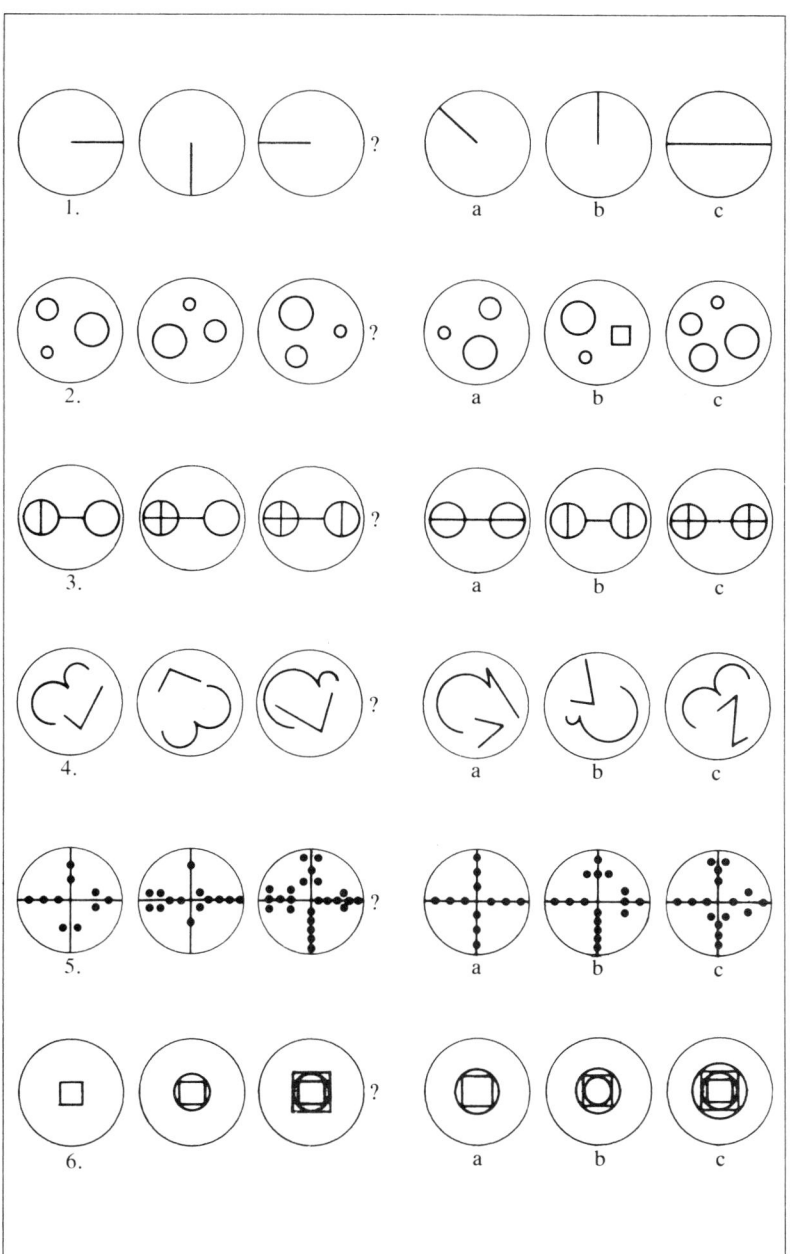

1.

                  a   b   c

2.

                  a   b   c

3.

                  a   b   c

4.

                  a   b   c

5.

                  a   b   c

6.

                  a   b   c

»g« läßt sich also als eine Art harter Kern dessen betrachten, was Intelligenz im wissenschaftlichen Sinn ausmacht, ein Bündel von Fähigkeiten, die bei allen geistigen Tätigkeiten beteiligt sind. »g« ist nicht ein »rein menschliches Artefakt der westlichen Industriezivilation«, sondern ein »interspezifischer Begriff mit einer breiten biologischen und evolutionären Basis, die in den Primaten und besonders im Homo sapiens gipfelt« (Arthur R. Jensen, 1979). Auch Tiere lassen sich an einer »g«-Skala messen, und da schneiden denn Hühner schlechter ab als Hunde, Hunde schlechter als Affen, Affen schlechter als Schimpansen. Das Bonmot, »IQ-Tests messen nichts anderes als die Fähigkeit, IQ-Tests zu lösen«, ist, wenn auch mittlerweise abgenutzt vom vielen Gebrauch, ganz witzig – nur darf es nicht zu der Täuschung verleiten, daß diese Fähigkeit, IQ-Tests zu lösen, irgendein nebensächliches und abwegiges Talent ist, nicht maßgebender als die Fähigkeit, mit den Ohren zu wackeln. Um IQ-Tests zu lösen, muß man über logisch-kombinatorische Talente verfügen; je mehr »g« man besitzt, um so besser wird man in ihnen abschneiden – und ob man mehr oder weniger »g« hat, ist in der heutigen Zivilisation nicht belanglos. Außerdem sind IQ-Tests nicht überlistbar: Der Erwachsene, der sich gleichviel Mühe gibt, wird bei ihnen innerhalb einer gewissen Marge immer wieder das gleiche Ergebnis erzielen, und nicht bald ein ganz schlechtes, bald ein ganz gutes; einen bestimmten Wert wird es geben, über den er nie hinauskommt, und wenn er noch so ausgeschlafen und konzentriert und testerfahren an die Aufgaben herangeht. In der Tat werden in dem »g«-haltigen Konstrukt der Intelligenz, wie die Psychometrie es versteht und mit den IQ-Tests zu messen sucht, ganz verschiedene Fähigkeiten in einer einzigen Meßzahl zusammengefaßt. Dem Uneingeweihten spiegelt sie eine Eindimensionalität vor, die das, was da gemessen wird, nicht hat. Das ist der Haupteinwand gegen das IQ-Wesen. Er wird sich erledigen, wenn neue Generationen von umsichtigeren Intelligenztests nicht mehr nur die Problemlösungen selber erfassen, sondern die Denkprozesse, die zu Lösungen führen – und ihre Diagnose anders ausdrücken als in einer einzigen Zahl.

Zahlreiche Studien sind der Frage nachgegangen, inwieweit Verwandte in ihren Intelligenzquotienten übereinstimmen: Eltern, Großeltern und Kinder, getrennt aufgewachsene Geschwister im Gegensatz zu miteinander aufgewachsenen, leibliche Kinder im Gegensatz zu Adoptivkindern, zweieiige Zwillinge im Unterschied zu eineiigen Zwillingen. Als der kalifornische Lernpsychologe Arthur R. Jensen 1969 seinen Aufsatz *Wie stark können wir den IQ und die Schulleistung anheben?* veröffentlichte (die störende Antwort lautete: nur in geringerem Maß), wertete er insgesamt 111 solcher Vergleichsstudien aus. Daß bei näherem Augenschein eine dieser Studien, nämlich Cyril Burts Untersuchung an getrennt aufgewachsenen eineiigen Zwillingen, als unbrauchbar – entweder schlampig durchgeführt oder bewußt gefälscht – ausgeschieden werden mußte, änderte das Gesamtergebnis nicht. Das Ausscheiden von Burts Studie ist bedauerlich, denn es handelte sich hier um die größte der Untersuchungen an getrennt aufgewachsenen eineiigen Zwillingen und damit um die für sich genommen überzeugendste einzelne Arbeit. Immerhin blieben noch drei Untersuchungen dieser Art übrig: eine aus den USA (Newman, 1937), eine aus Großbritannien (Shields, 1962) und eine aus Dänemark (Juel-Nielsen, 1965), die in ihren Ergebnissen nicht weit von denen Burts abwichen. All diese verschiedenen Untersuchungen deuten darauf hin, daß die Erblichkeit des IQ irgendwo in der Nähe von 0,8 liegt – das heißt, daß die gemessenen IQ-Unterschiede zu 80 Prozent auf Unterschiede in den zugrundeliegenden Genen und nicht auf Unterschiede im Milieu zurückgehen.

Vor allem der Fall Burt, ein Fall von Schludrigkeit oder bewußter Verdrehung, ist dazu benutzt worden, die Parole auszugeben, die Erblichkeitsberechnungen für den IQ seien insgesamt unhaltbar und bestenfalls Unfug, schlimmstenfalls kriminell. Davon kann keine Rede sein. Solange nicht anderes nachgewiesen ist, muß man davon ausgehen, daß die IQ-Unterschiede zu einem größeren Teil von den Genen als von der Umwelt abhängig sind. Die genaue Prozentzahl mag ruhig dahingestellt sein; ohnehin ist sie für jede Population zu jeder Zeit eine etwas andere. Ihre Kenntnis ist auch nicht nötig, solange man diesen Tatbestand selbst im Auge behält, der zwei praktische Konsequenzen nach sich zieht: Erstens handelt es sich bei der Erblichkeit um einen statistischen Wert, der zu keinen individuellen Prognosen berechtigt, sondern nur zu probabilistischen Annahmen. Das Kind von Eltern mit einem relativ niedrigen IQ wird wahrscheinlich ebenfalls einen niedrigen IQ haben, könnte aber auch fast jeden anderen IQ entwickeln – nur daß der um so unwahrscheinlicher wird, je mehr er sich von dem elterlichen IQ entfernt. Der Einzelfall bleibt jedoch immer offen: Es darf niemand intellektuell diskriminiert werden, weil er aus einem Elternhaus oder einem Milieu mit relativ niedrigem IQ kommt – er selber könnte dennoch das Zeug zu einem hohen IQ besitzen. Und zweitens: Erziehungs- und Kulturpolitik können nicht davon ausgehen, daß alle von Geburt

215

her zu den gleichen intellektuellen Leistungen fähig sind. Sie können nicht damit rechnen, daß jeder, wenn man ihm nur alle Umwelthandicaps aus dem Weg räumt, zu den gleichen intellektuellen Leistungen fähig gemacht wird. Der Schluß daraus ist höchst einfach, auch wenn die eine Hälfte den Rechten und die andere Hälfte den Linken zu begreifen offenbar unmöglich ist: Es darf niemand intellektuell von vornherein vernachlässigt, fallengelassen und aufgegeben werden; aber auch die umfassendsten kompensatorischen Förderungsmaßnahmen werden nicht eine Gesellschaft intellektuell Gleicher herbeiführen. Die Tatsache der Erblichkeit des IQ rechtfertigt keine Politik, die die Armen oder die Schwarzen dumm halten will; aber auch keine, die es sich zum Ziel setzt, alle zum (fragwürdigen) Glück der Intellektualität zu nötigen.

Nun hätte Jensens Aufsatz damals sicher nicht eine solche Entrüstung ausgelöst und so viele Wissenschaftler herausgefordert, sich ernsthaft und kritisch mit ihm auseinanderzusetzen, hätte er nur die Fakten zusammengetragen, die für eine relativ hohe Erblichkeit des IQ sprechen. Ob sie (die höchste Schätzung) bei über 85 Prozent liegt, bei 80 Prozent (Jensens Zahl) oder (die zurückhaltendste Annahme) nur bei 50 Prozent: das allein wäre noch kein Thema gewesen. Jensen jedoch hatte nebenbei eine Frage berührt, die viele und verständliche Empfindlichkeiten wachruft: Er war, um es grob und unverblümt zu sagen, zu dem Schluß gekommen, die Schwarzen müßten wohl von Natur aus dümmer sein als die Weißen.

Über Jahrzehnte hinweg haben die amerikanischen Schwarzen bei IQ-Tests im Durchschnitt 15 Punkte schlechter abgeschnitten als die Weißen. Das ist ein Faktum, unbestreitbar und unbestritten. Die Frage ist nur, wie dieses schlechtere Abschneiden zu erklären ist: durch ungünstige Umwelteinflüsse oder durch eine ungünstigere Erbausstattung. Jensen fand den Unterschied so groß, daß er bei einer angenommenen Erblichkeit von 80 Prozent keine plausible mathematische Möglichkeit sah, ihn ganz auf Umwelteinflüsse zurückzuführen. Damit die Rechnung aufgeht, hätte man, bei einer Erblichkeit von 80 Prozent, nämlich etwa annehmen müssen, daß nur ein Prozent der Weißen in einer der Intelligenzentwicklung ebenso abträglichen Umwelt aufwachsen, wie sie die Durchschnittsumwelt der Schwarzen ist – eine ganz offenbar unwahrscheinliche Annahme.

Jensens mathematisches Problem jedoch beruhte auf einer bloßen Vermutung, die bis heute weder bestätigt noch widerlegt worden ist, der Vermutung nämlich, daß die Erblichkeit des IQ unter amerikanischen Schwarzen tatsächlich 80 Prozent betrage. Die Erblichkeit aber gilt immer nur für eine bestimmte Population: also für einen bestimmten Gen-Pool, für eine bestimmte Zeit und für eine annähernd gleiche Umwelt. Es ist nicht möglich, die Erblichkeitsdaten einer Population auf eine andere zu übertragen. Und nichts beweist bisher, daß die Erblichkeit des IQ bei amerikanischen Schwarzen ebenso hoch ist wie bei Weißen.

Außerdem wurden in den letzten Jahren in London neue Untersuchungen vorgenommen – der Londoner Kinderpsychologe Jack Tizard (1978) berichtet von ihnen –, die den großen Vorteil haben, endlich ein paar neue Fakten in eine steril und akademisch gewordene Grundsatzdebatte einzuführen. Sie deuten darauf hin, daß sich negative Umwelteinflüsse bei der Ausbildung des IQ kumulieren und die Durchschnittsergebnisse erheblich drücken. Am frappantesten ist eine Untersuchung, aus der hervorgeht, daß Kinder, die vor dem vierten Lebensjahr aus einem (nicht besonders schlechten) Heim in eine intellektuell besonders stimulierende Adoptivfamilie verpflanzt wurden, einen dauerhaften IQ-Anstieg um etwa 20 Punkte aufweisen konnten, und zwar Schwarze wie Weiße. Jene Kinder aber, die erst nach dem vierten Lebensjahr adoptiert wurden, die im Heim blieben oder die zu ihren leiblichen Eltern zurückkehrten, zeigten keinen solchen Anstieg, und zwar wiederum Schwarze wie Weiße. Das aber deutet darauf hin, daß das vierte Lebensjahr eine kritische Schwelle für die Entwicklung der Intelligenz ist; daß das Gehirn in einer frühen kindlichen Phase eine Stimulierung erfahren muß, ohne die es in seiner Leistung später unwiderruflich zurückbleibt; und daß Slum-Kindern, mithin auch den Kindern der meisten amerikanischen Schwarzen, eben diese entscheidende Stimulierung vorenthalten bleiben könnte.

Damit ist noch nicht erklärt, warum Japaner und Chinesen in IQ-Tests durchschnittlich besser abschneiden als Weiße; ein besonders IQ-günstiges frühkindliches Milieu haben sie ja in den USA kaum. Und genauso wenig ist erklärt, warum Eskimos und Indianer, die nicht weniger unterprivilegiert sind als Schwarze, in den IQ-Tests besser abschneiden als sie. Jedenfalls aber ist es beim jetzigen Stand der Kenntnis besser, die Frage, ob ethnische IQ-Unterschiede erbbedingt sind, als nach wie vor offen zu betrachten. Wenn wir eines Tages genauer wissen, was Denken eigentlich ist und wie Erbe und Umwelt zusammenwirken, um Verstand hervorzubringen, wird sich diese Frage wahrscheinlich nebenbei mitbeantworten.

Hinzuzufügen bleibt, daß IQ-Tests als Meßinstrumente nicht vollkommen sind. Was sie ergeben, taugt nicht, Lebensentscheidungen darauf zu gründen. Der IQ ist keine Kennziffer, die von Akte zu Akte weitergereicht werden sollte, um Berufswege zu öffnen oder zu versperren – er sollte überhaupt nicht gegen einen Getesteten verwendet werden dürfen. Wohl aber taugt er dazu, etwaige Diskrepanzen zwischen Schulleistung und intellektueller Begabung aufzuspüren und hier eventuell Abhilfe zu schaffen. Und er ist schwer wegzudenken aus der psychologischen Forschung, die nicht von vornherein auf quantitative Aussagen über die Psyche verzichten kann. Wirklich erklärt ist keine einzige Fähigkeit, kein einziges Persönlichkeitsmerkmal. Wollte man warten, bis sie ins letzte verstanden sind, so müßte die gesamte Psychometrie auf unabsehbare Zeit suspendiert werden. Eines Tages wird es sicher subtilere, mehrdimensionale Meßmethoden für unsere geistigen Fähigkeiten geben; bis dahin muß sich die Forschung mit den bisherigen zufriedengeben. Daß die Erblichkeit der auf raffiniertere Weise gemessenen Intelligenz niedriger ausfällt, ist natürlich keineswegs gesagt.

Der IQ ist aber nur der empfindlichste Punkt in der Erblichkeitsfrage. In der DDR wird bekanntlich großer Wert auf sportliche Höchstleistungen gelegt. Sie setzen intensive und vor allem langfristige Trainingsprogramme voraus. Und diese wiederum werfen die Frage auf: Bei wem lohnen sie sich, bei wem lohnen sie sich nicht? Um in dieser Hinsicht sicherzugehen, wurde am Leipziger Zentralinstitut für Jugendforschung von Volkmar Weiß eine repräsentative Stichprobe von dreitausend Zwillingspaaren (eine ausnehmend große Anzahl für Zwillingsuntersuchungen) auf die Erblichkeit bestimmter Körpermerkmale und sportlicher Leistungen untersucht, allerdings auf eine mathematisch nicht mit allen Wassern gewaschene Weise. Dabei ergab sich für Körpergröße eine Erblichkeit von 0,89, für das Körpergewicht von 0,88, für den 60-Meter-Lauf von 0,85, für den Weitsprung von 0,74, für den 7-Minuten-Langstreckenlauf von 0,93, für das Gewichtheben von 0,85; das heißt, Erblichkeitswerte für körperliche Leistungen stimmen ziemlich genau mit den Erblichkeitsberechnungen für intellektuelle Leistungen überein.

Eine amerikanische Untersuchung an 850 ein- und zweieiigen Zwillingspaaren, durchgeführt von John C. Loehlin und Robert C. Nichols und 1976 publiziert, widmete sich der Erblichkeit von Persönlichkeitsmerkmalen und Einstellungen und legte ganz besonderen Wert darauf, zu ermitteln, inwieweit die größeren Übereinstimmungen unter eineiigen Zwillingen auch auf größere Übereinstimmungen in dem Milieu zurückzuführen sein könnten, in dem sie, verglichen mit den zweieiigen Zwillingen, groß geworden sind. Die Ergebnisse legen die Vermutung nahe, daß auch Persönlichkeitsmerkmale wie soziale Präsenz, Durchsetzungskraft, Flexibilität, Leistung durch Angepaßtheit, Geselligkeit, Selbstbeherrschung und Toleranz zu einem erheblichen Teil erbbedingt sind, mit einer Erblichkeit in der Nähe von 0,50.

Es ist verständlicherweise nicht nach jedermanns Geschmack, den Menschen in lauter meßbare und berechenbare Faktoren zu zerlegen; es wird auch nicht jeder darauf bestehen, für jedes dieser Attribute den exakten Erblichkeitswert zu wissen, ehe er davon überzeugt ist, daß die genetische Ausstattung für unsere gesamte Konstitution, für unseren Körper, unseren Geist, unseren Charakter und damit notwendig auch für unser Verhalten, von erheblicher Bedeutung ist und keine Größe, die sich einfach ignorieren läßt. Sobald aber auch nur soviel zugegeben ist, bricht die ganze üppige Kontroverse in sich zusammen.

Die Karriere des Menschen

Die vergleichende Untersuchung tierischen Verhaltens und die Rekonstruktion des stammesgeschichtlichen Wegs, den der Mensch hinter sich hat, haben im Lauf der letzten Jahrzehnte ein ganzes Gefüge von Tatbeständen ans Licht gebracht und damit ein Begriffsraster, mit dessen Hilfe sich menschliches Verhalten unter Berücksichtigung seiner evolutionären Vergangenheit beschreiben läßt. Es ergibt beim gegenwärtigen Stand unseres Wissens noch keine zusammenhängende Theorie; vielleicht wird es sie auch nie geben, und das wäre noch nicht einmal schade. Dieses Wissen kann und soll die Theorien der Psychologie und Soziologie nicht verdrängen und ersetzen; je nach Plausibilität könnte es allenfalls einige von ihnen in Frage stellen oder zumindest relativieren. Es ist oft ein Appell, der wahrscheinlicheren Erklärung den Vorzug vor der unwahrscheinlicheren zu geben. Es bildet kein neues Dogma. Es ist andererseits weit hinaus über das Stadium bloßer Vermutung und Spekulation.

Wir wissen, wie sich unsere Zivilisationen verhalten, wir kennen ihre Geschichte. Wir kennen heute viele der verschwindenden Kulturen mit einem älteren Entwicklungsstand, der bis vor höchstens 10 000 Jahren über Jahrhunderttausende hinweg unser aller Stand war. Wir haben etliche Tierarten erforscht, und in den letzten beiden Jahrzehnten wurde viel in Erfahrung gebracht über die besondere

Tierordnung, der wir entstammen und angehören, die Primaten. In gröbsten Zügen ist auch der evolutionäre Weg rekonstruiert worden, auf dem sich der Mensch seit etwa 15 bis 20 Millionen Jahren aus der Familie der Menschenaffen herausentwickelt hat. Bei äußeren Merkmalen akzeptieren wir unsere evolutionäre Herkunft ohne weiteres: daß etwa unsere doch so einzigartig geschickte Hand verwandt ist mit den Vorderfüßen der Affen und, weiter weg, mit der so ganz anders aussehenden Vorderhand des Pferds. Beim Verhalten fällt es uns schwerer. Schon daß eine Mutter ihr Kind stillt, erscheint uns in einer Zeit, da Rundfunkreporter den Wunsch der Frauen nach einem Kind als »Mutter-Mythos« bezeichnen oder die Milva singt, als Frau werde man nicht geboren, zur Frau werde man gemacht, nahezu als kulturell hervorgebrachte Marotte und nicht als ein gemeinsames Merkmal der Säugetiere, so verunsichert sind wir über unsere Identität. Daß gar eine Eigenschaft wie die Intoleranz gegenüber Fremden, die Xenophobie also, nicht reine kulturelle Willkür, angelernte Abartigkeit sein soll, sondern ihre tief ins Tierreich zurückreichenden Wurzeln haben könnte, will uns schon gar nicht mehr in den Kopf.

Es ist wohl wahr, sicher wissen wir wenig über unsere Ursprünge. Jenseits der geschichtlichen Zeit, die schließlich nur eine hauchdünne Kruste ist auf der Zeit des Lebens, der biologischen Evolution, versickert unser Weg im unbegehbaren Dunkel der Erdzeitalter. Es ist wohl wahr, daß die Wissenschaft von den ausgestorbenen Tieren und Pflanzen, die Paläontologie, oft mit einem Minimum an Indizien ein Maximum an Rekonstruktion versuchen muß. Der Fund eines bislang unbekannten Backenzahns kann ein ganzes Lehrgebäude ins Wanken bringen. Ob irgendein Lebewesen uns ein Zeugnis seiner Existenz in Form der einen oder anderen Knochenversteinerung hinterlassen hat, ist weitgehend eine Sache des Zufalls; es mußte sein Leben zufällig gerade unter solchen Bedingungen lassen, die eine Fossilisation möglich machten, und von vielen weiteren Zufällen hängt es ab, ob Fossilien von Fachleuten entdeckt werden oder für immer verschüttet und versteckt bleiben. Trotzdem ist in detektivischer Kleinarbeit immerhin ein Lichtschimmer in das Dunkel unseres Ursprungs gebracht worden. Noch ist die Geschichte weit davon entfernt, definitiv zu sein; aber folgendermaßen könnte sie sich zugetragen haben.

Wir gehören, wie jeder weiß, in die Klasse der Säugetiere, die vor etwa 200 Millionen Jahren entstanden und sich nach dem immer noch rätselhaften Aussterben der Saurier vor 65 Millionen Jahren allmählich die Vorherrschaft über das Leben auf der Erde erwarben. Besonders viele Arten von Säugetieren entstanden in Afrika, wahrscheinlich auch jene, die die Taxonomen, die Fachleute für die Klassifizierung der Lebensformen,»Primaten« nannten, das heißt Herrentiere, obwohl ihre frühesten Vertreter wenig Herrenhaftes an sich hatten: Sie müssen eher den heutigen Spitzhörnchen ähnlich gewesen sein. Primaten, seit 70 Millionen Jahren nachgewiesen, waren jene vermutlich vorwiegend pflanzen- und insektenfressenden Säugetiere, die sich auf den Lebensraum, das Habitat, der Baumkronen spezialisierten. Um in den Baumkronen erfolgreich zu überleben, mußten sie sicher greifen und von Zweig zu Zweig springen können. Sie hatten also vor allem räumliche Sicht, Muskelkoordination, Gleichgewichtssinn und die Flexibilität von Armen und Beinen gegenüber den Säugetieren zu verbessern, die auf dem Boden blieben. Lange bevor sich in der Evolution auch nur der Schatten des Menschen zeigte, wurden die Voraussetzungen geschaffen für den ganz speziellen Weg, den er später einschlagen sollte. Sie bestanden in einer verfeinerten Sensomotorik und speziell einer geschickten Hand. Am weitesten unter den Primaten brachten es in dieser Beziehung die sogenannten Anthropoiden, die Affen und Menschenaffen – im Unterschied zu den»zurückbleibenden« Halbaffen wie Lemuren, Loris, Indris, Makis.

Zu den anthropoiden Primaten, die vor mehr als 20 Millionen Jahren Eurasien und Afrika bevölkerten, gehörte die große Familie der schwanzlosen *Eichen-Affen* oder Dryopithecinen (das Wort kommt von *dryos,* Eichengehölz, und *pithekos,* Affe). Ihren Namen verdanken sie dem Umstand, daß ihre ersten Fossilien 1856 in den französischen Pyrenäen zusammen mit den Resten von Eichen, Kastanien und Tannen gefunden wurden, also nicht in dem tropischen Regenwald, der heute das typische Habitat der meisten Menschenaffen bildet. Diese Eichen-Affen müssen in den verschiedensten Lebensräumen, in Savannen, Parklandschaften, Urwäldern und Sumpfgegenden zu Hause gewesen sein; es muß sich um eine höchst vielseitige und, nach der Menge der Fossilfunde (über 500 Exemplare) zu urteilen, sehr erfolgreiche Affenfamilie gehandelt haben, die 20 Millionen Jahre lang florierte. Trotzdem starben sie in Eurasien aus und überlebten nur südlich der Sahara; vermutlich fielen sie im Norden den sich ausbreitenden mächtigen Bären zum Opfer. In Ostafrika wurde das Fossil eines relativ kleinen Eichen-Affen gefunden, des etwa 20 Millionen Jahre alten *Dryopithecus africanus,* nach einem Londoner Zoo-Affen *Proconsul* genannt, der

Dies ist die tierische Ahnenreihe des Menschen: Aus dem Knochenfisch (1) entwickelten sich Amphibien (2) und Reptilien (3), aus letzteren Vögel und Säugetiere (4), aus letzteren die baumbewohnenden Primaten

verschiedentlich für den wahrscheinlichsten vorhandenen Vertreter der gemeinsamen Vorfahren von Menschenaffen und Menschen gehalten wird. Er bewegte sich noch auf allen Vieren, aber da er in aufgelockerten Parklandschaften lebte, bewegte er sich wohl auf dem Boden schon ebenso wendig wie auf Bäumen. Daß jener *Proconsul* ein direkter Vorfahr des Menschen war, kann nur vermutet werden.

Es ist ja nicht gesagt, daß wir überhaupt jemals die Knochenreste unserer direkten Ahnen finden; sie mögen den Weg der allermeisten Knochen gegangen und verrottet sein.

Die Linie der Menschenaffen könnte sich vor etwa 40 Millionen Jahren von den anderen Altweltaffen abgespalten haben; die kleinsten unter den heutigen Menschenaffen, die sich durch ihre einzigartigen Schwinghangeltalente auszeichnenden Gibbons, könnten vor etwa 30 Millionen Jahren von den Menschenaffen abgezweigt sein; vor etwa 26 Millionen Jahren, als noch eine durchgehende Laubwaldverbindung zwischen Ostafrika und Ostasien bestand,

222

4   5   6

(5), aus diesen die Affen (6), aus diesen der ausgestorbene Menschenaffe Dryopithecus (7). Der Ramapithecus (8), schwach belegt, ist wahrscheinlich das Wesen im Übergang von Menschenaffen zu dem menschenähnli-

dann die Orang-Utans. Die Linien von Hominiden (also Australopithecinen und den Vorfahren der Menschen) einerseits und den heutigen Gorillas und Schimpansen andererseits könnten sich vor etwa 15 Millionen Jahren gegabelt haben, die von Gorillas und Schimpansen vor etwa zehn Millionen Jahren. Wesen, die in die Ahnenreihe des Menschen passen, sind auf jeden Fall seit etwa drei Millionen Jahren nachgewiesen.

Zwischen dem afrikanischen Eichen-Affen vor 20 Millionen Jahren und den ältesten eindeutigen Hominiden, menschenartigen Wesen, liegen 16 bis 17 Millionen dunkle Jahre, ein so großes Zeitloch, daß sich darin bequem so phantasievolle Spekulationen unterbringen ließen wie die Hardy-Theorie; danach verbrachten die werdenden Menschen einige Millionen dieser Jahre im (flachen) Gewässer und erwarben dabei den typischen Strich ihrer Haare, die rudimentären Schwimmhäute zwischen Fingern und Zehen und ihre angeborene Schwimmfertigkeit (bekanntlich können sich die meisten

223

7   8   9

chen *Australopithecus afarensis (9)*, der möglicherweise ein direkter
Ahne des Menschen ist. *Dieser tritt zuerst als Homo habilis (10) in
Ostafrika auf, verbreitet sich als Homo erectus (11) über die ganze Alte*

Neugeborenen an der Wasseroberfläche halten) – Merkmale alles,
die sie von den übrigen Menschenaffen unterscheiden. Es ist eine
hübsche Theorie, sie hat nur den Fehler, daß sich bis heute nicht der
geringste direkte Beweis für diesen »Wassermenschen« gefunden
hat.

Dafür finden sich in dieser Zeitlücke, die ältesten etwa 13, die
jüngsten etwa acht Millionen Jahre alt, eine ganze Reihe von
Fossilien, Kieferfragmente zumeist, die einer *Ramapithecus* genann-
ten Gattung von Affen zugeordnet werden. Den ersten Fund machte
1932 ein amerikanischer Student 160 Kilometer nördlich von
Neu-Delhi. *Rama-Affe* nannte er das Wesen, dessen Oberkiefer er
gefunden hatte, dem mythischen Prinzen eines indischen Epos zu
Ehren. Weitere Rama-Affen-Fossilien wurden in Ostafrika, Griechenland, Ungarn und Pakistan gefunden, die meisten erst in den
siebziger Jahren, alles in allem etwa ein Dutzend Reste. Der
Rama-Affe paßt am besten in die hypothetische Entwicklungslinie

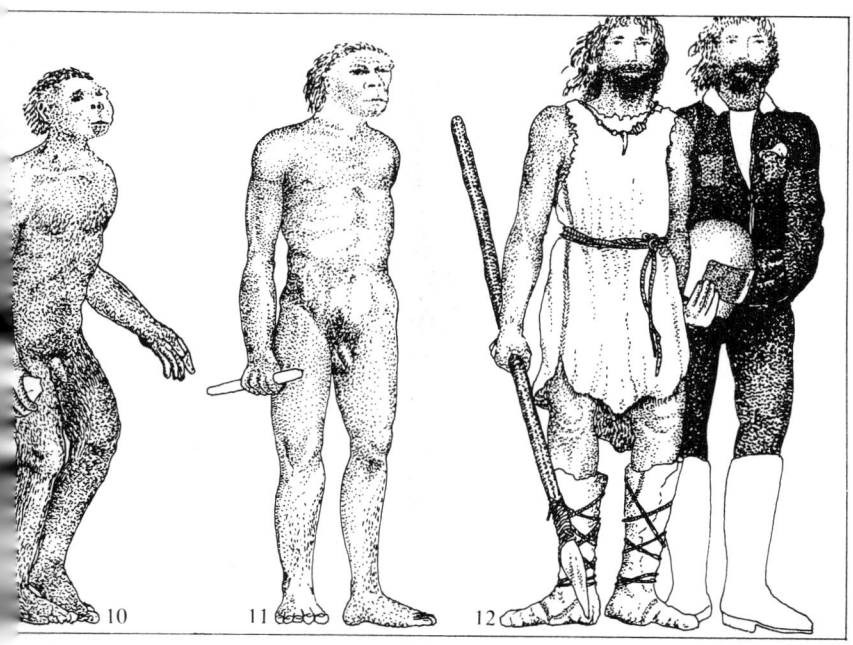

Welt, bringt die ausgestorbene Unterart der Neandertaler hervor und bevölkert schließlich in seiner heutigen Gestalt als Homo sapiens sapiens (12) die ganze Erdkugel.

vom afrikanischen Eichen-Affen zu den Hominiden. Möglicherweise ist er einer der Nachkömmlinge des Eichen-Affen. Es läßt sich über ihn nicht viel mehr sagen, als daß er massivere Kiefer und einen dickeren Zahnschmelz besaß als der Eichen-Affe. Wahrscheinlich fand er in den Wäldern nicht mehr genug Nahrung und mußte sich nach neuen Futterquellen umsehen; es könnten Nüsse und Wurzeln am Boden und an den Rändern der Wälder gewesen sein, für die er ein kräftigeres Gebiß entwickeln mußte.

Ordnet man den Rama-Affen in die Entwicklungslinie des Menschen ein, so bleibt jedoch immer noch eine stattliche Lücke: Aus der Zeitspanne zwischen acht und vier Millionen Jahren gibt es bisher keine Funde. Vor drei bis vier Millionen Jahren dann tauchen in Ost- und Südafrika, und zwar an verschiedenen Stellen und reichlich, gleich mindestens zwei entschieden menschenähnliche, aufrechtgehende Zweibeiner auf. Die ersten Funde machte 1924 der Johannesburger Anatom Raymond Dart; er nannte diesen Affen-

Menschen *Australopithecus, Süd-Affe.* Die größere, stärkere Art, der »robuste« Australopithecine, war etwa 1 Meter 50 groß und wog 40 bis 60 Kilo. Der kleinere, aber wohl behendere Süd-Affe, der »grazile« *Australopithecus africanus,* war etwa 1 Meter 20 groß und wog nur 20 bis 30 Kilo. Wenn einer von beiden in der direkten Ahnenlinie des Menschen anzusiedeln ist, dann wohl der grazile. Ob er es aber überhaupt ist – das ist bisher eine offene Frage. Möglicherweise waren auch die Australopithecinen eine der vielen Sackgassen der Evolution und sind ausgestorben; dann müßte die Linie des Menschen an ihnen vorbeigeführt haben. Höchstwahrscheinlich war der Australopithecine von der anatomischen Beschaffenheit seiner Hand und seiner Intelligenz her imstande, primitive Werkzeuge (rohe Handäxte, Knüppel und ähnliches) zu erfinden, aus Knochen, Hörnern oder Holz anzufertigen und von ihnen Gebrauch zu machen. Wenn nicht – »wie dann hätten sich diese relativ schutzlosen Wesen gegen ihre Freßfeinde verteidigt?« fragt Frank E. Poirier in seiner übersichtlichen Monographie über die hominiden Fossilfunde. »Es fehlten ihnen ja kräftige, reißende Fangzähne, sie waren nicht die schnellsten Läufer und vielleicht sogar noch nicht einmal völlig zweibeinig.«

Der Status der Australopithecinen ist noch nicht endgültig geklärt. Bis Gegenbeweise gefunden werden, tut man jedoch wohl nicht ganz falsch daran, in ihnen Nachfahren der Ramapithecinen zu sehen und eine ihrer Arten unmittelbar in den Stammbaum des Menschen einzuordnen. Eine zur Zeit favorisierte Hypothese stützt sich auf die Fossilfunde, die die amerikanischen Anthropologen D. C. Johanson und T. D. White zwischen 1972 und 1977 unter anderem in Äthiopien, und zwar in der Gegend von Afar machten. Ihr prominentester Fund ist ein zu 40 Prozent erhaltenes Frauenskelett, nach dem Beatles-Song *Lucy in the Sky,* der während der Ausgrabungen im Kassettenrecorder lief, *Lucy* genannt. Johanson und White halten diese Knochensammlungen für 2,9 bis 3,8 Millionen Jahre alt. Damit sind sie die ältesten Hominiden. Sie ordnen sie einem eigenen »Taxon« zu (Taxon nennt man jede systematische Einheit von Lebewesen), der Art *Australopithecus afarensis,* die in Größe und Gewicht dem grazilen Australopithecus sehr nahe war. Er könnte der gemeinsame Vorfahr der anderen Australopithecinen und der Homininen gewesen sein. (Unter Hominiden versteht man das sowohl Australopithecinen – und eventuell Ramapithecinen – als auch die eigentlichen Vorfahren der Menschen umfassende Taxon; unter Homininen – oder Euhomininen – das nämliche Taxon ohne die Australopithecinen. Hominoiden wiederum heißen alle Hominiden und Menschenaffen.) Diesem im Jahr 1978 entworfenen Stammbaum zufolge hätte sich vor zweieinhalb bis vier Millionen Jahren die Art *Australopithecus afarensis* in zwei neue Taxa aufgespalten: auf der einen Seite die ausgestorbenen (grazilen und robusten) Australopithecinen, auf der anderen Seite die Homininen, deren ältester Vertreter der nunmehr eindeutig des Werkzeuggebrauchs kundige *Homo habilis* gewesen wäre, der viele seiner Steingeräte (Waffen zumal) hinterließ. Er ist etwa 2,3 Millionen Jahre alt. Erschienen ist er mit Sicherheit in Ostafrika, im heutigen Kenia und Tansania (vielleicht aber, nämlich wenn er sich an verschiedenen Orten unabhängig voneinander entwickelt haben sollte, auch in Ostasien).

Jedenfalls begannen sich die Homininen in Gestalt des *Homo habilis* vor zwei Millionen Jahren über die ganze Alte Welt auszubreiten. Seine spätere, entwickeltere Form, den *Homo erectus,* hat man in Afrika wie in China (»Peking-Mensch«) und Indonesien (»Java-Mensch«) gefunden. Er hatte Größe und Gewicht des heutigen Menschen, mit 500 bis 800 Kubikzentimetern jedoch nur etwa die Hälfte des heutigen Hirnvolumens. Das mächtige Gehirnwachstum setzte vor etwa anderthalb Millionen Jahren ein und war vor etwa 400 000 Jahren abgeschlossen; am Ende dieser Entwicklung war aus dem aufrechten der weise Mensch geworden, aus *Homo erectus* der *Homo sapiens.* Es gab ihn in mehreren Unterarten, von denen alle bis auf eine ausgestorben sind. Die bekannteste unter den ausgestorbenen ist die des Neandertalers *(Homo sapiens neanderthalensis),* die vor 100 000 bis 35 000 Jahren rund um das Mittelmeer und auch in Mitteleuropa lebte und dann verschwand, wahrscheinlich ausgerottet von *Homo sapiens sapiens,* dem heutigen Menschen, der (als »Cro-Magnon-Mensch«) damals, wahrscheinlich aus Asien kommend, vor etwa 35 000 Jahren Europa in Besitz nahm. Alle vier heutigen Hauptrassengruppen der Menschheit – die dunklen Negriden, die »weißen« Euripiden (oder »Kaukasier«), die Mongoliden, die Australiden – haben sich aus den Vorfahren des »Cro-Magnon-Menschen« entwickelt.

Jeder hat zwei Eltern, vier Großeltern, acht Urgroßeltern, 16 Ururgroßeltern – mit jeder Generation verdoppelt sich die Zahl der Ahnen. Vor zehn Generationen, also vor etwa 250 Jahren, hatte jeder einzelne bereits über 1000 Ahnen, vor 20 Generationen über eine Million, vor 29 Generationen (also 725 Jahren) weit über eine halbe Milliarde. Damals betrug die Weltbevölkerung etwa eine halbe Milliarde Menschen. Theoretisch könnten über höchstens 29 Generationen hinweg alle Menschen, die heute die Erde bevölkern, Vettern sein. Oder anders ausgedrückt: Adam und Eva hätten vor nicht mehr als 800 Jahren leben müssen, wenn sie vier überlebende und sich fortpflanzende Kinder gehabt hätten, von denen jedes wiederum vier fortpflanzungstüchtige Kinder hervorgebracht hätte, so daß sich mit jeder Generation die Bevölkerungszahl verdoppelte. In 32 Generationen wäre dann die heutige Bevölkerungszahl von etwa fünf Milliarden erreicht gewesen. Mit anderen Worten: Der Zeitraum seit der Entstehung des *Homo sapiens* vor etwa einer halben Million Jahren ist so überaus reichlich, daß sich die heutige Menschheit in all ihrer Vielfalt gemächlich aus einer beliebig kleinen Ausgangsgruppe hätte entwickeln können. Angenommen, vor 50000 bis 100000 Jahren sei irgendwo, vielleicht in Asien, ein *Homo-sapiens*-Typ entstanden, der dem zu sehr auf das Leben in der Eiszeit spezialisierten Neandertaler-Typ überlegen war und sich nun daran machte, ihn zu ersetzen – der Zeitraum ist mehr als groß genug, um die Diversifizierung dieser einen Urpopulation von modernen Menschen zu allen heutigen ethnischen Gruppen darin unterzubringen, und wäre jene Urpopulation auch noch so klein an Zahl gewesen.

Welche Anpassungen mußten die Hominiden sich zu eigen machen, damit aus einem Affen ein Mensch wurde? Am Anfang der Menschwerdung stand ein noch vierbeiniger, vorwiegend in den Bäumen lebender Menschenaffe einer ausgestorbenen Art. Entwicklungen in Richtung Mensch hat es mehrfach gegeben; die meisten Versuche scheiterten, nur einer einzigen Linie war Erfolg beschieden. Der Affe mußte zunächst Zweibeiner werden. Er mußte es darum, weil sich die üppigen Regenwälder des Miozäns, die ihm ein leichtes und fast konkurrenzloses Leben von den Früchten der Bäume ermöglicht hatten, mit den Dürren des Pliozäns zurückzuziehen begannen. In den Restwäldern überlebten in geringen Populationen die Vorfahren der heutigen Schimpansen und Gorillas. Zu den Vorfahren des Menschen wurden jene Affen, denen es gelang, ihr Auskommen in den neuen Savannenlandschaften Ostafrikas zu finden. Die Kletterfertigkeiten der Menschenaffen waren für sie nun nicht mehr von großem Nutzen. Sie mußten sich auf dem Boden bewegen können. Vermutlich lernten sie es als Grassamenfresser, die sich nach den Rispen und Ähren auf den Halmen strecken und möglichst hoch über die Halme hinweg wachsam nach Beutetieren ausspähen mußten. Fangzähne benötigten sie nicht mehr. Das harte

Leben der Savanne trainierte ihren aufrechten Gang. Mit dem aufrechten Gang aber erwarben sie nicht nur eine überlegene Fortbewegungsart auf dem Boden, sie bekamen auch die Hände frei. Die freien und vom Samensammeln bereits relativ geschickten Hände aber setzten den Hominiden nunmehr instand, es in den Savannen auf der Suche nach Nahrung mit sehr viel größeren, stärkeren, schnelleren Tieren aufzunehmen: indem er sich mit Steinen, Stöcken, Knochen und schließlich mit zu Faustkeilen zurechtgehauenen Steinen bewaffnete, die Raubtiere von ihrer Beute verjagte und schließlich selber auf Jagd ging, ein schmächtiges und eigentlich nicht für ein solches Leben bestimmtes Wesen, das jedoch die anderen Steppentiere bald das Fürchten lehrte.

Der Hominide als fleischfressender, richtiger, fast allesfressender Raubaffe – vermutlich ist es diese eigenartige Wendung, die die Menschwerdung am stärksten befördert hat. Der einzelne Hominide mit der bewaffneten Hand war neben den anderen Raubtieren, den Löwen, Geparden, Säbelzahntigern, selbst neben Hyänen und Schakalen zu sehr im Nachteil, um als Jäger mit ihnen erfolgreich konkurrieren zu können. Er mußte lernen, im Rudel zu jagen, wie es die Wölfe, die afrikanischen Wildhunde, die Hyänen tun, aber die Primaten sonst nicht. Die Konkurrenz in der ökologischen Nische, in die er geraten war, als die Regenwälder schwanden, trieb ihn zur gemeinsamen Jagd, und die gemeinsame Jagd zwang ihn zu Anpassungen, die ihn deutlich von den anderen Menschenaffen abhob. Er mußte zur Kooperation fähig werden, er mußte die Beute teilen können, er mußte, um seinen Fortpflanzungserfolg nicht zu gefährden und sich damit aus dem Strom des Lebendigen zu streichen, Lagerstätten einrichten und verteidigen können, in denen seine Gefährtinnen in Sicherheit ihre Jungen großziehen konnten, er mußte sich auf ein Zusammenleben einrichten, in dem jeder seine besonderen Fähigkeiten einsetzen konnte – ein Leben archaischer Arbeitsteilung. Geteilte Arbeit, verteilte Beute: Der frühere Eichen-Affe hatte enorme soziale Fähigkeiten zu entwickeln. Das Leben als Raubaffe bescherte dem werdenden Menschen sozusagen seine stammesgeschichtliche Sozialisation. Er lernte die Zusammenarbeit, und in der Zusammenarbeit lernte er das Lernen, die Fähigkeit, seine Überlebensprobleme durch gedankliches Kombinieren besser und besser zu lösen und die besten Lösungen irgendeines besonders befähigten oder von Glück bedachten Individuums zu übernehmen und zum Allgemeingut zu machen. Größer und größer wurde der Anteil des Könnens, der nicht mehr in den Genen verankert war,

Eine frühe Menschengruppe (Homo habilis) vor etwa zwei Millionen Jahren in der ostafrikanischen Savanne. Sie vertreibt Raubtiere von einem Dinotherium (einer fünf Meter hohen ausgestorbenen Elefantenart), das erschöpft oder krank zusammengebrochen ist. Links werden drei Tüpfelhyänen

sondern im Laufe des Lebens erworben und durch Tradierung weitergereicht wurde. Der Mensch, heißt das, wurde kulturfähig: Er gewann eine einzigartige Geschicklichkeit darin, erworbene Eigenschaften durch Tradierung weiterzugeben. Zu seiner langsamen biologisch-genetischen Evolution gesellte sich damit eine sich beschleunigende kulturelle Evolution.

Ein erfolgreicher Jäger und Werkzeugmacher war der Frühmensch schon vor dem Einsetzen seiner Gehirnvergrößerung. Warum hat sie

verjagt, rechts eine Säbelzahntigerkatze mit ihren zwei Jungen. Die Menschen werfen Steine, schwingen Knüppel, drohen mit den Armen, schreien laut. Sie sind knapp 1 Meter 50 groß und wären den Raubtieren einzeln nicht gewachsen; um zu ihrer Beute zu kommen, müssen sie zusammenarbeiten.

stattgefunden? Was hat sie ausgelöst? Eine elegante Theorie ist die des Genetikers Sewall Wright: In der Dürre des Pliozäns hätten die Menschen in isolierten Gruppen gelebt, von denen jede für eine lange Weile ihre eigene Evolution verfolgt hat. Mit dem Einsetzen der Regen des Pleistozäns seien diese versprengten Menschengruppen miteinander in Berührung gekommen; vorbei war die lange Zeit der »Endogamie«, der Fortpflanzung innerhalb der eigenen Population und nur in ihr. Jetzt konnten die Gruppen ihre verschiedenen genetischen Erwerbungen austauschen und vermischen. Die getrennt entwickelten Anpassungen im geistigen Apparat addierten sich: Es begann die Hypertrophie der Neurinde des Gehirns.

Irgendwann im Laufe dieses frühmenschlichen Wegs kam die Sprache hinzu. Die immer subtilere Sprachfähigkeit machte den Menschen unter anderem zu einem immer besseren Werkzeughersteller. Es mußte nicht jeder Handgriff mehr allein durch Nachahmung erworben werden; Erklärungen unterstützten und beschleunigten das Lernen. (Jeder weiß, und Versuche haben es bestätigt, daß der heutige Mensch in all seiner Klugheit völlig außerstande wäre, ganz von sich aus auch nur den primitivsten Faustkeil anzufertigen – auf sich gestellt, käme der einzelne überhaupt auf die allerwenigsten elementaren Kulturtätigkeiten. Daß der Mensch sie symbolisch weitergeben kann, muß ihre Ausbreitung stark gefördert haben.)

Die Frage, wann genau die Sprache entwickelt wurde, ist nicht nur darum unbeantwortbar, weil Sprache keine materiellen Spuren zurückläßt, sondern weil es sich um einen äußerst langsamen Prozeß gehandelt haben muß. Schon bei den höchsten Menschenaffen findet sich eine latente Sprachfähigkeit – eine quasi-begriffliche, zu symbolischen Operationen fähige Intelligenz. Andererseits waren die Stimmwerkzeuge noch des Neandertalers, dessen Gehirn größer war als das des heutigen Menschen, wie auch noch die des *Homo erectus* so beschaffen, daß ihre Sprache für heutige Begriffe kleinkindhaft geklungen haben muß. Die voll ausgebildete Sprechfähigkeit war wohl erst dem *Homo-sapiens*-Typ gegeben, der den Neandertaler ersetzte. In all diesen Jahrmillionen hat sich dem bereits sehr leistungsfähigen körpersprachlichen Verständigungssystem die Sprache hinzugesellt, anfangs nicht mehr als modulierte Geräusche, dann aber immer ausdrucksfähiger; das alte, nichtverbale, mehr gefühls- als informationsbetonte System ist jedoch nie ausgelöscht worden.

Im allgemeinen nimmt man an, die Sprache sei vor allem der Kommunikation unter den jagenden Männern zugutegekommen; die Notwendigkeit, diese Kommunikation zu verbessern, habe ihre Entwicklung vorangetrieben. Eine interessante abweichende Meinung vertreten die Londoner Soziobiologen Doris und David Jonas. Ihnen zufolge waren die Erfinder der Sprache die Frauen; nicht der Kommunikation unter den jagenden Männern habe die Sprache ursprünglich gedient, sondern der Festigung der Bindung zwischen Mutter und Kind – ihre Frühform sei eine Art liebevolles Lallen gewesen. (Wahrscheinlich ist es auch hier nicht sinnvoll, sich auf eine einzige Ursache zu versteifen. Die Männer haben schließlich nicht unaufhörlich gejagt und mußten darum auch nicht immer still sein; bei der Planung ihrer Jagden und bei ihrer nachträglichen Bewertung wird ihnen die Sprache von großem Nutzen gewesen sein.) Jonas' Hypothese würde jedoch erklären, warum die Frauen bis heute im Durchschnitt über größere sprachliche Fähigkeiten verfügen als die relativ schweigsamen Männer. Und sie könnte noch auf einen anderen Sachverhalt Licht werfen. Die menschlichen Gehirnhälften sind spezialisiert: Die rechte Hemisphäre kontrolliert zum Beispiel den Raumsinn, die linke die Sprache. Außerdem ist jede Gehirnhälfte für die Sensomotorik der gegenüberliegenden Körperhälfte zuständig. Warum ist das Sprachzentrum in der Hemisphäre angesiedelt, die die rechte Körperhälfte regiert? Jonas' Antwort: das Menschenkind konnte sich anders als das des Menschenaffen nicht mehr an das Fell seiner Mutter anklammern (der Klammerreflex ist ihm gleichwohl geblieben); die Mutter mußte es in ihren Armen tragen; sie trug es beim Früchtesammeln, das ihr vorwiegend zufiel, meist im linken Arm; so nämlich konnte es ihren Herzschlag hören, und der wirkte beruhigend. Natürlich muß sie sich darüber keineswegs klargewesen sein; es genügte die praktische Erfahrung, daß das Kind sich links ruhiger verhielt als rechts, um sie eine Seite bevorzugen zu lassen.

Damit behielt sie die Rechte zum Sammeln frei; die Rechte wurde geschickter, zu komplizierteren Muskelkoordinationen fähig; um sie geschickter werden zu lassen, mußte die linke Gehirnhälfte aktiviert werden; darauf – so nun der Schluß – siedelte sich die Sprachfähigkeit in der solchermaßen aktivierten Hälfte an. Gleichzeitig ließe sich in der mütterlichen Praxis, das Kleinkind links zu tragen, der Ursprung der menschlichen Lateralisation sehen: der »Verseitlichung«, der unsymmetrischen Spezialisierung der Körper- und damit auch der Gehirnhälften. Die Rechte wurde die »gute«, die »richtige«, die geschicktere Hand des Menschen. Alles »Rechte« wurde ihm lieber, alles »Linke« suspekt. Wo er mit der geschickteren Rechten aß und sich mit der ungeschickteren Linken den Hintern wischte, wurde die Linke vollends verpönt. Bis auf den heutigen Tag übrigens nehmen die Mütter ihre Kinder automatisch vorzugsweise in den linken Arm.

Ist die Evolutionsgeschichte, so wie sie hier skizziert wurde, in groben Zügen richtig, so wäre die ausschlaggebende ökologische Veränderung, die den Affen nötigte, die Richtung zum Menschen einzuschlagen, das Zurückweichen der Regenwälder und die Versteppung der Landschaft am Beginn des afrikanischen Pliozäns vor etwa sieben Millionen Jahren. Um den Titel einer Erzählung von Max Frisch zu variieren: Der Mensch begann im Pliozän, und das Pleistozän vollendete ihn. Die Nahrungsknappheit des trockenen Pliozäns machte den Menschen, das Jäger-, Sammler- und Fischer-Leben im Pleistozän formte seine Natur aus. Als die bisher letzte Eiszeit vor etwa 10000 Jahren zu Ende ging, wurde er noch einmal herausgefordert, und daß er die Herausforderung bestand, half seiner Entwicklung entscheidend nach: Das Großwild, von dem er in Eurasien bisher sicher gelebt hatte, verschwand zusammen mit der Graslandschaft, die sich, als es wärmer wurde, mit Wäldern bedeckte, zunächst mit Immergrün und mit Birken. Die großen Zeiten der Jagd waren vorbei. Die Jäger mußten sich neu anpassen.

Einige Gruppen begannen, Getreide zu säen und anzubauen, zuerst Gerste und Weizen, statt Früchte, Wurzeln und Samen zu sammeln, wie sie wuchsen. Und statt ihre seltener werdenden Beutetiere zu töten, begannen sie sie einzufangen und zu domestizieren, zuerst Schafe und Ziegen, später auch Rinder. Das älteste Haustier des Menschen ist jedoch der Hund, sein Gehilfe bei der Jagd. Vor etwa 10000 Jahren fingen die Menschen hier und da an, Ackerbau und Viehzucht zu betreiben. Und jetzt begannen sich die Veränderungen zu überstürzen. Sie bedeuteten härtere Arbeit als je zuvor. Der Mensch wurde seßhaft (oder Hirtennomade). Die Menschheit nahm zu an Zahl. Der clanartige Jäger-Sammler-Verband, in dem er seit Millionen Jahren gelebt hatte und den als »Horde« zu bezeichnen vielleicht ein arroganter Irrtum des modernen Menschen war, mußte durch komplexere Sozialformen ersetzt werden. An die Stelle der Horde traten Stämme (die im Wortsinn erweiterte Verwandtschaftssysteme sind, nämlich Gruppen, die sich auf die gemeinsame Abstammung von einem Gründervorfahren berufen), Völker, Reiche, Nationen, Allianzen. Auf dieser einschneidenden Veränderung in der Lebensweise, »neolithische Revolution« (Childe) genannt, die der Altsteinzeit ein Ende machte und die Jungsteinzeit einleitete, beruhen alle weiteren Errungenschaften. Das Feuer hatte der Mensch schon in den vorhergehenden Jahrzehntausenden beherrschen gelernt, vor 80000 bis 500000 Jahren. Erste Anzeichen für Bestattungsriten und Heilkunde finden sich im 60000 Jahre alten Neandertaler-Höhlengrab von Shanidar im Irak mit seinen Blumenbeigaben. Waffen mit Fernwirkung (Katapult, Wurfspeer, Pfeil und Bogen) kamen vor spätestens 30000 Jahren auf. Die steinzeitlichen Höhlenmalereien, Bestandteile magischer Riten, die den Jagderfolgen nachhelfen sollten, sind um 20 000 Jahre alt; bildnerische Kunst (Plastik wie Malerei) betrieb der *Homo sapiens* wohl bereits, als er vor 50 000 bis 35 000 Jahren den Neandertaler verdrängte. Auch der altsteinzeitliche Mensch hat also über Techniken, Riten und Künste geboten, über Kultur mit einem Wort.

Der neue, seßhafte, fleißige, Ackerbau und Viehzucht treibende, Kriege organisierende Mensch der größeren Sozialverbände, in denen sein technisches und kommunikatives Geschick voll zur Geltung kommen konnte, gab der Kulturentwicklung jedoch erst den entscheidenden Anstoß. Die ältesten Stadtreste sind die von Jericho, etwa 9000 Jahre alt. Die älteste Keramik, auf dem Gebiet der heutigen Türkei gefunden, ist etwa 8800 Jahre alt. Vor gut 5500 Jahren entdeckte er zwischen Euphrat und Tigris das Rad. Vor etwa 5000 Jahren, Vorformen vielleicht etwas früher, wurde in Sumer die Schrift erfunden – und mit ihr die für alle weitere Entwicklung so überaus wichtige Technik, Informationen auch auf unpersönliche Weise weitergeben zu können, die Kultur über das Stadium der mündlichen Tradition hinauszubringen. (Die Erfindung des Buchdrucks vor 500 Jahren brachte der Informationsübermittlung den nächsten entscheidenden Zugewinn: Er machte, wenigstens tendenziell, nach und nach aber auch tatsächlich, jede Information für jeden zugänglich.) Vor etwa 4000 Jahren begann die Metallbearbeitung: erst die Bronzezeit, ein halbes Jahrtausend später die Eisenzeit. Es war trotzdem noch eine gemächliche kulturelle und technische Entwicklung. Wirklich rasant wurde sie erst, als vor einem halben Jahrtausend in Europa die Grundlagen des wissenschaftlich-industriellen Zeitalters gelegt wurden, das den *Homo sapiens sapiens* zum unumschränkten Herrn der Erde machte, die Landschaft zur Kulturlandschaft, Fauna und Flora zu einer von seinen Gnaden, so daß es allein von ihm abhängen wird, welche anderen Formen des Lebens weiterexistieren werden, wenn er nicht überhaupt alles Leben auslöscht und sich mit ihm.

Daß der Mensch die städtischen Hochkulturen in Eurasien und Afrika zwischen dem 30. und 60. Breitengrad hervorgebracht hat, in Amerika um zehn Grad nach Süden versetzt, kann kein reiner Zufall sein. Gemäßigtes Klima ist wahrscheinlich eine ihrer Voraussetzungen: jahreszeitliche Schwankungen, gelegentliche Winde, stärkere, aber nicht unaufhörliche und nicht völlig verläßliche Regenfälle. Das Klima mußte auf der einen Seite eine ständige Herausforderung für seinen Geist darstellen, eine Prämie auf die originelle Lösung seiner

Unberechenbarkeit aussetzen, auf der anderen Seite mußte es seinen Kampf mit seinen mäßigen Unbilden aussichtsreich machen. Wo ihm das Nötige von selbst zufällt oder seine Anstrengung von vornherein zum Scheitern verurteilt ist, kann auch seine Kulturfähigkeit nicht bis zum äußersten erprobt werden.

Man muß sich für einen Augenblick diese zeitlichen Dimensionen vor Augen halten. Nehmen wir an, unsere Hominiden-Vorfahren seien vor etwa drei Millionen Jahren aus dem Übergangsfeld zwischen Affe und Mensch herausgetreten, um seitdem einen charakteristisch menschlichen Weg der Evolution zu verfolgen. Und setzen wir eine Generation mit 25 Jahren an. Dann hätte die Gattung Homo und ihre unmittelbaren Vorläufer insgesamt 120 000 Generationen durchlaufen. Seit 400 000 Jahren, also seit 16 000 Generationen, hat sie sich anatomisch und physiologisch nicht mehr wesentlich verändert. Vor 10 000 Jahren, also vor 400 Generationen, trat der Mensch mit der Entwicklung von Ackerbau und Viehzucht in sein modernes Stadium. In Generationen ausgedrückt macht dieses moderne Stadium, das dennoch bis weit hinter die geschichtliche Zeit zurückreicht, lediglich ein Drittelprozent (0,33 Prozent) des gesamten menschlichen Weges aus und nur zweieinhalb Prozent seines Weges in der heutigen Gestalt. In dem großen Rest der Zeit hat er seine typischen biologischen Anpassungen hervorgebracht.

»Wir können darum einigermaßen sicher sein«, schreibt John Bowlby (1969), »daß keine der Umwelten, in denen der zivilisierte oder auch nur halbzivilisierte heutige Mensch lebt, der Umwelt entspricht, in der die umweltstabilen Verhaltenssysteme des Menschen ausgebildet wurden und an die sie in ihrem Wesen angepaßt waren... Jene Umwelt als die der menschlichen Angepaßtheit zu erkennen, besagt noch keineswegs, daß diese Urumwelt irgendwie besser war als die der Gegenwart oder der frühere Mensch glücklicher als der heutige... Das einzig relevante Kriterium, nach dem die natürliche Angepaßtheit irgendeines gegenwärtigen menschlichen Verhaltensbestandteils zu beurteilen ist, ist das Ausmaß und die Art, in denen es zum Überleben der Population in der Urumwelt des Menschen beigetragen hat.« Unsere biologischen Verhaltensprogramme wurden in der unvordenklichen Zeitspanne entworfen, als wir als Jäger und Sammler in kleinen versprengten Trupps und Clans unser Auskommen suchten. Die eigentliche moderne Kulturentwicklung setzte, nach diesen Maßen gemessen, erst vor einem Augenblick ein, vor 0,25 Prozent der Zeit, in der wir als Art geformt wurden. Allein schon diese Zeitverhältnisse machen es einigermaßen unwahrscheinlich, daß wir in diesen zweieinhalb Promille unserer Entwicklungsgeschichte all die davor als nützlich, als lebensnotwendig angesammelten Verhaltensanpassungen abgeworfen haben und es uns heute erlaubt wäre, nur noch mit Befremden und geniert auf diese unsere »animalische« Vergangenheit zurückzublicken wie auf etwas unendlich Fernes.

Der *Mythos von der Schöpfungswoche* könnte heute etwa so lauten: Am Anfang, in der Nacht zum Montag um null Uhr, entstanden die Himmel. Am Freitag darauf, abends um viertel nach neun, entstand in den Himmeln die Erde, und die war wüst und leer. In ihrem Urmeer schwammen Moleküle und bauten sich auf und ab, und in der Nacht zum Sonnabend, gegen drei Uhr, war eins dabei, das die Eigenschaft hatte, seinesgleichen zu erzeugen. Noch im Laufe dieser Nacht lernten es die Molekülsysteme, sich zu Zellen zu verbinden, und die Zellen wiederum verbanden sich zu Zellsystemen. Erst am Sonntagnachmittag jedoch, bald nach 16 Uhr, fanden sich Zellen, die Kohlendioxid in Kohlenstoff und Sauerstoff spalten konnten, und der Sauerstoff, der von ihnen ausging, oxidierte alles Gestein und begann die Luft zu füllen und ein Schild von Ozon um die Erde zu legen, das die mörderischen Strahlen der Sonne fernhielt. Gegen 20 Uhr wagten sich die ersten Lebewesen aufs feste Land. Gut eine halbe Stunde später krochen Fische ans Land, die hatten Lungen und wurden von einer Wirbelsäule gehalten, und sie lebten als Kriechtiere. Um viertel vor zehn an diesem Sonntagabend fand ein Kriechtier es gut, seine Jungen in sich zu tragen und mit seiner Milch zu säugen. Um viertel nach elf verlegte eins dieser säugenden Tiere sich auf den Lebensraum der Baumkronen. 22 Minuten vor Mitternacht entstand unter diesen bäumebewohnenden Herrentieren der Menschenaffe. Knapp fünf Minuten vor Mitternacht begann eine Trockenzeit, die den Baumbestand angriff und einige dieser Menschenaffen zwang, ihr Heil in der offenen Savanne zu suchen. Eine Minute vor Mitternacht war dieser Menschenaffe zum Frühmenschen geworden. Und es begann ihm seine Großhirnrinde zu wachsen, und als ihr Wachstum 20 Sekunden vor Mitternacht beendet war, fand er sich als das erfinderischste und einsichtigste Tier auf dem Erdboden wieder. Er aber fuhr fort, die Früchte des Feldes zu sammeln und die Beutetiere zu erlegen, die seine immer tödlicheren Waffen erreichten. Und als weniger als eine halbe Sekunde vor Mitternacht das große Wild verschwand, mußte er darauf sinnen, im Schweiß seines Angesichts Pflanzen zu ziehen und Tiere an seinem Wohnplatz als Gefährten und Nahrung zu halten.

Und das gelang ihm so wohl, daß er begann, sich wunderbar zu vermehren, und er bedrängte sich selbst auch immer mehr und wurde sich selber zum größten Rätsel und Anlaß ständiger Sorge. Die Sehnsucht nach einem leichteren Leben ließ ihn auf Erfindungen verfallen, die ihm das Leben immer lästiger machten. Und jetzt, um Mitternacht, hat er Mühe, sich zu erinnern, was seine Vorfahren in den letzten zwei Fünfundzwanzigsteln der letzten Sekunde, die er Geschichte nennt, eigentlich umgetrieben hat. Und sein eigenes Leben, wenn es hochkommt, währt drei Millisekunden.

Der Erfindungsreichtum des Menschen, seine ungeheuerliche Anpassungsfähigkeit, die auf seinem hypertrophierten Lernapparat beruht, seine schließliche Verbreitung über die ganze Erde mag sich biologisch am Ende gar nicht als gloriose Errungenschaft der Natur, sondern als klägliche Fehlentwicklung erweisen, die ihn vom Erdboden tilgt, wie ungezählte Arten vor ihm und neben ihm als unzweckmäßig ausgestorben sind; und der Grund wäre dann wohl darin zu suchen, daß die biologischen Anpassungen, die er sich in den Jahrmillionen seines Hordendaseins erworben hat und die sich nur langsam verändern, in ein zu großes Mißverhältnis geraten sind zu den Lebensumständen, die er sich dank seiner fixen kulturellen Fertigkeiten selber nolens volens geschaffen hat. Es könnte die Kultur den Sieg über die Natur erringen; aber das letzte Wort hätte diese, und es hieße gleichmütig: Aussterben.

Die Paläoanthropologie, die unsere Vorgeschichte zusammenzu-stückeln versucht, ist ein an Kontroversen überreiches Gefilde. Sie betreffen erstens die Datierung von Fossilfunden. Diese wurde zwar mit der Entwicklung radioaktiver Meßmethoden sehr viel genauer, aber auch hier wirft jedes gelöste Problem oft zwei neue auf. Sie betreffen die richtige taxonomische Einordnung von Knochensplit-tern in mögliche Linien der Evolution. Sie betreffen die Frage, ob die aus den Fossilien rekonstruierten Genealogien vereinbar sind mit dem, was wir über die Erdgeschichte wissen, über Vegetation, Klima, den Zusammenhang der Kontinente, natürliche Barrieren. Sie betreffen die Vereinbarung der so gewonnenen Hypothesen mit der Biochemie, die den immunologischen Abstand zwischen den Arten mißt und, da sich die Eiweiße innerhalb einer Art mit relativ konstanter Geschwindigkeit verändern, aus diesem Abstand errech-nen kann, wann sich die Wege zweier Arten getrennt haben. Im wesentlichen sind also drei verschiedene Uhren miteinander in Einklang zu bringen: die fossile Uhr, die geologische Uhr, die biochemische Uhr.

Für den Außenstehenden nehmen sich diese Kontroversen oft aus wie Rätselwettbewerbe für Dentisten, wie Überlegungen zur Gebißgeschichte. Zähne und Kieferfragmente herrschen vor unter den Fossilien, und verbreitet ist der Ehrgeiz, selber einen möglichst unerhört alten Zahn zu entdecken, gar nicht notwendigerweise draußen »im Feld«, sondern vielleicht in einer verkannten Museumskollektion, und auf ihm ein eigenes Taxon begründen zu können. Es ist ein mühseliges Geschäft, das hier betrieben wird, in dem radikale Umdatierungen und Umgruppierungen an der Tagesordnung sind. Nur darf uns die Menge der anhaltenden Ungewißheiten nicht dazu verleiten, so zu tun, als wüßten wir gar nichts über unsere Vorgeschichte, und eine Hypothese sei so gut wie die andere. Wir können den Ausgangspunkt rekonstruieren, wir kennen das Ergebnis, wir haben Indizien für ein paar Stationen des Weges, und wir können die Punkte durch eine gestrichelte Linie verbinden. Dazu wird in der Tat Phantasie benötigt, aber es ist eine Phantasie, die nicht hemmungslos ausschweift, sondern die wahrscheinlichste und logischste Verbindung sucht.

Die Jungerhaltung

Einige der wichtigsten *evolutionsbiologischen Begriffe* zur Beschreibung menschlichen Sozialverhaltens seien hier zusammengestellt. Zusammen ergeben sie eine flüchtige und vorläufige Skizze dessen, was in den ersten Umrissen sichtbar geworden ist, nämlich ein *biologisches Verhaltensinventar (»Ethogramm«) der Gattung Mensch.*

Eine der biologischen Eigentümlichkeiten des Menschen, vielleicht sogar sein wesentlichstes Kennzeichen ist seine *Neotenie.* Das Wort stammt aus der Mitte des vorigen Jahrhunderts und heißt soviel wie »Jungerhaltung«; zuweilen spricht man auch von Pädomorphose, Jugendgestaltigkeit. Gemeint ist, im weitesten Sinn, eine Beibehaltung diverser kindlicher oder jugendlicher Züge über die Zeit der Sexualreife hinaus. Sie geht einher mit einer allgemeinen Verzögerung in der individuellen Entwicklung. Die Nähte zwischen den Schädelknochen schließen sich erst etwa im dreiundzwanzigsten Lebensjahr vollständig; anatomisch fertig ist der Mensch also erst am Schluß seines ersten Lebensdrittels. Der Mensch ist das Wesen mit der weitaus längsten Wachstumsphase. Während die Menschenaffen

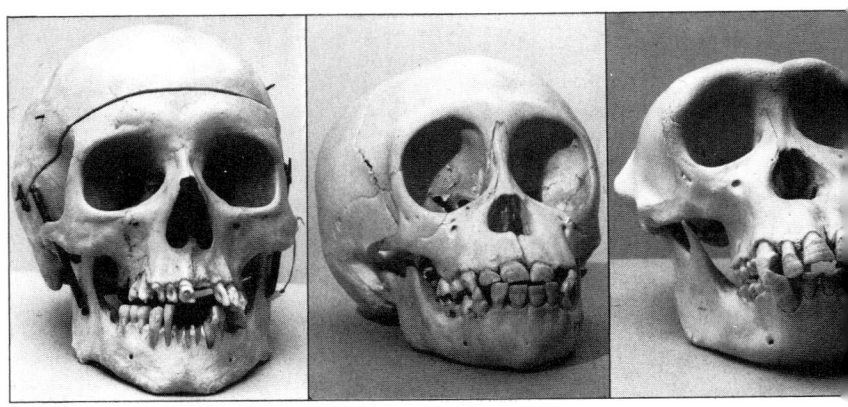

Schädel eines erwachsenen Mannes (links), eines jungen Schimpansen (Mitte), eines erwachsenen männlichen Schimpansen (rechts): die menschliche Schädelanatomie hat kindliche anatomische Merkmale des Menschenaffen konserviert (die hohe Stirn, die fehlenden Augenwülste, die weniger vorspringenden Kiefer).

um das siebente oder achte Lebensjahr ihre sexuelle Reife erreichen und mit fünfzehn völlig erwachsen sind, erreicht der Mensch sie durchschnittlich erst mit vierzehn Jahren. Seine Lebenserwartung beträgt einige Jahrzehnte mehr. Der gesamte Wachstums- und Reifungsprozeß ist verlangsamt; und zwar bei den Primaten gegenüber den anderen Säugetieren, bei den Affen gegenüber den anderen Primaten, bei den Menschenaffen gegenüber den Affen und beim Menschen schließlich gegenüber den Menschenaffen. Es handelt sich offenbar um einen kontinuierlichen evolutionären Prozeß. Auf den ersten Blick ist schwer auszumachen, welche Vorteile er eigentlich mit sich gebracht haben soll: Die Verlängerung der Kindheit, das Festhalten an jugendlichen Zügen bedeutete eine längere Abhängigkeit von der Elterngeneration, ein Hinausschieben der Selbständigkeit. Aber die Evolution hätte diese Richtung nicht genommen, wenn nicht die Vorteile überwogen hätten. Der große evolutionäre Vorteil hat bei der Entwicklung der Säugetiere zum Menschen sicher darin bestanden, daß er die Zeit des Lernens verlängerte; und ein langes Lernen ermöglichte dem Menschen ein flexibleres, intelligenteres Verhalten.

Dieser Vorteil kann in sich selber ausreichend gewesen sein. Es wäre dann nicht nötig, zur Erklärung der menschlichen Neotenie geheimnisvolle und unbeweisbare Vorfälle in unserer Stammesgeschichte anzunehmen – etwa, mit dem niederländischen Anatomen Louis Bolk, eine spontane Änderung unseres Hormonhaushalts oder, mit den britischen Soziobiologen Doris und David Jonas, epidemische Viruserkrankungen.

Die Erhaltung der Jugendlichkeit betrifft nicht den gesamten Menschen, sondern nur einzelne seiner Merkmale, und die in verschiedenem Maß. Die Beine zum Beispiel sind nicht neoten, wohl aber die großen Zehen, die wie bei den jungen Menschenaffen im Unterschied zu den Daumen der Hand nicht entgegengestellt werden können. Neoten sind vor allem einige Merkmale des Kopfes. Sie fallen jedem ins Auge, der den Schädel eines jungen Menschenaffen, eines erwachsenen Menschenaffen und eines erwachsenen Menschen vergleicht: Der des Affenjungen und der des Menschen sehen sich ähnlich. Der Schädel ist rund gewölbt, das Gesicht gerade, die Kiefer sind klein, im Vergleich zu der fliehenden Stirn, den Augenbrauenwülsten und den mächtig vorspringenden Kieferknochen des erwachsenen Menschenaffen. Das Gehirn des Rhesusaffen hat bei der Geburt bereits 65 Prozent seiner endgültigen Größe erreicht, das des Schimpansen 40 Prozent – beim Menschen jedoch sind es nur 23 Prozent, und das, obwohl das menschliche Neugeborene mit Abstand größer und schwerer ist als neugeborene Menschenaffen, selbst als Gorillas, bei denen das Männchen fast dreimal so schwer wird wie der Mensch.

Wenn eine evolutionäre Prämie auf die Entwicklung eines großen Gehirns ausgesetzt war, stand die Natur offenbar vor einem kniffligen Problem. Sie machte den menschlichen Embryo so groß, wie es noch irgend mit der Beckenanatomie der Frau vereinbar war, auch wenn sie ihr damit eine schmerzvolle Niederkunft zumutete. Das Kind, insbesondere den Kopf des Kindes im Mutterleib noch größer werden zu lassen, hätte eine noch stärkere Verbreiterung des Beckens erfordert und die Frauen zu einem Watschelgang gezwungen, der unter Überlebensgesichtspunkten ein zu hoher Preis gewesen wäre. Das Gehirnwachstum setzt daher zum größten Teil erst außerhalb des Mutterleibs ein.

Die Menschen kommen also unfertiger als jedes Tier auf die Welt, und sie haben die längste Jugendphase.»Um unser Lernen zu steigern, haben wir unsere Kindheit durch die Verzögerung der sexuellen Reife mit ihrem spätjugendlichen Unabhängigkeitsstreben verlängert. Unsere Kinder bleiben für eine längere Zeitspanne an ihre Eltern gebunden und vergrößern damit sowohl die Spanne, die ihnen zum Lernen zur Verfügung steht, als auch die Enge der Familienbindungen« (Stephen Jay Gould).

Länger als bei anderen Tieren hält beim Menschen der kindliche Erkundungsdrang an, und er ist intensiver. Die Stärke dieses *explorativen Verhaltens* ist ein weiteres menschliches Kennzeichen.

Karl Popper, der Philosoph ist und trotzdem eingestandenermaßen ein Evolutionist mit einer großen Neigung zu den Naturwissenschaften, sieht geradezu in der »Neugier den Anfang des Bewußtseins« – und damit den Kern der Menschwerdung. »Ich schrieb den höheren Tieren Bewußtsein zu und sprach die Vermutung aus, daß die Funktion des Bewußtseins darin bestehen mag, einen Zustand der Neugier über die bloßen Sinnesreize hinaus auszudehnen, die ihn herbeiführen – zu einer bleibenden Neugier, die zur Exploration führt.« Der große Entwicklungsschub sei dann eingetreten, als dieses neugierig-explorierende Wesen zwischen Tier und Mensch die Sprache erwarb – und zwar die beschreibende Sprache zusätzlich zu der bloß benennenden. »Mit der Erfindung der (beschreibenden, Geschichten erzählenden) Sprache kommt auch die Erfindung von Ausreden, von falschen Ausreden und falschen Erklärungen, die vorgebracht werden, um eine nicht ganz rechte eigene Handlung zu kaschieren, und so weiter; und damit entsteht die Notwendigkeit, zwischen Wahrheit und Unwahrheit zu unterscheiden. Mit dem Geschichtenerzählen also entstand die Notwendigkeit, zwischen wahr und falsch zu unterscheiden. So brachte die Entwicklung der Sprache die Kritikfähigkeit hervor« – und mir ihr schließlich das, was Popper »Welt 3« nennt, die Welt der vom Menschen willentlich hervorgebrachten, der Evolution enthobenen geistigen Produkte und Theorien, im Unterschied zu »Welt 1«, der Welt der physischen und biologischen Dinge und Zustände, und zu »Welt 2«, der höheren Welt der Bewußtseinszustände und emotionalen Dispositionen, die unbewußten eingeschlossen. Für Popper gipfelt alle Entwicklung in den komplexen Hervorbringungen der »Welt 3«; ihre Anfänge reichen zurück zu der Wißbegier insbesondere der Jungtiere in »Welt 2«.

Neugier und Erkundungsdrang, schreibt der amerikanische Psychologe Marvin Zuckerman, scheinen bei den Säugetieren mit ihrem Platz auf der Evolutionsskala anzusteigen, um beim Menschen schließlich ihren Höhepunkt zu erreichen. Zuckerman begann in den sechziger Jahren mit Experimenten in sensorischer Deprivation – also in Isolierung und Reizentzug. Freiwillige Versuchspersonen wurden stunden- und tagelang eingeschlossen und in verschiedenem

Maß der Sinneswahrnehmungen beraubt. Ein Drittel der Versuchspersonen hielt die völlige Isolierung nicht länger als zwei Tage aus; die völlige sensorische Stille im »Wassertank-Schoß« wurde höchstens zehn Stunden lang ertragen. Zuckerman kam von solchen Experimenten her zu dem Schluß, daß der Mensch ein natürliches Bedürfnis nach Stimulierung habe; er nannte es *sensation seeking,* die Suche nach Sinneseindrücken, Empfindungen, Erfahrungen. Zuckerman untersuchte 10 000 Personen in vielen Ländern auf ihr Reizbedürfnis hin. Ein Ergebnis war, daß derjenige, der auf einem Gebiet besonders reizbedürftig ist, es wahrscheinlich auf allen anderen ebenso ist. Wer eine Neigung zum Risikosport hat, wird auch einen Hang zu riskanten Amouren besitzen. Das Reizbedürfnis ist eine biologische Grundtatsache; seine unterschiedliche Heftigkeit ist ein charakteristisches Persönlichkeitsmerkmal, das wahrscheinlich von verschiedenen Neurochemikalien gesteuert wird und für das in Zwillingsuntersuchungen eine Erblichkeit von 0,5 bis 0,66 ermittelt wurde. Das heißt, die tatsächlich vorhandenen Unterschiede gehen mindestens zur Hälfte, eventuell zu zwei Dritteln auf Unterschiede in der genetischen Mitgift zurück. Die stärksten Reizsucher leiden auch am stärksten in Situationen der sensorischen Deprivation.

Der Mensch ist von Natur aus neugierig. Er ist das Wesen, das kein Geheimnis ertragen kann. Er muß, im wörtlichen wie im übertragenen Sinn, alles auseinandergenommen und wieder zusammengesetzt haben. Erst, was er kennt und durchschaut, braucht er nicht mehr zu fürchten. Neben der innigen Wechselwirkung zwischen Tun und Erkennen, »... die das laufend vom Erfolg her geregelte Handeln ermöglicht«, besteht das besonderste Kennzeichen des Menschen für Konrad Lorenz (1978) darin, daß »das Neugierverhalten bis an die Grenze des Greisenalters erhalten bleibt: Der Mensch bleibt bis in sein Alter ein Werdender.«

Es ist ein Gemeinplatz, daß unsere heutigen Zivilisationen viel von der Ehrfurcht vor dem Alter eingebüßt haben und über alles die Jugendlichkeit schätzen. Das Altern, die Seneszenz, verleiht kaum noch Statusvorteile, im Gegenteil; es wird möglichst hinausgeschoben oder vertuscht. Pharmazeutik, Kosmetik, Kleidung, Sport – ganze Industrien arbeiten daran, die Jugendlichkeit oder wenigstens ihren Anschein zu erhalten und das Altern zu bekämpfen. Es ist sicher kein Zufall, daß dieser Jugendkult gerade in einer Epoche auftritt, die durch eine explosionsartige Verstärkung des explorativen Verhaltens gekennzeichnet ist. Alt werden heißt Neugier einbüßen, zunehmende Starrheit, abnehmende Wißbegier, schrumpfende Mobilität, sinkende Risikobereitschaft, und alles in unseren Gesellschaften drängt uns dazu, Schritt zu halten mit ihrer explorativen Dynamik. Wer das Altern seines Körpers nicht aufhalten oder kaschieren kann, sucht zu beweisen, daß er wenigstens »im Geiste jung« geblieben ist. Wir haben es mit einer Art kultureller Neotenie zu tun: Der Mensch versucht bewußt, sich in Körper und Geist jugendliche Züge zu erhalten. »Die Jugend erschien mir als der höchste Wert des Lebens«, um diesen Satz herum entstand das ganze Werk des polnischen Schriftstellers Witold Gombrowicz. »Ich glaube, die Formel ›der Mensch will Gott sein‹ drückt recht gut die Sehnsüchte des Existentialismus aus, während ich ihr eine andere, durch und durch inkommensurable entgegensetze: ›der Mensch will jung sein‹.«

Die Sucht nach Kultur

Nur darum, weil seine Jugendphase, die des erkundenden, nachahmenden, simulierenden und erfindenden Spiels dermaßen in die Länge gezogen ist, ist der Mensch imstande, das zu lernen, was er nicht ererbt hat: die Techniken, Regeln, Riten und Symbole seiner Kultur. Ein genetisch in allen Einzelheiten vorprogrammiertes Lebewesen kann fertig auf die Welt kommen; Zeit zum Lernen braucht das Lebewesen, dem die Natur nicht viel mehr mitgibt als einen Apparat, viele Eventualitäten nach eigenem Ermessen zu bewältigen. Es benötigt ein *Kulturbedürfnis*.

Daß das menschliche Kind so unfertig auf die Welt kommt, heißt nicht einfach nur, daß es noch einen weiten und langwierigen Weg bis zur Reife vor sich hat, den es ohne fremdes Zutun gehen könnte, so wie seine Organe ohne fremdes Zutun wachsen. Es heißt, daß es zu einem vollständigen Wesen erst wird, indem es eine Kultur lernt. Der Mensch, dem die Vervollständigung durch die Kultur vorenthalten wird, ist krank, ein Verhaltenskrüppel. Ein Fall wie der des Kaspar Hauser zeigt es aufs sinnfälligste, und daß uns Kaspar-Hauser-Fälle so faszinieren, ist ein Zeichen für unsere tiefe Kultursüchtigkeit. An ihnen vergewissern wir uns dessen, was wir haben, so wie uns der Anblick einer uns nicht betreffenden Katastrophe das genußvolle Erlebnis verschafft, selber verschont zu sein.

Zweifellos hat der amerikanische Kulturanthropologe Clifford Geertz fast in allem recht, wenn er schreibt: »Es gibt kein solches Ding wie eine von der Kultur unabhängige menschliche Natur.

Menschen ohne Kultur wären nicht die klugen Wilden von Goldings *Herr der Fliegen*, die auf die grausame Weisheit ihrer tierischen Instinkte zurückverwiesen sind; noch wären sie die Edelwesen der Natur, wie der Primitivenkult der Aufklärung sie sich vorgestellt hat, und auch nicht die eigentlich begabten Affen, die sich irgendwie selber verfehlt haben, so wie die klassische anthropologische Theorie sie impliziert. Sie wären lebensunfähige Ungeheuer mit sehr wenigen nützlichen Instinkten, noch weniger erkennbaren Gefühlen und keinem Intellekt: geistig Amputierte. Da unser zentrales Nervensystem – und ganz besonders sein krönender Fluch und Triumph, der Neocortex – zu einem großen Teil in der Interaktion mit Kultur groß wurde, ist er unfähig, ohne die Führung durch bedeutungstragende Symbolsysteme unser Verhalten zu steuern oder unsere Erfahrungen zu organisieren. In den Eiszeiten waren wir gezwungen, die Regelmäßigkeit und Genauigkeit der detaillierten genetischen Verhaltenskontrolle gegen die Flexibilität und Anpassungsfähigkeit einer allgemeineren, obwohl selbstverständlich nicht weniger realen genetischen Kontrolle einzutauschen... Symbole sind also nicht bloßer Ausdruck, bloßes Werkzeug, bloße Entsprechung unseres biologischen, psychischen und sozialen Lebens; sie sind seine Vorbedingungen. Ohne Menschen gäbe es gewiß keine Kultur; aber gleichermaßen gäbe es ohne Kultur keine Menschen.«

Oberflächlich im Widerspruch dazu steht eine berühmt gewordene Passage der Anthropologen Tiger und Fox, die gerade die Realität einer »authentischen menschlichen Natur« nachzuweisen versuchen: »Alle Kultur ist in der Biologie der Art angelegt.« Isolierte man eine Gruppe von Kindern und ließe sie ohne Berührung mit anderen Menschen aufwachsen, so könnte man durchaus einige Voraussagen über die Formen des Zusammenlebens machen, das sie und ihre Nachkommen sich neu erfinden würden. Sie würden eine Sprache entwickeln, anders als alle bekannten, aber nach ähnlichen Regeln aufgebaut. Sie würden eine »in allen Einzelheiten eindeutig menschlich geprägte« Kultur hervorbringen, selbst wenn sie von allen bekannten Kulturen abwiche, »wenn sie ganz andere Götter, Teufel und Theorien umschlösse und bizarre Hochzeits- und Bestattungsriten aufwiese... Ihre ständische Gliederung wäre vermutlich für unsere Begriffe völlig absurd, ... aber es gäbe auf jeden Fall ein Statussystem... Sie würden ein Gesellschaftssystem mit Inzest- und Ehegesetzen, mit Eigentumsbestimmungen, mit Tabu- und Ritualvorschriften ersinnen. Sie würden sich dem Übernatürlichen unterwerfen und versuchen, es in geregelten Formen unter ihre Kontrolle zu bringen. Sie würden ein Zeremoniell der Liebeswerbung ausbilden und viel Aufhebens um den Schmuck der jungen Frauen machen. Die Männer würden manches tun, was den Frauen verwehrt bliebe; in einigen dieser rein männlichen Gruppen würde die Schweigepflicht die Mitglieder so fest zusammenhalten wie Gefängnismauern. Wahrscheinlich würden bestimmte Formen des Glücksspiels gepflegt. Man würde Waffen und Werkzeuge herstellen. Man würde vorfinden: Mythen und Legenden, Tanz, Psychosen und Neurosen, Ehebruch, Homosexualität, Mord und Selbstmord, Loyalität und Treulosigkeit, jugendliches Verbrechertum, senile Narren und geschickte Ärzte, welche die verschiedenen Leiden der Gesellschaft und der einzelnen heilen oder zum eigenen Vorteil ausnutzen.«

Es kommt hier nicht darauf an, ob dieses Verzeichnis erschöpfend ist oder ob der eine oder andere Punkt besser gestrichen werden sollte. Es kommt darauf an, zu sehen, worin sich die beiden scheinbar gegensätzlichen Standpunkte einig sind: daß der Mensch ohne Kultur – so wie Geertz es beschreibt – ein existenzunfähiges Ungeheuer wäre, weil seine Natur ihm zu wenige exakte genetische Verhaltensinstruktionen mitgibt, als daß er das Leben bestehen könnte. Aber auch, daß die zweite Natur, die Kultur, die er sich selber ergänzend geschaffen hat, nichts Beliebiges ist, sondern Ergebnis eines allgemeineren genetischen Programms. Wir sind nichts ohne Kultur; aber die Kultur erfinden wir uns nicht aus dem Nichts, sie kristallisiert sich vielmehr um unsere sehr speziellen Fähigkeiten und gefühlsmäßigen Neigungen und Abneigungen.

Es gibt Malbücher, die für den unerfahrenen Blick nichts zu enthalten scheinen als leere weiße Seiten; reibt man aber den Graphit eines Bleistifts darüber, so erscheinen ganze Zeichnungen. In unserer ersten, biologischen Natur ist ein Repertoire von Kulturfähigkeiten angelegt, und wenn eine bestimmte soziokulturelle Umwelt auf dieses Potential einwirkt, nimmt es konkrete Gestalt an. Manche Zonen bleiben dabei unentwickelt, andere werden verstärkt, bei anderen liefern Natur und Kultur unterschiedliche und einander widersprechende Muster, so daß sich das Potential am Ende in so vielen verschiedenen Zeichnungen ausdrückt, wie es Kulturen gibt. Aber ihnen allen liegt ein einheitliches, eben typisch menschliches System von Antrieben, gefühlsmäßigen Bewertungen und Erkenntniswegen und -leistungen zugrunde. Die Kultur, die wir zu unserer Vervollständigung brauchen und die uns von der Natur nicht mitgegeben ist, hat Bedürfnisse zu befriedigen, die uns die Natur sehr wohl definiert. Und da dieses Bedürfnisgefüge kein Ding aus einem

Guß ist, sondern in Jahrmillionen der Evolution entstanden, und da jede neue Anpassung immer von dem bereits vorhandenen Apparat auszugehen hatte, ist zu erwarten, daß es einander widerstreitende Dispositionen darunter gibt und auch solche mitgeschleppt werden, die ursprünglich dazu bestimmt waren, die Probleme ganz anderer Wesen in ganz anderen Umweltbedingungen zu bewältigen. In Konflikte stürzt uns nicht, jedenfalls nicht nur und nicht vornehmlich, daß wir in eine Kultur geraten, die uns nicht so haben will, wie unsere Natur es wünscht. Die Konflikte sind, mitgebracht aus unserer Stammesgeschichte, bereits in unsere natürlichen Bedürfnisse eingebaut: Unsere arteigene Neugier beispielsweise liegt im Konflikt mit unserer arteigenen Neigung, Bindungen einzugehen, unser Bedürfnis nach Sicherheit mit unserem Bedürfnis nach Stimulierung. Und weiterer Konfliktstoff ergibt sich dort, wo unsere ererbten Dispositionen nicht auf eine ihnen feindliche Kultur stoßen, sondern einfach auf gewandelte Umweltbedingungen, unter denen sie keinen Sinn mehr haben: Unsere ganzen Beschwichtigungs- und Vermeidungsstrategien etwa sind sinnlos, wo uns kein Feind mehr persönlich gegenübersteht, sondern eine Tötungsmaschine auf uns losgelassen wird.

Die Bindung zwischen Mutter und Kind

Der Mensch braucht eine lange und intensive *Mutter-Kind-Beziehung,* wie sie für alle Altwelt- und Menschenaffen typisch ist; für den neotenen Menschen mit seiner hinausgezögerten Entwicklung ist sie noch wesentlicher. Die Forschungen von René Spitz, besonders aber von John Bowlby haben dieses durch den Glauben an die medizinische und soziale Technologie zeitweise verdrängte Wissen neu entdeckt.

Das Werk John Bowlbys ist darum besonders interessant, weil er einer der wenigen Wissenschaftler ist, die von der Psychoanalyse her kommend den Bogen zur Verhaltensforschung und zur Evolutionsbiologie geschlagen haben. Entscheidend wurde für Bowlby die Kenntnis von Konrad Lorenz' Arbeiten über das Phänomen der *Prägung,* die zwar schon Mitte der dreißiger Jahre geschrieben wurden, aber erst nach 1950 internationale Beachtung fanden. Unter Prägung versteht man jenen zuerst an Enten- und Gänseküken, dann auch an den Küken anderer auf dem Erdboden nistender Vögel studierten sonderbaren Vorgang, daß sich die Jungtiere kurz nach der

Geburt an jeden größeren bewegten Gegenstand anschließen und ihn als Mutter annehmen – es mag die wirkliche Mutter, eine Attrappe, ein Stiefel oder auch ein Verhaltensforscher sein. Das spätere Sexualleben dieser Vögel bleibt auf Dinge dieser Art gerichtet; hat ein Verhaltensforscher eine Gans auf sich geprägt, so folgt sie ihm nicht nur in der ersten Zeit ihres Lebens, sondern balzt ihn später auch an und verweigert sich den Artgenossen. Diese Prägung vollzieht sich sehr rasch und nur in einer kurzen Periode, einer sogenannten *sensitiven Phase;* sie vollzieht sich so automatenhaft schnell und sicher, daß sie nicht als Lernvorgang gedeutet werden kann.

John Bowlby bekam 1950 von der Weltgesundheitsbehörde den Auftrag, ein Gutachten über die seelische Verfassung elternloser Kinder zu schreiben. Es wurde 1952 fertig, und seine Befunde waren eindeutig: Das Kind, das von seiner Mutter (oder Ersatzmutter) getrennt wird, reagiert erst mit Protest, dann mit Verzweiflung und schließlich mit der Loslösung von der Mutter. Die frühkindliche Mutterentbehrung (Deprivation) hat schwere, lebenslange Gefühlsschäden zur Folge. Sie können darin bestehen, daß man übertriebene Ansprüche an die anderen stellt und mit Zorn und Angst reagiert, wenn sie einem nicht erfüllt werden, also in einer Art der Hysterie; oder sie hindern einen daran, tiefe Gefühlsbeziehungen einzugehen, machen einen also zu einem gefühlskalten Psychopathen.

Nach der Fertigstellung seines Gutachtens über frühkindliche Deprivation begann sich Bowlby zu fragen, warum es sich so verhält wie von ihm skizziert; der Frage galt in den beiden folgenden Jahrzehnten seine Arbeit. Durch sie gelangte er zu seinem Standpunkt, der hier nicht nur darum ausführlich zitiert werden soll, weil er so gut in das Argument dieses Buches paßt, sondern vor allem, weil Bowlby für dieses besondere Forschungsgebiet in beispielhafter Weise vorgeführt hat, wie fruchtbar und sogar praktisch folgenreich eine Einbeziehung der ethologischen und evolutionsbiologischen Perspektive in die Psychologie sein kann:

»Das menschliche Verhalten, so behauptet man, sei unendlich variabel; es unterscheide sich von Kultur zu Kultur; es finde sich nichts, was den stabilen und voraussagbaren Mustern der niederen Arten ähnlich wäre. Ich glaube nicht, daß dieser Standpunkt haltbar ist. Das menschliche Verhalten ist in der Tat variabel, aber dies nicht

Die erste und älteste Bindung: die zwischen Mutter und Kind mit ihrem Bestätigungs-Display, dem Lächeln.

unbegrenzt; und obwohl die kulturellen Unterschiede erheblich sind, lassen sich gewisse Gemeinsamkeiten erkennen. Zum Beispiel finden sich trotz der offenbaren Variabilität die oft höchst intensiv motivierten Muster des menschlichen Verhaltens, die zur Paarung, zur Betreuung von Säuglingen und Kleinkindern und zur Bindung der Kinder an die Eltern führen, bei nahezu sämtlichen Angehörigen des Menschengeschlechts und werden am besten als Ausdruck eines allen gemeinsamen Planes und, da sie von offenkundigem Überlebenswert sind, als Beispiele instinktiven Verhaltens betrachtet. Denn es muß betont werden, daß bei allen höheren Tierarten und nicht etwa nur beim Menschen allein instinktives Verhalten nicht in stereotypisierten Bewegungen besteht, sondern die charakteristische Leistung eines bestimmten Individuums in einer bestimmten Umwelt ist – jedoch dabei eine Leistung, die einem wiedererkennbaren Muster folgt und in der Mehrzahl der Fälle zu einem vorhersagbaren Ergebnis führt, das dem Individuum oder der Art zum Nutzen gereicht...

Diejenigen, die in Abrede stellen, daß sich beim Menschen Verhalten findet, welches homolog ist zu dem, was bei anderen Arten instinktiv genannt wird, haben eine schwere Beweisbürde gegen sich. Hinsichtlich der anatomischen und physiologischen Ausstattung des Menschen ist eine strukturelle Kontinuität zu anderen Arten unbestreitbar. Hinsichtlich der Verhaltensausstattung mag die strukturelle Kontinuität weniger offensichtlich sein, aber fehlte sie ganz, so müßte alles falsch sein, was wir über die Evolution des Menschen wissen. Sehr viel wahrscheinlicher, als daß eine solche Kontinuität fehlt, ist es deshalb, daß die elementare Struktur der menschlichen Verhaltensausstattung der bei vormenschlichen Arten gleicht, aber im Verlauf der Evolution besondere Modifikationen durchgemacht hat, die es erlauben, die nämlichen Ziele durch sehr viel mehr verschiedene Mittel zu erreichen... Die frühe Form ist nicht überwunden: Sie wurde verändert, erweitert, angereichert, doch sie bestimmt immer noch das grobe Muster« (1969).

Die Mutter – dieses Bild hat sich heute ergeben – ist die Basis, von der aus das Kind langsam die Welt entdeckt; es entfernt sich immer weiter und länger von ihr, muß aber auch immer zu ihr zurückkehren können. Es benötigt viel Körperkontakt. In Völkern, bei denen die Mütter ihre Kinder mit sich herumtragen, schreit das Kind kaum einmal; Babygeschrei ist eine Eigentümlichkeit jener Zivilisationen, in denen die Mütter ihre Kinder in Wiegen, Betten und Kinderwagen verstauen und sich selber überlassen. (Und man kann kurz darüber spekulieren, ob diese für die abendländischen Völker charakteristische systematische Trennung von Müttern und Kindern in diesen etwa eine lebenslange nervöse Unruhe und Unbefriedigtheit zurückläßt, die wiederum dazu geführt hat, daß sie über die ganze Erde ausgeschwärmt sind.) Selbständigkeit lernt das Kind nicht, indem man es sich möglichst oft selber überläßt und so gleichsam seelisch abhärtet; selbständig wird das Kind, das eine enge und ungestörte Mutterbeziehung hat und aus dieser alleine herauswächst. Die Mutterbindung entsteht beim Menschen so langsam, daß der Prägungsforscher Eckhard Hess es vorzieht, nicht von einer sensitiven Phase des Kindes zu sprechen. In den ersten sechs Lebensmonaten lernt das Kind langsam seine Mutter erkennen und bindet sich an sie. Erst nach diesen sechs Monaten ist die Bindung in der Regel vollendet. Gleichzeitig beginnt es, sich Fremden gegenüber ablehnend zu verhalten, auch wenn es bisher keinerlei negative Erfahrungen mit Fremden gemacht haben sollte. Es weiß jetzt, welche Person es in der Nähe zu haben wünscht. Nach dem dritten Lebensjahr beginnt sich die Mutterbindung zu lockern; langsam wird für das Kind die Gesellschaft der Altersgenossen wichtiger als die der Mutter.

Die Trennung von der Mutter beantwortet das Kind mit Schreiweinen, die fürsorgliche Nähe mit Lächeln und Stammeln. Mütter (und in geringerem Maß auch Väter) sind so programmiert, daß sie diese Signale richtig verstehen: Von einem Babylächeln fühlen sie sich belohnt, Geschrei ertragen sie schwer; lieber beenden sie es, indem sie sich dem Kind zuwenden.

Der Anblick des Kindes selbst löst Betreuungsverhalten aus. Es handelt sich um das sogenannte *Kindchenschema*, beschrieben von Konrad Lorenz in seinem Aufsatz *Die angeborenen Formen möglicher Erfahrung* aus dem Jahre 1943. Es ist dies ein Grundtext der Humanethologie und ein ganz unheimliches Stück Prosa, zu einem Teil aufregend neue empirische Wissenschaft, zu einem anderen eine bisher nicht widerlegte Entgegnung auf Kants Erkenntnistheorie (»Es besteht unserer festen Überzeugung nach eine wirkliche, reale Wechselbeziehung zwischen der Form unserer ›Weltbildorgane‹ und den Dingen der Außenwelt, die durch sie erfahrbar gemacht werden«), und zu einem dritten Teil schließlich nationalsozialistische Propaganda, beherrscht von einer völkischen Degenerationsangst, die auf die »Ausmerzung« der Minderwertigen, der Parasiten, der gemeinschaftsschädigenden »ausfallsbehafteten Elemente« drängt. Wenn man sich Mühe gibt, läßt sich dieser wichtige und heikle

Aufsatz auch günstiger auslegen, so wie Konrad Lorenz' Schüler Eibl-Eibesfeldt es tut. Lorenz sprach immerhin nicht von Deutschen einerseits, Juden, Zigeunern und Slawen andererseits. Er sprach von der genetischen Degeneration, der Domestikation, der »Verhaustierung« der Menschheit, die den natürlichen Selektionsdruck weitgehend abgeschafft hat, so daß auch jene überleben, die unter natürlichen Umständen keine Chance gehabt hätten, und das ist ein Thema, das immerhin diskutiert werden darf. Lorenz selber kam später – in den *Acht Todsünden der zivilisierten Menschheit* – darauf zurück, wie er auch die Frage nach der Richtigkeit unserer Erkenntnisleistungen in dem Buch *Die Rückseite des Spiegels* erneut aufgriff. Ganz vorsichtig gab er seinerzeit sogar zu verstehen, daß die »Verhaustierung« bei den blonden, nordischen Menschen am weitesten fortgeschritten sei. Dennoch, im Jahre 1943 in Deutschland, als die Vernichtungsfabriken auf Hochtouren liefen, die Ausmerzung der biologisch Minderwertigen zu fordern, die für Lorenz eins zu sein schienen mit ethisch minderwertigen Schädlingen am Gemeinwohl, konnte politisch nur in einem Sinn verstanden werden, und es tut der Größe von Konrad Lorenz leider bleibenden Abbruch, daß er es nie für nötig befunden hat, von dieser Insinuation abzurücken.

Unter einem »Schema« versteht die Psychologie unter anderem »eine angeborene Prädisposition, auf bestimmte Schlüsselreize gesetzmäßig anzusprechen« (Lorenz). Ein allen geläufiges, wenn auch als solches selten durchschautes Schema ist das sogenannte Zahnschutzschema. Kratzende, knirschende Geräusche sind den meisten Menschen unangenehm oder gar unerträglich; sie reagieren mit den äußeren Anzeichen des Schmerzes, vor allem verkrampft sich die Wangenmuskulatur, der Mund wird geschlossen, die Lippen werden in die Breite gezogen. Die Erklärung? Der Zahnschmelz ist schmerzunempfindlich; wird er beschädigt, so warnt einen kein Schmerz. Als Ersatz für das fehlende Alarmsystem wurde das Gehör herangezogen: Auf »knirschende, kreischende Geräusche, die beim Zermahlen und Knacken härtester Stoffe entstehen«, reagiert der Mensch mit Unbehagen. Das akustisch ausgelöste Unbehagen soll verhindern, daß der Zahnschmelz durch das Zerbeißen harter Objekte zerstört wird.

Ein anderes, bedeutungsvolleres menschliches Schema ist eben das Kindchenschema. Der Anblick eines Säuglings und Kleinkindes, oder der Abbildung eines Kindes, weckt automatisch unsere Fürsorglichkeit. Wir finden ihn »süß«, »niedlich«, »herzig«. Der Mensch reagiert auf verschiedene Merkmale der Babyhaftigkeit: einen

Kriegsplakat aus der Zeit kurz nach dem Ersten Weltkrieg:»Erinnert euch an Belgien und Nordfrankreich – Kauft nichts bei Deutschen.« Die Vorstellung, daß Frauen und besonders Kindern Gewalt angetan wird, ist bis heute ein mächtiger emotionaler Appell, der sich propagandistisch gut auswerten läßt. Daß Frauen und Kinder wehrlos seien, ist nur die späte Rationalisierung eines altverwurzelten Beschützerinstinkts.

relativ dicken und großen Kopf, eine stark gewölbte Stirn, überproportional große Augen, kurze dicke Gliedmaßen, rundliche Formen, weich-elastische Haut, Pausbacken. Er reagiert aber auch auf übertriebene Babybilder, »überoptimale Auslöser«. Zwei französische Forscher (de Lannoy und Wielemans) haben die Reaktionen auf Babykopfzeichnungen mit übertrieben gewölbter Stirn getestet: Bis an einem Punkt die Übertreibung so absurd wurde, daß die Wirkung abriß, empfand man die stärker gewölbte Stirn immer als »niedlicher« denn die schwächer gewölbte; und zwar reagierten die Frauen im Durchschnitt heftiger und rascher als die Männer.

Die Verpflichtung

Einförmige Jahrmillionen hindurch hat der Mensch, wahrscheinlich sogar vorwiegend, von der Jagd gelebt. Mit den stärkeren Raubtieren konnte er nur konkurrieren, indem er sich zusammentat und die Fähigkeit kluger Zusammenarbeit entwickelte. Seine kooperative Intelligenz mußte seine physischen Handicaps wettmachen. Das jägerische, das *venatorische Verhaltensmuster* (um nicht zu sagen: das prädatorische, raubtierhafte) prägt bis heute seine Unternehmungen, die beruflichen wie die sportlichen: sich ein Ziel stecken, es in der kleinen »Arbeitsgruppe« überlegt und arbeitsteilig verfolgen, den Triumph des Erfolgs erleben.

Affen sind Sammler. Sie säen nicht, sie bauen nichts an, sie fischen nicht, nur einige von ihnen jagen, und auch das nur gelegentlich – sie suchen sich, was an den Pflanzen genießbar ist. Das Sammeln mußte der Mensch nicht erst lernen. Als er zu jagen begann, die Kinder mit ihren Müttern zurückließ und darum feste, geschützte Lagerstätten anlegen mußte, hatte er eine besondere Art des Sammelns zu lernen: das Sammeln mit Voraussicht, das Horten. Die Jäger brachten ihre Beute heim, die Sammler die Früchte ihrer Suche, um sie zu teilen und zu lagern. Die Wurzel der menschlichen Besitzsucht ist nicht, wie oft behauptet, in der Erfindung von Ackerbau und Viehzucht vor 10 000 Jahren zu suchen, also in der Erfindung des Rains, des Zauns, der Grenze. Sie reicht viel weiter zurück, in jene viel ausgedehnteren Zeiträume der Vorgeschichte, in der es für das zum Menschen werdende Tier überlebenswichtig wurde, nicht nur mit Geschick zu sammeln, sondern auch Vorräte zu halten. Das Prinzip Haben war nicht etwas, das das Prinzip Sein pervertierte – ohne Haben gab es kein Sein (und gibt es auch heute noch nicht).

Bei den heutigen »Sammlern« – von Briefmarken, von Bierfilzen, von Schmetterlingen, von Kunstgegenständen – scheint es sich auf den ersten Blick um Menschen zu handeln, bei denen jener atavistische Sammeltrieb noch übermächtig ist, aber frei, sich auf beliebige Gegenstände zu richten. Aus einem funktionellen Trieb wird eine Leidenschaft, manchmal so stark, daß die von ihr Befallenen ganz von ihr beherrscht sind und auf die Umwelt wie Verrückte wirken. Der englische Verhaltensforscher N. K. Humphrey (1979) hält diese Erklärung aus überzeugenden Gründen für zu simpel. Zunächst, meint er, ist für den wirklichen »Sammler« der materielle Besitz nicht das Entscheidende; es gibt auch ebenso leidenschaftliche Sammler von bloßen Anblicken, von allen entgegenkommenden Wagen der gleichen Marke, von Flugzeuglandungen, von frei lebenden Tieren. Zweitens müssen die Gegenstände einer genau umgrenzten Gruppe angehören: »Ein Ansteckknopf kann nicht Teil einer Briefmarkensammlung sein, eine Briefmarke paßt nicht in eine Sammlung von Schnupftabakdosen, so selten und wertvoll beide auch sein mögen...« Das andere Kriterium, das eine Sammlung von einer bloßen Anhäufung unterscheidet, »ist die Regel, daß zwar alle Einzelstücke einer Sammlung ähnlich sein müssen, aber nicht so ähnlich, daß eins das andere bloß wiederholt. Fünfzig identische Ansteckknöpfe bilden keine Sammlung von Ansteckknöpfen, und fünfzig Sichtungen des gleichen Schmetterlings machen dem Lepidopterologen keinerlei Freude.« Eine wirkliche Sammlung also beruhe auf den beiden Prinzipien Einheit und Verschiedenheit, und diese seien, wie der Dichter Gerald Manley Hopkins erkannt habe, auch die Grundlage des ästhetischen Empfindens. Nicht umsonst also erschiene jedem Sammler seine Sammlung als schön. Die Wurzel dieser Art des Sammelns sei also keineswegs die Nahrungsammlung und die Vorratshaltung, sondern eine besondere geistige Fähigkeit, die der Menschenaffe im Verlauf seiner Hominisation – nein, nicht erwarb, denn in einem gewissen Grad beherrschen auch die Menschenaffen sie erwiesenermaßen, aber virtuos vervollkommnete, weil sie vorteilhaft war für sein Überleben und seine Fortpflanzung: die Kunst der Klassifizierung.»Tiere, die genaue Klassifikationsmethoden entwickelten und denen das Klassifizieren Spaß machte, wurden zu aussichtsreichen Überlebenskandidaten. Der Evolutionsdruck, der zum Klassifizieren drängte, mag genauso stark gewesen sein wie der, der Essen und Sex so genußvoll machte.«

Die Arbeitsteilung, das Teilen der Beute gingen einher mit der Entwicklung des Sinns, einander verpflichtet zu sein: dem menschlichen *Obligationsmuster*. Wer etwas empfängt,»muß« sich erkenntlich zeigen. Das einfache Gefühl der Dankbarkeit wie die komplexen Systeme der Ethik überwachen die Gerechtigkeit des Tauschs und bestrafen den Betrüger, den Nutznießer.

Der englische Philosoph Herbert Spencer führte die Praxis religiöser Menschenopfer darauf zurück, daß der primitive Wilde, von dem wir abstammen, Vergnügen dabei empfand, wenn er die Opfer seiner kannibalischen Eßgewohnheiten unter Foltern leiden sah; dieses Vergnügen dachte er durch die Menschenopfer auch seinen Gottheiten zu verschaffen. Auch das ist eine naturalistische Erklärung. Das Obligationsmuster macht eine weniger barbarische naturalistische Erklärung möglich. Eine Gabe verpflichtet den anderen. Eine Gabe ist als Gabe wertlos, wenn sie den Geber nichts kostet. Der Geber muß um ihretwillen irgendeinen Nachteil auf sich nehmen – im einfachsten Fall die Trennung von einem Gegenstand in seinem Besitz, der ihm irgendetwas wert ist. Es wäre günstig, sich die Gottheiten durch Gaben verpflichten zu können, durch Gaben ihre Protektion zu gewinnen. Man opfert ihnen also etwas von seiner Nahrung, von seinem Besitz. Je größer das Opfer, desto stärker die

Verpflichtung des göttlichen Gegenübers; in Notfällen opfert man ihnen hier und da auch sein Liebstes, seine Liebsten. In sophistizierteren Religionen, die nicht mehr annehmen können, ein so hohes und so im Überfluß existierendes Wesen wie ein Gott könne an einem geopferten Futtergeschenk wie einer Schüssel Reis oder einem geschlachteten Schaf Gefallen finden, besteht die verpflichtende Gabe darin, sich selber bewußt Nachteile zuzufügen: härene Kleidung, Lustverzicht, Armut, Demut. Vom tatsächlichen Geben bleibt der Akt des selbstauferlegten Verzichts übrig. Wer für Gott verzichtet, muß der Gott nicht für sich einnehmen? Einen nach des Menschen Bilde geschaffenen Gott in der Tat.

Dieses Netz gegenseitiger Verpflichtungen, in das jeder Mensch eingebunden ist, setzt sich aus einzelnen Akten dessen zusammen, was Trivers »reziproken« und Wilson »weichen Altruismus« nennen. Der Hominide, der lernte, das erbeutete Fleisch mit einem hungrigen nichtverwandten Artgenossen zu teilen oder ihm gegen einen Feind beizustehen, schlug ihm eine Art Kontrakt vor, einen ersten Gesellschaftsvertrag: Ich helfe dir jetzt, und ich erwarte dafür, daß du mir ebenso helfen wirst, wenn sich unsere Situation vertauscht. Der andere muß in der Lage gewesen sein, den Nutzen eines solchen Pakts zu erfassen; sicher hat es lange gedauert, bis immer unterschiedlichere Akte gegenseitig aufgerechnet wurden und eine immer längere Zeitspanne zwischen ihnen liegen durfte. Es muß andererseits ständig die Versuchung bestanden haben, zwar den Nutzen einzustreichen, den Preis dafür aber nicht zu zahlen. Dies ist nicht im moralischen Sinn zu verstehen, so vertraut es uns auch als moralisches Phänomen noch ist; es ist unter dem Aspekt zu verstehen, daß Allele für die Erwiderung und für die Nichterwiderung jener primitiven Frühformen reziprok-altruistischen Verhaltens miteinander im Wettbewerb gestanden haben. Anders gesagt: Die Ausübung von reziprokem Altruismus stellte einen evolutionären Anpassungsvorteil dar, aber ebenso die Bereitschaft, sich vor der Erwiderung zu drücken. Die natürliche Auslese muß unter diesen Umständen die Herausbildung eines psychischen Systems begünstigen, welches den Nicht-Erwiderer erkennt und bestraft, den Erwiderer aber belohnt – welches alles in allem also darüber wacht, daß Gerechtigkeit herrscht.

Ein so komplexes Gefüge gegenseitiger Verpflichtungen, wie es sich die Menschen aufgebaut haben, kann nur auf der Grundlage eines tiefverwurzelten *Gerechtigkeitsgefühls* existieren. Es ist in diesem Zusammenhang vielleicht nicht ohne Belang, daß in den noch erhaltenen Steinzeitkulturen ein großer Teil der Gespräche von tatsächlichen oder vermeintlichen Fällen von Geiz, Faulheit, Feigheit handelt – also von Fällen, in denen sich einzelne dem entziehen, was für ihre Obligation gehalten wird. Die Gruppe ist ständig damit beschäftigt, nachzuprüfen, ob der einzelne seinen Verpflichtungen nachgekommen ist. Wie Trivers (1971) es sieht, hat die natürliche Auslese zur Gewährleistung eines komplexen, stabilen Systems von reziprokem Altruismus beim Menschen die Gefühle der Freundschaft, der Zuneigung und Abneigung, der moralistischen Aggression, des Mitleids und der Dankbarkeit geschaffen. »Die Tendenz, andere zu mögen, die nicht unbedingt nahe Verwandte sind, Freundschaften zu schließen und sich Freunden und denen gegenüber, denen man seine Zuneigung schenkt, altruistisch zu verhalten, wird als die unmittelbare gefühlsmäßige Belohnung positiv selektiert, die altruistisches Verhalten motiviert.« Es handelt sich bei der Freundschaft also sozusagen um die Bildung reziprok-altruistischer »Partnerschaften«: Der »Freund« ist derjenige, dem man zutraut, daß er einen in dem Hin und Her von Geben und Nehmen nicht übervorteilen wird. »Freundschaft« ist das von der Selektion hervorgebrachte Gefühl, sich einer erprobten Beziehung anvertrauen zu können. Da es ein angenehmes Gefühl ist, motiviert es die Menschen wiederum, derlei Beziehungen zu suchen.

»Ich vermute«, schreibt Trivers weiter, »daß das Gefühl der Dankbarkeit selektiert worden ist, um die menschliche Reaktion auf altruistische Akte zu regulieren, und daß dieses Gefühl beeinflußbar ist durch das Kosten-Nutzen-Verhältnis dieser Akte.« (Je altruistischer die Tat, um so größer das Gefühl der Dankbarkeit; das weiß nicht nur jeder, es wurde auch experimentell bestätigt.) »Ich vermute ferner, daß das Gefühl des Mitleids selektiert worden ist, um altruistisches Verhalten als eine Funktion der Bedürftigkeit dessen zu motivieren, dem es zugute kommt; grob gesagt, je größer der potentielle Nutzen für den Empfänger, um so größer ist das Mitleid und um so wahrscheinlicher die altruistische Geste, selbst gegenüber fremden oder unsympathischen Individuen.« (Wenn einen ein widerwärtiger Bekannter im Lokal anpumpen will, wird man vielleicht ablehnen; wenn er vor einem zusammenbricht, wird man genug Mitleid entwickeln, ihm ohne weiteres mit viel größerem Aufwand zu Hilfe zu eilen.) »Moralistische Aggression« wäre auf den Auslesedruck zurückzuführen, der auf den Einbau einer militanten psychischen Schutzvorrichtung drängt, die das System des Gebens und Nehmens überwacht.

»Es gibt«, schreibt Trivers, »keine direkten Beweise für das Ausmaß, in dem während der menschlichen Evolution reziproker Altruismus ausgeübt wurde, noch für eine in die Gegenwart fortbestehende genetische Basis, aber angesichts der universalen und fast täglichen Ausübung von reziprokem Altruismus unter den heutigen Menschen läßt sich vernünftigerweise annehmen, daß er einen wichtigen Faktor in der jüngeren menschlichen Evolution dargestellt hat und daß die dem altruistischen Verhalten zugrunde liegenden gefühlsmäßigen Dispositionen genetische Komponenten von Gewicht haben.«

Daß Aussagen über das Gewicht dieser genetischen Komponente nicht möglich sind, ist gewiß ein Schönheitsfehler dieses Arguments. Immerhin aber ist es nicht belanglos, daß die Entstehung der moralischen Empfindungen aus der evolutionsbiologischen Perspektive nicht nur erklärbar ist, vielmehr aus ihr geradezu zwangsläufig postuliert werden muß. Ein ganzes Bündel von menschlichen Empfindungen, gruppiert um den Gerechtigkeitssinn, wird damit einer naturalistischen Erklärung zugänglich gemacht. Sie wären keine Wunder mehr, rätselhafte Denkergebnisse des Geistwesens Mensch, mit denen er das Reich der Natur verläßt und beschämt, sondern von eben dieser Natur hervorgebracht. Und die volle Wahrheit entginge uns, wenn wir nur in den Bedingungen der Ontogenese, der Sozialisation nach den Ursachen für diese Gefühle suchten. Die Teilnahme an dem System des Gebens und Nehmens ist ein Zug, der die ganze Menschheit verbindet. Es ist von mehr als nur symbolischer Bedeutung, wenn die Forscher, die auf der Suche nach unerforschten Völkern in die Urwälder und auf die Archipele gezogen sind, sich vor allem mit »verständlichen« Geschenken ausrüsteten, Schmuck, Waffen, Gefäßen.

Unwillkürlich erkannten sie damit den Umstand an, daß jemand, der ein Geschenk erhält und es annimmt (und als Geschenk wird nur empfunden, was dem Beschenkten irgendeinen Nutzen einbringt oder irgendein Vergnügen verschafft, oder wovon man sich vorzustellen vermag, daß es für den Schenkenden einen Verzicht bedeutet), damit eine Verpflichtung eingeht, die ihn daran hindert, sich feindlich zu verhalten; und daß es wahrscheinlich kein Volk gibt, bei dem dieser Mechanismus nicht funktioniert. Als der spanische Eroberer Hernán Cortés trotz aller Geschenke, die ihn zum Umkehren bewegen sollten, schließlich doch Tenochtitlán erreichte, die Hauptstadt des Aztekenreiches, wußte dessen Herrscher Moteczuma, daß ihm in Cortés ein Feind, wenn nicht ein zorniger Gott gegenübertrat,

*Eine der vielen ersten Begegnungen zwischen Weißen und »Wilden«: Die
Anführer gehen mit Geschenken aufeinander zu. Der Stich zeigt die Szene, in
der Sir Gilbert 1583 Neufundland für die englische Krone in Besitz nahm.*

dem sein Volk nicht gewachsen wäre. Cortés schildert die erste
Begegnung mit dem Fürsten, den zu unterwerfen und auszurauben er
gekommen war, folgendermaßen: »Als wir zusammentrafen, stieg
ich vom Pferde und ging allein auf ihn zu, um ihn zu umarmen, aber
seine Begleiter hielten mir die Hände vor, so daß ich ihn nicht
berühren konnte, und sie sowohl als er machten mir die Grußzeremo-
nie, indem sie die Erde küßten. Darauf näherte ich mich Moteczuma,
nahm mein Halsband aus Perlen und Glasdiamanten ab und legte es
ihm um den Hals. Darauf kam einer seiner Diener mit zwei in einem
Korbe verpackten Hummerhalsbändern, aus roten Muscheln hergestellt, die sie sehr schätzen . . . Er legte sie mir um den Hals.« Es ist ein
Versuch, sich gegenseitig zu befrieden, dem bevorstehenden Krieg
vorzubeugen. Nicht zwei Freunde wollen sich hier erfreuen; es
regiert die nackte Furcht. Beide setzen darauf, daß der zu Dank
Verpflichtete psychisch genötigt sein werde, seine weitergehenden
Ansprüche fallenzulassen.

Die Ungleichheit der Geschlechter

Natürlich wäre es möglich, daß die Jagd eine Sache von Männern wie Frauen war. Aber wenn man bedenkt, daß die Männer bis vor einem Augenblick der Evolution selten älter als 40, die Frauen selten älter als 30 Jahre wurden und daß die Frauen ihr kurzes erwachsenes Leben lang mit dem Austragen, Gebären und Säugen ihrer bis fast in die Gegenwart hinein nicht verhütbaren und sehr sterblichen Kinder beschäftigt gewesen sein dürften, fragt es sich doch, wann sie eigentlich mitgejagt haben. Wahrscheinlich also war wie bei den heutigen Jägervölkern die Jagd vorwiegend Männersache. Dann aber hätten sich jahrmillionenlang Männer und Frauen um anderer Eigenschaften willen sexuell bevorzugt, und wenn es so war, muß man erwarten, daß sie sich nicht nur äußerlich, sondern auch im Verhalten unterscheiden. Die körperlichen *Unterschiede zwischen den Geschlechtern* (die kräftigere Statur, der höhere Wuchs, der schnellere Lauf, der weitere seitliche Wurf des Mannes) wären so aus der sexuellen Selektion erklärbar; und auch, daß die Zivilisationssubstitute für die Jagd bisher de facto hauptsächlich eine Sache der Männer waren.

Daß es angeborene Verhaltensunterschiede zwischen Frauen und Männern geben soll, mag vielen heute als eine dreiste Behauptung erscheinen. Schließlich wirkt in jeder Gesellschaft, in der den Geschlechtern verschiedene Rollen zugewiesen werden, von Geburt an ein Druck auf die Kinder ein, der die Jungen »männlich«, die Mädchen »weiblich« macht. Man erwartet Verschiedenes von ihnen, belohnt sie für ein unterschiedliches Rollenverhalten: Jedem Geschlecht ist von vornherein sein Verhaltensterrain abgesteckt. Daß es daneben angeborene Unterschiede gibt, daß die tatsächlichen Unterschiede in der Tat kulturelle Variationen über ein genetisches Grundthema sein könnten, ist dennoch nicht die reine Spekulation.

Indizien finden sich in so bescheidenen wie exakten anthropologischen Feldstudien wie der von N. G. Blurton-Jones und M. J. Konner. Sie beobachteten eine Zeitlang jeweils eine Gruppe von Jungen und Mädchen in London und bei den Kung-Buschleuten. Die Buschmann-Gesellschaft wählten sie einmal als Beispiel für eine voragrarische Jäger-Sammler-Gesellschaft, also als überlebende Vertreterin jenes Gesellschaftstyps, in dem die Menschheit den allergrößten Teil ihrer Evolution zugebracht hat; und sie wählten sie außerdem, weil bei ihr der soziokulturelle Druck in Richtung »männliche Aggressivität« und »weibliche Passivität« so gering ist, wie man ihn heute nur irgend finden kann. Wenn irgendwo Gleichheit zwischen den Geschlechtern besteht, dann müßte es bei ihnen sein. Die Frauen werden nicht diskriminiert. Sie tragen Verantwortung. Sie beschaffen etwa die Hälfte der Nahrung oder mehr: Sie sammeln Nüsse, während die Männer vorwiegend jagen. Aggression ist geächtet, kommt aber dennoch vor (daß die Buschleute unerschütterlich friedlich seien, ist eine schöne anthropologische Legende). Die Dominanzhierarchie ist sehr schwach oder gar überhaupt nicht zu entdecken. Blurton-Jones und Konner nun zählten die aggressiven Akte bei den Spielen der Londoner Kinder und den Kindern am Rand der Kalahari. Das Ergebnis war, daß »ernste Raufereien« in beiden Gruppen sehr deutlich bei Jungen häufiger vorkamen als bei Mädchen. Insgesamt waren sie bei beiden Geschlechtern in London häufiger als in der Jäger-Sammler-Gesellschaft. Weniger ernste Aggressionen, »Raufspiele«, kamen bei den Londoner und den Buschmann-Jungen etwa gleich oft vor; bei den Londoner Mädchen dagegen fast gar nicht, bei den Buschmann-Mädchen aber fast so oft wie bei den Jungen. Auch in der friedlichen und egalitären Buschmann-Gesellschaft erwiesen sich die Jungen also durchweg als aggressiver als die Mädchen.

»Unsere Resultate«, schrieben die beiden Anthropologen in ihrer Zusammenfassung, »enthalten wenig Trost für jene Anhängerinnen der Frauenbewegung, die auf dem Standpunkt stehen, daß es keine anderen Geschlechtsunterschiede zwischen Männern und Frauen gibt als jene, die unsere besondere sexistische Kultur uns anerzieht. Es gibt Unterschiede wie die in der Häufigkeit von aggressiven Akten, welche wir und andere in anderen Kulturen gefunden haben. Es gibt keinen Grund zu der Annahme, daß die Geschlechtsunterschiede bei den Raufspielen nicht (genau wie bei anderen Säugetieren) in Verbindung stehen mit der pränatalen Typisierung des Gehirns durch zirkulierende Androgene. Doch in den kulturell variablen Geschlechtsunterschieden liegt immerhin einiger Trost für jene Anhängerinnen der Frauenbewegung, die glauben, daß unsere Kultur den Frauen seltsame Dinge antut.«

Seit den achtziger Jahren des vorigen Jahrhunderts, besonders intensiv in den letzten 15 Jahren sind Medizin und Psychologie dabei, in cleveren Versuchsanordnungen systematische Unterschiede im Gehirn von Mann und Frau aufzudecken. Einige bestehen von Geburt an. Die kalifornischen Neuropsychologen Diane McGuinness und Karl H. Pribram haben 1978 die vorliegende Literatur durchgesehen und mit ihren eigenen experimentellen Funden verglichen. Die folgenden Geschlechterunterschiede in den Gehirnleistungen dürfen als gesichert gelten. Es handelt sich selbstverständlich um graduelle Unterschiede und nicht darum, daß Frauen und Männer völlig anders wären.

Neugeborene Mädchen können schon mit einer Woche zwischen Kinderschreien und einem bloßen Geräusch unterscheiden, Jungen nicht. Weibliche Säuglinge reagieren stärker auf Musik, männliche stärker auf Töne. Vom vierten Monat an können Mädchen Gesichter besser unterscheiden; auch unterscheiden sie zwischen realistischen und unrealistischen Darstellungen eines Gesichts. Mit drei Jahren sind Mädchen zu fremden Kindern freundlicher als Jungen; Jungen ignorieren sie und schließen sie von ihren Spielen aus. Auch männliche Säuglinge zeigen sich von Gesichtern fasziniert; aber vom vierten Monat an reagieren sie stärker als Mädchen auf blinkende Lichter, geometrische Muster, farbige Fotos von Gegenständen und überhaupt dreidimensionale Dinge. Kleine Jungen neigen mehr als Mädchen zu Raufereien und Aggressionen, sind länger wach, legen zwischen dem dritten und sechsten Lebensjahr ein ausgeprägteres exploratives Verhalten an den Tag und fühlen sich mehr als Mädchen zu unbekannten, neuen Beschäftigungen und Objekten hingezogen. Vom achten Lebensjahr an ist ihre Reaktionsgeschwindigkeit höher; jedoch bleiben Mädchen und Frauen in der Reaktionsgeschwindigkeit überlegen, wenn größere Informationsmengen zu bewältigen sind – zum Beispiel beim Schreibmaschineschreiben.

Bei Männern ist der Geruchssinn feiner entwickelt, bei Frauen der Geschmack; winzige Spuren eines Stoffes schmecken oder riechen sie entsprechend eher. Der Tastsinn, besonders in den Fingern und Händen, ist bei Frauen empfindlicher. Besonders stark sind die Unterschiede im Gehör: Frauen sind vor allem bei hohen Frequenzen viel empfindlicher als Männer. Ihre Toleranzgrenze, jenseits deren sie einen Ton als zu laut empfinden, liegt bei 75 Dezibel, die der Männer bei 83 Dezibel – was nichts anderes bedeutet, als daß Frauen laute Töne doppelt so laut hören wie Männer. Während Frauen sich schneller an Dunkelheit anpassen und sich in ihr zurechtfinden, kommen Männer besser mit Helligkeit zurecht und reagieren empfindlicher auf Licht.

Der Hauptunterschied zwischen Männern und Frauen jedoch ist der: Frauen schneiden bei sämtlichen sprachlichen Aufgaben besser ab als Männer, zum Beispiel und ganz besonders eklatant im Wortgedächtnis. Männer sind besser bei allen visuell-räumlich-mechanischen Aufgaben: in ihrer Vorstellung Objekte rotieren zu lassen, Auswege aus Labyrinthen zu finden, Bilder zu vervollständigen, Landkarten zu lesen; auch bei mathematischen Aufgaben sind sie im Durchschnitt besser, solange dabei die räumliche Vorstellungskraft eine Rolle spielt. Männer sind ferner bei den gröberen Muskelbewegungen überlegen, Frauen in ihrer Feinmotorik. Daß Frauen auf sprachliche oder andere symbolische Reize mit einer besser koordinierten Feinmotorik reagieren, ist verantwortlich für das, was weibliche Anmut heißt. Mädchen und Frauen lesen Gesichter besser als Jungen und Männer.

Ein altes Experiment untersuchte, was Männer und was Frauen zu einem Gegenstand assoziieren. Männer assoziieren eine Tätigkeit, Frauen eine Qualität.

Alle diese Unterschiede, meinen McGuinness und Pribram, lassen sich zu einem Hauptunterschied zusammenfassen: Die Domäne der Männer sei die Manipulation von Gegenständen, die der Frauen die Kommunikation. Der Mann sei ein manipulatives Tier, die Frau ein kommunikatives. Daß diese Unterschiede auf Umwelteinflüsse zurückgehen, halten beide Forscher für ganz und gar unwahrscheinlich. Zum Beispiel sprächen Mütter mit ihren männlichen Säuglingen mehr als mit Mädchen, dennoch blieben die Jungen in ihrer Sprachfertigkeit zurück.

McGuinness und Pribram verwerfen auch die vielfach aufgestellte Hypothese, die Unterschiede ließen sich daraus erklären, daß jedes Geschlecht auf eine andere Gehirnhälfte spezialisiert sei: die Frauen auf die linke (in der die Sprachkontrolle lokalisiert ist), die Männer auf die rechte (der Ort des Raumorientierungsvermögens). Dazu seien die Unterschiede alles in allem zu uneindeutig. Ihre Erklärung ist eine andere: Die Frauen könnten besser als die Männer zwischen beiden Gehirnhemisphären hin und her schalten und seien darum überall dort besser, wo es darauf ankommt, beide Gehirnhälften heranzuziehen; die Männer seien hingegen dort überlegen, wo nur eine Gehirnhälfte gefordert ist.

Wie die Geschlechtsunterschiede bei den Gehirnleistungen zustande kommen, ist für McGuinness und Pribram im Prinzip auch klar. Die im Körper zirkulierenden Geschlechtshormone, die männlichen Androgene und die weiblichen Östrogene, wirken bereits auf den Fötus ein. Besonders zwei Regionen des mittleren Gehirns, des Gefühle erzeugenden Limbischen Systems, seien der Einwirkung der Geschlechtshormone offen: der Hypothalamus und die Amygdala. Die so hervorgerufenen feinen Unterschiede in den Gehirnstrukturen sorgen dafür, daß Männer und Frauen von Geburt an die Welt etwas anders erleben, und das bedeutet, daß ihre sensomotorischen Prozesse voneinander abweichen. Die geschlechtsspezifischen sensomotorischen Prozesse wiederum trainieren verschiedene Gehirnpartien, so daß sich männliche und weibliche Gehirne auch anatomisch stärker voneinander zu unterscheiden beginnen. Wo aber die Wirklichkeit von Anfang an verschieden erfahren wird, und sei die Verschiedenheit zu Beginn auch noch so geringfügig, werden sich am Ende auch verschiedene typische Verhaltensmuster und typische Fertigkeiten und Unfähigkeiten einstellen. Um Mißverständnissen vorzubeugen, sei abermals hinzugefügt, daß diese Unterschiede nicht so groß sind, Frauen und Männer zu verschiedenen Wesen zu machen; in dem Hauptteil dessen, was sie können und nicht können, überlappen sie sich durchaus – bei den allgemeinen IQ-Tests gibt es beispielsweise kein überlegenes und kein unterlegenes Geschlecht. Und im Einzelfall kann eine Frau einen Mann auch in einer typisch männlichen Fähigkeit übertreffen, und umgekehrt. Es handelt sich um statistische Divergenzen, also um Trends, um Wahrscheinlichkeiten.

Die Frauenbewegung teilt sich heute an der Frage, ob die Frauen eigentlich den Männern gleich sind, aber durch die männliche Unterdrückung daran gehindert wurden, sich den Männern gleich zu entfalten, oder ob die Frauen tatsächlich anders sind und durch die Männergesellschaft an der Entfaltung ihres wahren Wesens gehindert werden. Je nachdem, wie die Antwort ausfällt, sucht die Frauenbewegung einerseits ihr Ziel sozusagen in der Vermännlichung der Frau, andererseits in ihrer Verfraulichung. Die Evolutionsbiologie legt die Antwort nahe: Die Frauen können sich nicht darauf verlassen, für den aggressiven Wettbewerb unter den Männern und für ihre jägerischen Mannschaftsbetätigungen ebenso gut eingerichtet zu sein.

Die Überzeugung, daß es ein frauen- und ein männerspezifisches Verhalten sowie frauen- und männerspezifische Leistungen gibt, die Anerkennung also einer natürlichen Ungleichheit, heißt nicht, daß es eine soziale Gleichstellung der Geschlechter nicht geben kann oder soll. Es heißt auch nicht, daß das eine Geschlecht sich wertvoller vorkommen darf als das andere. Es ist wahr, daß in der ganzen Primatenordnung mit wenigen Ausnahmen (wie den Lemuren auf Madagaskar) das männliche Geschlecht über das weibliche dominiert. Ein besonders drastisches Beispiel bieten die Gorillas, wo die Männchen über doppelt so schwer werden wie die Weibchen und als milde patriarchalische Haremsherren regieren. Es könnte gut sein, daß die faktische männliche Vorherrschaft in den allermeisten menschlichen Kulturen nicht auf männlicher Verschwörung und Machtergreifung beruht, dem maskulinen Urputsch, sondern Primatenerbe ist. Der Sinn der geschlechtlichen Arbeitsteilung und Differenzierung aber, die sichere Aufzucht der Jungen, ist beim Menschen in dem Maß entfallen, in dem er den Frauen durch seine kulturellen Erfindungen die Mühsal der Kinderaufzucht erleichtert und sie für den nunmehr größeren Teil ihres Lebens ganz von ihr befreit hat. Daß sich die so entlasteten Frauen in diesem Augenblick neu zu bestimmen suchen und eine Revision der hergebrachten Arbeitsteilung und Dominanzordnung verlangen, ist nur folgerichtig. Die Neuverteilung der Aufgaben und Privilegien ist auch nicht widernatürlich. Die alte Ordnung ist eine unzweckmäßig gewordene biologische Anpassung, und unzweckmäßig gewordene Anpassungen läßt die Natur fallen. Ihre konventionelle Weise der Neuorientierung an geänderten Umweltumständen ist die gemächliche genetische Evolution. Die Änderung der Rahmenbedingungen für die Geschlechterspezialisierung ist kulturell verursacht, und verständlicherweise können die Frauen nicht warten, bis die genetische Evolution die neuen Verhältnisse irgendwann eingeholt hat, sondern verlangen eine schnelle kulturelle Anpassung. Die Frauenbewegung ist die logische Antwort auf eine neue Situation, sie ist notwendig, und im Unterschied zu anderen »Bewegungen« wird sie auch nicht wieder verlöschen. Ihr Erfolg wird davon abhängen, ob es gelingt, die speziellen stammesgeschichtlichen Anpassungen der Frau, die sich nicht von heute auf morgen abschütteln lassen, als gleichwertig und gleichberechtigt in die Gesellschaft einzubringen; was leicht gesagt ist.

Geburtenregelung

Eine andere Schwierigkeit, die seine rapide Kulturentwicklung dem Menschen eingetragen hat und deren Lösung nicht von Maßnahmen der Natur, sondern nur von solchen der Kultur zu erwarten ist, ist die Bevölkerungsexplosion. Tierpopulationen überleben nur, weil sie ihre Bevölkerungsdichte regulieren; die menschliche Kultur hat die natürliche Regulierung aufgehoben und muß nun, auch um des Überlebens willen, eine kulturelle Kompensation schaffen. *Geburtenkontrolle* und Empfängnisverhütung sind darum nichts Unnatürliches. Sie sind der kulturelle Ersatz für einen kulturell beseitigten natürlichen – und grausameren – Regulationsvorgang.

Die Natur verfährt nach dem Grundsatz der »optimalen Brutgrö-ße«: Die Elterntiere suchen sich nicht hemmungslos zu vermehren, sondern setzen nur so viele Jungtiere in die Welt, wie sie wahrscheinlich aufziehen können; versuchten sie mehr in die Welt zu setzen, so würden, da sich ihre Fürsorge breiter streuen muß, im Durchschnitt weniger überleben. Die Menschen tun bewußt, was die genetische Evolution nur durch die zufällige Erfindung der passenden und Aussiebung der unpassenden Verhaltensweisen schafft. In Zeiten, als die Kindersterblichkeit hoch war und keine öffentliche Fürsorge sich der Alten annahm, war es eine vorteilhafte Strategie, möglichst zahlreiche Nachkommen in die Welt zu setzen. Unter solchen Verhältnissen konnte der Weltkinderrekord aufgestellt werden; es hält ihn die russische Bäuerin Wassiljet, die im vorigen Jahrhundert in 27 Geburten 69 Kinder gebar. Viele von diesen Kindern, das wußte jeder, würden frühzeitig sterben; und je mehr eines Tages für einen sorgten, um so besser. Viele Kinder, das bedeutete Sicherheit und Wohlfahrt. Die moderne Medizin hat die Kindersterblichkeit stark verringert, der Sozialstaat hat der Gemeinschaft der Arbeitenden die soziale Fürsorge für die Alten und Kranken zugeteilt. Der besondere Schrecken von Invalidität und Alter wurde damit weniger akut, obwohl die Medizin gleichzeitig auch die Lebenserwartung dramatisch erhöhte. Wo alles dies ins Bewußtsein gesickert ist – die »Kosten« der Kinderaufzucht, die gesenkte Kindersterblichkeit, die Unabhängigkeit der Alterssicherung von den eigenen Kindern – ging auch die Kinderzahl in den Familien zurück. Das Wohlergehen hing nicht mehr von einer zahlreichen Nachkommenschaft ab; zu viele Kinder beeinträchtigten es vielmehr. Unglücklicherweise dauert es eine Zeit, bis das Bewußtsein sich auf diese neuen Umstände einstellt; und unglücklicherweise treffen die bremsenden Faktoren nicht in allen Gesellschaften zusammen. Zwar wird die Kindersterblichkeit gesenkt und die Lebenserwartung erhöht, aber für den Lebensunterhalt, die Krankheits- und die Altersvorsorge bleibt der einzelne in Ländern der Dritten Welt weiterhin auf eine große Nachkommenschaft angewiesen. Dies hat zu der unheimlichen, über die ganze Welt hin überaus ungleichmäßigen Bevölkerungszunahme geführt, bei der gerade die armen Länder den größten Bevölkerungsüberschuß hervorbringen und damit ihre Armut weiter verstärken. Diese Bevölkerungsexplosion in den nur anzivilisierten Zonen der Armut mit den Folgen Hunger, Elend, Arbeitslosigkeit, Verstädterung, Verslumung ist zweifellos das größte, katastrophenträchtigste Problem, das sich der Mensch bisher geschaffen hat.

Die ratlose Sexualität

Einmalig in der Tierwelt ist die menschliche *Hypersexualität*. Die reifen weiblichen Säugetiere, auch die Primaten, sind nur gelegentlich, zur Zeit der Brunst, zur Paarung bereit. Es ist die Zeit des zyklisch sich wiederholenden Östrus, in der die Follikel in den Eierstöcken das befruchtungsfähige Ei freigeben, die Zeit der Ovulation also, in der die Weibchen befruchtungsfähig sind. Mäuse oder Ratten, bei denen die Ovulation alle vier oder fünf Tage stattfindet, sind ständig brünstig. Bei Schimpansinnen ereignet sie sich etwa alle 35 Tage; die Zeit der »Hitze« ist kurz, verglichen mit der Zeit sexueller Interesselosigkeit. Bei vielen Arten kündigt sich die Brunst durch einige äußerliche Veränderungen an, die die Weibchen für die Männchen sexuell attraktiv machen. Bei Schimpansinnen zum Beispiel schwellen die äußeren Genitalien und röten sich. Schimpansinnen ohne diese Anzeichen der Paarungsbereitschaft sind für männliche Schimpansen ohne jeden Sexappeal. Beim Menschen hat sich dieser Östruszyklus in charakteristischer Weise verändert; er ist zum Menstruationszyklus geworden, gekennzeichnet durch monatliche Blutungen, wie sie bei den Säugetieren fast ganz fehlen, und durch eine fast ständige Paarungsbereitschaft zwischen den Tagen der Menstruation. Was bei den weiblichen Primaten ein gelegentliches Ereignis ist, die Bereitschaft zur Paarung – bei der Frau ist sie ein fast ununterbrochener Zustand. Der weibliche Orgasmus ist ebenfalls singulär; da er noch relativ unzuverlässig und in mehreren Formen eintritt, ist er wahrscheinlich eine jüngere evolutionäre Errungenschaft. Welches aber könnte der Selektionsvorteil der menschlichen Hypersexualität gewesen sein? Wahrscheinlich die Bindung des jagenden Mannes an die Lagerstelle, wo seine Kinder aufwuchsen: die Lust als Belohnung. Die Mann-Frau-Bindung ist unter den Säugetieren etwas typisch Menschliches. In diesem Sinn ist es falsch, den natürlichen Zweck dieser Bindung ausschließlich in der Fortpflanzung zu sehen. Die Natur, nämlich die Evolution, hat die Sexualität offenbar vielmehr als Anreiz eingesetzt, den vorwiegend um sich selbst besorgten Raubaffen gesellig zu machen. Wohl keinem Biologen fiele es jedoch ein, in der noch so betonten menschlichen Sexualität, wie die Psychoanalyse es tut, die Achse seines Seelenlebens zu vermuten.

Die menschliche Gemeinschaft wird also durch eine Vielzahl von *Bindungen* zusammengehalten. Am verläßlichsten und stabilsten ist jene, die auch stammesgeschichtlich die älteste ist: die Mutter-Kind-

Erdbevölkerung

Zeitraum	Zunahme	Verdopplungszeit
7000–4500 v. Chr.	10 → 20 Millionen	2500 Jahre
4500–2500	20 → 40	2000
2500–1000	40 → 80	1500
1000– 0	80 → 160	1000
0– 900 n. Chr.	160 → 320	900
900–1700	320 → 600	800
1700–1850	600 → 1200	150
1850–1950	1200 → 2500	100
1950–1980	2500 → 5000	30

Die Kalamität des Menschen, graphisch dargestellt: Der große biologische Erfolg des Homo sapiens, das sich exponentiell beschleunigende Bevölkerungswachstum, stellt inzwischen die größte Gefahr für den Menschen selbst und für das Fortbestehen des Lebens auf der Erde überhaupt dar; die Biosphäre hat es bereits tief verändert.

Bindung. Nicht viel schwächer aber scheint die Bindung an eine Gruppe persönlich vertrauter Individuen zu sein, ein Residuum unseres jahrmillionenlangen Lebens in einzelnen Jäger- und Sammler-Trupps; der Mensch will unter »seinesgleichen« sein – die Alltagssprache nennt es Zugehörigkeitsbedürfnis –, und er stellt fest, daß er außerhalb des Bezugsrahmens von »seinesgleichen«, außerhalb seiner Kultur, gleichsam entwertet ist. Eine weitere Bindung ist

268

die unter nahen Verwandten; noch eine andere die Bindung zwischen dominanten Figuren und ihren Gefolgschaften.

Am wenigsten sicher funktioniert die Bindung, von der am meisten die Rede ist, und vielleicht ist gerade darum soviel von ihr die Rede, weil sie so unverläßlich funktioniert: die *Mann-Frau-Bindung*. Aber sie ist nicht die einzige. Der Anthropologe George P. Murdoch stellte fest, daß von 250 verschiedenen Kulturen 193 polygam waren; und bei den polygamen handelte es sich fast ausnahmslos um Polygynie (dem ehelichen Zusammenleben eines Mannes mit mehreren Frauen) und nur in zwei Fällen um Polyandrie (dem Zusammenleben einer Frau mit mehreren Männern). Polyandrie, etwa bei einigen Bergstämmen im Himalaya anzutreffen, gilt als seltene Kuriosität; oft tritt sie in Kulturen auf, in denen neugeborene Töchter häufig getötet werden, so daß chronischer Frauenmangel herrscht. Es gibt also schlechterdings alles: Polygynie, Polyandrie, alle Grade der Promiskuität, Prostitution, eheliche Versorgungsprostitution, weitaus am häufigsten wirkliche Monogamie und scheinbare Monogamie (nämlich dort, wo zwar förmlich die Monogamie gewahrt bleibt, der Ehebruch jedoch verbreitete Praxis ist).

So wenig sich den vorhandenen Kulturen entnehmen läßt, welches die richtige, die natürliche Form der Geschlechterbeziehung ist, so wenig läßt es sich auch dem Studium der Menschenaffen entnehmen. Die Muster bei ihnen sind nicht weniger variabel. Die uns entferntesten Menschenaffen, die Gibbons, leben in streng monogamen dauerhaften Familienverbänden; ihre sexuelle Aktivität ist sehr gering. Die zweitfernste Art, die Orang-Utans, leben einsam; regelmäßig beisammen sind nur Mutter und Junges. Gelegentlich aber kommt es zu zeitweiligen Partnerschaften zwischen einem Orang-Utan-Weibchen und einem meist jüngeren Männchen. Die Gorillas leben in größeren, stabilen Gruppen; mehrere Weibchen mit ihren Jungen scharen sich um ein großes, altes Männchen mit silbernem Rücken, das seinen Harem patriarchalisch beherrscht und zusammenhält. Die Schimpansen schließlich leben in einer Art Kommune, die sich ständig in neue Untergruppierungen aufteilt und wieder zusammenfügt. Sexuell sind die Kommunen promiskuös: Mit einem brünstigen Weibchen darf sich jedes Männchen paaren. Gelegentlich kommt es jedoch vor, daß sich ein brünstiges Weibchen zusammen mit einem Männchen für Tage oder Wochen von der Kommune entfernt, und einige Anzeichen deuten darauf hin, daß aus diesen Quasi-Ehen auf Zeit eher Nachkommen hervorgehen als aus der hektischen sexuellen Gruppenaktivität. Monogamie, Geschlechtertrennung, Polygynie, Promiskuität, befristete Partnerschaften: auch bei unseren nächsten Verwandten kommt nahezu alles vor.

Der britische Zoologe John MacKinnon hält das des Orang-Utans für das Grundmuster, vor allem darum, weil sich die anderen Muster aus ihm am ehesten ableiten lassen: also die Geschlechtertrennung, das Leben in Einsamkeit, unterbrochen von Perioden gelegentlicher und befristeter Partnerschaft.

Die Natur läßt uns in diesem Punkt ratlos. Unzweifelhaft hat sie uns mit der Fähigkeit ausgestattet, dauerhafte, unter Umständen sogar lebenslange Partnerschaften einzugehen. Aber durchsetzbar ist strikte Monogamie nur unter Zwang, dem Druck der ökonomischen Umstände und mit Hilfe von einschüchternden Geboten. Wo wie heute in einigen im Luxus lebenden Zivilisationen der ökonomische Druck nachläßt und damit, wie vorauszusehen, auch die sozialen Sanktionen abgeschwächt werden, fallen die Ehen massenhaft auseinander. Kopflos stürzen sich die Menschen in Bindungen; die Heirats- und Bekanntschaftsanzeigen der Presse sind ein beredtes Zeugnis für ein Bindungsbedürfnis, das relativ autonom ist: Es läßt sich nicht reduzieren auf das sexuelle Bedürfnis, nicht auf das Bedürfnis nach Kindern, nicht auf das nach ökonomischen Erleichterungen und Sicherungen, und schon gar nicht geht es aus persönlicher Vertrautheit hervor – es handelt sich hier ja sozusagen um an die Allgemeinheit gerichtete Bindungsappelle an sich. Und ebenso kopflos stürzen die von keinen sozialen und ökonomischen Notwendigkeiten zusammengehaltenen Paare wieder auseinander. Daß uns die Natur in dieser Hinsicht wirklich ziemlich frei gelassen zu haben scheint, uns selber auszusuchen, wie wir leben möchten, und daß uns wirtschaftliche Situation und die Zerschlagung der kulturellen Konventionen noch freier machen, bereitet uns ewige quälende Verlegenheit. Sie ist unser nie ausgehender Gesprächsstoff; sie ist das Hauptmaterial, aus dem Romane, Dramen und Filme gemacht werden.

Unter Anthropologen geht die Meinung überwiegend dahin, daß die elementare soziale Einheit die Klein- oder Kernfamilie sei: Mutter, Vater, Kinder. Eine abweichende Meinung haben unter anderen Lionel Tiger und Robin Fox vertreten, und sie beruht gerade auf der Tatsache, daß sich die lebenslange exklusive Bindung unter den Geschlechtspartnern und Eltern nur unter dem Druck furchterregender Vorschriften verwirklichen läßt. Im gesamten Primatensystem, so argumentierten sie, sei die wirkliche Konstante die Mutter-Kind-Einheit; sie ist es, die mit einer schützenden Hülle umgeben wird. »Der Schutz der Mutter-Kind-Einheiten ist eine ununterbrochene Funktion der Primatenmännchen.« Es können die Väter sein, meist aber erkennen sich Mutter und Junge einerseits und der Vater andererseits gar nicht; dann sind alle Männchen eines Trupps die Beschützer, oder auch die Führer des Trupps. Das menschliche Grundmuster, so Fox, ist ebenfalls die Mutter-Kind-Einheit, geschützt durch erwachsene Männer: möglicherweise, aber nicht notwendig die Väter, sondern Brüder, Onkel oder andere Angehörige der Gemeinschaft.

Die meisten Menschen ertragen den Anblick von Verletzungen, von Blut nur schwer – ein starkes Indiz dafür, daß wir in einer frühen Entwicklungsphase, als Auseinandersetzungen noch immer tätlich verliefen, gelernt haben, dem Artgenossen körperliche Beschädigungen möglichst zu ersparen. Leider hemmt kein solcher handfester Instinkt die seelischen Verletzungen, wie sie sich die Menschen heute besonders in kranken Paarbeziehungen beibringen.

Vielleicht kommt eines Tages doch noch einmal Wilhelm Reich zu Ehren, der einigen empirischen Untersuchungen seine Überzeugung abgewann, »daß für die sexuelle Basis einer Beziehung vier Jahre das durchschnittliche Höchstmaß sind« (Die sexuelle Revolution). Vielleicht entdeckt man, daß die zeitweilige Partnerschaft doch die »natürlichste« (das heißt: die der Mehrzahl am leichtesten fallende, gleichzeitig auch die primatenhafteste) Art der Paarbeziehung ist. Und vielleicht hält man dann auch Reichs Vierjahresspanne für nicht ganz zufällig: Im dritten Jahr beginnt sich das menschliche Kind langsam von der Mutter zu lösen, und mit dem Ende der engen Mutter-Kind-Beziehung wird auch der väterliche Schutz entbehrlicher. Stammesgeschichtlichen Sinn machte eine solche Präferenz.

Das Inzesttabu ist eine universale Regel. Es könnte sich um eine kulturelle Erfindung handeln. Dann wäre es nur höchst seltsam, daß alle Sozietäten unabhängig voneinander dieselbe Erfindung gemacht haben müßten. Nun haben aber etwa Untersuchungen in israelischen Kibbuzim ergeben, daß zusammen aufgewachsene Jungen und Mädchen kaum sexuelles Interesse aneinander finden. Es scheint dem Menschen also ein Mechanismus eingebaut zu sein, der ihn vom Geschlechtsverkehr mit Geschwistern abhält und auch dann noch ausgelöst wird, wenn er gar nicht mit echten Geschwistern aufwächst, sondern nur in geschwisterlicher Lebensgemeinschaft. Wahrscheinlich gibt es eine genetische Disposition, die uns abhält, eine zweite, andersartige enge Bindung mit einem Menschen einzugehen, an den wir bereits auf eine Weise gebunden sind.

271

Das Tagtier, seine Phobien

Daß der Primat Mensch ein *Tagtier* geblieben ist, wäre an sich nicht bemerkenswerter als die Tatsache, daß er ein Landtier ist, wenn die Wertschätzung, die er der Helligkeit entgegenbringt, nicht auch noch das Kulturwesen Mensch so sehr kennzeichnete. Licht ist für ihn etwas emotional durch und durch Positives, Dunkelheit schreckt ihn. Religionen künden von den Mächten des Lichts, die den Kräften der Finsternis entgegenstehen. Der Himmel ist die Region der Helligkeit, die Hölle ist die dunkle Höhle. Die im Symbolsystem der Sprache enthaltenen Wertungen »verklären« alles, was hell ist, klar, glänzend, strahlend, leuchtend, licht, die Aura, den Glamour. Um etwas zu verwerfen, wird es ins Reich des Dunklen, Düsteren, Finsteren, Trüben, Nächtigen, Schwarzen verwiesen. Zusammen mit dem Großen, Emporgehobenen, dem wir Respekt erweisen, stellt der Komplex des Lichten in unserer sinnlichen Gefühlswelt den Hauptteil dessen, was wir als achtenswert und lustspendend empfinden. Um Wertschätzung und Freude auszudrücken, greifen wir fast immer auf die Vorstellungen des Großen und Lichten zurück.

Einige unserer *Phobien,* unserer scheinbar irrationalen Ängste haben ihren Grund sicher in früheren Phasen der Stammesgeschichte. Das unbeliebteste Tier ist mit Abstand die Schlange, obwohl die Mehrheit der heutigen Menschen von keiner Schlange je wirklich bedroht worden ist; dann folgen die Spinne, das Krokodil und die Ratte, alles echte Gefahren für unsere Ahnen, für uns heute kaum noch. Unter den bisweilen bis zum Wahnsinn gesteigerten Phobien finden sich vor allem die Angst vor geschlossenen Räumen (Klaustrophobie) und die Angst vor weiten offenen Plätzen (die Platzangst oder Agoraphobie). Auch hier dürfte es sich um tiefgehende Erinnerungen an ganz reale Befürchtungen unserer Ahnen handeln: um die Angst, die Fluchtwege verstellt zu finden, und um die Angst, in offenen Weiten dem Freßfeind sichtbar zu sein und seinen Angriff auf sich zu ziehen.

Die Fremdenreaktion

Da der Mensch seine Vergangenheit in *individualisierten Verbänden* von etwa 40 bis 90 meist verwandten Personen verbracht hat, in denen jeder einzelne wertvoll war, die ihm also ein unmittelbar erfahrenes Gefühl der Menschenwürde vermittelten, ist ihm die

Anonymität des Lebens in der heutigen Zivilisation wahrscheinlich zutiefst unangemessen. Seine selbstgeschaffenen Lebensumstände muten ihm eine fast insektenhaft scheinende Existenzweise in den Waben der Betonstädte zu. Das »Unbehagen in der Kultur«, das Freud beschrieb, ist dann mehr als ein Unbehagen über die dem Kulturmenschen abverlangte teilweise Unterdrückung und Veredelung (Sublimierung) des Sexualtriebs; es ist eine umfassendere »Unangepaßtheit an die Zivilisation«. Daß er darunter nicht mehr leidet, als er es augenscheinlich tut, ist noch ein Beweis seiner geradezu wunderbaren *Anpassungsfähigkeit,* die ein biologisches Hauptkennzeichen der Spezies bildet. Der Mensch ist auch das Tier, das sich nahezu alles zumuten läßt.

Der Zürcher Verhaltenswissenschaftler Hans Zeier, Mitherausgeber und Mitautor des der ethologischen Psychologie gewidmeten Bandes des Sammelwerks über die *Psychologie des 20. Jahrhunderts,* zählt im einzelnen auf, auf welche Facetten des Lebens in der anonymen Gesellschaft der Mensch seiner Herkunft nach nicht eingerichtet ist. Sie haben es in sich, ihn möglicherweise krank zu machen; sie sind »potentiell pathogen«: Er lebt heute in Gruppen von mehr als 100 Individuen, in denen die Zugehörigkeitsverhältnisse unklar sind; er hat mehr Kontakte mit Fremden als mit Vertrauten; er hat mehr Kontakte mit Medien (Fernsehen, Rundfunk, Zeitungen, Büchern) als mit Menschen; er lernt mehr von Maschinen als von Lebewesen. Er hat des weiteren mehr passive als aktive Erfahrungen; die Lebensverhältnisse verändern sich so rasch, daß »die Erfahrungen und Haltungen einer Generation für die nächste irrelevant« werden. Und schließlich macht er immer weniger direkte Erfahrungen mit seinen ökologischen Lebensvoraussetzungen.

Es besteht kein Anlaß, das Leben in den primitiven menschlichen Verbänden zu verklären und uns zurückzuwünschen in die Horde, die sicher nicht aus edlen Wilden bestand und in friedlicher Muße ihrem Glück lebte. Genauso wenig Anlaß haben wir aber, uns das soziale Leben innerhalb dieser Horde als besonders barbarisch und für den einzelnen unzuträglich oder gar unerträglich vorzustellen: Was uns als schwer zu erreichende soziale Tugend erscheint, Solidarität, muß in ihr erfunden und weitgehend verwirklicht worden sein.

Es sei eine folgenschwere Begriffsverwirrung, schreiben die Anthropologen Tiger und Fox, »daß das, was unter präzivilisatorischen Bedingungen schlichte menschliche Bedürfnisse waren, in postzivilisatorischen Verhältnissen zu Menschenrechten geworden ist... Der Mensch ist ein Lebewesen, das seiner Natur nach seine

Arbeit der Gruppe zur Verfügung stellt und an der Regelung der Gruppenangelegenheiten teilnimmt... Das Recht auf Lebensraum und Bewegungsfreiheit; die Teilhabe an der gemeinschaftlichen Beute; die Partizipation an der prädatorischen Aktivität der ganzen Gruppe; die Möglichkeit der Risikoübernahme; ... eine Anerkennung des persönlichen Werts; Nachkommenschaft und die für die Betreuung der Nachkommenschaft notwendige Geborgenheit; ... vor allem aber das intensive Bestreben, mit Würde einen Beitrag zur eigenen Gemeinschaft zu leisten: diese und andere Ansprüche sind elementare verhaltensmäßige Bedürfnisse des Menschen. Es sollten eigentlich keine Dinge sein, die er erst fordern und begründen muß, genausowenig wie er das Recht zu atmen oder wie das Huhn das Recht zu picken oder der Falke das Recht, auf seine Beute herabzustoßen, fordern und begründen muß.« Was Tiger und Fox hier unternehmen, ist nichts geringeres als der Versuch, ein Naturrecht für den Menschen abzuleiten, aber nicht aus dem Willen Gottes oder aus der menschlichen Vernunft, sondern tatsächlich aus seiner Natur, nämlich aus seinem prägenden biologischen Werdegang.

Die Ableitung selbst ist überzeugend. An ihr, vor allem an den Worten »sollte eigentlich«, zeigt sich aber auch eine in den populäreren humansoziobiologischen Schriften häufig anzutreffende charakterische Schwäche. Ausführlich beschreiben sie, welche Anpassungen wir in unserer Entwicklung hervorgebracht haben und warum sie gerade so und nicht anders sinnvoll waren. Dann konstatieren sie die Kluft zwischen der so erworbenen Menschennatur und der heutigen »künstlichen« Menschenwelt. Sie können andeutend beschreiben, welches Leben für den gegenwärtigen Menschen das richtigere wäre. Sie können dramatisch ausmalen, was dem Menschen und der ganzen Biosphäre zustoßen wird, wenn die mitgebrachten Anpassungen nicht in Einklang zu bringen sind mit den Erfordernissen unserer Umwelt. Aber wie diese Harmonisierung nun ins Werk gesetzt werden soll, darüber schweigen sie sich aus. Sie sagen, dies und jenes »sollte eigentlich« anders sein. Sie sind unpolitisch.

Hier soll gar nicht erst versucht werden, irgendwelche Vorschläge zur Verbesserung der Welt zu machen: Ersetzt die Landschaft nicht durch Kulturwüsten, für die wir nicht gemacht sind; treibt Sport, um eure Aggressionen auf harmlose Weise loszuwerden; sammelt euch innerhalb eurer Städte in individualisierten Gruppen, denn die Anonymität bekommt euch nicht; stört das Gleichgewicht der Natur nicht zu sehr, denn unsere Anpassungsfähigkeit wird nicht hinreichen, auf einem entgrünten Erdball mit vergiftetem Wasser, beschädigtem Ozonschild und überhandnehmenden Verbrennungsrückständen fortzubestehen; disponiert eure Arbeit so, daß jeder sie als eine seiner Anteilnahme zugängliche und würdige Aufgabe erfährt; steckt eure Kinder nicht in Heime, denn sie brauchen eure persönliche Zuwendung; rechnet mit eurem Bedarf an Abneigungen gegen Fremde, sonst überwältigt er uns hinterrücks – und so fort. Nicht, daß solche guten Ratschläge unvernünftig wären oder die Einsichten in unser Wesen zu schütter und dürftig, um sie zu rechtfertigen. Nur sind sie völlig kraftlos und damit einfältig. Unsere Kulturentwicklung, die uns zu Herren unseres Schicksals zu machen schien, ist uns sowohl in ihrer Komplexität wie in ihrer Beschleunigung aus der Hand geraten, und gute Ratschläge richten dagegen nichts aus. Der Mensch ist zwar ein vorausberechnendes und vorausplanendes Tier, aber nicht so sehr, daß er sich um der Wohlfahrt fremder und späterer Menschen willen bewußte Nachteile auferlegte; selbst seinen eigenen künftigen Vorteil wird er um des sofortigen Vorteils willen meist verraten. Mit einem Gefüge undeutlicher archaischer Motive und einem Bedürfnis, alles weitere dazuzulernen, das mit der Auflösung starrer und strenger Gemeinschaftsregeln in Ratlosigkeit umschlägt, stehen wir mitten in einer Kulturexplosion, der kaum mit politischem Handeln, aber schon gar nicht mit bloßem guten Zureden beizukommen ist. Die Verhältnisse scheinen sich selber hervorzubringen, »autokatalytisch« wie das Leben selbst, unabhängig von unserem Willen und erst recht von Einsichten, die sich unser Wille noch gar nicht zu eigen gemacht hat. Die Kultur, obwohl selbstgeschaffen, steht uns heute genauso fremd und zum Teil bedrohlich gegenüber wie unseren Vorfahren die Natur. Und nicht rationale Erkenntnisse und Vorsätze werden uns korrigieren, sondern nur massenhafte Unglückserfahrungen. Unsere äußerste Hoffnung ist, daß wir nicht in die eine große, alles mit sich reißende Katastrophe geraten, sondern daß eine zeitlich günstig dosierte Serie von begrenzten Katastrophen uns eine Chance gibt, noch etwas aus ihnen zu lernen.

Säuglinge also entwickeln mit sechs, sieben Monaten eine unwillkürliche Furcht vor Fremden, auch wenn kein Fremder ihnen je etwas zuleide getan hat. Eine Neigung zur *Fremdenreaktion* ist dem Menschen vermutlich angeboren. Die Enge der Bindung innerhalb der eigenen Gruppe wird gefestigt von einem nach draußen gerichteten Mißtrauen, das bei Begegnungen jeweils erst beschwichtigt werden muß. Die Neigung des Menschen zur Bildung sich gegenseitig ausschließender Gruppen, die man geradezu *Pseudo-Speziation* nennen könnte, eine scheinbare Artenbildung, bei der die Angehörigen fremder Gruppen nicht als Artgenossen angenommen werden, ist so universal, daß sie wahrscheinlich eine genetische Basis hat. Leicht ist unsere Gruppenloyalität einzufordern. Wer uns zur Leistung, insbesondere zum Kriegführen bewegen will, verläßt sich besser auf sie als auf einen angeblichen Aggressionsinstinkt – nicht vor allem der tobt sich im Krieg aus, sondern der Opfermut, den der Dienst an einer gemeinsamen Sache mobilisiert. Und so sehr unsere Kultur uns dazu drängt und unser Verstand uns dazu rät – es will uns nicht recht glücken, unsere Gruppenloyalitäten durch eine Loyalität der ganzen Menschheit gegenüber zu ersetzen.

Es scheint zur Natur des Menschen zu gehören, daß er sich gemeinschaftlich gefordert fühlen muß. Er muß sich, in einer Gruppe, die ihn bestätigt und zu deren Selbstbestätigung er beiträgt, einer Sache widmen können. Zu seiner Identität scheint es unerläßlich zu sein, daß er sich in einem Verband aufgehoben fühlen darf. Es treibt den Zivilisationsmenschen, sich notdürftigen Ersatz für das verlorene Jäger-Sammler-Leben im Kleinverband zu schaffen. In seinen freien Stunden verläßt er scharenweise den teuren Komfort seiner Städte und zieht »ins Grüne«. In den lustvollen Strapazen des Sports und in Wettspielen findet er ein Surrogat für die Jagd. Desmond Morris hat bemerkt, das Notizbuch eines jeden enthalte einen »Bekanntenkreis«, der gerade so groß ist wie eine Horde.

Übereinstimmend erklären Psychologen das Aufkommen der sogenannten Jugendsekten aus einem starken »irrationalen« Gemeinschaftsbedürfnis, das die heutigen Zivilisationen nicht oder nur mangelhaft befriedigen und das sich bis zum Bedürfnis nach bedingungsloser Hingabe und Unterwerfung steigern kann, die dem einzelnen die Zuständigkeit für sich selber völlig abnimmt.

Ebenfalls übereinstimmend erklären die Psychologen den überall aufbrechenden Regionalismus bis hin zum gewalttätigen Separatismus mit einem »irrationalen« Unterscheidungsbedürfnis. Politisch ist er selbstverständlich, wenn auch nicht restlos erklärbar mit einem Bedürfnis nach Freiheit von wirklicher oder vermeintlicher Fremdherrschaft, Bevormundung und Ausbeutung. Während die einen noch dabei waren zu beobachten, wie eine »Weltzivilisation« im Entstehen begriffen ist, während einige künstliche »Weltsprachen« ersannen, die dieser Weltzivilisation zur Verständigung dienen sollten, bewahrten und belebten andere unter Erschwernissen, ja unter Strafen ihre eigene angestammte, von der Auslöschung

Die Fremdenreaktion des Steinzeitmenschen in der modernen Großstadt:
Apartheid im südafrikanischen Kapstadt.

bedrohte Sprache – in unserer Nähe die Basken, Katalanen, Bretonen, Iren. Allem praktischen Nutzen entgegen klammerten sie sich an Gebräuche, die ihnen eine spezifische Gruppenidentität verliehen und von denen die eigene Sprache, der eigene Dialekt der machtvollste ist, da die Sprache symbolisch die ganze Welt enthält. »Small is beautiful«, heißt es in Québec und anderswo, und das bedeutet nicht nur das Bedürfnis, einfach einem kleinen, überschaubaren, möglichst noch unmittelbar erfahrbaren Sozialverband anzugehören, es bedeutet auch das Bedürfnis, sich als besonders und damit als verschieden erleben zu können, also Fremde auszuschließen, besonders solche Fremden, die die ethnische Identität antasten und in Frage stellen. Partikularismus, Regionalismus (und Religion) haben sich zu unserer Verblüffung als viel dauerhaftere und mächtigere politische Kräfte erwiesen als etwa der »Klassenkampf«. Nun ist nicht anzunehmen, daß diese »primitiven« Horden, die durch ihren engen Zusammenhalt überlebten und außerhalb deren der einzelne gefährdet, ja verloren war, völlig in sich geschlossen waren, so wenig wie heutige Jäger-Sammler-Kulturen es sind. Ein gewisser Austausch muß zwischen ihnen stattgefunden haben, und zwar auch ein Austausch von Personen, sonst hätte sich die Menschheit nicht als einheitliche Art entwickeln können. Es muß befristete Kooperationen zwischen einzelnen Gruppen zu bestimmten Zwecken gegeben haben, einen Austausch von kulturellen Verfahrensweisen, einen Tausch von Gütern, Frauentausch, Männertausch, Menschenraub. Der Bindung an die eigene Gruppe stand also ein anderes evolutionär vorteilhaftes Verhalten gegenüber: eine gewisse Offenheit, diese Bindungen unter Umständen zu lockern, mit anderen Gruppen zu verkehren, selber die Gruppe zu wechseln und Fremde in die eigene aufzunehmen. Aber in einer Zeit, die fast nur noch die Offenheit benötigt und die Gruppenloyalität, den Partikularismus frustriert, bricht diese um so mächtiger und unberechenbarer hervor.

Über Aggression

Die *Aggression* soll hier nur unter starken Vorbehalten in das Repertoire der angeborenen oder von den Genen soufflierten Verhaltensweisen aufgenommen sein. Keine Frage hat die Kontroverse zwischen Naturalisten und Umwelttheoretikern mehr angeheizt. Daß der Mensch von Natur aus ein aggressives Wesen sei, schien diesen immer einem Todesurteil gleichzukommen: Wer die Aggression als naturhaft ausgab, nahm er nicht dem Menschen jede Hoffnung, sich doch noch aus den Massakern, die seine Geschichte ausmachen, zu lösen? Bestand seine einzige Chance nicht darin, daß seine Aggressionen nicht naturnotwendig waren, sondern hervorgebracht von unglücklichen gesellschaftlichen Umständen, die eben, da es sich um gesellschaftliche handelte, auch veränderbar waren? Worauf die Naturalisten unweigerlich antworteten: Wenn es aber tatsächlich eine erbliche Disposition zur Aggression gibt, wird sie sich eher unter Kontrolle bringen lassen, wenn man sie ins Auge faßt, als wenn man sie abstreitet.

Daß der Mensch heute und durch seine ganze bekannte Geschichte hindurch und in allen bekannten Kulturen ein aggressives Wesen ist, und daß seine Aggressivität jetzt, da er die Mittel zur Auslöschung allen Lebens und zur Zerstörung des Planeten besitzt, unbedingt beherrscht werden muß – darin stimmten beide Seiten immer überein. Angesichts der erdrückenden Zeugnisse der Gewalt ließ sich der Mensch schwer zu einem eigentlich von Natur aus sanften, nur von der Kultur pervertierten Wesen erklären. Die Kunde von den edlen, gewaltlosen Buschmann-Völkern am Rand der Kalahari erwies sich bei näherer anthropologischer Forschung als Fehlmeldung. Zwar sind die Buschmänner auf staunenswerte Weise friedfertig; aber aggressive Impulse, auch Mord und Totschlag, gibt es bei ihnen wie bei allen Menschen; ein genügsames und relativ leichtes Leben erlaubt ihnen, Gewalt zu verschmähen und Friedlichkeit hochzuhalten. Die ältesten Stadtreste der Welt sind die Mauern von Jericho; es sind Befestigungsmauern, gewiß nicht errichtet zum Schutz vor wilden Tieren oder außerplanetarischen Besuchern. Unter den in Ostafrika aufgefundenen vormenschlichen Schädelknochen sind etliche mit Löchern, die auch von herumfliegenden Steinen herrühren könnten, aber wahrscheinlich doch von Waffen. Die Schädel der in einer Kalksteinhöhle bei Chou-Kou-Tien in der Nähe von Peking aufgefundenen, eine halbe Million Jahre alten Homo-Skelette sind hinten kunstvoll durchbohrt; die, deren Gehirne da gefressen wurden, werden den Menschen nicht gerade für sanftmütig gehalten haben, so nobel seine kannibalischen Riten auch sein mochten, genauso wenig wie die Hunderttausende, die die Priester auf den Stufen der mittelamerikanischen Pyramiden mit ihren Obsidianmessern schlachteten, auf daß die Götter genährt und befriedet würden und ihre Mitbürger, die auch gebratene Kinder schätzten, zu einer Fleischmahlzeit kamen. Daraus, daß es sich im Fall des Peking-Menschen möglicherweise nicht um »reinen Kannibalismus« gehandelt hat, sondern um einen »bewußt rituellen Akt«, auf die grundsätzliche Friedfertigkeit des Frühmenschen zu schließen, wie Richard F. Leakey es in seinem Buch über unsere Ursprünge tut, dürfte mehr Wunschdenken sein als irgendetwas anderes. Wo auch immer der Blick in die Vorgeschichte und Geschichte des Menschen fällt: Es hat Gewalt geherrscht, und diese Gewalttätigkeit wäre nicht denkbar, wenn uns die Natur nicht mit den Voraussetzungen dafür ausgestattet hätte.

Wenn Aggression hier dennoch nicht im Verhaltensinventar erscheinen soll, so nicht, um das heiße Eisen nicht anzurühren, sondern weil bisher nicht nachgewiesen werden konnte, daß es sich bei der Gewalttätigkeit um einen autonomen Trieb handelt, wie ihn mit verschiedenen Begründungen Sigmund Freud und Konrad Lorenz postulierten. Ihnen zufolge gibt es im Menschen einen primären, das heißt auf nichts anderes zurückführbaren Drang zur Aggression. Wird er unterdrückt, so staut er sich an, bis er nicht mehr zurückgehalten werden kann und losbricht; soll er nicht verhängnisvoll losbrechen, so müßten ihm also ständig harmlose Ventile geschaffen werden, etwa im Wettkampfsport. Daß es Aggression gleichsam an sich gibt, eine Aggression um ihrer selbst willen, die ständig erzeugt wird und ständig irgendwohin abgeleitet werden muß, ist bisher jedoch nicht erwiesen. Heute neigt man dazu, Aggression eher als Ergebnis von Frustration zu verstehen: als Folge einer Entbehrung (von Nahrung, Bindungspartnern, Raum, Zeit).

Auch gerät jede Untersuchung menschlichen Aggressionsverhaltens unweigerlich in Schwierigkeiten, die zunächst nur terminologisch zu sein scheinen. Bei Tieren wissen wir recht genau, was Aggression ist: der Versuch, einander physisch zu schaden. Sauber lassen sich intraspezifische (innerartliche) und interspezifische (zwischenartliche) Aggressionen unterscheiden. Zwei Kolonien von Rhesusaffen oder zwei Hyänenrudel, die einander ihr Territorium streitig machen und sich dabei gnadenlos bekämpfen, sind eindeutig aggressiv; ob ein Frosch, der sich eine Fliege fängt, dazu Aggression entfalten muß, ist weniger sicher, auf jeden Fall ist es eine ganz andere Art von Aggression.

Seine Kulturentwicklung hat dem Menschen eine dreifache Verwischung des Phänomens eingebracht. Einmal kann er Aggressionen ausleben, ohne in irgendeiner Weise tätlich zu werden; der größte Teil menschlicher Aggressivität vollzieht sich untergründig, unsichtbar, in den seelischen »Wunden«, die wir uns raffiniert, vielleicht sogar unter der Decke eines auf den ersten Blick besonders fürsorglichen und liebevollen Verhaltens, in einem fort beibringen. Oder aber wir agieren Aggressionen symbolisch aus: In Büchern, Filmen, Schaustellungen simulieren wir gewalttätige Handlungen und genießen ihre Simulation, ohne die Risiken ausgelebter Aggressionen eingehen zu müssen. Und schließlich praktizieren wir in größtem Maßstab intra- wie interspezifische Aggression, in Kriegen, Verbrechen in Schlachthäusern oder mit unseren chemischen Vertilgungsmitteln, ohne dabei auf irgendwelche subjektiven Aggressionsinstinkte angewiesen zu sein – gleichmütig, sachlich, emotionslos und darin besonders schrecklich. Wenn aber auf der einen Seite schon ein unterlassener Geburtstagsglückwunsch Aggression sein kann, auf der anderen Seite Aggression ohne wirkliche Aggression erlebt wird und schließlich die blutigsten Gemetzel ohne alle Aggressionen vonstatten gehen können, wird der schlichte pauschale Begriff untauglich zur Beschreibung dessen, was sich dort abspielt, wo sich die Menschen der Zivilisationen gegenseitig schädigen.

Solange die Existenz eines primären und autonomen Aggressionstriebs nicht bewiesen ist, scheint es mir ratsamer, die Aggression eher als eine Art Modus, eine Aktionsart zu sehen. Man kann sich aggressiv oder lethargisch Nahrung beschaffen, man kann aggressiv oder lethargisch werben und lieben. Noch niemand ist bisher auf den Gedanken gekommen, darum von einem besonderen Lethargietrieb zu sprechen.

Wir sollten uns hüten, unsere aggressive Vergangenheit zu dramatisieren oder zu verharmlosen. Mit der Sanftmut von Lämmern hätten sich unsere Vorfahren sicher nicht die Welt erobert, aber auch nicht als reißende Bestien. In den engen Zusammenschlüssen der Horden muß die Aggression notwendig strenger Kontrolle unterlegen haben, sonst wären die Verbände zerfallen. Gruppen, die ihre Aggressionen nicht beherrschen konnten, mußten untergehen. Da die Erde damals nur dünn bevölkert war, werden auch die einzelnen Gruppen nicht in ständige Kämpfe miteinander verwickelt gewesen sein. Die Grundstrategie, Konflikte zu lösen, wird Vermeidung gewesen sein. Allerdings werden sie ihr Jagdrevier verteidigt und gelegentlich auch auf Kosten benachbarter Gruppen ausgedehnt haben. Es wird ihnen also, biologisch gesprochen, eine Gruppenterritorialität eigen gewesen sein. Andere in Rudeln jagende Tiere haben sie entwickelt, Wölfe, Wildhunde, Hyänen. Wer auf das Beispiel dieser Raubtiere nichts gibt, weil es nur eine Analogie, eine konvergente Anpassung als Antwort auf ähnliche Situationen sein kann, hat es immer noch mit dem Beispiel der uns so nah verwandten Schimpansen zu tun, die bei aller augenscheinlichen Friedlichkeit und Lässigkeit ihres Lebensstils ihre Reviere rabiat verteidigen. Hier könnte es sich sehr wohl um eine Homologie handeln, und es ginge die Gruppenterritorialität beider Arten auf eine gemeinsame Wurzel zurück.

Die Jäger-Sammler-Gesellschaften, die bis in unsere Zeit überlebt haben, unterscheiden sich stark in ihrer Aggressivität; aber alle beanspruchen und verteidigen notfalls ihre Jagd- und Sammelgründe. In sich sind sie geschlossen, nach außen hin jedoch abwartend mißtrauisch bis feindselig. Etliche Indianerstämme im Südwesten der Vereinigten Staaten (die Hopis, Navajos, Apachen, Jicarillas, Utes, Maricopas) bezeichnen sich selber bis auf den heutigen Tag mit Namen, die nichts anderes bedeuten als »die Menschen«, »die Leute«, »das Fleisch«. Die Eskimos nennen sich selber Inuit, »die Menschen«. Auch im Wort »deutsch« steckt eine indogermanische Stammsilbe, die die Bedeutung »das Volk« hatte. Richtige Menschen sind eben nur die Angehörigen der eigenen Gruppe; der Menschenstatus von Fremden steht zur Disposition. Die Tötungshemmung des Menschen seinen Artgenossen gegenüber ist unzuverlässig. Das menschliche Beschwichtigungs- und Unterwerfungsverhalten wirkt, wenn überhaupt, nur aus allernächster Nähe und wird von Fernwaffen überspielt. Und es steht der Tötungshemmung eine wahrhaft fatale Disposition entgegen, Fremde gar nicht als menschliche Artgenossen zu akzeptieren.

Die immer wieder aufflackernden Judenverfolgungen und schließlich die industrielle Judenvernichtung durch eine deutsche Polizeibürokratie, um ein besonders krasses Beispiel zu nehmen, deuten nicht eben darauf hin, daß dieser Mechanismus in sogenannten Kulturvölkern außer Kraft gesetzt ist. Im Gegenteil, hier scheint die Kultur ein biologisches Potential, eine natürliche Anlage auf schlimme und geradezu wahnwitzige Weise zu übersteigern. Ihre fortgeschrittenen Kommunikationstechniken teilen die Wahnideen einer Führerfigur einem ganzen Volk mit, stecken es an oder veranlassen es zumindest, in einer Art organisierter Umnachtung, zu duldsamer Passivität. Die modernen Tötungstechniken machen den Mord zu einem anonymen, verwaltungstechnischen Vorgang. Ihm fallen angeborene Hemmungsmechanismen kaum noch ins Wort.

»Das Gehirn«, schrieb 1968 der niederländische Verhaltensforscher Niko Tinbergen in diesem Zusammenhang, »findet sich bedroht durch einen Feind, den es sich selbst geschaffen hat. Es ist sein eigener Feind... Daß das Gleichgewicht zwischen Angriffslust und Furcht gestört ist (und diese Störung ist die Ursache der Kriege), liegt an drei Folgen der kulturellen Evolution. Es ist ein altes Kulturphänomen, daß Kriegern durch Gehirnwäsche und Psychoterror beigebracht wird..., Flucht – ursprünglich ein Verhalten von Anpassungswert – sei verächtlich, ›feige‹. Ein zweiter kultureller Exzess besteht in unserer Fähigkeit, Tötungswerkzeuge herzustellen und einzusetzen, vor allem Waffen mit Fernwirkung. Sie machen das Töten leicht, nicht nur, weil ein Wurfspeer oder eine Wurfkeule bei gleichem Kraftaufwand viel mehr Schaden zufügen als eine Faust, sondern auch und hauptsächlich, weil die Fernwaffen das Opfer daran hindern, seinen Angreifer mit seinen Beschwichtigungs-, Beruhigungs- und Notsignalen zu erreichen. Sehr wenige Bomberbesatzungen, die bereit zu Zielwürfen sind, ja sogar begierig auf sie, wären auch bereit, Kinder (und genausogut auch Erwachsene) mit eigener Hand zu erwürgen, zu erstechen, zu verbrennen.« Hemmungslos ausgelebte Gewalttätigkeit nennen wir »unmenschlich«. Das verrät nicht nur, eine wie hohe Meinung wir von unserem wahren Wesen haben. Es verrät auch unsere Überzeugung, daß wir von Natur aus nicht die rücksichtslosen Töter und Vernichter sind, die in einem Hobbesschen Krieg aller gegen alle um ihr Überleben und den Genuß ihrer errungenen oder ererbten Vorteile kämpfen, so wie es der Sozialdarwinismus als die natürliche Verfassung der Gesellschaft proklamierte. Gerade Humanethologen und Humansoziobiologen, vor allem Eibl-Eibesfeldt, haben in den letzten Jahren viel Mühe darauf verwendet, diese irrige Vorstellung von dem brutalen Primitivmenschen in unserer Vergangenheit und in uns selber zu berichtigen und herauszuarbeiten, welche entscheidende Rolle Kooperation, Vertragsfähigkeit und Bindungen in unserer biologischen Evolution gespielt haben. Daß unsere Evolution auch eine Entwicklung unserer Fähigkeit zu gegenseitiger Hilfe war, ist kein leeres Gedankenspiel des Anarchisten und Kommunisten Peter Kropotkin gewesen. Es ist inzwischen eine aus dem tatsächlichen Gang unserer Evolution abgeleitete Grundannahme der Verhaltensforschung.

Revier und Rang

Der Mensch weist alle drei Hauptformen der *Territorialität* auf, die im Tierreich anzutreffen sind: die persönliche Distanz, das Revier (es heißt bei uns Heim) und das Gruppenwohngebiet (die Heimat). Dennoch wäre es falsch, Territorialität als einen unwandelbaren, über uns von der Natur schicksalhaft verhängten »Imperativ« zu sehen, wie Robert Ardrey meint, der düstere Melodramatiker der Evolution, dessen schriftstellerische Verdienste um die Vermittlung evolutionsbiologischer Erkenntnisse immer wieder von seinem Hang zur schlimmen Vision beeinträchtigt werden. Es zwingt uns keine dunkle Gewalt in unserem Innern, mit Klauen und Zähnen gegen jede Verletzung unseres Territoriums vorzugehen. Territorialität ist ein flexibles Prinzip und überaus anpassungsfähig. Ihre Stärke und ihre Formen lassen sich nicht allgemein vorhersagen. Vorhersagen läßt sich nur, daß sich irgendein territoriales Verhalten finden wird. Der Mensch ist schließlich eine Art mit deutlichen *Dominanzmustern:* Die Individuen sind einander über- und untergeordnet, und meist war bisher die männliche Dominanzordnung, wie bei fast allen Primaten, der weiblichen gegenüber dominant. Dominant sein heißt nicht unbedingt, andere physisch oder psychisch zu unterdrücken; die mildeste Form der Dominanz ist es, geachtet, beachtet zu werden, im Zentrum einer »Aufmerksamkeitsstruktur« zu stehen. Das ganze Dominanzphänomen als Aufmerksamkeitsverhalten neu zu beschreiben und damit von seiner aggressiven Komponente zu befreien, so wie Chance und Jolly es 1970 taten, ist dennoch eine Verharmlosung. Wahr ist nur, daß der Mensch das Dominanzprinzip gelockert hat und ihm milde wie härteste Form geben kann. Wer irgendwo auf eine unbekannte Menschengruppe stieße, könnte keinerlei Voraussagen darüber machen, ob ihre Häuptlinge despotisch herrschen oder gegen ihren Willen von dem Vertrauen ihrer Leute genötigt werden, erhöhte Verantwortung auf sich zu nehmen. Er könnte nur eine Voraussage mit Sicherheit machen: Es wird Häuptlinge, es wird eine Rangordnung geben.

Offenbar hat der Mensch auch wenig Schwierigkeiten, sich im kleinen Verband dem spürbar und augenscheinlich Fähigeren unterzuordnen. Unter den Bedingungen der Anonymität jedoch muß das Dominanzmuster zu Autoritätskrisen führen: Die Autoritäten kennt man nicht mehr, ihre Kompetenz läßt sich nicht mehr direkt erfahren; und bei der extremen Spezialisierung geschieht es notwendig immer häufiger, daß die Träger der Macht weniger als andere von den Dingen verstehen, die sie dennoch entscheiden.

Das Gefolgschaftsphänomen ist eine Tatsache. In seiner krassesten Form ist es Führerkult, hingebungsvolle Verehrung des starken Mannes. In seiner mildesten Form ist es Bewunderung eines fernen Idols, Anhänglichkeit an Personen, denen in geregelten Prozeduren Verantwortung übertragen wurde. Seiner unverzerrtesten, ursprünglich menschlichsten Form aber begegnen wir nicht in den hysterischen Verzückungen anonymer Massen und auch nicht in den unpersönlichen Ausleseverfahren der administrierten Gesellschaft, sondern in der Kleingruppe. Hier ist es das Wohlgefühl in der Nähe eines Menschen, dem man vertraut, nämlich dem man zutraut, daß er am besten befähigt ist, die eigene Gruppe durch schwierige Situationen zu steuern.

Die Psychologie leitet die Entstehung der Gefolgschaftssucht (und ihrer komplementären Entsprechung, der Herrschsucht) aus der Individualgeschichte ab, vor allem aus dem Verhältnis zu dem eigenen Vater. Sie könnte auf dreierlei Weise auf die Vaterfigur zurückgehen. Hat man seine Härte in der Kindheit als besonders bedrückend erlebt, so fährt man später allen Nachfolgern des Vaters gegenüber in dem einst erzwungenen Gehorsam fort und rächt sich gleichzeitig dafür, indem man mit den eigenen Untergebenen und Kindern ebenso hart und herrscherlich verfährt. Hat man als Kind die Stärke des eigenen Vaters bewundert, so will man sich als Erwachsener jenes Glück erhalten und sucht sich einen Vaterersatz. Hat man als Kind die starke Vaterfigur entbehrt, so kompensiert man im späteren Leben jene frühe Entbehrung.

So plausibel sich jede dieser Erklärungen ausnimmt, alle drei zusammen haben sie den Nachteil, daß sie ein und dasselbe Ergebnis aus drei sich gegenseitig ausschließenden Ursachen erklären: dem Haß auf den Vater, der Liebe zum Vater, der Abwesenheit des Vaters. Was auch immer in der Kindheit war, heißt das – am Ende kann, aber muß nicht die autoritäre Persönlichkeit entstehen. Diese Unbestimmtheit ist offenbar wenig befriedigend.

Wenn aber das Bild von den Lebensbedingungen unserer tierischen Ahnen und in der archaischen menschlichen Kleingruppe zutrifft, und wenn es zutrifft, daß diese unsere Vergangenheit in Form von emotionalen Präferenzen immer noch in uns steckt, läßt sich das Gefolgschaftsphänomen ohne Bemühung der Vaterfigur erklären. Dann nämlich muß man in dem Dominanzphänomen eine der Grundtatsachen alles höheren tierischen Lebens sehen. Ihm entspräche bei dem Individuum eine psychische Disposition, sich selber in der vorgefundenen sozialen Rangordnung zu situieren – sich submissiv an den Fähigeren zu binden, gekoppelt bei den erwachsenen männlichen Tieren an eine Disposition, die Führerfigur zu stürzen, wenn ihre Fähigkeiten nicht mehr überzeugen, und sich selber an ihre Stelle zu setzen. Wie sich diese Rangordnung herstellt, wie streng oder locker sie ist, liegt bei den einzelnen Arten ziemlich genau fest. Nicht beim Menschen: Hier bedeutet Disposition nicht mehr zwanghaftes, festgelegtes Verhalten, sondern eine gefühlsmäßige Neigung, die sich mobilisieren und abwiegeln läßt und viele Wege gehen kann. Der Vater wäre dann nur noch jene Person im Leben, in der dem einzelnen das Dominanzmuster zum ersten Mal und ganz besonders nachdrücklich begegnet. Das Primäre wäre unsere aus einigen hundert Millionen Jahren mitgebrachte Bereitschaft, ja

Erwartung, uns in Dominanzverhältnissen zu befinden. Der Vater, unseren tierischen Ahnen persönlich zumeist gar nicht bekannt, wäre nur ein erstes, wenn auch sehr wirksames Beispiel dafür, wie die tiefere und allgemeinere Bereitschaft zur Einfügung in eine Rangordnung bei dem einzelnen ausgeprägt wird.

Mit Begriffen wie Territorialität und Dominanz läßt sich allerdings Unfug treiben. Mit ihnen läßt sich nicht belegen, daß Diktaturen und verminte Grenzstreifen natürlich seien. Sie erklären weder den Aufstieg und Fall Hitlers noch den Ausbruch und Ausgang des Vietnam-Krieges.

Sind Territorialität und Dominanzverhalten angeboren, oder sind sie kulturell erworben und damit auch abschaffbar, wenn man nur will? Wenn es für sie genetische Gründe gibt: wie stark sind sie? Experimentell wird es nicht so bald geklärt werden; wir wissen es also nicht genau. Mir selber fällt die Vorstellung schwer, der Mensch könnte, bei entsprechender Erziehung, plötzlich jede Distanz aufgeben und zu einer Kontaktspezies werden, die wahllos über- und untereinanderwimmelt; und es ließe sich irgendeine Ordnung unter Ungleichen und potentiellen Rivalen ohne irgendeine Form von Hierarchie herstellen. Außerdem ist unser Bedürfnis, für eine Ordnung im Raum zu sorgen und bei der Begegnung mit unseren Artgenossen Klarheit darüber zu gewinnen, wer der Über- und wer der Unterlegene ist, so tief verbunden mit unserem Selbstbehauptungsanspruch, der älter ist als alle Gefühle, dem die Gefühle erst auf einer späteren Entwicklungsstufe als ein fortgeschrittener Kontrollmechanismus beigegeben wurden, daß man fast sagen könnte: beide Bedürfnisse sind identisch mit unserem Selbstbehauptungsanspruch. Dann aber ist es auch mehr als unwahrscheinlich, daß wir sie uns bloß »ausgedacht« haben oder daß sie uns im Laufe unserer Lebensgeschichte durch Konditionierungen unbewußt anerzogen werden. Was nicht ausschließt, daß Gefühlskonditionierungen und Ratio sie erheblich umgestalten und verunstalten.

Nicht weniger tollkühn erscheint mir die Vorstellung, der Mensch ließe sich durch entsprechende Erziehungsmaßnahmen zu einem radikalen Einzelgänger machen, dem es tiefstes Bedürfnis ist, die Gemeinschaft seiner Artgenossen zu meiden. Anders gesagt: Würde jemand konsequent so erzogen, daß er seine Mitmenschen fürchten und meiden lernt, weil jeder Versuch einer Annäherung irgendeine Strafe zur Folge hatte, so ist er nicht nur »unnormal«, sondern sicher auch subjektiv ganz und gar unglücklich. Wahrscheinlich nähme der Mensch sogar Nachteile, Strafen und Demütigungen in Kauf, nur um in Gesellschaft von Mitmenschen sein zu können. Der Mensch ist eben von Natur aus ein geselliges Wesen, zum sozialen Leben bestimmt. Genauer gesagt ist er, wenn die Überlegungen des britischen Primatenforschers John MacKinnon richtig sind, zugleich von Natur aus ein individualistisches Sozialwesen, nicht aus Herden oder Schwärmen oder ähnlichen eng gebundenen anonymen Sozialverbänden hervorgegangen, sondern aus einer dem heutigen Orang-Utan ähnlichen Menschenaffenart, die überwiegend einsam lebte, sich aber gelegentlich zu befristeten Gemeinschaften (mit den eigenen Nachkommen, mit dem Sexualpartner) und später zu den Verbänden der Großfamilien mit ihren gemeinsamen männlichen Jagdunternehmungen zusammenschloß. Diese seine Entwicklungsgeschichte erklärt, warum er ohne die anderen nicht oder nur so schlecht leben kann, warum er aber auch in der Gemeinschaft mit den anderen so sehr auf der Betonung seiner Individualität besteht, auf Selbstdarstellung und Selbstausdruck, und sei es in der Kleidungsmode, die als Symbol immer einen doppelten Zweck erfüllt: den Menschen nach Geschlecht, Alter und Status einzuordnen und ihn durch kleine Abweichungen von der Norm gleichzeitig als unverwechselbares Individuum herauszuheben.

Angeboren oder erworben? Vielleicht kämen wir auch ohne entsprechende Gene auf die Vorteile, die mit Soziabilität, Territorialität und Rangordnungen verbunden sind, einfach aufgrund unseres flinken Gehirns. Es ist ja nicht so, daß die Natur Hierarchien und Territorialität aus Schikane über die Tiere verhängt hätte; es sind vielmehr zwei sinnvolle, von der Evolution erarbeitete Weisen, die natürlichen Rivalitäten um begrenzte Ressourcen zu entschärfen, sie ohne ständige Kämpfe um Tod oder Leben auszutragen. Einmal jedoch müssen sie genetisch verankert gewesen sein. Und wenn die Disposition durch alle rekonstruierbare Zeit hindurch vorhanden war und heute fortbesteht, ist sie vermutlich auch nie aus den Genen gelöscht worden.

Stammesgeschichte des Gehirns

Vielleicht wird man nie genau beziffern können, in welchem Maß menschliches Verhalten genetischer Kontrolle unterliegt. Aber selbst, wenn die genetische Kontrolle im Laufe unserer Stammesgeschichte nicht nur gelockert, sondern gänzlich annulliert worden sein sollte (was auch bestenfalls eine Hypothese ist, und keine wahrscheinliche): unsere Organe, welche die Kontrolle den Genen abnehmen konnten, an diesem Schluß führt kein Schleichweg des Denkens vorbei, sind ihrerseits durch die natürliche Evolution zu dem geworden, was sie sind. Es sind, was Konrad Lorenz als unsere »Weltbildorgane« bezeichnet: der Apparat unserer Kategorienbildung, unseres Fühlens, auch des moralischen, das wir bei unseren kulturellsten Tätigkeiten zu Rate ziehen und das uns selbst entgegen unseren rationalen Ratschlüssen leitet. »Das Gehirn existiert, weil es das Überleben und die Ausbreitung der Gene fördert, die seinen Zusammenbau steuern. Der menschliche Geist ist eine Vorrichtung für das Überleben und die Fortpflanzung, und die Vernunft ist nur eine seiner verschiedenen Techniken« (Edward O. Wilson, 1978).

Unser Geist kann sich nicht entwickelt haben, um unser einstiges vorkulturelles Wesen zu vergewaltigen und zu entstellen, sondern um es zu unterstützen. Der Geist kann sich nicht grundsätzlich und von vornherein als der große Widerpart und Widersacher der Natur etabliert haben, sondern nur als ihr Gehilfe; ein Gehilfe, der zwar mit der Zeit so kräftig geworden ist, daß er sich heute gegen die Natur richten kann (indem er etwa die Enthaltsamkeit als größte kulturelle Leistung propagiert oder zum Selbstmord rät), aber nicht in einem antagonistischen Verhältnis zu ihr steht.

Genauer wäre es, von unserem vierstöckigen Zentralnervensystem zu sprechen, dessen einzelne Etagen verschiedene evolutionäre Altersstufen repräsentieren. Die Basis – das »neurale Chassis« – bilden Rückenmark, Hirnstamm und Mittelhirn; sie steuern vor allem die vegetativen Funktionen des Körpers, Atmung, Kreislauf, Fortpflanzung, also den elementaren Lebensbetrieb. Über ihnen liegt der älteste Teil des Vorderhirns; der amerikanische Gehirnforscher Paul D. MacLean nannte es den Reptilien- oder einfach R-Komplex, und zwar darum, weil er, vor etwa 300 Millionen Jahren, zuerst von den Reptilien entwickelt wurde, den damals fortgeschrittensten unter den Lebewesen. Überlagert ist er von dem Limbischen System, einer vor etwa 150 Millionen Jahren ausgebildeten Errungenschaft der frühen Säugetiere, die nach den Reptilien die Vorherrschaft im Strom des Lebens übernahmen. Und über das Limbische System wiederum wölbt sich unsere Haupthirnmasse, die Neurinde, der Neocortex, dessen Entwicklung nicht länger als zehn Millionen Jahre zurückliegt und dessen jetziges menschliches Volumen, nach einem starken Wachstum von etwa einer Million Jahren, erst vor knapp einer halben Million Jahre erreicht wurde.

In seiner Theorie vom *triune brain,* dem dreieinigen Gehirn, hat

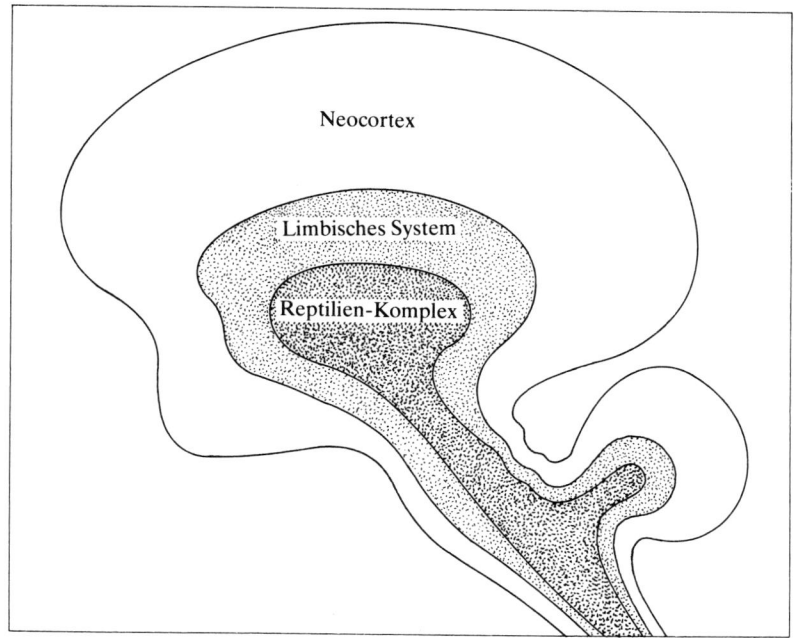

Diagramm der hierarchischen Organisation der drei Gehirntypen, die sich in der Evolution des Säugetiervorderhirns zu dem menschlichen Gehirn vereinigt haben (nach Paul D. MacLean).

MacLean aufgrund langer Experimente den drei Gehirnkomplexen oberhalb des neuralen Chassis bestimmte Verhaltenssteuerungen zugeordnet. Seiner Hypothese zufolge ist »das Gegenstück zum Reptiliengehirn bei den Säugetieren zuständig für genetisch begründete Verhaltensformen wie die Wahl von Heimstätten, die Etablierung eines Reviers, die Darbietung verschiedenster signalhafter Displays, die Jagd, das Heimkehrvermögen, die Paarung, die Brutpflege, die Prägung, die Bildung sozialer Hierarchien und die Bestimmung von Führern«. Das Reptiliengehirn läßt sich nicht auf Neuerungen ein; es folgt bewährten Pfaden, hält sich an starre vorbestimmte Pläne, die es von seinen Ahnen ererbt hat.

Das Limbische System ist hauptsächlich für die Verarbeitung von Geruchs- und Geschmacksreizen zuständig, entsprechend der Wichtigkeit, die diese beiden Sinne für die frühen Säugetiere hatten und haben. Im Laufe der Evolution muß es aber weitergehende Funktionen übernommen haben. MacLean zufolge »spielt dieses frühsäugetierhafte Gehirn eine wichtige Rolle bei der Entwicklung der Gefühle, die das Verhalten in bezug auf die beiden elementaren Lebensprinzipien der Selbsterhaltung und der Arterhaltung steuern ... Es hat enge Verbindungen mit dem Hypothalamus, der eine fundamentale Rolle bei der Integration von Gefühlsausdrücken spielt ... Seine Schaltungen sind beschäftigt mit den eigennützigen Forderungen der Nahrungsaufnahme, des Kampfes und der Selbstverteidigung.« Hier sind Angst und Vorsicht beheimatet. Den Kampfzentren benachbart sind die Sexualzentren: »Da der Kampf häufig der Paarung ebenso wie der Nahrungsaufnahme vorangeht, legt dieser Befund es nahe, daß die Natur in beiden Situationen die gleichen neuralen Mechanismen für den Kampf benutzt.« Auch für die Jungenfürsorge, überhaupt für die Anfänge von altruistischem Verhalten ist das Limbische System verantwortlich.

Der Neocortex schließlich, am stärksten ausgebildet in Menschen, Walen und Delphinen, ist der Sitz des abstrakten Denkens – die linke Hälfte vor allem der gesprochenen und geschriebenen Sprache und der logischen Analyse, die rechte Hemisphäre der Raumvorstellung, der Musik und der intuitiven, ganzheitlichen Vernunft.

Die drei Gehirne funktionieren seit Millionen von Jahren im Einklang miteinander; sie sind eng und im wesentlichen harmonisch miteinander verkoppelt. Jedoch hat sich jedes von ihnen trotz dieser Einigkeit eine gewisse Autonomie bewahrt. Jedes besitzt seine eigene Art von Intelligenz. Reptilien-Komplex und Limbisches System sind mehr nach innen gewandt als der offene, aufnahme- und lernfähige Neocortex. Sie können sich nur mühevoll und andeutungsweise und indirekt sprachlich artikulieren, und sprachlich vorgetragene Vernunftgründe erreichen sie kaum. Sie sind »hoffnungslos sprachlos«.

Im ganzen handelt es sich um einen Konstruktionsplan, der nicht den von Arthur Koestler vorgebrachten Verdacht unterstützt, daß ein ständiger Krieg zwischen unseren drei so verschiedene Entwicklungsstadien repräsentierenden Gehirnen herrscht, der in einer Katastrophe enden muß, wenn es dem vernünftigen Neocortex nicht gelingt, die totale Herrschaft über die älteren und tieferen Gehirnkomplexe zu erlangen (er wird sie nicht erlangen, und ohne den Ratschlag der Instinkte und Gefühle wäre er völlig hilflos); der aber doch den Verdacht nahelegt, daß soziales Lernen immer weniger, die genetische Kontrolle immer mehr zu sagen hat, je tiefer, und zwar anatomisch wie stammesgeschichtlich tiefer, man ins Gehirn hinabsteigt. MacLean selber sieht unser menschliches Hauptdilemma darin, daß unser Neocortex mit seiner Lernfähigkeit außerordentlich schnell ist, während die tieferen Komplexe der gemächlichen Gangart der genetischen Evolution verhaftet bleiben; daß der Mensch also nur dann mit sich selber in Einklang leben kann, wenn er auf die Bedürfnisse der älteren Tiere in sich selber Rücksicht nimmt. Seine Wahrnehmungsweise muß das Gehirn entwickelt haben, um sich ein zunehmend zutreffendes Bild von der Realität zu machen. Seine Richtigkeit muß unsere Aktionsfähigkeit vergrößert haben und infolgedessen von der Selektion honoriert worden sein. Kant nahm an, daß die Wirklichkeit jenseits der menschlichen Erfahrbarkeit liege: Unsere Wahrnehmungen stünden in einem alogischen Verhältnis zu ihr, zu den Dingen, wie sie »an sich« sind. Lorenz und andere evolutionistische Denker stimmen Kant darin zu, daß unsere Erfahrungen von vornherein, noch vor jeder Erfahrung (a priori) bereits auf eine bestimmte und typische Weise strukturiert sind: durch die Beschaffenheit unserer Sinnesorgane und jenes Nervenapparats, der Erfahrungen verarbeitet. Daß unsere Wahrnehmung aber in keinem logischen Verhältnis zu der Realität an sich stehen soll, streiten sie um so emphatischer ab: Da unsere Weltbildorgane den Test der natürlichen Auslese, das heißt auch der Ausmerzung von Wahrnehmungsdefekten hinter sich haben, können sie, bei allen verbleibenden Unvollkommenheiten, nicht grundsätzlich falsche Bilder der Welt liefern, der sie zugehören und in der sie sich über Jahrmillionen hin zu bewähren hatten. Wäre unser Bild von der Realität völlig falsch, oder hätte es mit der Realität nichts Systematisches zu tun, so wären wir nicht existenzfähig.

Dieser unser Weltbildapparat allerdings ist eingerichtet auf normale irdische Verhältnisse, nicht auf die Makrowelt des Kosmos und auf die Mikrowelt der Elementarteilchen. Er ist, um nur einige Beispiele zu nennen, darauf eingerichtet, daß der Blick des Beobachters die Dinge nicht verändert, so wie physikalische Beobachtungen die subatomare Welt verändern. Daß jede Wirkung eine Ursache und jede Ursache eine Wirkung hat und nicht, wie in der Physik der Elementarteilchen, unterhalb einer bestimmten Grenze Aussagen über Kausalitäten prinzipiell unmöglich sind. Daß die Zeit ein absolut gleichmäßiges Kontinuum ist, unabhängig von der Bewegung eines Körpers. Daß sich jedes Ding prinzipiell an einem bestimmten, angebbaren Ort befindet. Daß alles endlich ist – mit der Unendlichkeit kann das Denken operieren, vorstellbar ist sie nicht. Daß der Raum dreidimensional ist und kein von den Massen und Geschwindigkeiten der Körper gekrümmtes Etwas. Wir können uns zweidimensionale Figuren und dreidimensionale Körper vorstellen, aber mehr als dreidimensionale Körper ebensowenig wie eindimensionale Figuren (Linien ohne jede Breite) oder ein nulldimensionales Etwas (einen geometrischen Punkt), denn ein Etwas ohne Ausdehnung überfordert unsere Anschauungskraft, obwohl wir mit ihnen rechnend umgehen können. Die subatomare und die kosmische Welt, die wir uns aufgrund unseres Abstraktionsvermögens und mit Hilfe der mächtigen Prothesen unserer Sinnesorgane erschlossen haben, sind in einem ganz bestimmten Sinn unmenschlich: Unser Weltbildorgan versagt vor ihnen. Daß die Allgemeinheit die Relativitätstheorie nicht verstanden hat, liegt nicht an ihrer Denkfaulheit oder an der Unfähigkeit der Popularisatoren, sondern daran, daß sie auf der Ebene der Anschauung nicht verstehbar ist, höchstens erahnbar aus so geschickten wie vagen Vergleichen. Für die höchsten Tiere muß die Intelligenz des Menschen ein unzugängliches Geheimnis sein. Ebenso fassungslos wären wir vor einem höheren Wesen, dessen Denkapparat sich ein anschauliches Bild von den Energiequanten bis zum Raum-Zeit-Kontinuum machen kann (und vielleicht auch noch von dem, was »dahinter« ist).

Aber selbst im Rahmen unserer irdischen Verhältnisse muß unser Weltbildorgan nicht unbedingt, wenigstens tendenziell, vollkommen sein. Robert Trivers entwickelte den ingeniösen Gedanken, daß die Evolution vielleicht gar nicht vorbehaltlos auf seiten der Vervollkommnung unseres Gehirns gestanden hat. Die reichhaltigen und intensiven Sozialbeziehungen des Menschen bestehen zu einem erheblichen Teil in dem, was er »reziproken Altruismus« nannte: Gibst du mir, geb' ich dir. Wir stehen in einem ständigen Austausch, zum Teil über lange Zeitspannen hinweg. Dieses System erfordert Kontrolle. Vielleicht, meint er, ist unser Gehirn sogar hauptsächlich darum so enorm gewachsen, um diese Kontrolle ausüben zu können. Wahrscheinlich honorierte die Selektion in dem allgemeinen Austausch den, der eine gewisse Fertigkeit im Täuschen entwickelte, also zum Nehmen ohne äquivalente Gegengabe, und ebenso den, der die Fähigkeit besaß, diese Täuschungen wiederum zu durchschauen. Denkbar aber ist, daß derjenige am erfolgreichsten täuscht, der sich auch selber täuscht. Die evolutionäre Begünstigung eines gewissen Maßes an Selbsttäuschung könnte die Vervollkommnung unseres Weltbildapparats gedrosselt haben.

Wozu Gefühle?

Wie unsere Art zu denken, so muß auch unsere Art zu fühlen von der Evolution hervorgebracht worden sein. Die hehrsten Gefühle sind keine kulturellen Errungenschaften, mit denen das Geistwesen Mensch seinen Werdegang krönt und die es der rohen Natur seines Ursprungs entgegensetzt, sondern reichen tief zurück in unsere vorkulturelle Vergangenheit. »Im Gehirn existieren angeborene Zensoren und Motivatoren, die unsere ethischen Voraussetzungen tief und unbewußt beeinflussen« (Edward O. Wilson, 1978). Was sind Gefühle? John Bowlby hält es für grundfalsch, Gefühle zu verdinglichen – »die Trauer«, »die Freude« gäbe es genauso wenig wie »die Rotheit« oder »die Viereckigkeit«. Vielmehr seien Gefühle »Phasen intuitiver Einschätzungen, mit denen ein Individuum entweder sein eigenes Körperbefinden und seine Handlungsimpulse oder die Umweltsituationen beurteilt, in denen es sich befindet. Diese Einschätzungsvorgänge haben oft, aber nicht immer, die Eigenschaft, als Gefühle erfahren zu werden – oder, richtiger ausgedrückt, gefühlt zu werden.«

Ganz unten an der Wurzel alles psychischen Geschehens muß ein Bedürfnis nach Selbsterhaltung bestehen, eingeschlossen einem Bedürfnis nach Reproduktion, das als »Selbsterhaltungstrieb« zu bezeichnen jedoch vielleicht schon irreführend ist, weil es sich schlechterdings um das Prinzip handelt, das allen Organismen eigen ist, auch Einzellern und Pilzen und Pflanzen, die über keinerlei Nervensysteme verfügen und mithin auch nicht über die allerprimitivsten Ansätze eines psychischen Lebens. Zu leben und sich zu reproduzieren: das ist, worin alle Zellen übereinstimmen.

Das psychische System wurde in einem der Reiche des Lebendigen, dem der Tiere, von der Evolution hervorgebracht, um die jeweils vorgegebene Körperlichkeit der beweglichen Wesen auf immer subtilere, das heißt von sich aus anpassungsfähigere Weise mit der vorgefundenen Umwelt zu vermitteln. Die Psyche ist das Organ, welches den Organismus instandsetzt, Umweltsituationen mit zweckmäßigen Handlungen zu beantworten. Sie ist eine »vernetzte« Koordinierungs- und Leitstelle, eine Art kritisches Rezensionsorgan, das die eigenen Körperzustände und die Außenreize ständig überprüft und einige der Ergebnisse dieser Überprüfung mit Markierungen versieht, die als Gefühle empfunden werden und das Individuum bewegen, die unleidlichen Zustände zu scheuen und die leidlichen aufzusuchen, zumindest den neutralen Zustand der Empfindungslosigkeit, für den der amerikanische Physiologe R. B. Cannon 1932 das Wort Homöostase gefunden hat, »Gleichgewichtsbefindlichkeit«. Der Maßstab, nach dem das Gefühlssystem unterscheidet, was leidlich ist und was unleidlich, ist konservativ: Als gut gilt ihm, was sich bei den Ahnen bewährt hat – darum nämlich, weil das Nichtbewährte auch nicht, oder nur in minderem Maß, weitervererbt wurde. Bei den höchstentwickelten Säugetieren hat sich auch eine gewisse individuelle Neuerungsfähigkeit als gut erwiesen; aus konservativen Gründen sind sie mit der Freiheit ausgestattet, sich neugierig-nichtkonservativ zu verhalten. Beim Menschen ist dem sprachlosen gefühlsmäßigen Bewertungssystem in einmaliger Weise ein weiteres System aufgesetzt, das alles Erfahrene auf seine Logik hin untersuchen kann, eingeschlossen die Ergebnisse des eigenen, stammesgeschichtlich älteren, emotionalen Bewertungssystems.

Der Mensch braucht Nahrung, und damit er nicht vergißt, sie sich zu beschaffen, befällt ihn periodisch ein Mißempfinden, Hunger genannt. Damit er nicht jede Nahrung zu sich nimmt, sondern die bewährte, »schmeckt« ihm diese, und unbekannte oder als schädlich erwiesene verursacht ihm »Ekel« (die Kultur kann diesen Kontrollmechanismus leicht hintergehen und wohlschmeckende Gifte und bekömmliche Ekelsubstanzen bereiten). Damit er Verletzungen und Krankheiten versorgt, mehr noch, damit er möglichst von vornherein Situationen meidet, in denen sein Körper versehrt wird, meldet sich ein Mißbefinden namens »Schmerz«, das ihn anhält, es selbst und mit ihm seine Ursachen schleunigst zu beheben. Damit er nicht leichtfertig in riskante Situationen gerät, befällt ihn »Furcht«; damit er die Anstrengung der Selbstbehauptung auf sich nimmt, »Mut«. Damit er die lange Mühsal der Fortpflanzung nicht versäumt, meldet sich im Alter der Geschlechtsreife ein Mißbefinden, das wir »Begierde« nennen; damit wir in dieser Begierde nicht zu früh aufgeben, winkt uns als Belohnung die »Wollust« und als besonders markanter Schlußpunkt in dem Moment, da der biologische Zweck der Anstrengung erfüllt ist, der »Orgasmus«. Damit wir lernen, was wir nicht wissen, empfinden wir »Wißbegier«. Damit wir an die Menschen gebunden werden, die wir brauchen und die uns brauchen, sind sie uns »lieb«; damit wir die Lieben nicht verlassen, empfinden wir in ihrer Abwesenheit »Sehnsucht« und »Kummer«. Damit wir uns erprobten Artgenossen anschließen, die uns im nehmenden und gebenden Austausch wahrscheinlich nicht betrügen werden, bringen wir ihnen das angenehme Gefühl der »Freundschaft« entgegen. Damit wir alles tun, Leben und Wohlfahrt derjenigen zu schützen, an die wir gebunden sind, empfinden wir bei einem plötzlichen Zerreißen der Bindung »Trauer«. Damit die Psyche Zeit und Gelegenheit gewinnt, sich aus den zerrissenen Bindungen zu lösen und auf neue umzustellen, ist die »Trauer« so beschaffen, daß sie den Trauernden nach außen abschließt und ruhig in sich kehrt. Damit wir uns nicht ohne weiteres in fremde und damit potentiell gefährliche Gebiete fern den uns zugehörigen »Lieben« wagen, empfinden wir »Heimweh«. Damit wir dem Überlegenen folgen mögen, empfinden wir »Bewunderung« (um so mehr, je überlegener er ist: eine Art Gummiband der Bindung); damit wir uns fernhalten von unserem Schädiger, »Haß«; damit wir den, der die Gerechtigkeit im wechselseitigen Austausch verletzt, strafen und verstoßen, »Entrüstung«; damit wir uns nicht dem schlechten Führer anvertrauen, »Empörung«; damit uns die Bindung an »liebe« Menschen nicht entwendet wird, »Eifersucht«. Unerwartete starke Eindrücke wühlen uns auf, damit wir nicht versäumen, uns auf neue Situationen angemessen einzustellen: eine mögliche Gefahr füllt uns mit »Erregung«, ein unverhoffter Sieg der Gerechtigkeit, eine plötzliche Schönheit oder Liebe mit »Rührung«.

Meist meldet sich also eine negative Empfindung und veranlaßt uns im Namen eines bewährten Plans zu ihrer Beseitigung: Ziel ist das Erlöschen des jeweiligen Alarmsignals, also der neutrale Zustand der Homöostase, oder die Belohnung in Form eines speziellen Wohlbefindens – Lust, Freude, Glück. »Es treibt uns«, allerdings. Aber wenn man unsere Fluchtbewegungen aus den negativen in die neutralen oder positiven Zustände als »Triebe« bezeichnen wollte, müßte man so viele Triebe annehmen, wie es Abweichungen vom Zustand der Homöostase gibt, und es gibt möglicherweise mehr Gefühle, als wir bisher isoliert und benannt haben. Auch wirken sie ineinander und nicht säuberlich nebeneinander. Zusammen bilden sie in jedem Augenblick eine hochdifferenzierte Stimmung, die sprachlich nie ganz auszuschöpfen ist (darum sind der psychologischen Belletristik auch keine Grenzen gesetzt), uns aber ganz anfüllt und dazu drängt, dies zu tun und jenes zu lassen.

Wie sich rationales und emotionales Bewertungssystem zueinander verhalten, kann jeder an sich selber studieren, zum Beispiel, wenn er sich gegen sein Heimweh all die Vernunftgründe aufzählt, die dafür sprechen, daß er sich gerade an einem bestimmten Ort aufhält. Offensichtlich läßt sich das Emotionssystem nur sehr schwer beeindrucken.

Als Vermittlungsorgan ist, auch schon bei den Tieren, das

Gefühlsorgan belehrbar. Es läßt sich konditionieren. Und einzig aufgrund seines rationalen Erkenntnisapparats kann der Mensch etwa auch ihm völlig fremde Leistungen als überlegen begreifen und sie mit Bewunderung beantworten, die bei unseren tierischen Ahnen einfach dem Stärkeren oder allenfalls Erfahreneren reserviert war. Gefühle lassen sich durch Konditionierung abschwächen, verstärken, umdirigieren, verallgemeinern. Was wir auch bei härtestem Training nicht lernen könnten: etwa das tiefempfundene Gefühl der Bewunderung dem langsameren Läufer, dem schlechteren Rechner, dem falscheren Sänger entgegenzubringen. Interessant wäre die Frage, ob wir in der Lage wären, auch ein großes völlig neuartiges Gefühl zu erfinden und uns anzuerziehen, oder ob wir ein für allemal auf unser ererbtes Gefühlsrepertoire angewiesen sind – also ob unsere *éducation sentimentale* immer nur auf eine Modifizierung des in uns Angelegten hinausläuft.

Da dieser psychische Apparat ein Ganzes ist, ist es vielleicht gar nicht sinnvoll, wenn man das, was sich in ihm abspielt, auf eine möglichst geringe Zahl großer bewegender Kräfte zu reduzieren sucht – obwohl es völlig sinnvoll ist, es auf einzelne Wirkungsstränge hin zu untersuchen: wie verwirktlicht es Sexualität, Kinderaufzucht, soziales Leben und so weiter?

Ein solches Modell verbietet es, die Psyche als ein in sich ruhendes Etwas zu sehen, an das ein Aggregat von ein paar einzelnen Motoren angeschlossen ist, die uns als »Triebe« stoßen und drängen und umtreiben. Sie ist vielmehr eine durch fortgesetzten Anbau entstandene Vermittlungs- und Steuerungszentrale, deren Aufgabe darin besteht, aufgrund all der in ihr angesammelten stammesgeschichtlichen Erfahrungen und allen jenen, die ihr dazuzulernen möglich war, in einem besonderen Individuum zweckmäßig das Prinzip Leben zu verwirklichen.

Wir können nicht genau wissen, was Tiere fühlen, aber es besteht kein Grund zu der Annahme, daß sich der Haß, die Angst, die Wut, die Eifersucht, der Neid, die Trauer, die Enttäuschung, der »Ehrgeiz«, die »Kinderliebe« eines Tieres fundamental von unseren entsprechenden Gefühlen unterscheiden; sicher in der Orchestrierung und Nuancierung, sicher in ihren Graden, sicher in den Umständen ihrer Auslösung – aber nicht fundamental.

In *Die Abstammung des Menschen* sagte Darwin es selber in aller Direktheit, und seinerzeit, nämlich im Jahr 1871, muß es noch eine sehr tapfere Feststellung gewesen sein: »Aber wie groß auch der Unterschied zwischen den Seelen der Menschen und der höheren

Tiere sein mag, er ist doch nur ein gradueller und kein prinzipieller. Wir haben gesehen, daß die Gefühle und Anschauungen, die verschiedenen Affekte und Fähigkeiten, wie Liebe, Gedächtnis, Aufmerksamkeit, Neugierde, Nachahmungstrieb, Überlegung usw., deren sich der Mensch rühmt, in ihren Anlagen und manchmal auch in einem ziemlich entwickelten Zustand in den Tieren vorhanden sind... Das moralische Gefühl bildet vielleicht die beste und höchste Unterscheidung zwischen dem Menschen und den anderen Tieren; ich brauche aber wohl diesen Punkt nicht wieder zu erwähnen, da ich mich eben erst bemüht habe, zu zeigen, daß die sozialen Instinkte – die elementarste Grundlage der sittlichen Beschaffenheit des Menschen – mit Hilfe aktiver intellektueller Kräfte und der Wirkungen der Gewohnheiten zu der goldenen Regel führen: ›Was ihr wollt, daß euch die Leute tun sollen, das tut ihr ihnen.‹ Dies ist die Grundlage der Sittlichkeit.« In modernere Sprache übersetzt, heißt das nichts anderes als dies: Der Hauptunterschied zwischen Mensch und Tier ist sein moralisches Gefühl; es ist ein instinktives Gefühl und als solches im Verlauf unserer Stammesgeschichte in unsere Erbausstattung eingegangen; es wird bereichert und bekräftigt von der bewußten Einsicht in die Nützlichkeit von reziprokem Altruismus.

Damit unser spezifisch menschliches System des wechselseitigen Nehmens und Gebens funktionieren konnte, mußten wir weitere, zusätzliche Primäremotionen entwickeln: Dankbarkeit, Scham, Schuld, Pflichtgefühl, Mitleid, Loyalität. Daß wir alle sie so relativ leicht lernen, daß einige von ihnen, wie bei den Ik, selbst unter katastrophalen Umständen, in denen sie keinem einsehbaren Zweck mehr dienen, erhalten bleiben, läßt darauf schließen, daß hier angeborene Dispositionen im Spiel sind. So bereicherte sich der Gefühlsapparat im Übergangsfeld vom Tier zum Menschen um die eigentlich moralischen Gefühle.

Nun wird man vielleicht sagen: Das mag zwar alles mehr oder weniger richtig sein, aber es macht uns nicht viel klüger. Schließlich handle es sich nur um ein paar Selbstverständlichkeiten, und Feststellungen wie die, daß uns irgendeine Form von Gruppenloyalität oder Fremdenreaktion oder Beutebedürfnis von Natur aus eigen seien, seien dermaßen unbestimmt, daß sie kaum erhellend wirken.

In der Tat sind uns einige der erwähnten verhaltensbiologischen Sachverhalte selbstverständlich, und zwar so sehr, daß sie uns gar nicht auffallen und niemand auf den Gedanken kommt, sie könnten anders sein. Diejenigen, die ganz anderes tierisches Verhalten studiert haben, wissen, wie anders sie sein können. Daß wir uns, möglichst gemeinsam, ein Ziel vornehmen, es hartnäckig verfolgen und Befriedigung erfahren, wenn es erreicht ist – diese ganze jägerische Verhaltensfigur etwa lädt niemanden ein, sie nach ihren Gründen zu befragen. Sobald wir aber auch nur vergleichen, wie sich unsere nächsten Verwandten verhalten (die Rede ist von den Schimpansen), büßt sie jede Selbstverständlichkeit ein. Sie streifen in wechselnden Gruppen durch den Wald, suchen Bäume mit reifen Früchten, feiern Freudenfeste, wenn sie auf eine unerwartet reichliche Mahlzeit stoßen, und fressen, was sie eben an Freßbarem vorfinden, die dominanten Tiere zuerst. Geteilt wird die Nahrung fast nie: manchmal betteln sie sich an, manchmal läßt sich der Angebettelte erweichen. Für sie kommt, was da kommt. Die verbissene gemeinsame Verfolgung eines Ziels ist ihnen fremd. Sie findet sich bei den gemeinsam jagenden Hyänen, bei afrikanischen Wildhunden, Wölfen, Löwinnen. Wir aber leben eben nicht nach Schimpansenart in den Tag hinein, jeder nur darauf bedacht, auf etwas Eßbares zu stoßen. Wir haben unsere gemeinschaftlichen Projekte. Obwohl wir, in geringerer Zahl, so durchaus lebensfähig wären, würden wir das Schimpansenleben vermutlich selbst durch noch so gründliche Erziehung nicht lernen. Die extreme Milieutheorie, die uns zum bloßen Produkt unserer Umwelt deklariert, ist auch eine Art von Phantasielosigkeit. Sie weiß gar nicht, was sie alles fraglos als gegeben hinnimmt, wieviel »Natur« sie immerzu stillschweigend voraussetzt.

Wir halten gern alles Gute und Gütige für »menschlich«, alles Böse weisen wir einer Natur zu, der wir glücklicherweise entronnen sind. Wenn jemand von seiner »Natur« überwältigt wurde, so wollen wir damit sagen, das Tier in ihm habe gesiegt, er sei zurückgefallen in einen überwundenen unwürdigen Zustand. Die Menschlichkeit ist für dieses naive Verständnis etwas ganz Junges, eine neue und immer noch gefährdete Kulturleistung. Aber statt unsere »Humanität« (unsere Befähigung zu Fürsorglichkeit und unser Gerechtigkeitsgefühl) als etwas zu begreifen, was unser überlegenes Gehirn mit seiner findigen Kombinationsgabe ersonnen und unserer tierischen Natur

Der Stammbaum des Lebens: Im Laufe der chemischen Evolution entstanden aus den Elementen Kohlenstoff, Sauerstoff, Wasserstoff, Stickstoff, Phosphor und Schwefel im Laufe von über anderthalb Milliarden Jahren die Bausteine des Lebens: Eiweiße, Nukleinsäuren und Fette, aus denen sich die einzelligen Frühformen des Lebens zusammensetzten, das sich schließlich in die fünf Reiche der Bakterien und Blaugrünalgen, der Geißeltierchen und Amöben, der Pilze, der Pflanzen und der Tiere verzweigte.

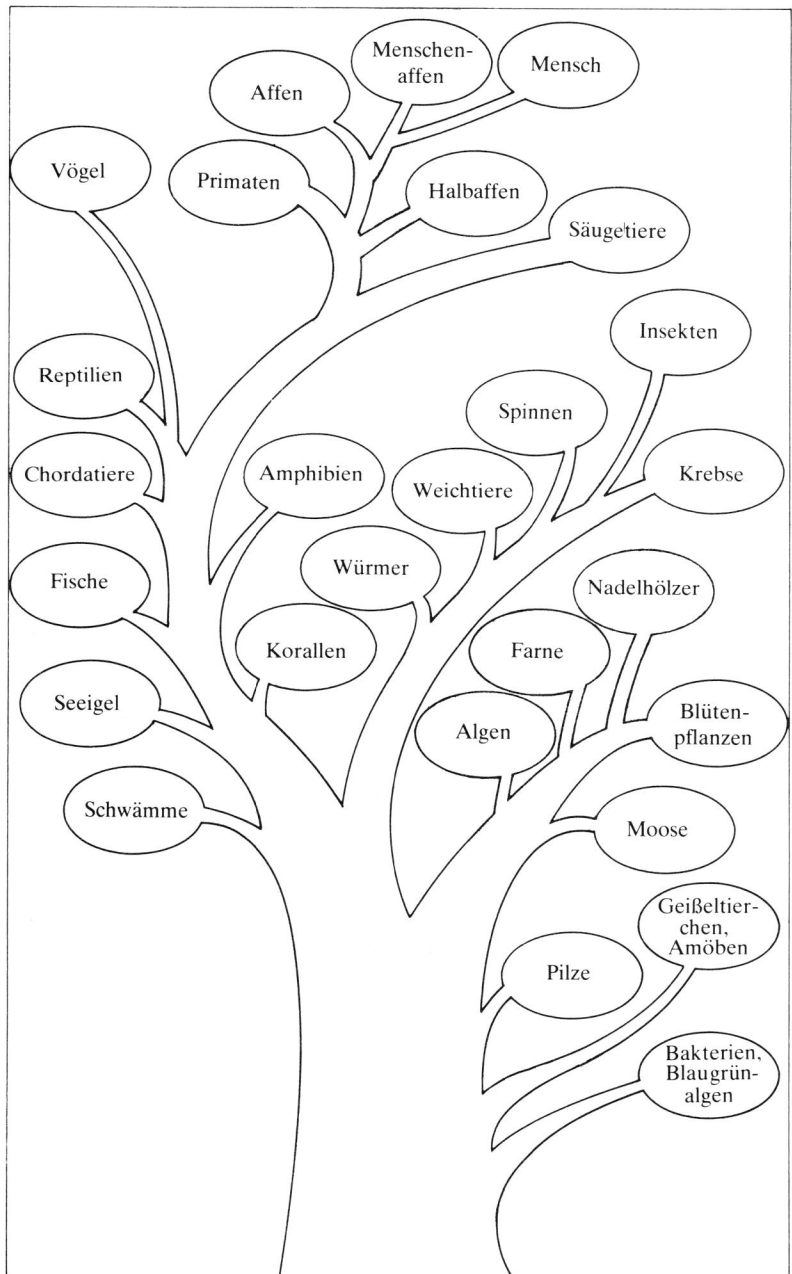

(einem gewalttätigen Egoismus) abgetrotzt hat, täten wir besser daran, sie als eine Qualität zu verstehen, deren Tradition weit ins Tierreich zurückreicht. Unsere Humanität ist nicht menschlicher als unsere Inhumanität. Sie ist der Weg, den die Natur gefunden hat, einen körperlich nicht besonders vorteilhaft ausgestatteten Affen unter harten Bedingungen überlebensfähig zu machen: indem er lernte, daß Gemeinsamkeit stark macht. Die rohen Wesen in unserem Stammbaum, die den Weg vom Menschenaffen zum Frühmenschen zurücklegten, müssen, um in der noch unverstandenen Gefräßigkeit rings um sie her zu überleben und sich schließlich sogar durchzusetzen, für sie ganz neue Formen des Miteinanders und Füreinanders entdeckt, erprobt, gefestigt haben. Sie waren wirkliche Pioniere der Humanität, auch wenn sie eine noch so lange Wegstrecke entfernt waren von dem Professor der Leistungselektronik, der aus Gründen der Humanität eine von der Steuer absetzbare Spende an das Rote Kreuz überweist. Menschlich ist unsere Fürsorglichkeit wie unsere Roheit. Und unsere Kultur bietet keine Garantie dafür, daß die rohe Seite unserer Menschlichkeit entmachtet wird. Im Gegenteil, die Techniken der Kultur können unserer miterbten Roheit sogar zu einer ganz unerhörten Wirksamkeit verhelfen.

Schlußbemerkung

Ende der siebziger Jahre begann eine vor allem in Frankreich ansässige »Neue Rechte« sich auf die Soziobiologie zu berufen – natürlich nicht auf die Soziobiologie als Wissenschaft von der Entstehung tierischen Verhaltens, sondern auf einige ausgewählte Hypothesen der Humansoziobiologie. Sie unterstützt nicht nur die Regionalismen. Ihre extremsten Vertreter halten Schwarze und Juden für Menschen zweiter Klasse und träumen von einem »arisch-keltischen«, also rassistischen europäischen Großreich. Es soll von einer selbsternannten Elite, jener der »Fähigsten«, in strenger Zucht regiert werden, Eugenik praktizieren und die »dekadenten« Freiheitsrechte der Demokratie abschaffen.

Es ist dies eine Ideologie, die weder zwangsläufig aus der Soziobiologie hervorgeht noch auch nur mit ihrer Hilfe besonders gut zu rechtfertigen ist.

Denn erstens begründet die Anerkennung ethnischer Unterschiede keinen Rassismus; daß wir verschieden sind, heißt nicht, daß sich die einen für wertvoller halten dürfen; und sowieso ist die Zuversicht, man könnte in unserer gründlich durchmischten Welt auf rassisch reine Formen stoßen, lächerlich illusorisch. Zweitens gibt es in der arbeitsteiligen modernen Welt den rundum »Fähigsten« nicht mehr: Der hervorragende Spezialist wird nebenan zum Idioten. Die Elite der Fähigsten ist unter diesen Umständen eine Schimäre; und sie ist es auch darum noch, weil der ganze Begriff der Fähigkeit unbrauchbar wird, wenn er sich nicht nur auf die Ausführung irgendeiner konkreten Tätigkeit beziehen soll, sondern auch auf die Umsetzung von Werthaltungen: Die fähigsten EDV-Programmierer lassen sich notfalls ermitteln, aber nicht die Gerechtesten, Fürsorglichsten, Vorausschauendsten. Drittens gehen Fähigkeiten und Eigenschaften, soweit sie überhaupt erbbedingt sind, und zum Teil sind sie es wohl, keineswegs mit Sicherheit von den Eltern auf die Kinder über, sondern nur nach den Gesetzen der Wahrscheinlichkeit: Ein guter Mathematiker wird eher mathematisch begabte Kinder haben als ein schlechter, aber Verlaß ist darauf nicht, auch das Gegenteil kann eintreten bei der Rekombination der Gene. Jede erbliche Macht fällt darum von Generation zu Generation an ganz andersgeartete Träger, und es kann dabei nicht ausbleiben, daß sie irgendwann in die Hände ganz besonders Unfähiger fällt. Daß viertens eine gänzlich unhierarchische Gesellschaftsorganisation weder denkbar noch mit der Menschennatur vereinbar ist, besagt keineswegs, daß dem Menschen nur die rigideste Hierarchie angemessen wäre. Erbliche Verhaltenssuggestionen zwingen uns nicht, sie auf extremste Weise zu verwirklichen. Die Geschichte der Menschwerdung ist vielmehr ein Prozeß, in dem Individualismus und Gruppenzwang, Freiheit und Unterordnung ständig ein prekäres Gleichgewicht suchen mußten. Fünftens fallen Einfluß und Macht den relativ Geeigneten schließlich nicht von selbst zu, diese müssen erst gefunden werden; und sind sie gefunden, so beschreibt die Soziobiologie den Menschen nicht als ein so durchaus gutartiges Wesen, daß ihnen die Macht unkontrolliert überlassen werden könnte. Legitimations- und Kontrollprozesse sind darum unerläßlich. Sechstens schließlich stellt die Soziobiologie nicht die Disposition zum Befehlen und Gehorchen als die große evolutionsbiologische Errungenschaft des Menschen heraus, sondern seine Fähigkeit zu kooperativem und vertragsgemäßem Handeln; ein Zug, der in einem autoritären Regime nicht besonders gut gedeihen kann.

Allerdings hat die Neue Rechte, wenn sie die Soziobiologie in Dienst nimmt, geschickt eine Schwäche des tonangebenden linken und liberalen Denkens ausgespäht. Solange dieses nämlich ausdrücklich oder stillschweigend darauf besteht, daß die Menschen alle gleich und, als Nachkommen der edlen Wilden Rousseaus, im Grunde auch gut seien, solange es nicht über sich bringt, den Menschen nicht nur als soziales, sondern als biosoziales Wesen zu begreifen, solange es Biologie und Vererbung für Schimpfworte hält und jeden Hinweis auf erbliche Unterschiede und natürliche Dispositionen dem Faschismusverdacht preisgibt, schafft es sich ja nicht nur Gegner, wo vorher keine waren, arretiert es den Bewußtseinsstand nicht nur in einem auf die Dauer trostlos kindischen Alles oder Nichts, in dem Natur und Kultur gegeneinander in einen falschen demagogischen Kampf geschickt werden. Es verwickelt sich vor allem in Schwierigkeiten mit der Wahrheit oder, bescheidener, mit der Wahrscheinlichkeit und macht sich damit angreifbar. Daß die Menschen ungleich sind, war für Karl Marx noch selbstverständlich (man lese nur seine *Kritik des Gothaer Programms* nach:»Der eine ist aber physisch oder geistig dem andern überlegen...«). Linkes und liberales Denken aber tut gern so, als gäbe es das Problem der Ungleichheit nicht und nicht das Problem einer anthropologischen Vorbestimmtheit. Solange es aber das nicht verarbeitet hat, muß es letztlich genauso hilflos bleiben wie jedes rechte Denken, das die faktisch bestehenden Ungleichheiten in der Verteilung von materiellem Besitz und von Verfügungsgewalt nicht wahrnimmt, das die daraus notwendig entstehenden Konflikte rhetorisch wegharmonisiert und es versäumt, diese soziale Ungleichheit auf ihre Gerechtigkeit hin zu befragen.

Die Gleichsetzung von evolutionsbiologischem und rechtem Denken ist darum falsch; es ist weder rechts noch links. Als modische Ideologie hat die Neue Rechte nur wenige und vorwiegend opportunistische Berührungspunkte mit der Evolutionsbiologie als Wissenschaft.

Die Gründe für die Faszination, die die evolutionsbiologische Perspektive ausübt, liegen meiner Überzeugung nach jenseits solcher Ideologien. Es ist zu billig, sie damit zu erklären, daß hier der politischen Reaktion in die Hände gespielt wird, oder daß es sich zumindest so ausnimmt, als würde ihr in die Hände gespielt, wenn man nur die naturalistische Position grob genug entstellt. Ich vermute ganz andere Gründe.

Vielleicht ist vielen in einer Zeit, da wir jedes Gefühl dafür verlieren, was wir sind, weil die schnell sich verändernden Lebensumstände kaum Identität aufkommen und jede dennoch gewonnene Identität als vorläufig und nahezu willkürlich erscheinen lassen, in der uns alle Arten von Sozialingenieuren versprechen, wir könnten alles sein, eine Wissenschaft willkommen, die aufzuzeigen unternimmt, daß unser Verhalten eben doch nicht völlig beliebig ist – und daß wir Eigenschaften, die uns so relativ erfolgreich über die Gefahren von Jahrmillionen getragen haben, nicht unbedingt mißtrauen müssen. Die uns sehen läßt, daß wir selber die Lebensbedingungen, auf die wir eingerichtet waren und die, mit evolutionärem Zeitmaß gemessen, bis vor einem Augenblick noch galten, zu drastisch verändert haben, um uns noch im Zustand der optimalen Angepaßtheit zu befinden: warum die Harmonie verspielt ist. Die dafür plädiert, daß wir, wenn wir uns berichtigen müssen, zumindest in Rechnung stellen, daß wir nicht unbegrenzt veränderbar sind und uns nicht gutwillig und arglos zu Schweres abverlangen sollten. Die gleichzeitig unsere Einmaligkeit verringert und unsere Besonderheit im Tierreich deutlicher hervortreten läßt. Und die uns vor Augen führt, daß, auch wenn unser persönliches Leben innerhalb des begründeten, wenngleich ziellosen und befristeten Projekts Leben verschwindend nichtig ist, jeder einzelne doch an einem höchst phantastischen Vorgang teilhat, einstweiliges Endprodukt einer Vergangenheit, die nicht Verachtung verdient, sondern alles Staunen, das der Mensch aufbringt,»kaum noch etwas, doch längst nicht nichts« (Botho Strauß).

Kein Schöpfer hat uns auf diesem Planeten ausgesetzt. Die Evolution hat uns gemacht. Jeder ist, was wir jemals waren. In ihm sind Jahrmillionen aufbewahrt. Keine Instanz stattet uns aus mit Ziel und Zweck. Unser Gehirn entzaubert uns die Welt, die Wissenschaft nimmt ihr den Zauber trügerischen Sinns.»Das Epos der Evolution«, schrieb Edward O. Wilson 1978,»ist wohl der beste Mythos, den wir je besitzen werden. Er kann verändert werden, bis er der Wahrheit so nahekommt, wie es die Konstruktion des menschlichen Geistes irgend gestattet.« Wir sind zu nichts ausersehen; die Suche nach »Sinn« ist infantil – nämlich das Verlangen nach Rückkehr in eine elterliche Obhut, in der uns vorbuchstabiert wird, was gut ist und was schlecht; es gibt keinen Sinn außer dem, den wir uns selber setzen. Aber die Suche nach Wahrheit ist nicht aussichtslos.

Die Milieutheorie ist inhuman

Ein Interview mit Irenäus Eibl-Eibesfeldt

Dieter E. Zimmer: Warum erröten Menschen?

Irenäus Eibl-Eibesfeldt: Es gibt eine Reihe von vegetativen Begleiterscheinungen der Erregung, die zunächst Epiphänomene sind – Erröten, Erblassen, Aufrichten der Haare. Wenn nun ein bestimmtes Epiphänomen einen bestimmten Erregungszustand regelmäßig begleitet, so daß es von anderen als Indikator für diesen Erregungszustand aufgegriffen werden kann, also wenn ein anderer daran erkennen kann: der ist jetzt ängstlich, er zittert ja, oder der ist jetzt wütend, er wird ja blaß – dann kann, und zwar vom Signalempfänger her, ein Selektionsdruck in Richtung auf Signalbildung ausgeübt werden, jedenfalls dann, wenn es auch für den Partner sinnvoll ist, daß er richtig verstanden wird. Oft findet nur eine einseitige Anpassung statt. Nehmen Sie eine Kröte, die einen Beutefangmechanismus hat, der auf bewegte kleine Objekte mit Zungenschlag reagiert – da wird natürlich der Käfer nicht eigene Signalfähnchen entwickeln, damit er noch besser erkannt wird, sondern Totstellreflexe, um diesem Detektor zu entgehen. Wenn es aber auch für den Partner wichtig ist, daß er richtig interpretiert wird, dann wird er, über den Mechanismus von Mutation und Selektion, dieses Epiphänomen weiter in Richtung Signal ausgestalten. Dabei findet dann eine wechselseitige Anpassung statt. Vom Zittern wissen wir, daß das Schwanzzittern unabhängig voneinander in verschiedenen Tiergruppen Anlaß zur Entwicklung von Drohrasseln und dergleichen gegeben hat. Bei vielen Nagern finden Sie beim Kämpfen erregtes Schwanzzittern, und bei einer ganzen Reihe von Nagern entweder Schuppenrasseln oder wie bei den Stachelschweinen zu Klangkörpern umgebildete Hohlorgane; in der Schlangengruppe hat sich ganz unabhängig davon aus einem epiphänomenalen Schwanzzittern der Erregung die Klapper der Klapperschlange herausgebildet.

Die Ursprünge des Erbleichens könnte man funktionell erklären:

Wenn der Körper sich mit der Angstreaktion in Alarmbereitschaft setzt, wird das Blut aus der Haut abgezogen und kann in die Muskeln und ins Gehirn strömen.

Eibl-Eibesfeldt: Das schon. Aber als Signal ist das Erblassen ein reines Epiphänomen.

Beim Erröten ist ein solcher funktioneller Ursprung nicht auszumachen. Und als Signal tritt es ja eben besonders dann auf, wenn der Sender gerade kein Signal senden will, weil er nämlich irgendeine Gemütsbewegung verbergen möchte.

Eibl-Eibesfeldt: Das Signal ist vom Signalgeber nicht intendiert, ja. Es wird zum Signal, weil der Empfänger sich anpaßt. Es gibt ja bei den Säugetieren diesen ganzen Komplex der ritualisierten Flucht, das sogenannte Sprödigkeitsverhalten, das auf den Partner einen starken Anreiz ausübt: Da rennt irgendein Eichkatzl in der Werbephase weg, wartet dann aber genau, daß der Kontakt nicht abreißt, schaut sich um, dann kommt er, sie läuft wieder ein Stück weg und wartet, und sie legt dabei sogar eine Duftspur.

Wie geht der Forscher vor, der die Entstehungsgeschichte eines Merkmals herausbekommen möchte?

Eibl-Eibesfeldt: Um den Werdegang von Verhaltensweisen zu rekonstruieren, sind wir auf den Vergleich heute lebender Arten angewiesen. Fossilien dazu gibt es nicht. Aber auch Darwin ist durch den Vergleich lebender Arten darauf gekommen, daß es eine Stammesgeschichte gibt. Es gibt zwar keine primitiven Organismen, alle sind modern, aber es gibt primitive Merkmale, und man kann Merkmalsreihen aufstellen und in den heute lebenden Arten durchaus verschiedene Ausprägungs- und Differenzierungsstufen lesen. Wenn ich kein einziges Fossil hätte, wäre ich also bei Kenntnis der vergleichenden Anatomie und Embryologie gezwungen, eine Abstammung, eine natürliche Verwandtschaft der Organismen anzunehmen. Das gilt auch für das Verhalten.

Wir legen dabei die Homologiekriterien der Morphologie zugrunde: nämlich Ähnlichkeit der Form eines Verhaltensmerkmals, Ähnlichkeit der Lage im Gefügesystem und Verbindung durch Übergangsformen. So wie man ein Scheitelbein auch dann, wenn es eine völlig andere Form hat, an der Anordnung der anderen Knochen erkennen kann, so kann man unter anderem an der Einbettung eines Verhaltensmerkmals in einen Ablauf sogar stark abgewandelte Merkmale wiedererkennen: Vom Futterlocken des Hahns bis zur Pfauenbalz ergibt sich eine schöne Differenzierungsreihe.

Beim Menschen muß man natürlich zunächst andere Primaten

anschauen. Dabei wird man zum Beispiel feststellen, daß es ein Mundoffen- oder Spielgesicht gibt; wahrscheinlich ist es von einer spielerischen Beißintention abgeleitet. Bei jedem menschlichen Säugling oder Kleinkind ist es ebenfalls vorhanden. Oder man stößt auf dieses *fair grin,* ein submissives, etwas defensives, stark beschwichtigendes Grinsen, das in einer weiteren Evolution dann zum Lächeln entwickelt wurde. Dabei emanzipiert es sich zwar von der ursprünglichen ängstlichen Situation, aber man bekommt solche Motivationswurzeln noch mit hinein. Durch den Vergleich mit anderen Primaten bekommt man also Aufschluß über Homologien. Man kann aber noch weitergehen und auch nichtverwandte Arten miteinbeziehen; das ist dann das Gebiet der Konvergenzforschung. Da gehen wir dann vor wie Techniker, die herausbekommen wollen, wie ein Merkmal konstruiert ist. Flugorgane sind bei Flugsauriern, Insekten, Vögeln und auch bei kulturellen Produkten nach bestimmten allgemeinen Gesetzen gebaut. Ebenso kann man feststellen, daß dort, wo Brutpflege entwickelt wird, Brutpflegeverhalten in einer abgewandelten, emanzipierten, stilisierten, ritualisierten Form in den Dienst der Erwachsenenbildung gestellt wird. Wenn man dann in verschiedenen Kulturen gewisse Rituale des Futterübergebens beobachtet, so könnten die natürlich rein funktionell aus der Situation abgeleitet sein, aber man kann auch vermuten: hoppla, hier liegen möglicherweise allgemeinere Gesetze vor, die nicht nur für den Menschen gelten, hier lohnt es weiterzuforschen.

Psychologen und Soziologen werfen den Verhaltensforschern gern vor, sie schlössen vorschnell und ungerechtfertigt von tierlichem Verhalten auf die Menschen.

Eibl-Eibesfeldt: Es ist eine Unterstellung. Man sagt einfach: Was Lorenz da über die Partnerbindung an der Graugans feststellt, hat keine Relevanz für uns Menschen. Aber die Begründung für diese Behauptung bleibt man schuldig. Ich meine: Wir können beim Vergleichen Ähnlichkeiten feststellen. Diese Ähnlichkeiten können rein zufällig sein – das sehen wir dann bald. Sie können Analogien sein, dann sind sie interessant, weil unabhängig voneinander ähnliche Anpassungen an einen gemeinsamen Faktor vorliegen. Oder sie sind Homologien. Etwas anderes gibt es nicht. Wenn wir Zufälle als Analogien oder Analogien und Zufälle als Homologien ausgäben, dann hätten wir einen Fehler gemacht; aber genau diese Argumentation bleiben die uns ja schuldig.

Zum Beispiel dieser Begrüßungsakt befreundeter Schimpansen, die sich eine Weile lang nicht gesehen haben, das Betatschen, die Küsse...

Eibl-Eibesfeldt: Das sind sicher Homologien. Es ist die gleiche Situation wie bei den Menschen, es sind die gleichen Verhaltensformen, und zwar nicht einzelne, sondern ein ganzer Komplex.

Bei welchen Ausdrucksbewegungen steht fest, daß es sich um Erbkoordinationen handelt?

Eibl-Eibesfeldt: Eine ganze Fülle. Das Lachen. Das Lächeln. Das Weinen. Das Stirnrunzeln. Das Schmollen. Das ist universal. Ich habe schöne Aufnahmen von einem Waika-Indianer-Mädchen: Es klettert gerade auf einen Pfahl, ein Bub kommt hinzu, sie haben schon ein paarmal Streit gehabt, sie versucht zunächst mit einem Lächeln zu beschwichtigen und den Platz zu behaupten, er aber haut ihr eine mit der Faust drein, worauf sie den Kontakt abbricht, indem sie zu Boden schaut, das Lid senkt, den Kopf leicht neigt und einen Schmollmund macht. Sofort hört er auf, aggressiv zu sein, und geht weg. Das Schmollen ist ein demonstratives Kappen des Bandes. Da der Mensch von den Bindungen an die Mitmenschen lebt, bedeutet es für ihn eine Gefährdung. Es ist also eine sehr wirkungsvolle Strategie gegen ein Gruppenmitglied, die sofort Versuche der Versöhnung, der Bandreparatur auslöst. Was Kinder in Körperbewegungen ausdrükken, übersetzt der Mensch später oft in Worte. Wenn man sagt:»Mit dir rede ich nicht mehr«, verfolgt man die gleiche Strategie des Bandkappens.

Um festzustellen, was angeboren ist, kann man außer der Stammesgeschichte natürlich auch die Ontogenese studieren. Wenn man bei Menschen, die unter den Bedingungen des Erfahrungsentzugs heranwachsen, etwa bei taubblind geborenen Kindern, die also nie gesehen und gehört haben, wie sich die Welt darstellt, Lachen oder Weinen beobachtet, und das kann man beobachten, dann hat man den Beweis, daß es sich um angeborene Verhaltensmuster handelt.

In der Polemik gegen die Verhaltensforschung wird oft so argumentiert, als müßte man den Menschen als freies Kulturwesen vor dem Menschen als determiniertes Tier retten. Es scheint mir eine verfehlte und irreführende Alternative.

Eibl-Eibesfeldt: Es ist ein Blödsinn. Erstens kann man durchaus auch kulturell geprägte Verhaltensweisen als Anpassungen verstehen, also nach dem Selektionswert fragen und sie, wie wir es tun, naturalistisch studieren. Zweitens sieht man erst vor dem Hintergrund der tierischen Eigenschaften die Besonderheit des Menschen klar. Konrad Lorenz hat das immer wieder betont, aber man muß es offenbar dauernd wiederholen, weil die Leute nicht lesen; hätten sie auch nur das eine oder andere Buch aufmerksam gelesen, könnten sie die Unterstellung nicht aufrechterhalten. Diese Trottel wollen ganz einfach ein Feindbild. Langsam habe ich den Verdacht, daß es nicht hehre Ideale sind, was sie treibt. Wenn man sieht, wie heute mit Menschen umgegangen wird, wie immer nur das Recht des *shaper* im Vordergrund steht, wie von der Milieutheorie geprägte Erzieher sich überall als die großen Former ins Spiel zu bringen suchen, dann glaube ich, daß es sich um einen Machtanspruch handelt.

Die Feindseligkeit könnte auch daher kommen, daß die Verhaltensforschung manche psychischen Züge einfach müheloser erklären kann als die Psychologie, nämlich aus der Stammesgeschichte. Um etwa ein Unbehagen an der Kultur zu diagnostizieren, braucht sie nicht die reichlich gewagte Hypothese, der Mensch sei von Natur angelegt auf die hemmungslose Befriedigung seines Sexualtriebs.

Eibl-Eibesfeldt: Da wundert man sich, daß die Schüler Neurosen kriegen, wenn man auch die letzten Verbände, die Klassenverbände, noch zerschlägt und alles immer anonymer macht. Dabei weiß man doch, zumindest wir Ethologen wissen, daß die Menschen heute vor allem an der Anonymität leiden. Der Mensch lebte bis in die Bauerngesellschaften hinein, also die allermeiste Zeit seiner Stammesgeschichte über, in individualisierten Verbänden. Die Fremdenfurcht des Menschen ist eine Tatsache und auch deren Auflösung im individualisierten Verband. In der anonymen Gesellschaft stehen wir dauernd unter dem Streß der Angst vor den Mitmenschen. Wir sind aus auf Kontaktvermeidung – in einer Aufzugskabine schauen alle auf ihre Fußspitzen oder auf die Anzeigetafel. Man baut Zellen, die die Menschen voneinander isolieren. Die Städte sind so angelegt, daß sie nur Rücksicht nehmen auf das Bedürfnis des Menschen, sich zurückzuziehen, aber nicht auf das Bedürfnis, bekannt zu werden. Wo gibt es dafür Plätze? Selbst die noch intakten Gemeinschaften in den Dörfern zerstört man, indem man Asphaltbänder hineinhaut. Da sind sich die westlichen Demokratien mit den marxistischen Regimes einig. Man will zum Beispiel die These vertreten: Der Mensch wurde erst mit dem Besitz böse, und zwar, als er Ackerland bestellte und einen Zaun zog. Das ist Rousseau und so schön und simpel, und da läßt sich gesellschaftlich soviel machen. Aber man muß dazu all die vielen, oft geradezu erschütternden Hinweise auf die Aggressivität des Menschen vor der relativ rezenten Erfindung des Ackerbaus ignorieren. Die Milieutheorie ist inhuman. Denn sie sagt: Der Mensch paßt sich schon an. Sie sagt: Es gibt keine Natur des Menschen.

Unsere Vergangenheit ist nicht blamabel

Ein Interview mit Desmond Morris

Dieter E. Zimmer: Sie haben jetzt über zehn Jahre lang überall in der Welt Verhaltensmuster studiert, vor allem Gesten. Was sind die Hauptmerkmale der Gestik der Deutschen?

Desmond Morris: Ich habe die Forschungsarbeit für ein neues wissenschaftliches Buch organisiert, einen *Atlas der Gesten;* für Deutschland war ein Assistent zuständig, nicht ich selber. Darum kann ich die Frage nicht wirklich beantworten. Entdeckt haben wir in Deutschland ein interessantes Beispiel für das, was ich »Gestenüberblendung« nenne. Es gibt eine typische italienische Geste, bei der der Zeigefinger in die Wange gebohrt wird. Sie bedeutete ursprünglich *al dente,* »auf dem Zahn«, und wurde benutzt, um zu verstehen zu geben, daß Teigwaren gerade richtig gekocht waren. Dann wurde sie generalisiert, wie es oft mit Gesten geschieht: So wurde aus ihr eine ganz allgemeine Anerkennungsgeste. Wir wollten nun wissen, wie weit sich diese Geste ausgebreitet hat. Denn die Ausbreitung stimmt oft nicht mit den Staats- oder Sprachgrenzen überein. Man kann also nicht einfach von italienischer oder deutscher Gestik sprechen. Von der »Wangenschraube« glaubten wir, daß sie nur in Italien Sinn ergebe, also auch nur innerhalb Italiens verstanden würde. Aber hier eben passiert das, was wir »Gestenüberblendung« nennen: Führt man den Leuten eine Geste vor, die ihnen nicht geläufig ist, so suchen sie nach einer ähnlichen in ihrem eigenen Repertoire. In München verstand man die »Wangenschraube« nicht etwa als einen Hinweis auf Zahnschmerzen, sondern als eine andere Art, den Vogel zu zeigen. Der Grund: Verkehrsteilnehmer machen sich strafbar, wenn sie sich an die Stirn tippen. So sind einige offenbar dazu übergegangen, mit der nicht belangbaren Wangenschraube auszudrücken, daß es bei dem anderen piepe. Es ist eine Art Untergrundgeste, die nur so lange funktioniert, wie sie nicht allgemein gebräuchlich ist. Hier sind zwei Gesten vorsätzlich überblendet worden. Öfter geschieht es zufällig.

Aber insgesamt ist doch die deutsche Gestik knapper?

Morris: Ja. Die Nordeuropäer haben ein kleineres Gestenreper-
toire als die Mittelmeervölker, bei denen nicht nur die Zahl, sondern
auch die Häufigkeit der Gesten größer ist. Es ist ein sonderbares
Phänomen, das allen bekannt ist, aber niemand hat bisher erklärt,
woher es kommt. Mir scheint es das Ergebnis einer langen Geschichte
kultureller Vermischungen im Mittelmeerraum zu sein. Hier wurden
jahrtausendelang die Länder immer wieder von anderen Eroberern
besetzt; darum war man vielleicht stärker darauf angewiesen, sich mit
Hilfe der Körpersprache zu verständigen, und das hat sich als
Tradition erhalten.

*Irgend jemand hat gemeint, die Nordeuropäer drückten körper-
sprachlich ebensoviel aus wie die Südländer, nur nicht durch ihre
Gestik, sondern durch eine ausdrucksreichere, feinere Mimik.*

Morris: Und in Frankreich hat uns jemand gesagt, die Franzosen
hätten eine so schöne, genaue Sprache, daß sie sich lieber mit der als
mit den Händen verständigen. Es ist eine sehr unbefriedigende
Antwort. Auch ein sehr gesprächiger Italiener gestikuliert reichlich,
um seine Sprache zu unterstreichen. Im Norden gibt es eine
Tradition, die besagt, daß der Einsatz der Stimme dem des Körpers
überlegen ist. Der Unterschied zwischen körperlicher und gespro-
chener Sprache entspricht dem Unterschied in der Betonung von
Gefühl und Information. Die Körpersprache drückt vorwiegend
Stimmungen aus. Je freier man seine Körpersprache einsetzt, je mehr
ist man auch bereit, seine Gefühlslage preiszugeben. Wir Nordeuropäer schätzen den, der seine Trauer beherrschen kann; in anderen
Kulturen weint man nicht nur, klagt, knirscht mit den Zähnen, rauft
sich die Haare, schlägt sich auf die Brust, sondern beschäftigt Profis,
die das alles noch ausgiebiger tun. Warum aber gilt es in einigen
Kulturen als Schwäche, seine Gefühle zu zeigen, in anderen als
Fühllosigkeit, sie nicht zu zeigen? Ich weiß es nicht; es geht um
fundamentale Unterschiede in der Kulturphilosophie, deren Entstehen nur Historiker beantworten könnten. Sie bereiten eine Menge
Schwierigkeiten, wenn sich Kulturen begegnen. Ein Italiener meint,
Deutsche oder Engländer seien kalt und hartherzig, während
Deutsche und Engländer die Italiener für weichlich und übertrieben
gefühlvoll halten.

*Wie wirkt auf Sie als Engländer der häufige, feste deutsche
Handschlag?*

Morris: Häufigkeit und Festigkeit sind nur zwei Faktoren. Andere
sind die begleitende Verneigung oder das ursprünglich militärische

Hackenzusammenschlagen. Jedes Land hat da seine eigenen Begrüßungs-Displays. Kein Amerikaner etwa wird sich vor der britischen Majestät verneigen. Es ist interessant, auf einem Empfang in Washington eine Reihe von Leuten zu beobachten: Amerikaner beschränken sich aufs Handgeben, Europäer fügen ihm eine Verbeugung hinzu. Aber aufgrund des internationalen Reiseverkehrs und durch Filme gleichen sich die Displays an; zumindest wächst das Bewußtsein dafür, daß es national verschiedene Displays gibt, und man ist immer mehr bereit, sie zu akzeptieren.

Warum gibt man sich beim Grüßen überhaupt die Hand, warum zwickt man sich nicht beispielsweise in die Nase?

Morris: Es ist eine komplizierte Geste, die verschiedene miteinander vermengte Ursprünge hat. Die eine Ableitung ist die vom Handkuß, die andere die vom Darbieten einer unbewaffneten Hand. Es handelt sich letztlich um eine Art miniaturisierter Umarmung. Das Grundmuster des positiven freundlichen Kontakts bei Menschen wie bei Affen ist ja die Umarmung. Das Affenkind umarmt die Mutter praktisch schon im Augenblick der Geburt und danach immer wieder, und die Mutter umarmt das Kind im Fall einer Gefahr. Die meisten freundlichen menschlichen Kontakte sind reduzierte und abgewandelte Formen dieser Umarmung. Der Beginn der Umarmung besteht darin, daß man die Hand nach einem anderen ausstreckt; wenn beide das tun, schaffen sie einen Körperkontakt, ohne daß die Körper einander zu nahe kommen.

Im kräftigen Handschlag steckt aber auch ein Konkurrenzmoment.

Morris: Das kommt noch dazu. Wenn sich zwei Männer begegnen, vollführen sie häufig ein Freundschaftsritual, obwohl ihre Beziehung in Wahrheit eine des Wettbewerbs ist. So fügen sie dem Handschlag ein aggressives Element hinzu, indem sie zeigen, wie kräftig sie sind.

Man schämt sich, wenn man dem anderen aus Versehen eine zu schlappe Hand gereicht hat.

Morris: Aber dazu gibt es eine interessante Umkehrung. Einige sehr mächtige Menschen bieten eine besonders schlaffe Hand, als wollten sie so zum Ausdruck bringen, daß sie es nicht nötig haben, physische Kraft zu demonstrieren.

In Ihrem Buch Der Mensch mit dem wir leben *lassen Sie, ich nehme an, absichtlich, eine Lücke. Auf der einen Seite sagen Sie, daß nur ein paar Ausdrucksbewegungen wie Lächeln, Lachen, Stirnrunzeln, Schmollen mit Sicherheit Erbkoordinationen sind. Auf der anderen Seite gehen Sie wie in früheren Büchern davon aus, daß eine Vielzahl unserer Verhaltensmuster auf unsere tierische Vergangenheit zurück-*

geht. Aber Sie sagen nicht, wie sie von Generation zu Generation weitergegeben worden sind?

Morris: Zunächst einmal: Kulturell tradierte Displays können zählebiger sein als genetische; das griechische Zurückwerfen des Kopfes zum Zeichen der Verneinung ist bis in die Antike zurückzuverfolgen; als genetisches Muster hätte es sich bei der Völkervermischung auf dem Boden Griechenlands längst verloren. Aber es stimmt, ich bin diesmal der Frage ausgewichen. Solange wir nicht wirklich lesen können, was in den Genen geschrieben steht, solange können wir auch nicht mit letzter Schlüssigkeit beweisen, daß etwas erblich oder nicht erblich ist. Darum ist der Streit »Natur« gegen »Milieu«, »Vererbung« gegen »Umwelt« zur Zeit müßig. Es scheint mir selber wichtiger, zu beobachten, wie sich die Leute tatsächlich verhalten. *Der nackte Affe* enthielt meine grundlegende Überzeugung, daß es eine große Zahl Erbsuggestionen, genetischer Vorschläge gibt – Vorschläge, nicht Anweisungen. Sie können auch ignoriert werden. Mir kam es darauf an, zu zeigen, daß wir dann, wenn sie zu stark ignoriert werden, in Schwierigkeiten geraten. Sie lassen einen Spielraum. Man kann von einem Löwen nicht verlangen, daß er Gras frißt; aber er kann von Antilopen lassen und statt dessen Rehe fressen, auch wenn er normalerweise nie einem Reh begegnen würde. Eine Nonne ignoriert den Fortpflanzungstrieb und schafft sich damit ein Problem, das sie lösen muß. Es handelt sich nicht nur um die in ihr erwachenden sexuellen, sondern auch um ihre mütterlichen Bedürfnisse. Ich habe in letzter Zeit viel darüber nachgedacht.

Wir haben zwei Lösungen, wenn wir unsere genetischen Vorschläge ignorieren. Die eine ist die symbolische. Die Nonne wählt sie: Indem sie alle Menschen als Gottes Kinder betrachtet, kann sie, wenn sie andere versorgt, als Pseudo-Mutter handeln; und sie wird sich die Kranken und Hilflosen, also die Kindähnlichsten aussuchen. Diese Gleichung, dieser symbolische Sprung, erlaubt ihr, ihre mütterlichen Triebe auszuleben. Die andere Lösung besteht im Gebrauch der Phantasie. Man agiert seine erblich nahegelegten Bedürfnisse im Kopf aus. Die Männer, die langweilige Fabrikarbeit verrichten, machen dauernd Gebrauch von dieser Möglichkeit: In Gedanken fahren sie auf den Mond, verführen ein Mädchen, hoffen auf das Tor, die symbolische »Beute« »ihrer« Fußball-»Mannschaft« am nächsten Sonntag. Hätten wir als Spezies nicht diese Möglichkeit, unsere genetischen Bedürfnisse symbolisch oder in der Phantasie zu befriedigen, so wären wir viel weniger anpassungsfähig. Phantasie bringt einen nur privat weiter. Die Symbolisierung bewirkt hingegen viel für uns alle. Denn wenn wir alle als Jäger programmiert sind, können wir zweierlei tun: solange es noch möglich ist weiterjagen, obwohl es nicht mehr nötig ist, oder aber eine symbolische Beute erlegen, die in einem geschäftlichen oder sportlichen oder sonstigen Erfolg bestehen mag. Ehrgeiz ist ein abstrakter Ersatz für den von unseren Genen nahegelegten Jagdtrieb. *Nun ist der Mensch zweifellos in der Lage, gegen die Natur zu handeln. Er kann seine sexuellen Bedürfnisse unterdrücken und dies für die höchste kulturelle Leistung halten, er kann Hungern oder das Ertragen von Schmerz zu einer Kunstform entwickeln, er begeht Selbstmord. Zwischen sich und der Natur hat er die Kultur geschaffen. Es ist Ihnen oft entgegengehalten worden, daß die Biologie darum wenig über den heutigen Menschen und seine heutigen Gesellschaften zu sagen habe; daß sie nur den Anschein eines Verstehens erwecke, vor den wirklich wichtigen Fragen aber passen müsse. Wie weit reicht die Biologie in menschliches Verhalten hinein?*

Morris: Gene sind nicht zum Spaß da. Sie haben einer Art schließlich das Überleben ermöglicht, und es gibt keinen vernünftigen Grund dafür, daß der Mensch den in ihnen erhaltenen Informationsreichtum einfach völlig aufgegeben hat. Aber es trifft zu, daß der Mensch seine genetischen Vorschläge modifizieren und ignorieren kann. Und es ist nützlich, zu wissen, was man ignoriert. Ich sage nicht, daß man das menschliche Tier gar nicht oder nicht erfolgreich ändern kann. Ich sage: wenn man das, was man verändert, wenn man also die biologische Basis versteht, hat man eine größere Chance, daß eine Veränderung gelungen ausfällt. Man nehme nur die Territorialität. In den Jahrmillionen der Menschenevolution ist es so gekommen, daß die Männer auf Jagd gingen und die Frauen zurückblieben und sich der Aufzucht der Jungen widmeten.

Die Männer brauchten also einen Ort, an den sie zurückkehren und wo sie ihre Beute mit den Verwandten und Freunden teilen konnten. Wenn man aber akzeptiert, daß dem Menschen das Bedürfnis nach einem eigenen Territorium, einem Heim eigen ist, wird man voraussehen können, daß die Abschaffung des eigenen Wohnraums den Menschen nicht glücklich macht. In der Sowjetunion hat man die Bestimmungen, die den Erwerb von eigenem Hausbesitz verhindern sollten, schließlich lockern müssen. Ebenso unglücklich, gestreßt, psychisch gestört sind die Bewohner westlicher Wohntürme, weil sie in Termitenbauten leben, in denen es wirklich individuellen Wohnraum nicht gibt. Ganz ignorieren läßt sich die Territorialität eben nicht ungestraft. Auf der anderen Seite führt eine zu starke Betonung der Territorialität dazu, daß jeder Zäune um sein Heim aufstellt und auf Fremde schießt. Unsere zwei Grundtriebe aus unserer Vergangenheit als Jäger sind der Trieb zu konkurrieren und der Trieb miteinander zu kooperieren. Sie müssen im Gleichgewicht sein. Wenn eine Seite zu stark wird, muß das Pendel zurückschwingen, und gewöhnlich schwingt es dann erst einmal zu weit.

Befriedigende symbolische Gleichungen zu finden, ist eine der wichtigsten Eigenschaften des Menschen. Auch sie entstammt seiner Jägervergangenheit: Er wurde zum symbolischen Denker, als er zur aktiven Zusammenarbeit zwischen den Angehörigen eines Jagdtrupps gezwungen war und ein Verständigungssystem entwickeln mußte. Wenn er einen Baum malte oder das Wort Baum aussprach, machte er einen symbolischen Sprung. Wenn ich dem Menschen heute einen Namen zu geben hätte, würde ich ihn den symbolschaffenden Affen nennen. Es ist mir fälschlich vorgeworfen worden, ich predigte eine Rückkehr zur steinzeitlichen Vergangenheit, damit der Mensch seine animalischen Bedürfnisse ausleben könne. Aber ich liebe den Fortschritt, die Entwicklung, die symbolische Lösung. Ich will nur, daß der Mensch seine evolutionäre Vergangenheit nicht als etwas Blamables sieht, sondern als etwas, das, wenn richtig verstanden, ihn immer weiter und weiter trägt.

Worterklärungen

Adaptation: → Anpassung.

adaptiv: biologisch angepaßt, meist: gut angepaßt.

Adaptor: signalhaftes Überbleibsel eines größeren Verhaltensablaufs.

Affekt: heftige Gefühlsbewegung.

Aggression: Verhalten, das einen anderen Organismus schädigen soll und dessen → Eignung herabsetzt.

Agoraphobie: Platzangst, irrationale Furcht vor weiten Plätzen.

agrarisch: landwirtschaftlich, Ackerbau und Viehzucht betreffend.

Akrophobie: irrationale Furcht vor Höhen.

Allel: durch Mutation veränderte Zustandsform eines bestimmten Gens, unterscheidbar von anderen Formen (Allelen) des gleichen Gens. Verschiedene Allele eines Gens finden sich auf dem → Chromosom am gleichen Ort (→ Locus). Verschiedene Allele eines Gens rufen verschiedene → Phäne hervor.

Alluvium: älteres Wort für → Holozän.

Altruismus: Uneigennützigkeit. Im biologischen Sinn die Erhöhung der → Eignung eines Rivalen auf Kosten der eigenen Eignung.

Altweltaffe: die in Eurasien und Afrika heimischen Affen, von den amerikanischen → Neuweltaffen von allem dadurch unterschieden, daß sie keinen greiffähigen Schwanz und eine schmale Nasenscheidewand haben.

Ameslan: American Sign Language, amerikanische Zeichensprache, eine Fingersprache der Taubstummen.

Amphibie: Lebewesen, das im Wasser und auf dem Land lebt (z. B. Frösche, Lurche).

Analogie: Ähnlichkeit in einem körperlichen oder verhaltensmäßigen Merkmal zwischen zwei oder mehreren → Arten, die nicht auf eine gemeinsame stammesgeschichtliche Wurzel zurückgeht, sondern darauf, daß in der Stammesgeschichte unabhängig voneinander ähnliche Lösungen für ähnliche Probleme der Umweltbewältigung hervorgebracht wurden, im Gegensatz zur → Homologie.

Androgen: männliches Geschlechtshormon (→ Hormon).

Animismus: Glaube an die geisterhafte Beseeltheit der Natur.

Anpassung: eine anatomische Struktur, ein physiologischer Vorgang oder

317

eine Verhaltensfigur, die die → Eignung eines Organismus erhöhen. Der evolutionäre Prozeß, der zum Erwerb eines solchen Merkmals führt.

Anthropoide: in der → Primatenordnung die Gruppe, zu der Affen, Menschenaffen und Menschen gehören.

Anthropologie: die Wissenschaft vom Menschen, seiner Entstehung, seinen körperlichen und seelischen Eigenschaften und seiner räumlichen und zeitlichen Aufgliederung.

Art: auch Spezies, die grundlegende untere Einheit bei der Klassifizierung der Lebensformen. Eine Art besteht aus einer oder mehreren → Populationen eng verwandter Organismen. Die Angehörigen einer Art können miteinander lebens- und fortpflanzungstaugliche Nachkommen hervorbringen. Die kleinere Einheit ist die Unterart oder → Rasse, die übergeordnete Einheit ist die → Gattung.

ASL: → Ameslan.

Auslöser: ein (meist zeichenhafter) Reiz, der bei einem anderen Organismus ein bestimmtes Verhalten hervorruft. Ein angeborener Auslösemechanismus (AAM) ruft bestimmte angeborene Reaktionen hervor.

Australide: Angehöriger einer der vier großen Rassengruppen der Menschheit, Ureinwohner Australiens.

Australopithecus: Angehöriger einer ausgestorbenen Gattung mit unbekannt vielen → Arten, die im → Pleistozän entlang der Ostküste Afrikas lebten und entwicklungsgeschichtlich zwischen Menschenaffe und Mensch stehen. Möglicherweise hat sich → Homo, der Mensch, aus einer Australopithecinen-Art entwickelt.

Autokatalyse: ein Prozeß, dessen Ergebnisse beschleunigend in ihn zurückwirken.

Behaviorismus: eigentlich »Verhaltenswissenschaft«, Richtung der Psychologie, die nur meßbare Vorgänge für wissenschaftlich relevant hält, vor allem → Reize und Reaktionen darauf erforscht und den Bedingungen des Lernens größte Aufmerksamkeit widmet.

Bindung: englisch *bond,* enge Beziehung zwischen zwei oder mehr Individuen zum Zweck der Zusammenarbeit und Fürsorge.

Biosphäre: alle Erdzonen, in denen sich Leben findet.

charging display: → Imponiergehabe, angriffsartiges Verhalten des Menschenaffen, das Rivalen von der eigenen Überlegenheit überzeugen soll.

Chromosom: wörtlich »Farbkörper«, meist fadenförmiger Körper im Zellkern, der die → Gene (→ DNS) enthält.

Chronologie des Lebens: siehe Kasten S. 320f.

Cro-Magnon-Mensch: vorgeschichtliche Rasse von Jägern *(Homo sapiens sapiens),* die, vermutlich aus Asien kommend, in Europa eindrang und die hier ansässigen Neandertaler *(Homo sapiens neanderthalensis)* verdrängte und auslöschte: also der moderne Mensch in der Gestalt, in der er Europa zuerst erreichte. Benannt ist der Cro-Magnon-Mensch nach einigen Skeletten, die – zusammen mit Aurignacien-Werkzeugen – von dem französischen Geologen Louis Lartet 1868 bei Cro-Magnon in der

Dordogne gefunden wurden. Nachgewiesen ist er für die Zeit von vor 35000 bis 10000 Jahren. Seine reinsten Nachkommen leben in der mittelschwedischen Provinz Dalarna.

crossing-over: im hier gebrauchten Sinn der Vorgang, in dem sich bei der Bildung → haploider Geschlechtszellen aus der → diploiden Ausgangszelle die von den beiden Eltern ererbten → Genome mischen und zu zwei neuen Genomen zusammenstellen.

Darwinismus: die von Charles Darwin begründete Theorie der → Evolution durch natürliche → Selektion.

Deprivation: Entzug, Entbehrung, Mangelerfahrung sowie ihre Auswirkungen.

Diluvium: älteres Wort für → Pleistozän.

Dimorphismus: Zweigestaltigkeit, das Vorkommen zweier verschiedener, nicht durch Zwischenformen verbundener Gestalten innerhalb einer → Population. Sexueller Dimorphismus: die systematischen Gestaltunterschiede bei männlichen und weiblichen Vertretern derselben Art.

diploid: im Besitz eines doppelten Satzes von → Chromosomen; der eine stammt vom Vater, der andere von der Mutter. Eine diploide Zelle entsteht durch die Verschmelzung von zwei → haploiden → Gameten.

Display: wörtlich »Vorführung«, »Darbietung«, ein zur Übermittlung von Information bestimmtes tierisches Verhaltensmuster, signalhaftes Verhalten.

DNS: Desoxyribonukleinsäure, das grundlegende Erbmaterial aller Organismen, makromolekulare Substanz (Nukleinsäurepolymer), die die Erbinformationen in sich trägt. Bei allen Lebewesen außer Bakterien und Blaualgen im Zellkern untergebracht, meist auf → Chromosomen (→ Nukleinsäuren).

dominant: ein → Allel mit der Eigenschaft, ein nichtdominantes (→ rezessives) Gen in seiner Wirkung auszuschalten.

Dominanz: ein Muster tierischer Sozialorganisation, bei dem bestimmte Tiere auf längere Zeit andere Tiere beherrschen und beim Zugang zu den begehrten Ressourcen (Nahrung, Sexualpartner) den Vortritt haben. Das Dominanzmuster, die Rangordnung, die Hierarchie geht aus Kämpfen hervor, oft → ritualisierten Kämpfen.

Doppelhelix: Struktur des → DNS-Riesenmoleküls, zwei in sich gewundene, sprossenartig verbundene Spiralen.

Dryopithecus: wörtlich »Eichen-Affe«, ausgestorbene → Familie schwanzloser → anthropoider Affen, aus der mutmaßlich die Abstammungslinie zum Menschen hinführt.

Eignung: was Darwin *fitness* nannte und auch mit »Tauglichkeit«, »Tüchtigkeit« übersetzt wird. Die genetische Eignung ist der Beitrag eines → Genotyps in der → Population im Verhältnis zu den Beiträgen konkurrierender Genotypen. Die natürliche → Selektion bewirkt, daß Genotypen mit größerer Eignung auch größere Lebens- und Fortpflanzungschancen haben und sich in der → Evolution durchsetzen.

Chronologie des Lebens

	vor Jahren
Entstehung des Alls (Urknall)	15 000 000 000
Entstehung der Erde	4 500 000 000
Erste lebende Molekülsysteme	
(Aminosäuren und DNS aus Wasserstoff,	
Wasserdampf, Ammoniak und Methan	
unter der Einwirkung von ultraviolettem Licht)	4 000 000 000
Erste Zellen (kernlose Mikroplasmen)	3 500 000 000
Bakterien	3 400 000 000
Blaualgen	3 300 000 000
Erste Zellen mit Kern (Eukaryonten)	3 200 000 000
Fotosynthese, zunächst durch Algen	
(Beginn der Bildung von Luftsauer-	
stoff und des Ozonschutzschilds	
der Erde, vor 200 000 000 Jahren	
abgeschlossen)	1 500 000 000
Erste wirbellose Seetiere	600 000 000
Erste Fische	500 000 000
Erste Landlebewesen (Tiere und Pflanzen)	420 000 000
Erste Wirbeltiere (Knochenfische)	400 000 000
Erste Fluginsekten	320 000 000
Erste Reptilien	310 000 000
Saurier	230 000 000–65 000 000
Erste Säugetiere	200 000 000
Erste Vögel	150 000 000
Erste Primaten	70 000 000
Erste Menschenaffen	34 000 000
Dryopithecinen	26 000 000–2 500 000
Ramapithecinen	13 000 000–8 000 000
Australopithecinen	4 000 000–1 000 000
Erste Homininen (Homo habilis)	2 300 000
Homo erectus	1 500 000
Starkes Gehirnwachstum	1 500 000–400 000
Homo sapiens	400 000
Beherrschung des Feuers	ab 400 000
Totenbestattung, Anfänge der Medizin	
(Shanidar-Höhle im Irak)	60 000
Neandertaler	
(Homo sapiens neanderthalensis)	100 000–35 000

	vor Jahren
Ankunft des *Homo sapiens sapiens* in Europa	
(Cro-Magnon-, Aurignac-Mensch)	50 000–40 000
Malerei, Plastik, Gravierungen	ab 50 000
Fernwaffen (Pfeil und Bogen,	
Katapulte, Wurfspeere)	ab 30 000
Erfindung von Ackerbau und Viehzucht	10 000
Älteste Stadtreste (Jericho)	9 000
Älteste Keramik	8 800
Erfindung des Rades (im Nahen Osten)	5 500
Erfindung der Schrift (in Sumer)	5 000
Erfindung der Uhr (Wasseruhr und Gnomon in Ägypten)	3 600
Neuzeit	500

Emblem: Kennzeichen, Sinnbild. In der Körpersprache ein → Display, für das es eine direkte sprachliche Übersetzung gibt.

Emotion: Gefühlsbewegung.

Endogamie: Verwandtenehe, Heirat innerhalb eines Verbandes.

Enzym: von der Zelle erzeugter Eiweißstoff, der als → Katalysator im Körper chemische Reaktionen auslöst und steuert.

Erbkoordination: angeborene Verhaltensweise, beruhend auf organischen Strukturen, deren Ausbildung im genetischen Code festgelegt ist.

Erblichkeit: deutsches Wort für → Heritabilität.

Euhominine: anderes Wort für → Hominine.

Eukaryonten: Lebewesen, deren Zellen über einen genau abgegrenzten und in sich organisierten Kern verfügen, in dem sich die → Gene befinden. Alle Organismen bis auf die Prokaryonten (Bakterien, Blaualgen und Viren) sind Eukaryonten.

Euripide: Angehöriger einer der vier großen Rassengruppen der Menschheit, »Weißer« oder »Kaukasier«.

Ethologie: Verhaltensforschung, das Studium tierischen Verhaltens unter seinen natürlichen Bedingungen.

Evolution: Entwicklung; langsame Veränderung; der Prozeß, in dem sich die körperlichen und verhaltensmäßigen Merkmale der Lebewesen mit ihrer genetischen Basis von Generation zu Generation verändern.

Exogamie: Heirat von Nichtverwandten, außerhalb des eigenen Sozialverbandes, im Gegensatz zur → Endogamie.

Exploration: Erkundung, Auskundschaftung, untersuchende Neugier.

extravertiert: nach außen gewandt, weltoffen.

Familie: Gruppe ähnlicher und verwandter → Gattungen in der Systematik der Lebewesen, zwischen der übergeordneten → Ordnung und der untergeordneten → Gattung.

Fauna: Tierwelt.

Flora: Pflanzenwelt.

Fluchtdistanz: die Entfernung, bis zu der ein bestimmtes Tier einen bestimmten Feind an sich herankommen läßt, ehe es die Flucht ergreift.

Follikel: Bläschen im Eierstock, welches das heranreifende Ei umgibt.

Fossil: erkennbarer Teil eines urweltlichen Lebewesens in Form einer Versteinerung oder eines Abdrucks in Stein.

Fotosynthese: Prozeß, durch den Pflanzen und manche Bakterienarten unter Einwirkung von Licht Kohlendioxid und Wasser in Kohlenhydrate verwandeln und Sauerstoff freisetzen.

Gamet: reife Geschlechts- oder Keimzelle.

Gametogenese: Bildung von → Gameten.

Gattung: in der Systematik der Lebewesen eine Gruppe nächstverwandter → Arten; die nächsthöhere Einheit ist die → Familie.

Gen: Einheit der Vererbung, materiell ein bestimmter Abschnitt im → DNS-Riesenmolekül, der bestimmte chemische Prozesse auslöst und steuert.

Gen-Drift: auch Sewall-Wright-Effekt, genetische Evolution (Veränderung in der Häufigkeitsverteilung der → Allele) durch zufällige Prozesse ohne bestimmten → Selektionsdruck.

Genetik: die wissenschaftliche Erforschung der Vererbung.

Genom: die gesamte Erbausstattung eines Organismus, im engeren Sinn bei → diploiden Lebewesen ein einziger vollständiger Satz von Genen.

Gen-Pool (oder Gen-Reservoir): alle in einer → Population vorhandenen → Gene und ihre verschiedenen Zustandsformen (→ Allele).

Genotyp: Gesamtheit der Erbanlagen (→ Gene) eines Individuums, im Gegensatz zum → Phänotyp.

Gesamteignung: englisch *inclusive fitness,* die genetische → Eignung eines Individuums und seiner Verwandten mit Ausnahme seiner direkten Nachkommen.

grooming: soziale Fellpflege, »Putzen«, »Lausen«, »Kraulen«, »Kitzeln«.

Gruppenselektion: der Ausleseprozeß, durch den ein Gruppe von Organismen mehr Nachkommen hinterläßt als eine andere, ursprünglich genetisch gleiche Gruppe.

Habitat: der natürliche Lebensraum eines Lebewesens.

Hackordnung: die → Dominanzhierarchie bei dem Haushuhn.

Haplodiploidität: die Geschlechtsbestimmung bei manchen Insekten und Ameisen, bei denen aus unbefruchteten (also → haploiden) Geschlechtszellen Männchen, aus befruchteten (also → diploiden) Geschlechtszellen weibliche Nachkommen entstehen.

haploid: im Besitz eines einfachen Satzes von → Chromosomen. Die Körperzellen sich geschlechtlich fortpflanzender Lebewesen sind → diploid, verfügen über einen doppelten Chromosomensatz, ihre Geschlechtszellen sind haploid.

Hemisphäre: Halbkugel, seitliche Gehirnhälfte.

Heritabilität: Erblichkeit, auch h^2 genannt, eine Zahl, die angibt, in welchem Ausmaß die festgestellten Unterschiede bei einem bestimmten Merkmal in einer bestimmten → Population auf Unterschiede in der Erbausstattung (und nicht auf Unterschiede in den Umwelteinflüssen) zurückgehen. Sie kann zwischen 0 und 1 liegen. Eine Heritabilität von 0,49 bedeutet etwa, daß die Unterschiede bei dem betreffenden Merkmal zu 49 Prozent aus erblichen Unterschieden erklärt werden können (→ Korrelation).

Holozän: früher → Alluvium, die jüngste Epoche der Erdgeschichte, die mit dem Ende der letzten Eiszeit vor etwa 10 000 Jahren eingesetzt hat und bis heute andauert. Zusammen mit dem voraufgegangenen → Pleistozän bildet das Holozän das Erdzeitalter Quartär.

Hominide: das → Taxon, welches den heutigen Menschen und seine unmittelbaren frühmenschlichen Vorläufer einschließlich der → Australopithecinen umfaßt. Manchmal werden auch die älteren → Ramapithecinen noch dazugerechnet.

Hominine (oder *Euhominine*): die stammesgeschichtliche Gruppe der heutigen Menschen und ihrer unmittelbaren frühmenschlichen Vorgänger, ausschließlich der → Australopithecinen.

Hominisation: Menschwerdung. Der entwicklungsgeschichtliche Prozeß, der den Menschenaffen zum Menschen machte. Die Wesen, die in diesem sogenannten »Tier-Mensch-Übergangsfeld« (TMÜ) lebten, waren keine Affen mehr, aber auch noch keine Menschen. Das Tier-Mensch-Übergangsfeld, also die Phase der Hominisation, erstreckt sich von den → Dryopithecinen bis zu den → Australopithecinen, falls irgendeine ihrer Arten in die direkte Ahnenlinie des Menschen gehört; falls nicht, bis zum → *Homo habilis,* also über mindestens 600 000 Generationen oder 15 Millionen Jahre.

Hominoide: die ganze Gruppe der → Hominiden und der Menschenaffen (Schimpansen, Gorillas, Orang-Utans, Gibbons, Siamangs, Bonobos).

Homo: die → Gattung der eigentlichen Menschen einschließlich seiner ausgestorbenen Frühformen (Homo habilis, Homo erectus) und Unterarten (z. B. Homo sapiens neanderthalensis). Homo ist ein aufrecht gehender, zweibeiniger, allesfressender, zumindest in seinen späteren Formen felloser, in Gruppen jagender Primat mit verkleinertem Gebiß, intensivem Werkzeuggebrauch und einer stark vergrößerten Großhirnrinde.

Homologie: Ähnlichkeit in einem körperlichen oder verhaltensmäßigen Merkmal zwischen zwei oder mehr → Arten, die darauf zurückgeht, daß sie stammesgeschichtlich einen gleichen Vorfahren haben; im Gegensatz zur → Analogie.

Homöostase: wörtlich »Gleichgewichtsbefindlichkeit«, der stetige Zustand eines Systems, das aufgrund von Feedback-Prozessen stabil gehalten wird.

Hormon: eine von einer innersekretorischen Drüse in das Blut oder die Lymphe abgegebene Substanz, die physiologische Abläufe im Körper steuert.

Humanethologie: jener Teil der Verhaltensforschung (→ Ethologie), der sich speziell mit menschlichem Sozialverhalten beschäftigt.

Humansoziobiologie: jener Teil der → Soziobiologie, der sich speziell mit menschlichem Sozialverhalten beschäftigt.

Hypergamie: die Vorliebe des Weibchens für Männchen von höherem sozialen Rang.

Hypertrophie: übermäßige Vergrößerung.

ikonisch: bildhaft, nachbildend.

Illustrator: Gebärde, die das Sprechen bebildernd begleitet.

Imponiergehabe: → Display mit dem Ziel, den Platz eines Individuums in der Rangordnung zu halten oder zu verbessern.

Individualabstand: der Abstand, den ein Tier normalerweise zu den Artgenossen der gleichen Gruppe hält.

Individualselektion: im Unterschied zur → Gruppenselektion der natürliche Ausleseprozeß, der das Individuum mit der größeren genetischen → Eignung in seinem Überlebens- und Fortpflanzungserfolg begünstigt.

Initiation: Einweihung, zeremonielle Aufnahme der mannbaren Jugendlichen in die Erwachsenengemeinschaft.

Instinkt: stark stereotypisiertes Verhalten mit einem bestimmten, engumrissenen, vorhersagbaren Ziel, komplexer als ein einfacher → Reflex.

Intelligenzquotient: kurz IQ, ein auf eine Standardskala bezogener Wert, der angibt, in welchem Verhältnis die Testleistung eines Individuums zum kollektiven Durchschnitt steht. Bei Kindern unter 16 Jahren das Verhältnis der im Intelligenztest gemessenen Leistung zum Lebensalter. Der Mittelwert des IQ beträgt 100.

Intentionsbewegung: vorbereitende Bewegung, die ein bestimmtes Verhalten ankündigt.

Interaktion: jede Art handelnder Wechselbeziehung, in die zwei oder mehr Individuen zueinander treten.

interspezifisch: zwischenartlich (→ Art), Gegensatz intraspezifisch.

intraspezifisch: innerartlich (→ Art), Gegensatz interspezifisch.

introvertiert: nach innen gewandt, verschlossen, Gegensatz → extravertiert.

IQ: → Intelligenzquotient.

Isogamie: geschlechtliche Fortpflanzung, bei der die sich vereinigenden Geschlechtszellen (→ Gameten) in Gestalt, Struktur und Größe gleich sind (Isogameten).

Katalysator: Substanz, die einen chemischen Prozeß einleitet oder befördert, ohne sich selber dabei zu verändern.

Kindchenschema: die angeborene Disposition, auf den Anblick eines Kindes mit Betreuungshandlungen zu reagieren; → Auslöser sind bestimmte als »niedlich« empfundene Merkmale wie relativ großer Kopf, hohe gewölbte Stirn, große Augen, Pausbacken.

Kinesik: wörtlich »Bewegungskunde«, die Wissenschaft von den zeichenhaften Körperbewegungen.

Klasse: in der → Systematik der Lebewesen die Gruppe nächstverwandter

→ Ordnungen (z. B. die Klasse der Säugetiere); die nächsthöhere Einheit ist der → Stamm.

Klaustrophobie: irrationale Angst vor dem Eingeschlossensein.

Kommentkampf: ein Kampf unter rivalisierenden Artgenossen, der wie ein sportliches Turnier geführt wird (also in → ritualisierter Form) und nicht mit dem Ziel, den Gegner möglichst schwer zu schädigen; im Kommentkampf werden → Dominanzhierarchien etabliert.

Kommunikation: Mitteilung; die Abgabe oder der Austausch von Information zwischen zwei oder mehr Organismen.

Kompetition: Wettbewerb, Konkurrenz.

Konditionierung: in der → Reiz-Reaktions-Psychologie und im → Behaviorismus die Anerziehung einer vorher nicht vorhandenen Reaktion, sowohl im wissenschaftlichen Experiment wie in der lebensweltlichen Erfahrung. Bei der *klassischen Konditionierung* (nach Pawlow) wird dem Versuchstier ein einen bestimmten Reflex auslösender (unkonditioneller) Reiz solange zusammen mit einem anderen Reiz dargeboten, bis auch dieser andere (konditionelle) Reiz selber den Reflex auslöst. Bei der *operanten Konditionierung* wird ein bestimmtes Verhalten durch Belohnung verstärkt, bis das Versuchstier von sich aus die Handlung (Operation) vollzieht, um die Belohnung zu erhalten; Ziel der operanten Konditionierung ist es, dem Versuchstier ein vorher nicht vorhandenes Verhalten beizubringen oder ein bestimmtes Verhalten rascher, nachdrücklicher und häufiger zu machen, indem auf eine Aktion ein belohnender Reiz erfolgt; unter natürlichen Bedingungen wirkt die Tatsache, daß sich manches Verhalten selbst belohnt und damit verstärkt, als operante Konditionierung.

Konstrukt: eine hypothetische Kategorie, ein angenommenes Modell zur Beschreibung und Erklärung von solchen Zuständen oder Vorgängen, die sich nicht unmittelbar beschreiben oder erklären, sondern nur aufgrund ihrer verschiedenen Ursachen und Wirkungen erschließen lassen.

Kontingenz: eigentlich Zufälligkeit, mögliches Ereignis, Folgeerscheinung, im → Behaviorismus die charakteristische natürliche Folgeerscheinung eines Verhaltens, die als dessen Verstärker wirkt und deren Vorhandensein das Verhalten formt.

konvergente Anpassung: → Analogie, eine Merkmalsähnlichkeit bei verschiedenen → Arten, die sich nicht aus ihrer Herkunft von einer gemeinsamen Ausgangsform erklärt (in diesem Fall läge eine → Homologie vor) und auch nicht aus bloßem Zufall, sondern daraus, daß ähnliche Umweltprobleme von der → Evolution unabhängig voneinander verschiedene Male ähnlich gelöst wurden.

Kooperation: Zusammenarbeit.

Korrelation: Wechselbeziehung; das gemeinsame Auftreten von Ereignissen oder Merkmalen. Maß für die Stärke oder Straffheit des Zusammenhangs zwischen zwei quantitativen Merkmalen ist der Korrelationskoeffizient; er kann zwischen -1 und $+1$ liegen. Beträgt er $+1$, so heißt das, daß ein bestimmtes Merkmal immer zusammen mit dem anderen auftritt. Beträgt er − 1, so tritt es niemals gemeinsam mit dem anderen auf. Beträgt er 0, so tritt es weder in höherem noch in niederem Maß, sondern nur zufällig zusammen mit dem anderen auf. Die Quadratwurzel aus der → Heritabilität ergibt den Korrelationskoeffizienten für die Straffheit der Beziehung zwischen dem gemessenen Merkmal und der Erbanlage. So betrüge bei einer Heritabilität von 0,8 der Korrelationskoeffizient 0,9, bei einer Heritabilität von 0,2 dagegen 0,44. Sollte die Heritabilität des → Intelligenzquotienten bei 0,8 liegen, wären also 80 Prozent der gemessenen IQ-Unterschiede auf Unterschiede in der Erbanlage, 20 Prozent auf Unterschiede in den Milieueinflüssen zurückzuführen, so wäre die statistische Beziehung zwischen IQ und Erbe etwa doppelt so eng wie die zwischen IQ und Umwelt.

kritische Distanz: der Abstand, in dem ein in die Enge getriebenes Tier sich zum Angriff umwendet.

Kultur: die Gesamtheit der einer Gemeinschaft eigenen Symbole, Techniken, Riten, Regeln und Wertsetzungen, die nichtgenetisch weitergegeben (tradiert) werden.

Kulturanthropologie: der Zweig der → Anthropologie, der sich mit dem Kultur- und Sozialleben menschlicher Gemeinschaften befaßt.

Lamarckismus: die dem → Darwinismus vorausgegangene, von Lamarck begründete Abstammungslehre, derzufolge die Lebewesen ihre erworbenen Eigenschaften weitervererben; der Lamarckismus hat sich als falsch erwiesen.

Limbisches System: von den frühen Säugetieren entwickelter Teil des Vorderhirns über dem älteren → Reptilienkomplex des Gehirns und unter dem stammesgeschichtlich neueren Neocortex.

Linguistik: Sprachwissenschaft.

Locus: der Ort eines → Gens im → DNS-Molekül auf dem → Chromosom.

Marxismus: von Karl Marx begründete Gesellschaftstheorie, derzufolge die bewegende Kraft der Geschichte die Kämpfe zwischen den sozialen Klassen sind, in der modernen Zeit zwischen der Klasse der Industriearbeiter (Proletariat) einerseits und den Eigentümern des Kapitals und damit der Produktionsmittel und ihren Helfern andererseits (Bourgeoisie); jene verkaufen der Bourgeoisie ihre Arbeitskraft unter Wert, diese eignet sich den Mehrwert an; der Sieg des Proletariats sollte dieses Ausbeutungsverhältnis beenden.

Meiosis: die Bildung von → haploiden Geschlechtszellen (→ Gameten) aus → diploiden Mutterzellen.

Menarche: erste Menstruation, Eintritt der weiblichen Geschlechtsreife.

Milieutheorie: die Hypothese, daß der Mensch in seinem Verhalten das Produkt seiner Umwelt ist und Erbfaktoren nichtexistent sind oder vernachlässigt werden können.

Mimikry: Tarnung durch Nachahmung des Aussehens eines anderen Dings oder Lebewesens.

Miozän: eine Periode der Erdgeschichte im Erdzeitalter Tertiär, die vor 26 Millionen Jahren begann und vor 7 Millionen Jahren endete.

Mitosis: Zellteilung bei Zellen mit Kern (→ Eukaryonten); aus einer Mutterzelle entstehen 2 genetisch identische Tochterzellen.

Mongolenfalte: »Schlitzauge«, eine für die → Mongoliden charakteristische Hautfalte auf dem oberen Augenlid, die in der Mitte über dessen unteren Rand hinabreicht.

Mongolide: Angehöriger einer der vier großen Rassengruppen der Menschheit, Ostasiat und Ureinwohner Mittelamerikas.

Monogamie: Einehe, eheliches Zusammenleben eines Mannes und einer Frau.

Morphologie: die vergleichende Beschreibung von äußeren Gestalten.

Motorik: die Gesamtheit der Bewegungsabläufe und ihrer Komponenten bei einem Lebewesen.

Mutante: Individuum in einer → Population, dessen Erbanlagen durch → Mutation verändert sind.

Mutation: zufällige Änderung in den Erbanlagen eines Lebewesens; punktueller Fehler bei der Selbstreplikation des → DNS-Moleküls.

Nativismus: älteres allgemeines Wort für Lehrmeinungen, die betonen, daß dem Menschen Fähigkeiten und Eigenschaften angeboren sind.

Negride: Angehöriger einer der vier Hauptrassengruppen der Menschheit, Ureinwohner Afrikas südlich der Sahara, »Schwarzer«.

Neocortex: wörtlich Neurinde, der evolutionär jüngste Teil der Großhirnrinde, anatomisch der äußerste und oberste Teil des Gehirns.

Neodarwinismus: die aktuelle Fassung des → Darwinismus, in einem engeren Sinn die Verbindung der darwinistischen Theorie, die die → Evolution als einen Prozeß aus → Mutation und → Selektion erklärt, mit der → Genetik, die die Vererbungsprozesse beschreibt.

Neolithikum: Jungsteinzeit, die letzte Phase der Steinzeit, örtlich vor etwa 10 000 Jahren beginnend, in der nach und nach immer mehr Menschengruppen von der Jäger-und-Sammler-Lebensform zum → agrarischen Leben übergingen, aber weiter Steinwerkzeuge benutzten und noch keine Metallbearbeitung kannten.

Neotenie: wörtlich Jungerhaltung, anderer Begriff Pädomorphose, Jugendgestaltigkeit; in der Entwicklungsgeschichte einer → Art die Beibehaltung kindlicher Merkmale über die Zeit der Geschlechtsreife hinaus.

neural: die Nervenzellen (Neuronen) und Nervensysteme betreffend.

Neuweltaffe: im Unterschied zu den → Altweltaffen die amerikanischen Affen mit breiter Nasenscheidewand und greiffähigem Schwanz.

nonverbal: nichtsprachlich.

Nukleinsäuren: das genetische Material allen irdischen Lebens, chemisch lange Kettenmoleküle, bei denen einem → polymeren Strang aus Zucker- und Phosphatgruppen die organischen Basen Adenin, Thymin oder Uracil, Guanin und Cytosin angelagert sind. Der Grundbaustein dieses Kettenmoleküls heißt Nukleotid. Für die Vererbung spielen die beiden

Nukleinsäuren → DNS (Desoxyribonukleinsäure) und RNS (Ribonukleinsäure) eine Rolle. Bei der DNS besteht das Trägerskelett der wendeltreppenartigen → Doppelhelix aus Desoxyribosezucker- und Phosphatgruppen, die Basen sind Adenin, Thymin, Guanin und Cytosin. Bei der Ribonukleinsäure besteht es aus Ribosezucker- und Phosphatgruppen mit den angelagerten Basen Adenin, Uracil, Guanin und Cytosin. Die DNS dient der Speicherung genetischer Information, die RNS (außer bei einigen Viren, wo sie auch Speicherfunktion hat) der Übersetzung der genetischen Information in → Proteinstrukturen.

Nukleotid: → Nukleinsäuren.

Obligation: gegenseitige Verpflichtung.

Ökologie: die Erforschung der Wechselbeziehungen zwischen Lebewesen und ihrer Umwelt.

ökologische Nische: die Spannweite der Umweltvariablen (Nahrungsquellen, Klima, Wasser etc.), innerhalb deren eine → Art zu leben vermag.

Ökosystem: eine bestimmte physische Umwelt mit allen Lebewesen, die in ihr existieren und sich fortpflanzen.

Ontogenese: Individualgeschichte, das individuelle Werden eines Organismus im Gegensatz zum stammesgeschichtlichen Werden seiner Gruppe (→ Phylogenese).

operante Konditionierung: → Konditionierung.

Operator-Gen: im Unterschied zum → Struktur-Gen, welches eine physische Merkmalsausprägung bewirkt, ein → Gen, das die Tätigkeit der Struktur-Gene steuert.

Ordnung: in der → Systematik der Lebewesen die Gruppe nächstverwandter → Familien; die übergeordnete Einheit ist die → Klasse.

Östrus: bei weiblichen Tieren die Zeit, in der die gereiften Eizellen freigegeben werden und die größte sexuelle Bereitschaft besteht (»Brunst«, »Hitze«).

Östruszyklus: bei weiblichen Tieren die zyklisch sich wiederholende Veränderung der sexuellen Bereitschaft und ihrer physiologischen Grundlage, deren Höhepunkt der → Östrus ist.

Ovulation: bei weiblichen Tieren der Sprung des → Follikels, der die Geschlechtszelle befruchtbar macht.

Paläanthropologie: der Zweig der → Anthropologie, der sich mit der Erforschung der Vorgeschichte des Menschen und seiner unmittelbaren Vorläufer befaßt.

Paläolithikum: Altsteinzeit, die erste und längste Phase der Steinzeit, gekennzeichnet durch ausgiebigen Gebrauch von Steinwerkzeugen und Steinwaffen; sie begann mit den frühesten Vertretern der Gattung → Homo vor etwa 2 Millionen Jahren und dauerte bis vor 10 000 Jahren, als sie mit dem Beginn von Ackerbau und Viehzucht nach und nach vom → Neolithikum abgelöst wurde.

Paläontologie: die Erforschung aller ausgestorbenen Lebensformen.

pathogen: krankheitserzeugend.

328

Phän: äußeres Merkmal eines Individuums, hervorgebracht von einem → Gen oder einer Gruppe von Genen und zu seiner Ausbildung auf einen Beitrag der Umwelt angewiesen.

Phänotyp: die Gesamtheit der → Phäne eines Individuums, im Unterschied zu seinem → Genotyp.

Phobie: irrationale, unbeherrschbare Furcht.

Phylogenese: Stammesgeschichte, die evolutionäre Geschichte einer Gruppe von Individuen, im Unterschied zur → Ontogenese, der Individualgeschichte eines Lebewesens.

Pithecanthropus: wörtlich Affenmensch, von Ernst Haeckel geprägter, heute nicht mehr gebrauchter Begriff für die Wesen, die nicht mehr Menschenaffe und noch nicht Mensch sind.

Pleiotropie (auch Polyphänie): Verursachung mehrerer Merkmale durch ein einziges → Gen.

Pleistozän: die erste Stufe des neuesten Erdzeitalters Quartär, vor etwa 2 Millionen Jahren beginnend und vor 10000 Jahren endend; im Pleistozän wechselten sich Eiszeiten (Glaziale) und Zwischeneiszeiten (Interglaziale) ab.

Pliozän: die letzte Stufe des Erdzeitalters Tertiär, vor 7 Millionen Jahren beginnend und vor 2 Millionen Jahren endend, in Afrika Dürreepoche.

Polyandrie: eheliches Zusammenleben einer Frau mit mehreren Männern.

Polygamie: eheliches Zusammenleben eines Menschen mit mehreren Geschlechtspartnern.

Polygenie: Zusammenwirkung mehrerer → Gene bei der Hervorbringung eines einzelnen Merkmals.

Polygynie: eheliches Zusammenleben eines Mannes mit mehreren Frauen.

Polymer: chemische Verbindung, die sich aus vielen gleichartigen molekularen Bausteinen zusammensetzt.

Pongiden: die → Familie der großen Menschenaffen Orang-Utan. Gorilla und Schimpanse.

Population: wörtlich »Bevölkerung«. In der Biologie: die Gesamtheit der in einem bestimmten Gebiet lebenden Artgenossen, die sich miteinander fortpflanzen. In den Sozialwissenschaften: die Gesamtheit der Einwohner eines bestimmten Gebiets zu einer bestimmten Zeit. In der empirischen Sozialforschung: die Gesamtheit aller möglichen Merkmalsträger, aus der eine repräsentative Stichprobe *(Sample)* gezogen wird; von den Vorkommen der Merkmale in dem empirisch untersuchten (also etwa befragten) Sample wird auf ihr Vorkommen in der ganzen Population geschlossen.

Populationsgenetik: die Erforschung der Vererbungsprozesse an → Populationen von Lebewesen.

Präadaptation: ein Merkmal, das stammesgeschichtlich zunächst ohne → adaptiven Wert war, unter neuen Umweltverhältnissen sich aber als vorteilhaft erweist.

prädatorisch: raubtierhaft; ein Prädator ist ein Lebewesen, das andere Lebewesen tötet und frißt.

Prägung: eine rasche und sich in einer kurzen sogenannten kritischen oder sensitiven Phase abspielende automatische Aneignung eines Verhaltensmusters, vor allem der Anschluß des Jungtiers an seine Mutter (oder ersatzweise an jedes andere Objekt, das es als Mutter identifiziert).

pränatal: vorgeburtlich.

Primat: wörtlich Herrentier. Primaten sind Angehörige einer bestimmten → Ordnung innerhalb der → Klasse der Säugetiere, deren Lebensraum zunächst die Baumkronen waren. Zu den Primaten gehören die Insektivoren, die Halbaffen (Lemur, Maki, Lori, Potto, Indri), die Affen (→ Altweltaffen und → Neuweltaffen) und die → Anthropoiden (Menschenaffen), aus denen sich die → Hominiden und schließlich der Mensch entwickelten.

Proband: Versuchsperson.

Protein: Eiweiße; aus Aminosäuren zusammengesetzte → polymere chemische Substanzen.

Protoplasma: das (proteinhaltige) Stoffgemisch in der lebenden Zelle.

Protozoen: einzellige Lebewesen (z. B. Geißeltierchen und Amöben).

Proxemik: die Wissenschaft, die das Raumverhalten des Menschen erforscht.

Ramapithecus: ein kleinerer → anthropoider Affe, der vor etwa 15 bis 8 Millionen Jahren in Eurasien gelebt hat und von manchen für einen → Hominiden gehalten wird, also für einen Angehörigen jener Gruppe, aus der die Menschen hervorgegangen sind, wenn nicht sogar für einen direkten Ahnen des Menschen.

Rasse: eine Unterart, die Untergruppe einer → Art, die sich durch bestimmte genetisch bedingte Merkmale von anderen Rassen derselben Art unterscheidet.

Rassismus: Einstellung, die Angehörige von anderen ethnischen Gruppen als der eigenen für minderwertig hält, sie benachteiligt, teilweise verfolgt und bis zur Tötung gehen kann.

Reaktion: allgemeinster Begriff für jede Art von Antwort auf einen Reiz.

Reduktionsteilung: Teil des Prozesses der → Meiosis, bei dem sich die Mutterzelle mit dem doppelten Satz von → Chromosomen in zwei Geschlechtszellen mit einfachem Chromosomen-Satz teilt.

Reflex: automatische Aktionen von Lebewesen, bei denen ein → sensorischer Reiz unmittelbar mit einem → motorischen Ablauf beantwortet wird.

Regulator: in der Systematik der Körpersprache jene Gebärden, die das Hin und Her zwischen zwei Sprechern regulieren.

Regulator-Gene: ein übergeordnetes genetisches Regulationssystem, das die Tätigkeit der → Operator-Gene steuert.

Reich: in der → Systematik der Lebewesen die höchste Einheit, die die verwandten → Stämme umfaßt. Es gibt fünf Reiche von Lebewesen: die Moneren (Bakterien und Blaugrünalgen), die Protisten (z. B. Geißeltierchen und Amöben), die Pilze, die Pflanzen und die Tiere.

Reiz-Reaktions-Psychologie: jene Richtung in der Psychologie, die die Gesetzmäßigkeiten in der Verknüpfung von Reizen und Reaktionen erforscht.

Rekombination: wörtlich »Wiederzusammenstellung«, in der Genetik die Bildung neuer Gen-Kombinationen bei der geschlechtlichen Fortpflanzung.

Replikation: Selbstkopierung.

Reproduktion: wörtlich Wiedergabe, Vervielfältigung, in der Biologie Fortpflanzung.

Reptilien-Komplex: auch R-Komplex, der evolutionär älteste Teil des Vorderhirns, stammesgeschichtlich von den Reptilien entwickelt.

Ressourcen: im außerbiologischen Sinn alle Geld-, Hilfs- und Rohstoffquellen, in der Biologie alle Stoffe, die der Organismus für seine Existenz aus der Umwelt beziehen muß; Lebensgüter, Existenzmittel.

rezessiv: das → Allel eines Gens, das sich gegenüber einem → dominanten Allel nicht durchsetzt.

reziproker Altruismus: der Austausch zeitlich getrennter altruistischer Akte zwischen zwei oder mehreren Individuen (→ Altruismus).

Ritualisierung: die Umgestaltung einer Verhaltensweise zu einer Symbolhandlung mit Signalcharakter.

Sample: repräsentative Stichprobe (→ Population).

Schema: die angeborene Disposition, auf bestimmte Schlüsselreize mit einem bestimmten Verhalten zu antworten.

Selbstmimikry: die bildhafte Nachahmung einer Körperpartie an einer anderen Stelle desselben Körpers.

Selektion: natürliche Auslese innerhalb einer → Population. Sie beruht darauf, daß besser angepaßte Individuen (oder auch Gruppen) größere Überlebens- und Fortpflanzungschancen haben und sich darum in der Abfolge der Generationen gegenüber schlechter angepaßten zahlenmäßig durchsetzen (→ Anpassung).

Selektionsdruck: der von den Umweltfaktoren ausgeübte Druck, der die → Evolution in bestimmte Richtungen lenkt, indem er besser angepaßte → Mutanten gegenüber schlechter angepaßten im Fortpflanzungserfolg bevorteilt.

Seneszenz: hohes Alter, Vergreisung.

sensitive Phase: der (meist kurze) Zeitraum, in dem ein Individuum für → Prägungen oder prägungsähnliche Lernvorgänge empfänglich ist.

Sensomotorik: die Gesamtheit der aufeinander abgestimmten Sinneswahrnehmungen und Körperbewegungen eines Lebewesens.

sensorisch: die Sinneswahrnehmungen betreffend.

Sexualität: die Fähigkeit vieler Lebewesen, die Gene zweier Individuen (in der Regel eines »männlichen« und eines »weiblichen«) in ihren direkten Nachkommen miteinander zu kombinieren, sowie alle physiologischen und psychischen Vorgänge, die zu dieser Gen-Vermischung erforderlich sind.

sexuelle Selektion: jene natürliche Auslese (→ Selektion), die dadurch

Zeitalter

Geologische Zeitalter	Biologische Zeitalter	Kultur-zeitalter

vor Jahren

4 500 000 000 Archaikum	Azoikum (kein Leben)	
3 500 000 000 Präkambrium	Proterozoikum (vorherrschend: Trilobiten)	
600 000 000 Kambrium	Paläozoikum	
500 000 000 Ordovizium	(vorherrschend:	
425 000 000 Silur	Wirbellose und	
400 000 000 Devon	Seetang)	
345 000 000 Karbon		
280 000 000 Perm		
230 000 000 Trias	Mesozoikum	
180 000 000 Jura	(vorherrschend:	
135 000 000 Kreide	Reptilien)	
65 000 000 Tertiär (bis 53 000 000 Paläozän bis 36 000 000 Eozän bis 26 000 000 Oligozän bis 7 000 000 Miozän bis 2 000 000 Pliozän)	Känozoikum oder Neozoikum (vorherrschend: Säugetiere)	
2 000 000 Quartär (bis 10 000 Pleistozän oder Diluvium) (600 000–540 000 Günz-Eiszeit 540 000–480 000 1. Interglazial 480 000–370 000 Mindel-Eiszeit		Altsteinzeit oder Paläolithikum

Geologische Zeitalter	Biologische Zeitalter	Kultur- zeitalter
vor Jahren (2 000 000 Quartär) 370 000–240 000 2. Interglazial 240 000–135 000 Riss-Eiszeit 135 000–120 000 3. Interglazial 120 000–10 000 Würm-Eiszeit ab 10 000 Holozän oder Alluvium)		(Altsteinzeit oder Paläolithikum) Jungsteinzeit oder Neolithikum (ab 4 000 Bronzezeit ab 3 500 Eisenzeit)

bewirkt wird, daß die Angehörigen eines Geschlechts als Sexualpartner die Träger bestimmter Merkmale bevorzugen.

Sippenselektion: eine Extremform der → Gruppenselektion, bei der die Individuen Verwandte (ausgenommen die eigenen Nachkommen) als Träger teilweise gleicher Gene begünstigen, indem sie ihren Überlebens- und Fortpflanzungserfolg erhöhen.

Sozialdarwinismus: die Anwendung der mißverstandenen Theorie der → Evolution durch natürliche → Selektion auf die Interpretation und moralische Beurteilung menschlicher Gesellschaften; die pseudonatur- wissenschaftliche Rechtfertigung des »Rechts des Stärkeren«.

Sozialisation: der Prozeß, in dem sich ein Individuum die → Kultur seiner sozialen Umwelt zu eigen macht und den Normen dieser Umwelt entsprechend zu handeln lernt.

Sozialverhalten: jedes kooperative Verhalten zwischen zwei oder mehr Artgenossen.

Sozietät: Gesellschaft, organisierte Gruppe.

Soziobiologie: die wissenschaftliche Erforschung von tierischem Sozialver- halten, seiner Entstehung, seiner Formen; im engeren Sinn die Erfor- schung von Sozialverhalten im Licht der genetischen → Evolution.

333

soziokulturell: die Gesellschaft und → Kultur betreffend.

Spermatozoen: männliche Geschlechtszellen.

Speziation: die Bildung von → Arten, von Spezies.

Spezies: → Art.

Stamm: in der Systematik der Lebewesen die zweithöchste Einheit, unterhalb des → Reichs und über der → Klasse.

Stimulation: Anregung, Reizung.

Stimulus: Reiz.

Struktur-Gen: ein → Gen, das die Ausbildung einer materiellen Struktur bewirkt, im Unterschied zu den → Operator- und → Regulator-Genen.

Submission: Unterwerfung.

Systematik: die Einteilung der Lebewesen nach ihren durch stammesgeschichtliche Verwandtschaft bedingten Ähnlichkeiten. Grundeinheit der Systematik ist die → Art, also die Gruppe von Lebewesen, die miteinander ihrerseits fortpflanzungstüchtige Nachkommen erzeugen können. Unterhalb der → Art ist die kleinere Einheit die der → Rasse. Oberhalb der Art folgen die Einheiten Gattung (Genus), Familie, Ordnung, Klasse, Stamm und Reich. Z. B. ist der → Euripide Angehöriger einer Rasse, die zur Art Mensch *(Homo sapiens sapiens)* gehört. Die Art Mensch gehört zur Familie der → Hominiden. Die Familie der Hominiden gehört zur Ordnung der → Primaten. Die Ordnung der Primaten gehört zur Klasse der Säugetiere. Die Klasse der Säugetiere gehört zum Unterstamm der Wirbeltiere. Der Unterstamm der Wirbeltiere gehört zum Stamm der Chordatiere. Der Stamm der Chordatiere gehört zum Reich der Tiere.

Taxon: jede Gruppe von Lebewesen, die eine Einheit der → Systematik bildet. Die Art z. B. ist ein Taxon oder der Stamm.

Taxonomie: die Klassifizierung der Lebewesen.

Territorialität: das Bestreben eines Tiers oder einer Tiergruppe, ein Revier zu besetzen und Eindringlinge nicht zuzulassen.

TMÜ: Tier-Mensch-Übergangsfeld. → Hominisation.

typologisches Denken: ein Denken, das hinter den je einzelnen Gestalten ideale Urbilder annimmt.

Übervölkerung: zu große Dichte einer → Population. Sie führt zu physiologischen Prozessen und Schädigungen des normalen Sozialverhaltens, die in ihren Auswirkungen meist die Bevölkerungszahl herabsetzen.

Variabilität: Abweichungen in Form, Art und Intensität, im Gegensatz zur Konstanz.

Variable: die veränderliche Größe in einer Rechnung, im Gegensatz zur Konstanten.

Varianz: in der Statistik das Maß für die Streuung eines Merkmals. Errechnet wird die Varianz, indem man aus den festgestellten Daten eines Merkmals (z. B. der Körpergröße) das Mittel bildet, den Abstand jedes Einzelwerts vom Mittel mit sich selber multipliziert, alle Produkte addiert und die Summe der Produkte durch die um die Zahl 1 verringerte Anzahl der berücksichtigten Einzelwerte dividiert. Die Quadratwurzel aus der Varianz ergibt ein anderes, handlicheres Maß für die Streuung, die »Standardabweichung«.

Varietät: eine vom Standard abweichende Form eines Lebewesens.

venatorisch: jägerhaft, jägerisch.

Verwandtschaftsgrad: Maß für die Enge der Verwandtschaft zwischen zwei Individuen. Der Verwandtschaftsgrad gibt an, welcher Prozentanteil ihrer Gene aufgrund ihrer gemeinsamen Abstammung identisch ist. Der Verwandtschaftsgrad zwischen einem Elternteil und einem leiblichen Kind ist z. B. 0,5, d. h., ein Kind hat mit seiner Mutter durchschnittlich 50 Prozent der Gene gemein, durchschnittlich 50 Prozent der mütterlichen Gene finden sich auch in dem Kind.

Wirbeltiere: Unterstamm der Chordatiere, charakterisiert durch ein Innenskelett mit einer Wirbelsäule mit vier Gliedmaßen, an deren einem Ende sich ein Kopf befindet. Zu den Wirbeltieren gehören fast alle Fische sowie die → Amphibien, Reptilien, Vögel und Säugetiere.

Xenophobie: Fremdenfurcht.

Zeitalter: siehe Kasten S. 332 f.

Zwilling: zwei gleichzeitig ausgetragene und kurz nacheinander geborene Geschwister. Man unterscheidet eineiige (homozygotische) Zwillinge, die aus einer einzigen befruchteten mütterlichen Geschlechtszelle hervorgegangen und darum genetisch identisch sind, und zweieiige (heterozygotische) Zwillinge, bei denen jedes Geschwister aus einer befruchteten Geschlechtszelle hervorgegangen sind und deren → Verwandtschaftsgrad wie bei anderen Geschwistern 0,5 beträgt.

Zygote: die durch Befruchtung, also die Verschmelzung zweier → haploider Geschlechtszellen (→ Gameten) entstandene → diploide Zelle.

Literatur

Alexander, Richard D.: *The Evolution of Social Behavior.* In: *Annual Review of Ecology and Systematics.* 1974. S. 325–383.

–: *The Search for a General Theory of Behavior.* In: *Behavioral Science.* 20 (1975). S. 77–100.

Ardrey, Robert: *The Hunting Hypothesis.* London: Collins 1976. (Deutsch: *Der Wolf in uns.* Frankfurt: Krüger 1977.)

–: *The Social Contract.* London: Collins 1970. (Deutsch: *Der Gesellschaftsvertrag.* Wien: Molden 1971.)

–: *The Territorial Imperative.* London: Collins 1967. (Deutsch: *Adam und sein Revier.* Wien: Molden 1968.)

Argyle, Michael: *Non-Verbal Communication in Human Social Interaction.* In: Robert A. Hinde (Hrsg.): *Non-Verbal Communication.* Cambridge: Cambridge University Press 1972. S. 243–269.

Bäuml, Betty J., und Franz H. Bäuml: *A Dictionary of Gestures.* Metuchen, N. J.: The Scarecrow Press 1975.

Blurton-Jones, N. G., und M. J. Konner: *Sex Differences in Behavior of London and Bushman Children.* In: Richard P. Michael und John H. Crook (Hrsg.): *Comparative Ecology and Behaviour of Primates.* London: Academic Press 1973.

Bowlby, John: *Attachment and Loss.* Bd 1: *Attachment.* Bd 2: *Separation – Anxiety and Anger.* New York: Basic Books. Bd 1: 1969. Bd 2: 1973.

Butler, Samuel: *Life and Habit.* London: Fifield 1877.

Calhoun, John B.: *Population Density and Social Pathology.* In: *Scientific American.* 206/2 (1962). S. 139–148.

Caplan, Arthur L.: *The Sociobiology Debate – Readings on Ethical and Scientific Issues.* New York: Harper & Row 1978.

Chomsky, Noam: *Language and Mind.* New York: Harcourt, Brace, and World 1968.

Critchley, Macdonald: *Silent Language.* London: Butterworths 1975.

Darwin, Charles: *The Descent of Man* (1871). (Deutsch: *Die Abstammung des Menschen.* Stuttgart: Kröner 1966.)

–: *The Expression of the Emotions in Man and Animals* (1872). (Deutsch: *Der Ausdruck der Gemüthsbewegungen bei dem Menschen und den Thieren.* Stuttgart: Schweizerbart 1872.)

−: *On the Origin of Species by Means of Natural Selection; or the Preservation of Favoured Races in the Struggle for Life* (1859). (Deutsch: *Die Entstehung der Arten durch natürliche Zuchtwahl.* Stuttgart: Reclam 1976.)

Davis, Bernard D., und Patricia Flaherty (Hrsg.): *Human Diversity – Its Causes and Social Significance.* Cambridge, Mass.: Ballinger 1976.

Dawkins, Richard: *The Selfish Gene.* London: Oxford University Press 1976. (Deutsch: *Das egoistische Gen.* Berlin: Springer 1978.)

Eccles, John C., siehe Popper, Karl R.

Efron, David: *Gesture, Race and Culture.* Den Haag: Mouton 1972. (Originalausgabe: *Gesture and Environment.* New York: King's Crown Press 1941.)

Eibl-Eibesfeldt, Irenäus: *Grundriß der vergleichenden Verhaltensforschung.* München: Piper 1967. 5. Auflage 1978.

−: *Krieg und Frieden aus der Sicht der Verhaltensforschung.* München: Piper 1975.

−: *Liebe und Haß – Zur Naturgeschichte elementarer Verhaltensweisen.* München: Piper 1970.

−: *Menschenforschung auf neuen Wegen – Die naturwissenschaftliche Betrachtung kultureller Verhaltensweisen.* Wien: Molden 1976.

−: *Der vorprogrammierte Mensch – Das Ererbte als bestimmender Faktor im menschlichen Verhalten.* Wien: Molden 1973.

Ekman, Paul, und Wallace V. Friesen: *Detecting Deception from the Body or Face.* In: *Journal of Personality and Social Psychology.* 29/2 (1974). S. 288–298.

−: *The Repertoire of Nonverbal Behavior – Categories, Origins, Usage, and Coding.* In: *Semiotica.* 1/1 (1969). S. 49–98.

− und Phoebe Ellsworth: *Emotion in the Human Face.* New York: Pergamon Press 1972. (Deutsch: *Gesichtssprache – Wege zur Objektivierung menschlicher Emotionen.* Wien: Böhlau 1974.)

Erikson, E. H.: *Ontogeny of Ritualization in Man.* In: *Philosophical Transactions of the Royal Society in London.* Series B. 251 (1966). S. 337–349.

Fast, Julius: *Body Language.* New York: Evans 1970. (Deutsch: *Körpersprache.* Reinbek: Rowohlt 1971.)

Freedman, Daniel G.: *Ethnic Differences in Babies.* In: *Human Nature.* Jan. 1979. S. 36–43.

Gardner, R. Allen, und Beatrice T. Gardner: *Comparative Psychology and Language Acquisition.* In: *Annals of the New York Academy of Sciences.* 309 (1978). S. 37–76.

−: *Teaching Sign Language to the Chimpanzee Washoe.* In: *Bulletin D'Audio Phonologie.* 4 (1974). Nr. 5.

−: *Two-Way Communication with an Infant Chimpanzee.* In: Allan M. Schrier und Fred Stollnitz (Hrsg.): *Behavior of Nonhuman Primates.* Bd 4. New York: Academic Press 1971. S. 117–184.

338

Geertz, Clifford: *The Interpretation of Cultures*. New York: Basic Books 1973.

Goffman, Erving: *Interaction Ritual*. Garden City, N. Y.: Anchor Books 1967. (Deutsch: *Interaktionsrituale – Über Verhalten in direkter Kommunikation*. Frankfurt: Suhrkamp 1971.)

–: *Relations in Public – Microstudies of the Public Order*. New York: Basic Books 1971. (Deutsch: *Das Individuum im öffentlichen Austausch – Mikrostudien zur öffentlichen Ordnung*. Frankfurt: Suhrkamp 1974.)

Goleman, Daniel: *Special Abilities of the Sexes – Do They Begin in the Brain?* In: *Psychology Today*. 12/7 (1978). S. 48–59, 120.

Gottschalk, Werner: *Allgemeine Genetik*. München: dtv 1978.

Gould, Stephen Jay: *Ever Since Darwin – Reflections in Natural History*. New York: Norton 1977.

Guthrie, R. Dale: *Body Hot Spots*. New York: Van Nostrand Reinhold 1976. (Deutsch: *Das gewisse Etwas*. München: Kindler 1978.)

Hall, Edward T.: *The Hidden Dimension – Man's Use of Space in Public and Private*. London: The Bodley Head 1966. (Deutsch: *Die Sprache des Raumes*. Düsseldorf: Schwann 1976.)

Hassenstein, Bernhard: *Ethologie der Kindheit (2)*. In: Roger Alfred Stamm und Hans Zeier (Hrsg.): *Lorenz und die Folgen – Die Psychologie des 20. Jahrhunderts*. Bd 6. München: Kindler 1978. S. 470–476.

–: *Verhaltensbiologie des Kindes*. München: Piper 1973.

Hediger, Heini: *Zur Frage des Selbstbewußtseins beim Tier*. In: Roger Alfred Stamm und Hans Zeier (Hrsg.): *Lorenz und die Folgen – Die Psychologie des 20. Jahrhunderts*. Bd 6. München: Kindler 1978. S. 282–293.

Hess, Eckhard H.: *Imprinting*. New York: Van Nostrand Reinhold 1973. (Deutsch: *Prägung*. München: Kindler 1977.)

–: *The Tell-Tale Eye*. New York: Van Nostrand Reinhold 1975. (Deutsch: *Das sprechende Auge*. München: Kindler 1977.)

Hinde, Robert A.: *Biological Bases of Human Social Behaviour*. New York: McGraw-Hill 1974.

– (Hrsg.): *Non-Verbal Communication*. Cambridge: Cambridge University Press 1972.

Howard, Henry Eliot: *Territory in Bird Life*. London: Murray 1920. Neuauflage: London: Collins 1964.

Humphrey, N. K.: *The Biological Basis of Collecting*. In: *Human Nature*. Febr. 1979. S. 44–47.

Jensen, Arthur R.: *g: Outmoded Theory or Unconquered Frontier?* In: *Creative Science & Technology*. II-3 (1979). S. 16–29.

–: *How much Can We Boost IQ and Scholastic Achievement?* In: Arthur R. Jensen: *Genetics and Education*. London: Methuen 1972. S. 69–203.

Johanson, Donald Carl, und Timothy D. White: *A Systematic Assessment of Early African Hominids*. In: *Science*. 26. Jan. 1979. S. 321–330.

Jonas, Doris F., und A. David Jonas: *Das erste Wort – Wie die Menschen sprechen lernten*. Hamburg: Hoffmann und Campe 1979.

Kawamura, Syunzu: *The Process of Sub-culture Propagation among Japanese Macaques*. In: Charles H. Southwick (Hrsg.): *Primate Social Behavior*. New York: Van Nostrand 1963. S. 82–90.

Kendon, Adam, und Andrew Ferber: *A Description of Some Human Greetings*. In: Richard P. Michael und John H. Crook (Hrsg.): *Comparative Ecology and Behaviour of Primates*. London: Academic Press 1973.

Koenig, Otto: *Das Auge als biologische Wurzel kultureller Phänomene*. In: Roger Alfred Stamm und Hans Zeier (Hrsg.): *Lorenz und die Folgen – Die Psychologie des 20. Jahrhunderts*. Bd 6. München: Kindler 1978. S. 495–504.

–: *Urmotiv Auge – Neuentdeckte Grundzüge menschlichen Verhaltens*. München: Piper 1975.

Kortlandt, Adriaan: *New Perspectives on Ape and Human Evolution*. Amsterdam: Stichting voor Psychobiologie, Universiteit van Amsterdam 1972.

de Lannoy, Jacques, und Marcel Wiedemans: *Le schéma du jeune congénère*. In: *Archives de Psychologie*. 159 (1966). S. 1–14.

Lavater, Johann Caspar: *Physiognomische Fragmente zur Beförderung der Menschenkenntniß und Menschenliebe*. Bd 1–4. Leipzig: Weichmann, Reich, Steiner 1775–1778.

Leakey, Richard E., und Roger Lewin: *Origins*. London: Rainbird 1977. (Deutsch: *Wie der Mensch zum Menschen wurde – Neue Erkenntnisse über den Ursprung und die Zukunft des Menschen*. Hamburg: Hoffmann und Campe 1978.)

Leonhard, Karl: *Der menschliche Ausdruck*. Leipzig: Barth 1968.

Lethmate, Jürgen: *Mich laust der Mensch*. In: *Geo*. 10 (1978). S. 36–60.

Lévi-Strauss, Claude: *Tristes tropiques*. Paris: Plon 1955. (Deutsch: *Traurige Tropen*. Frankfurt: Suhrkamp 1978.)

Loehlin, John C., und Robert C. Nichols: *Heredity, Environment, and Personality – A Study of 850 Sets of Twins*. Austin, Texas: University of Texas Press 1976.

Lorenz, Konrad: *Die angeborenen Formen möglicher Erfahrung*. In: *Zeitschrift für Tierpsychologie*. 5 (1943). S. 235–409.

–: *Die Rückseite des Spiegels – Versuch einer Naturgeschichte menschlichen Erkennens*. München: Piper 1973.

–: *Das sogenannte Böse – Zur Naturgeschichte der Aggression*. Wien: Borotha-Schoeler 1963.

–: *Das Wirkungsgefüge der Natur und das Schicksal des Menschen. Gesammelte Arbeiten (1941–1977)*. Hrsg. und eingel. von Irenäus Eibl-Eibesfeldt. München: Piper 1978.

MacKinnon, John: *The Ape Within Us*. New York: Holt, Rinehart and Winston 1978.

MacLean, Paul D.: *A Triune Concept of the Brain and Behaviour*. Toronto: University of Toronto Press 1973.

McGuinness, Diane, und Karl H. Pribram: *The Origins of Sensory Bias in the*

Development of Gender Differences in Perception and Cognition. In: Morton Bortner (Hrsg.): *Cognitive Growth and Development – Essays in Memory of Herbert G. Birch.* New York: Brunner/Mazel, 1978. S. 3–56.

Medawar, Peter B., und Jean S. Medawar: *The Life Science.* London: Wildwood House 1977.

Montagu, Ashley (Hrsg.): *Man and Aggression.* London: Oxford University Press 1968.

Marcuse, Herbert, und Jürgen Habermas: *Gespräch über anthropologische Grundlagen der Gesellschaft.* In: *Merkur* 361 (1978). S. 579–592.

Mauss, Marcel: *Les techniques du corps.* In: *Journal de Psychologie.* 23/3–4 (1936). (Deutsch in: René König und Axel Schmalfuß (Hrsg.): *Kulturanthropologie.* Düsseldorf: Econ 1972. S. 91–108.)

Monod, Jacques: *Le Hasard et la nécessité.* Paris: Seuil 1970. (Deutsch: *Zufall und Notwendigkeit – Philosophische Fragen der modernen Biologie.* München: Piper 1971.)

Morris, Desmond: *The Human Zoo.* London: Cape 1969. (Deutsch: *Der Menschen-Zoo.* München: Droemer Knaur 1972.)

–: *Intimate Behaviour.* London: Cape 1971. (Deutsch: *Liebe geht durch die Haut – Die Naturgeschichte des Intimverhaltens.* München: Droemer Knaur 1972.)

–: *Manwatching – Field Guide to Human Behaviour.* London: Cape 1978. (Deutsch: *Der Mensch mit dem wir leben – Ein Handbuch unseres Verhaltens.* München: Droemer Knaur 1978.)

–: *The Naked Ape – A Zoologist's Study of the Human Animal.* London: Cape 1967. (Deutsch: *Der nackte Affe.* München: Droemer Knaur 1968.)

Morris, Desmond, Peter Collett, Peter Marsh und Marie O'Shaughnessy: *Gestures – Their Origines and Distribution.* London: Cape 1979.

Niederer, Arnold: *Zur Ethnographie und Soziographie nichtverbaler Dimensionen der Kommunikation.* In: *Zeitschrift für Volkskunde* 71/1 (1975). S. 1–20.

Patterson, Francine: *Conversations With a Gorilla.* In: *The National Geographic.* Okt. 1978. S. 438–465.

Piaget, Jean: *Die Entwicklung des Denkens.* In: *Psychologie der Intelligenz.* Olten: Walter 1971. S. 133–198. (Französische Originalausgabe: Paris: Colin 1947.)

Poirier, Frank E.: *Fossil Evidence – The Human Evolutionary Journey.* St. Louis: Mosby 1977.

Popper, Karl R., und John C. Eccles: *The Self and Its Brain.* Berlin: Springer International 1977. (Deutsch: *Das Ich und sein Gehirn.* München: Piper 1979.)

Premack, David: *On the Assessment of Language Competence in the Chimpanzee.* In: Allan M. Schrier und Fred Stollnitz (Hrsg.): *Behavior of Nonhuman Primates.* Bd 4. New York: Academic Press 1971. S. 185–228.

Pribram, Karl H., siehe McGuinness, Diane.

Reinert, Gerd-Bodo, und Joachim Thiele (Hrsg.): *Nonverbale pädagogische Kommunikation.* München: Ehrenwirth 1977.

Riedl, Rupert: *Die Strategie der Genesis – Naturgeschichte der realen Welt.* München: Piper 1976.

Röhrich, Lutz: *Gebärdensprache und Sprachgebärde.* In: Lutz Röhrich: *Gebärde – Metapher – Parodie.* Düsseldorf: Schwann 1967. S. 7–36.

Roth, H. Ling: *On Salutations.* In: *Journal of the Royal Anthropological Institute.* 19 (1889). S. 164–181.

Rumbaugh, Duane M. (Hrsg.): *Language Learning by a Chimpanzee – The Lana Project.* New York: Academic Press 1977.

Sagan, Carl: *The Dragons of Eden – Speculations on the Evolution of Human Intelligence.* New York: Random House 1978. (Deutsch: *Die Drachen von Eden – Das Wunder der menschlichen Intelligenz.* München: Droemer Knaur 1978.)

Sahlins, Marshall: *The Use and Abuse of Biology – An Anthropological Critique of Sociobiology.* Ann Arbor, Mich.: University of Michigan Press 1976.

Savage-Rumbaugh, E. Sue, Duane M. Rumbaugh und Sally Boysen: *Linguistically Mediated Tool Use and Exchange by Chimpanzees.* In: *Cognition and Consciousness in Nonhuman Species.* Cambridge: Cambridge University Press 1979.

–: *Symbolic Communication Between Two Chimpanzees.* In: *Science.* 201 (1978). S. 641–644.

Scheflen, Albert E., und Alice Scheflen: *Body Language and Social Order – Communication as Behavioral Control.* Englewood Cliffs, N. J.: Prentice Hall 1972.

Schjelderup-Ebbe, Thorleif: *Beiträge zur Sozialpsychologie des Haushuhns.* In: *Zeitschrift für Psychobiologie.* Abt. 1. 88 (1922). S. 225–252.

Simons, Elwyn L.: *Ramapithecus.* In: *Scientific American.* Mai 1977. S. 28–36.

Simpson, George G.: *The Biological Nature of Man.* In: *Science.* 152 (1966). S. 472–478.

Skinner, B. F.: *About Behaviorism.* New York: Knopf 1974. (Deutsch: *Was ist Behaviorismus?* Reinbek: Rowohlt 1978.)

–: *The Phylogeny and Ontogeny of Behavior.* In: *Science.* 9. Sept. 1966. S. 1205–1213.

Sommer, Robert: *Personal Space.* Englewood Cliffs, N. J.: Prentice Hall 1969.

Stamm, Roger Alfred, und Hans Zeier (Hrsg.): *Lorenz und die Folgen – Die Psychologie des 20. Jahrhunderts.* Bd 6. München: Kindler 1978.

Tanner, J. M.: *Foetus into Man – Physical Growth from Conception to Maturity.* London: Open Books 1978.

Tanner, Ogden: *Stress.* New York: Time-Life-Books 1976. (Deutsch: *Stress.* Amsterdam: Time-Life International 1977.)

Tiger, Lionel, und Robin Fox: *The Imperial Animal.* New York: Holt,

Rinehart and Winston 1971. (Deutsch: *Das Herrentier – Steinzeitjäger im Spätkapitalismus*. Vorwort von Konrad Lorenz. München: Bertelsmann 1973.)

Tinbergen, Niko: *On War and Peace in Animals and Man*. In: *Science*. 160 (1968). S. 1411–1418.

Tizard, Jack: *Race and Intelligence*. In: Morton Bortner (Hrsg.): *Cognitive Growth and Development*. New York: Brunner/Mazel 1978. S. 165–186.

Trivers, Robert L.: *The Evolution of Reciprocal Altruism*. In: *Quarterly Review of Biology*. 46 (1971). S. 35–57.

–: *Parent-Offspring Conflict*. In: *American Zoologist*. 14/1 (1974). S. 249–264.

Turnbull, Colin: *The Mountain People*. New York: Simon and Schuster 1972. (Deutsch: *Das Volk ohne Liebe – Der soziale Untergang der Ik*. Reinbek: Rowohlt 1973.)

van Hooff, J.A.R.A.M.: *A Comparative Approach to the Phylogeny of Laughter and Smiling*. In: Robert A. Hinde (Hrsg.): *Non-Verbal Communication*. Cambridge: Cambridge University Press 1972. S. 209–241.

van Lawick, Hugo, und Jane van Lawick-Goodall: *Innocent Killers*. London: Collins 1970. (Deutsch: *Unschuldige Mörder*. Reinbek: Rowohlt 1972.)

van Lawick-Goodall, Jane: *In the Shadow of Man*. London: Collins 1971. (Deutsch: *Wilde Schimpansen*. Reinbek: Rowohlt 1971.)

Washburn, S. L.: *What We Can't Learn about People from Apes*. In: *Human Nature*. Nov. 1978. S. 70–75.

Watson, James D.: *The Double Helix*. London: Weidenfeld and Nicolson 1968. (Deutsch: *Die Doppel-Helix*. Reinbek: Rowohlt 1969.

Watzlawick, Paul, Janet H. Beavin und Don D. Jackson: *Pragmatics of Human Communication – A Study of Interactional Patterns, Pathologies, and Paradoxes*. New York: Norton 1967. (Deutsch: *Menschliche Kommunikation – Formen, Störungen, Paradoxien*. Bern: Huber 1969.)

Why You Do What You Do – Sociobiology: A New Theory of Behavior. In: *Time*. 1. Aug. 1977. S. 18–23.

Weiß, Volkmar: *Affen als Erfinder*. In: *Wissenschaft und Fortschritt*. 28/8 (1978). S. 294–297.

–: *Die Heritabilitäten sportlicher Tests, berechnet aus den Leistungen zehnjähriger Zwillingspaare*. In: *Ärztliche Jugendkunde* 68 (1977). S. 167–172.

Wickler, Wolfgang, und Uta Seibt: *Das Prinzip Eigennutz – Ursachen und Konsequenzen sozialen Verhaltens*. Hamburg: Hoffmann und Campe 1977.

–: *Stammesgeschichte und Ritualisierung – Zur Entstehung tierischer und menschlicher Verhaltensmuster*. München: Piper 1970.

Wilson, Edward O.: *For Sociobiology*. In: *The New York Review of Books*. 11. Dez. 1975.

– u. a.: *Life – Cells, Organisms, Populations*. Sunderland, Mass.: Sinauer 1977.

–: *On Human Nature.* Cambridge, Mass.: Harvard University Press 1978.
–: *Sociobiology – The New Synthesis.* Cambridge, Mass.: The Belknap Press of Harvard University Press 1975.
Zajonc, Robert B.: *Attraction, Affiliation, and Attachment.* In: J. F. Eisenberg und Wilton S. Dillon (Hrsg.): *Man and Beast – Comparative Social Behavior.* Washington: Smithsonian Institution Press 1971.
Zeier, Hans: *Evolution von Gehirn, Verhalten und Gesellschaft.* In: Roger Alfred Stamm und Hans Zeier (Hrsg.): *Lorenz und die Folgen – Die Psychologie des 20. Jahrhunderts.* Bd 6. München: Kindler 1978. S. 1088–1121.
Zuckerman, Marvin: *The Search for High Sensation.* In: *Psychology Today.* Febr. 1978. S. 38–46, 96, 99.

Bildquellen

Archives du centre de documentation juive contemporaine, Paris: Seite 43.
Heinrich Bauer Verlag, Hamburg: 62.
Anneliese Behr, Brunsbüttel: 66.
Régis Bossu, Griesheim: 15.
Hugh Patrick Brown/*People Weekly*, New York: 130.
Doug Bruce/ Camera 5, New York: 131.
Deutsche Presse Agentur, Frankfurt/M: 22 (links).
Irenäus Eibl-Eibesfeldt, Seewiesen: 22 (rechts).
foto-present, Essen: 30f. (oben.)
Beatrice T.´Gardner, Reno, Nevada: 110.
Bevis Hillier: *Plakate:* 253.
Historia-Photo, Hamburg: 21.
Gérard Klijn, Driebergen, Holland: 31 (links unten).
laenderpress, Düsseldorf: 92 (rechts).
Jane van Lawick-Goodall: *Wilde Schimpansen:* 40.
Gerd Ludwig/*Visum*, Hamburg: 30 (unten), 31 (rechts oben).
Constantine Manos/*Magnum*, New York: 47.
J. F. Millies/Zentrale Farbbild Agentur, Düsseldorf: 75.
Orion Press/Zentrale Farbbild Agentur, Düsseldorf: 102.
Fritz Peyer, Hamburg: 240.
Radio Times, London: 23.
Lothar Reinbacher, Kempten: 201.
Peter Schimmel, München: 81, 137, 213, 222–225, 268, 289, 299.
Christian Schmidt-Häuer, Hamburg: 92 (links).
Walter Sittig, Hannoversch Münden: 30 (links oben), 156.
Stanford University, Stanford, California: 119.
Stern Syndication, Hamburg: 59.
Süddeutscher Verlag, München: 63.
Eckhard Supp, Frankfurt/M: 277.
Tierbilder Okapia, Frankfurt/M: 106, 107, 149, 161.
Colin M. Turnbull: *Das Volk ohne Liebe:* 179.
Ullstein Bilderdienst, Berlin: 259.
Manfred Vollmer, Essen: 31 (rechts unten).

Register

Accolade 63
Achselzucken 68
Ackerbau 234
Adaptor 84
Affektdisplay 84
Aggression 41 f., 139, 158, 189,
    199, 203, 277 ff.
Alexander, Richard D. 129
Allel 135 f., 142
Alter 95 f., 243 f.
Altruismus 134 f., 141 f., 148 ff.,
    169, 193, 208, 257, 292, 300
American Sign Language
    (ASL) 105 ff.
Analogie 26 f., 306 f.
Analogkommunikation 89
Argyle, Michael 84 f.
Artenbildung siehe Speziation
Attrappensichtigkeit 53 f., 98
Auge 53 ff., 96, 98
Augengruß 56, 64
Auslese siehe Selektion
Australopithecus 223 ff.
Autorität 284 f.

Begrüßung 32, 61 ff., 307 f., 312 f.
Behaviorismus 179, 200 ff.
Berührung 58 ff.
Beschwichtigungsverhalten siehe
    Submission
Beten 29, 80
Bevölkerungsdruck 34, 135, 265 f.
Bevölkerungskontrolle 169 ff.,
    265 ff.

Binet, Alfred 212
Birdwhistell, Ray L. 23 f.
Blurton-Jones, N. G. 41, 260 f.
Bowlby, John 236, 247 ff., 293
Brutgröße, optimale 170 f., 266
Burt, Cyril 215
Butler, Samuel 127

Calhoun, John B. 177 f.
Chomsky, Noam 192, 199, 206
Chromosomen 139
Churchill, Winston 79
crossing-over 140, 168

Darwin, Charles 21 f., 24 f., 44, 46,
    50 ff., 68, 175, 296 f.
Dawkins, Richard 127 f., 141, 145,
    151
dear-enemy-Phänomen 158
de Jorio, Andrea 21
Deprivation 242 f., 248
Determinismus 172, 197, 203, 207
Digitalkommunikation 89
diploid 140, 166 ff.
Display 36
Distanz, kritische 71
Distanz, persönliche 71, 73, 76,
    155 f.
Distanzblase 73 f., 76
DNS 127, 136 f., 180
Dominanz 64, 72, 91, 95, 143 f.,
    159 ff., 179, 203, 210 f., 283 ff.,
    289
Drift, genetische 136

348